高职高专园林类专业系列教材

园林植物造景与空间营造

李跃健　主编

科学出版社
北　京

内 容 简 介

本书分为课程导入、设计基础和项目实践三部分，并在书后附有实践典型案例及图解园林植物类型。课程导入主要以居住小区绿地植物造景设计为项目设定，以设计程序为介绍载体；设计基础主要介绍园林植物造景设计理论、方法与技巧；项目实践主要进行居住小区绿化设计（总平面、中心绿地和各类环境绿化设计等），以便培养学生的知识迁移能力。本书以学生实际操作为主体，又有与项目直接关联的基本理论和范例介绍，以满足园林景观设计岗位需要为目标，以仿真园林企业景观设计操作为教学方式，推行"教、学、做"一体化教学。

本书图片丰富，形象直观，通俗易懂，可作为高职高专园林类及环境设计类相关专业的教材；同时也可作为园林及环境建设类企业相关技术人员培训和学习的参考用书。

图书在版编目（CIP）数据

园林植物造景与空间营造 / 李跃健主编. —北京：科学出版社，2023.2
（高职高专园林类专业系列教材）
ISBN 978-7-03-067633-7

Ⅰ. ①园… Ⅱ. ①李… Ⅲ. ①园林植物－园林设计－高等职业教育－教材 Ⅳ. ① TU986.2

中国版本图书馆 CIP 数据核字（2020）第 270209 号

责任编辑：万瑞达 李 莎 / 责任校对：马英菊
责任印刷：吕春珉 / 封面设计：曹 来

科学出版社 出版
北京东黄城根北街 16 号
邮政编码：100717
http://www.sciencep.com

天津翔远印刷有限公司印刷
科学出版社发行 各地新华书店经销

*

2023 年 2 月第 一 版 开本：787×1092 1/16
2023 年 2 月第一次印刷 印张：20 1/2
字数：486 000

定价：68.00 元

（如有印装质量问题，我社负责调换〈翔远〉）
销售部电话 010-62136230 编辑部电话 010-62137154（VA03）

《园林植物造景与空间营造》
编写人员名单

主　编：李跃健（宁波城市职业技术学院）
参　编：陈志诚（宁波市城建设计研究院有限公司）
何礼华（杭州富阳真知园林科技有限公司）
李　挺（广西生态工程职业技术学院）
张金炜（宁波城市职业技术学院）

前 言

Foreword

本书结合园林景观设计岗位的工作内容和特点，以居住小区绿地植物造景与空间营造为总项目，全面介绍植物造景与空间营造的程序、方法及具体操作步骤等。小区绿化项目“麻雀虽小，五脏俱全”，有利于在短期内培养学生具备拓展城区各类绿地植物造景与空间营造的迁移能力。本书以学生实际操作为主体，融入必备的理论知识和案例示范，以满足园林景观设计岗位需要为目标，以仿真园林企业工作环境来推行“教、学、做”一体化教学模式，为培养职业技能与思政素养并重的专业人才服务。

一、本书的编写思路

本书的编写依据园林设计与工程企业及园林行业专家对专业所涵盖的岗位群进行的任务和职业能力分析，紧密结合职业资格考核要求，充分体现项目驱动、实践导向课程设计理念。本书以典型案例为载体，以操作技术为核心，辅以相关专业理论知识，使学生在实训过程中加深对专业知识、技能的理解和应用，培养学生的综合职业能力，满足学生就业与发展的需要。

在内容选择上，按照“素质好、知识实、能力强”为培养目标的总指导思想和定位，去掉一些难度较大、理论较深、实用性不强的内容，选用通俗易懂且实用的内容，结合现代造景理念，融入生态设计的核心；既考虑学生掌握一些必需的植物造景、空间处理和群落搭配的设计基本理论，更注重设计操作的技能性训练和实际设计与表现能力的培养。

本书内容按能力递进的方式编排。

二、本书的编写特点

1）本书的设计理念新颖，实用性强。将课程中涉及植物造景与空间营造的核心工作岗位职业活动分解成若干典型的项目实践，按完成项目的需要和要求，结合职业资格考核要求组织内容。以典型的案例为载体进行实践操作，引入必备的理论知识，加强操作训练，强调理论在实践过程中的应用。

2）本书图文并茂，直观形象，文字通俗简洁，可提高学生的学习兴趣，通过各个案例和项目实践的学习与操作，加深学生对知识与技能的认识。

3）本书内容较好地体现先进性、通用性、实用性，介绍较新的景观设计理念和表现方式，使内容更贴近本专业的发展和实际需要。

4）书中的活动设计内容典型具体，并具有可操作性。

5）本书编写团队由高校一线教师、园林企业专家和技术人员组成，做到取长补短，以使本书的理论知识和实践项目设计实用、有效。

虽然园林景观设计的理念和方法应该具有一致性，但由于植物生长与分布受地域影响比较大，具体植物选择和实例内容必然有较大差别，植物景观效果也不同，故不同地区的有关人员在学习参考时要加以注意。

本书由宁波城市职业技术学院李跃健担任主编。参编人员有宁波市城建设计研究院有限公司陈志诚，杭州富阳真知园林科技有限公司何礼华，广西生态工程职业技术学院李挺，宁波城市职业技术学院张金炜。其中，张金炜编写1.2.5节拓展知识——立体绿化及植物造型；李挺编写项目实践四小区公共绿地的植物造景设计；陈志诚编写附录1和附录2，并参与本书提纲的修订；何礼华编写附录3；其余内容由李跃健编写，并统稿全书。协助完成编写工作的还有宁波城市职业技术学院、宁波市城建设计研究院有限公司、宁波市浩然生态景观工程设计咨询有限公司等部分工作人员，在此一并表示感谢。

由于编者水平有限，书中难免存在不足之处，恳请广大读者批评指正并提出宝贵意见。

目　录

课程导入　园林植物造景项目设定及设计程序 ······ 1

0.1　课程项目设定 ······ 1

0.1.1　居住小区绿化总平面图设计 ······ 2

0.1.2　居住小区绿地各主要部分的植物造景设计 ······ 2

0.2　园林植物造景设计程序及图纸内容 ······ 9

0.2.1　接受设计任务阶段 ······ 10

0.2.2　项目基地调查和分析阶段 ······ 11

0.2.3　方案规划设计阶段 ······ 14

0.2.4　扩初（详细）设计阶段 ······ 23

0.2.5　施工图设计阶段 ······ 28

0.2.6　后期服务阶段 ······ 34

1　设计基础　园林植物造景设计理论、方法与技巧 ······ 36

1.1　植物造景设计基本法则 ······ 36

1.1.1　植物观赏特性与形式美法则 ······ 37

1.1.2　植物配置风水禁忌与意境美法则 ······ 49

1.1.3　树种选择与生态学法则 ······ 53

1.1.4　拓展知识——植物造景设计的“传统特色、国外特点、发展趋势” ······ 56

1.2　植物造景配置形式 ······ 66

1.2.1　乔、灌木的种植方式与整形 ······ 66

1.2.2　花卉的栽植形式 ······ 78

1.2.3　藤蔓植物的栽植与应用 ······ 82

1.2.4　水生植物的栽植与应用 ······ 86

1.2.5　拓展知识——立体绿化及植物造型 ······ 89

1.3 植物景观空间结构与组织……103
1.3.1 植物景观的空间结构类型与特点……103
1.3.2 植物景观的空间营造与组织……109
1.3.3 拓展知识——园林植物造景配置手法……116

2 项目实践一 居住小区绿化总平面图设计……131

2.1 居住小区绿化项目基地调查和分析……131
2.1.1 小区绿化项目基地调研的内容与范围……132
2.1.2 小区绿化项目基地调研的方法与步骤……135
2.1.3 基地调研报告的撰写……135
2.1.4 拓展知识——设计合同样本……141
2.2 居住小区绿化功能分区及概念性设计……146
2.2.1 小区绿化功能（或景观）分区图……147
2.2.2 小区绿化规划分析（或概念设计）图……147
2.3 居住小区绿化总平面方案设计……150
2.3.1 小区绿化总平面设计内容、操作步骤与方法……151
2.3.2 小区绿化总平面设计原则、要求和树种选择……173
2.3.3 拓展知识——设计说明书的写法和样本……176

3 项目实践二 建筑环境的植物造景设计……182

3.1 公共建筑及广场环境的植物造景设计……182
3.1.1 公共建筑环境植物造景设计内容、操作步骤与方法……183
3.1.2 公共建筑环境植物造景设计的原则和要求……186
3.1.3 拓展知识——学校及医疗机构的植物造景设计……194
3.2 一般住宅建筑与别墅庭院的植物造景设计……199
3.2.1 一般住宅建筑与别墅庭院植物造景设计内容、操作步骤与方法……200
3.2.2 一般住宅建筑与别墅庭院植物造景设计的原则和要求……202
3.2.3 拓展知识——屋顶花园的植物造景设计……213

4 项目实践三 滨水与道路的植物造景设计……216

4.1 滨水植物造景设计……216
4.1.1 滨水植物造景设计内容、操作步骤与方法……217
4.1.2 滨水植物造景设计原则和要求……219
4.1.3 拓展知识——特殊水景绿化示例……224
4.2 小区道路的植物造景设计……226
4.2.1 小区道路植物造景设计内容、操作步骤与方法……227
4.2.2 小区道路植物造景设计原则和要求……231
4.2.3 拓展知识——城市街道和园路植物造景设计……232

5　项目实践四　小区公共绿地的植物造景设计 244

5.1　小区组团绿地植物造景设计 244

5.1.1　小区组团绿地的布置类型 245

5.1.2　小区组团绿地的植物造景设计内容、操作步骤与方法 246

5.1.3　小区组团绿地的植物造景设计原则和要求 248

5.2　小区公园（小游园）的植物造景设计 249

5.2.1　小区公园植物造景设计内容、操作步骤与方法 250

5.2.2　小区公园植物造景设计的原则与要求 253

5.2.3　拓展知识——小区公园（小游园）总平面图设计 259

主要参考文献 269

附录1　小区绿化景观设计实践典型案例 271

附录2　别墅绿化景观设计实践典型案例 284

附录3　图解园林植物类型 291

课程导入

园林植物造景项目设定及设计程序

0.1 课程项目设定

学习目标 明确本课程的主要任务；熟悉居住小区绿地植物造景设计的主要内容和要求。

技能要求 1．掌握小区绿化设计与分区绿化设计的不同点；
2．掌握基本的小区植物造景设计步骤与方法。

工作场境 工作（教、学、做）场所：一体化制图室及综合设计工作室（最佳的教学场所应该具有多媒体设备、制图桌及较高配置的计算机，满足教师教学示范和学生设计制图操作的需要）。

工作情境：学生模拟担任公司设计员角色，学习、操作并掌握设计岗位基本工作内容；在这里教师是设计师、辅导员（偶尔充当业主和管理者角色）。理论教学采用多媒体教学手段，以电子案例和设计文本实物增加感性认识，可结合居住小区绿地模拟建设项目或教师指定的实际设计项目进行植物造景设计的教学和实践。

居住小区绿地一般包括小区公园绿地、组团绿地、别墅庭院绿地、建筑屋顶绿地、宅旁绿地、道路停车场绿地、围护绿地及公共设施附属绿地等，其与城市公园、公共建筑、道路广场及其他专用绿地的设计、功能要求和内容基本接近，仅在规模、具体环境和特定要求上有一定的区别。高职类学生和一般专业设计人员只要能掌握居住小区的植物造景设计原则、方法和具体操作要求，就能触类旁通，举一反三。因此，以居住小区绿地的植物造景与空间营造作为总项目，以居住小区中各类型绿地植物造景设计作为子项目，并在拓展知识中介绍与城市绿地相近的知识，就能达到比较好的学习效果。

一个居住小区是一个城市的缩影，只要会做居住小区各部分的植物造景设计，以后较容易进行城市区域中更复杂、规模更大（诸如城市道路、公园、公共建筑等环境）的植物造景设计。小区项目的总体绿化规划设计一般由景观设计师来完成，各类型绿地植物造景设计则由设计师的助手来完成。高职毕业生在毕业后的三年内，大多从事初始岗位，即设计师的助手，因此本课程的植物造景设计教学项目是在小区总体绿化规划完成的基础上进行的，并以各项目详细设计为主要内容。

0.1.1　居住小区绿化总平面图设计

居住小区总体绿化设计是在委托方（业主）下达设计任务书，同时取得居住小区环境总体规划图及现状图的基础上进行的。

居住小区绿化总平面设计图如图0-1所示。

居住小区总体绿化设计是以植物造景设计为主体，兼做少量的硬质景观设计，面积较大的部分（如中心绿地及组团绿地等）还要有一定的地形设计作为造景的基础。因此，在总平面图的设计中这些部分需要综合考虑、同时进行，并且要突出植物造景的特色和基本框架。

可以看出，要完成居住小区的绿化总平面设计图，必须要经历以下三个步骤。

第一，设计准备阶段。要以居住小区总体规划图和相关现状图为基础，重点进行基地的勘察与调研，以及对周围环境的分析等，而且要从绿化设计尤其是植物造景方面去把握。

第二，要明确委托方的意图。对应于特定绿地规划设计的有关规定、新的设计理念和将要达到的目标，确定该小区植物造景设计的原则，做出功能（景观）分区、规划设计分析图等。

第三，在总体观念的把握下，分析不同部分的建筑、环境特点和功能要求，初步做出地形设计、建筑小品等的布置，以及植物造景和空间布局的总平面图及配套的景点透视图、鸟瞰图等，重点把握植物景观的总体设计布局和深化方向。硬质景观，如地形设计和建筑小品等设计在此省略，在系列教材《园林硬质景观工程设计》（易军等编著，科学出版社出版）中有专门的介绍，在下面的教学单元中不再重复说明。

因此，在居住小区绿化总平面图设计中，主要完成以下两个工作任务：

1）居住小区绿化项目基地调查与现状分析。

2）居住小区绿化总平面图设计。

小贴士： 本项目虽然要求学生基本掌握居住小区绿化总平面图的绘制和设计，但要能举一反三，要有基本掌握大中型绿地总体规划设计的迁移能力。

0.1.2　居住小区绿地各主要部分的植物造景设计

居住小区绿地植物造景总体设计方案完成以后，需要对小区中各个部分的绿地［诸如建筑（公共建筑、住宅建筑等）环境、道路滨水环境及公共绿地（中心公园、小游园及组团绿地等）］进行深化设计，直到施工图设计完成。

需要说明的是，在实际设计实践中涉及的设计不一定是完整的一套项目；有时总平面图设计部分的深化设计不是由同一家单位完成的，而且经常会发现植物造景设计总平面图中植物造景部分的设计很粗放，只是植物的随意点缀，那么我们就有必要适当重复基地勘察与分析、设计区域的精准复核、合理的功能（景观）分区与分析、初步设计方案优化等步骤；在此基础上延续、深化、完善，做出完美的设计直到施工图的完成。

详细设计主要包括以下几个部分。

1．居住小区内主要建筑环境的植物造景设计

（1）公共建筑环境的植物造景设计

居住小区公共建筑（设施）主要包括教育、医疗卫生、文化体育、商业服务、行政管理、社区服务等类型，见图0-2，与城区里的公共建筑在功能和环境特点上差别不大，仅规模大小和综合程度不同，因此掌握居住小区公共建筑环境植物造景设计是关键，也是学生专业能力迁移拓展的基础。

（2）一般住宅建筑与别墅庭院的植物造景设计

一般住宅建筑是指多层和高层住宅建筑（图0-3），别墅是独立式带庭院的高级住宅建筑（图0-4），两者在绿化规格和要求上有较大区别。居住小区主要是居民居住休息的场所，其环境特点和绿化要求同样也适用于其他单位中的生活住宅，因此掌握小区住宅和别墅环境的植物造景设计具有普遍的意义。

2．滨水与道路的植物造景设计

（1）滨水植物造景设计

滨水一般是指同海、湖、江、河等水域濒临的陆地边缘地带，在小区中或小区边界及城区边界都有滨水环境的存在（图0-5），因此掌握小区中的滨水植物造景设计也具有代表性和普遍意义。

（2）道路的植物景观配置

小区的道路分为小区级主干道、组团级次干道和住宅前的小道；与城区的街道级别相类似，仅规模和复杂程度不同；与公园中的主干道、次干道和游步道也近似，在服从绿地总体功能性质与特色的前提下，都有“路”环境的自身特点（图0-6和图0-7）。

3．居住小区内公共绿地的设计

小区公共绿地是满足规定的日照要求、适合于安排游憩活动设施的、供居民共享的游憩绿地，应包括居住小区公园、小游园和组团绿地及其他块状或带状绿地等。可以看成是城市公共绿地的缩影。学生掌握小区公共绿地环境的特点、设计的方法，对于以后举一反三的能力拓展也很重要（图0-8和图0-9）。

（1）小区组团绿地植物造景设计

在小区中，组团是指在一个小区内，有相似风格或具有特定功能，或者一定范围内的多个建筑的组合。组团中的小游园或相对集中的休息绿地就是组团绿地。组团绿地虽然需要布置一定的硬质景观和休闲活动设施，但主体内容还是植物景观。同时，组团绿地一般贴近住宅建筑，因此小区组团绿地的植物造景设计非常重要，需要精心布置，并要与周边建筑相映成趣。

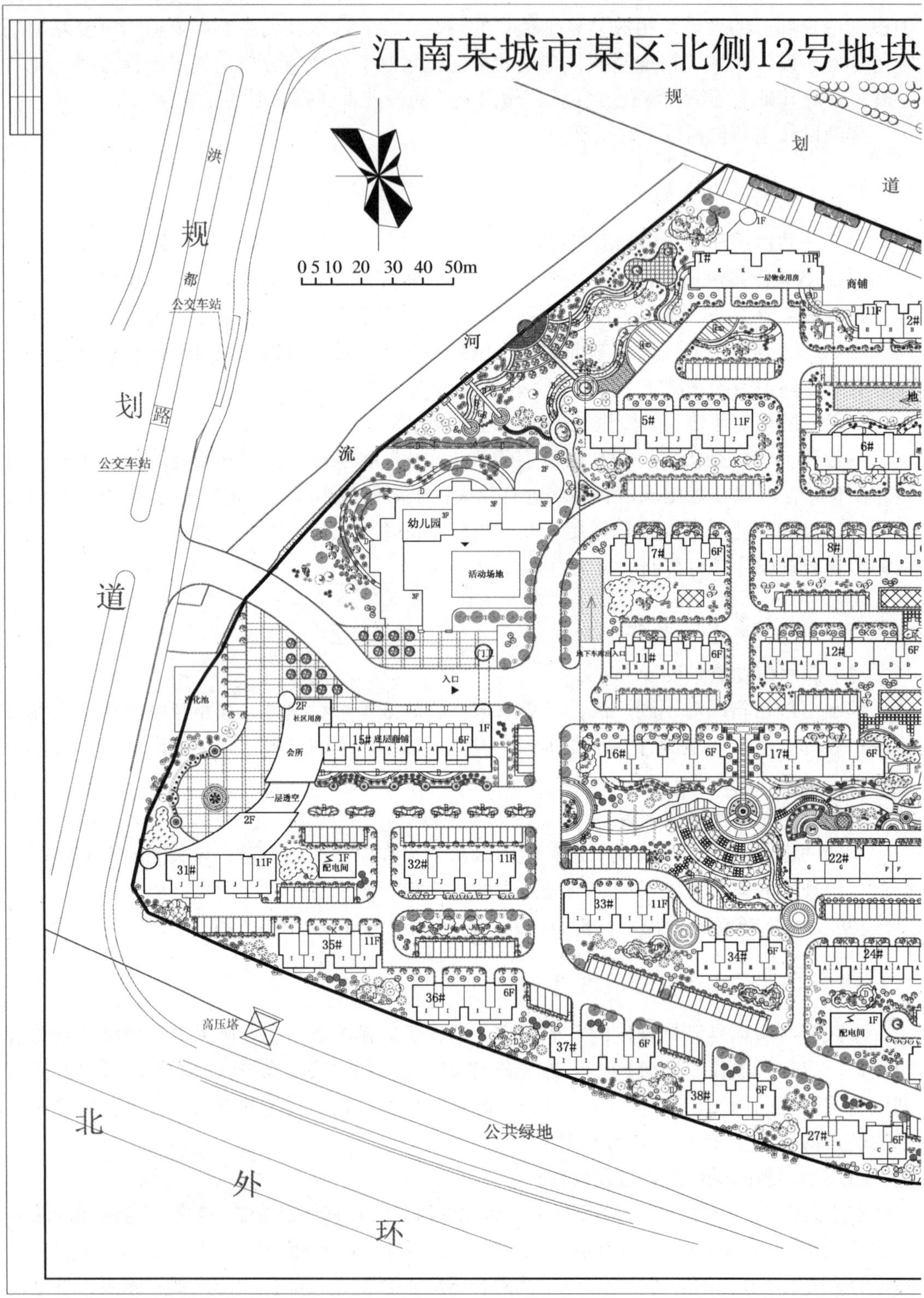
江南某城市某区北侧12号地块
规
划
道
洪
规
都
划
路
道
公交车站
公交车站
0 5 10 20 30 40 50m
河
流
幼儿园
活动场地
入口
社区用房
会所
一层透空
底层商铺
配电间
一层物业用房
商铺
地下车库出入口
化粪池
高压塔
北
外
环
公共绿地
1#
2#
5#
6#
7#
8#
11#
12#
15#
16#
17#
22#
24#
27#
31#
32#
33#
34#
35#
36#
37#
38#

图0-1　居住小区绿化

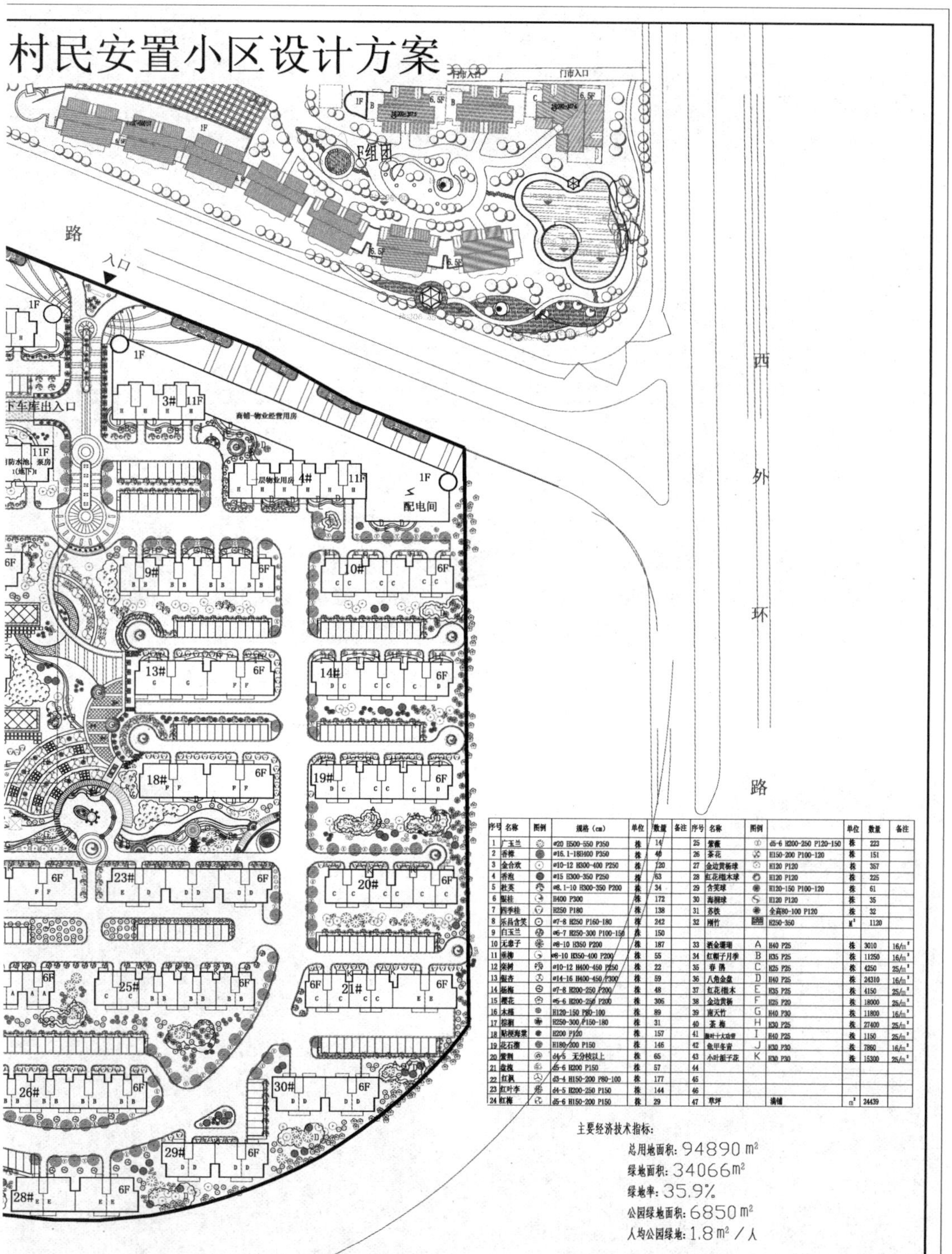

村民安置小区设计方案
门市入口
门市入口
F组团
路
入口
1F
1F
下车库出入口
3#
11F
商铺-物业经营用房
11F
消防水池、泵房
一层物业用房
4#
11F
1F
配电间
西
外
环
路
9#
10#
13#
14#
18#
19#
23#
20#
25#
21#
26#
30#
29#
28#
主要经济技术指标：
总用地面积：94890 m²
绿地面积：34066m²
绿地率：35.9%
公园绿地面积：6850 m²
人均公园绿地：1.8 m²／人
×××风景园林设计研究院
×××北侧12号地块村民安置小区设计方案

序号	名称	图例	规格（cm）	单位	数量	备注	序号	名称	图例		单位	数量	备注
1	广玉兰		⌀20 H500-550 P350	株	14		25	紫薇		d5-6 H200-250 P120-150	株	223	
2	香樟		⌀16.1-18H400 P350	株	40		26	茶花		H150-200 P100-120	株	151	
3	金合欢		⌀10-12 H300-400 P250	株	120		27	金边黄杨球		H120 P120	株	357	
4	香泡		⌀15 H300-350 P250	株	63		28	红花檵木球		H120 P120	株	225	
5	杜英		⌀8.1-10 H300-350 P200	株	34		29	含笑球		H120-150 P100-120	株	61	
6	银桂		H400 P300	株	172		30	海桐球		H120 P120	株	35	
7	四季桂		H250 P180	株	138		31	苏铁		全高80-100 P120	株	32	
8	乐昌含笑		⌀7-8 H250 P160-180	株	242		32	刚竹		H250-350	M²	1120	
9	白玉兰		⌀6-7 H250-300 P100-150	株	150								
10	无患子		⌀8-10 H350 P200	株	187		33	洒金珊瑚	A	H40 P25	株	3010	16/m²
11	垂柳		⌀8-10 H350-400 P200	株	55		34	红帽子月季	B	H35 P25	株	11250	16/m²
12	栾树		⌀10-12 H400-450 P250	株	22		35	春鹃	C	H25 P25	株	4250	25/m²
13	银杏		⌀14-16 H400-450 P300	株	59		36	八角金盘	D	H40 P25	株	24310	16/m²
14	杨梅		⌀7-8 H200-250 P200	株	48		37	红花檵木	E	H35 P25	株	4150	25/m²
15	樱花		⌀5-6 H200-250 P200	株	305		38	金边黄杨	F	H25 P20	株	18000	25/m²
16	木槿		H120-150 P80-100	株	89		39	南天竹	G	H40 P30	株	11800	16/m²
17	棕榈		H250-300 P150-180	株	31		40	茶梅	H	H30 P25	株	27400	25/m²
18	贴梗海棠		H200 P120	株	157		41	狭叶十大功劳	I	H40 P25	株	1150	25/m²
19	花石榴		H180-200 P150	株	146		42	龟甲冬青	J	H30 P30	株	7860	16/m²
20	紫荆		d4-5 无分枝以上	株	65		43	小叶栀子花	K	H30 P30	株	15300	25/m²
21	盘槐		d5-6 H200 P150	株	57		44						
22	红枫		d3-4 H150-200 P80-100	株	177		45						
23	红叶李		d4-5 H200-250 P150	株	144		46						
24	红梅		d5-6 H150-200 P150	株	29		47	草坪		满铺	m²	24439	

总平面设计图

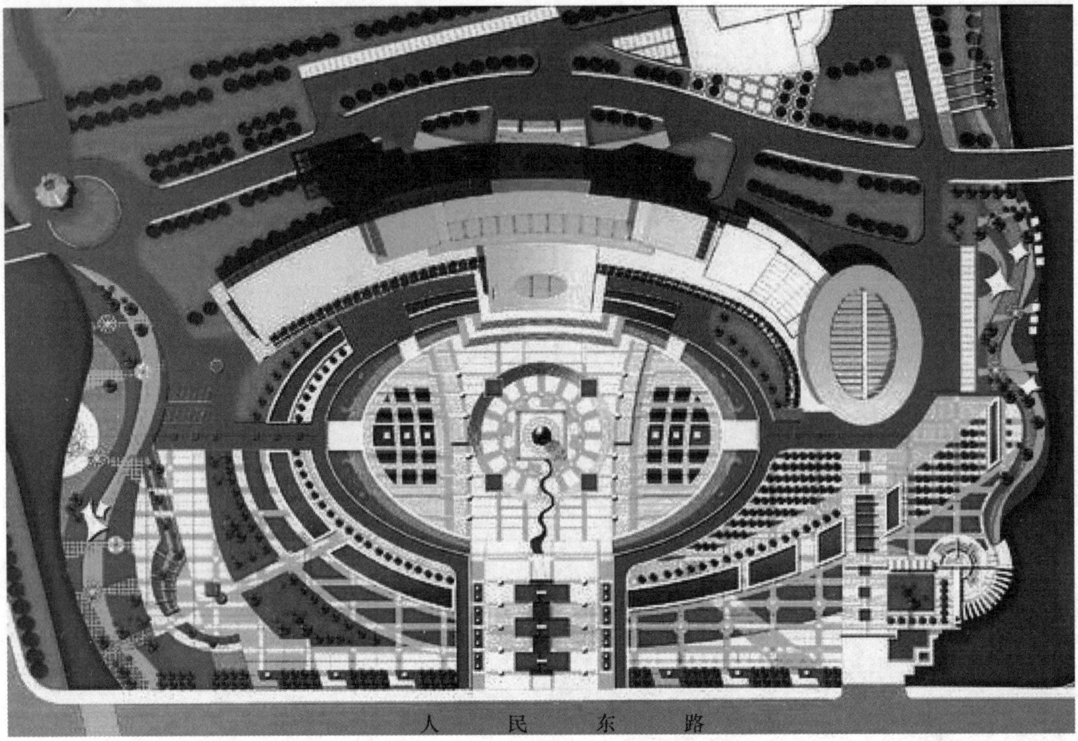
人 民 东 路

图0-2 居住小区公共建筑环境植物造景设计效果

图0-3 居住小区一般住宅建筑植物造景设计效果

图0-4　居住小区别墅建筑植物造景设计效果

图0-5　居住小区滨水植物造景设计效果图

图0-6　居住小区道路植物造景设计效果图

图0-7　居住小区滨水与道路植物造景结合示意图

图0-8　居住小区组团绿地和中心绿地（中心较大绿地）设计示意图之一

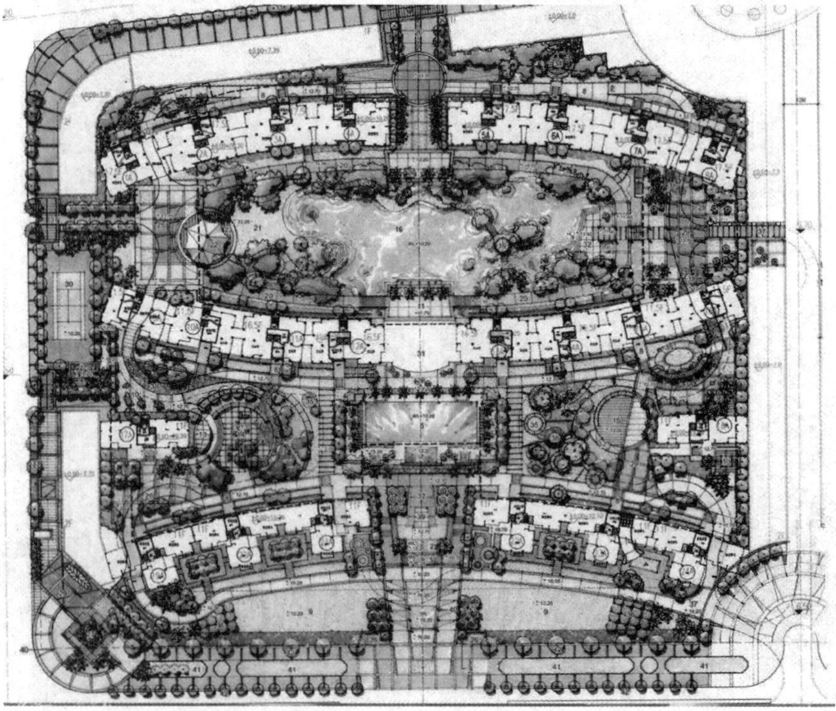

图0-9　居住小区组团绿地和中心绿地（中心较大绿地）设计示意图之二

（2）小区中心公园的植物造景设计

中心公园的功能与城市公园近似，在规模上要小一些，从功能和服务对象上看也许相对单一，但它是城市绿地系统中最活跃的部分，是城市绿化空间的延续，又最接近居民的生活环境。小区中心公园比小区组团绿地规模大，功能更加多样综合，景观种类更加丰富，休闲游憩设施更加齐全，植物造景设计也更加多彩而复杂。小区中心公园植物造景设计既要注意与周边环境相协调，又要有一定的识别度；既要满足各种功能和活动需要，又要与多种景观相配合，还要突出各个分区的景观特色和季相变化。

小贴士： 分项目虽然只要求学生基本掌握居住小区各主要部分植物造景深化设计，但要能举一反三，要有掌握其他中小型绿地包括专用绿地等设计的迁移能力。

本课程对学生的主要训练要求：小区公园绿地及屋顶花园等部分的植物造景设计以设计案例的抄绘训练为主；别墅庭院、滨水道路、公共建筑周边及住宅的宅旁绿地等部分以模拟设计训练为主。

0.2 园林植物造景设计程序及图纸内容

学习目标

熟悉植物造景设计一般步骤的内容和具体要求；明确每一阶段的图纸类型、内容和绘制要求；重点明确各个设计步骤的方法要点，同时会进行植物造景的初步设计。

技能要求

1．能进行项目基地的基础资料调查，并能针对植物造景设计需要进行分析和评价；
2．会按照设计的基本要求做植物造景的方案（初步）设计；
3．能做较为简单的植物造景扩初（详细）设计及施工图设计；
4．能编制植物造景设计的设计说明书。

工作场境

工作（教、学、做）场所：一体化制图室及综合设计工作室（最佳的教学场所应该具有多媒体设备、制图桌及较高配置的计算机，满足教师教学示范和学生设计制图操作的需要）。

工作情境：学生模拟担任公司设计员角色，学习、操作并掌握设计岗位基本工作内容；在这里教师是设计师、辅导员（偶尔充当业主和管理者角色）。理论教学采用多媒体教学手段，以电子案例和设计文本实物增加感性认识，教师要进行现场操作示范，学生要进行操作训练，可结合居住小区绿地模拟建设项目或教师指定的实际设计项目进行植物造景设计的教学和实践。

同其他造景设计一样，植物造景设计也是从简单到复杂、从总体到局部、从粗放到细致、从规划到设计、从基础到深化，一直到完成的一般过程。典型的完整的工作程序应该有如下的几个步骤。

1）接受建设单位或委托方的设计任务（委托书或受理单）。

2）准备分析研究：①访问对象，了解背景，走访有关人员，了解对设计的要求和内容；②项目基地踏勘，了解设计的具体地段及所在地的总体环境与植物生长习性等相关内容，并进行调查分析；③现状综合分析，根据掌握的资料和要求进行综合分析，并写出设计任务书，明确提出该设计的植物景观特色及各设计阶段的完成日期；④收集设计有关的图片和文字资料以做参考使用。

3）植物造景的方案（初步）设计，确定其基调树种和主调树种。

4）扩初（详细）设计，确定植物的树种、数量、规格和要求。

5）施工图设计，完成树木具体的栽植点与造价预算。

6）事后服务，包括施工图技术交底、现场解决问题、参加竣工验收。这些步骤紧密相连，一般需要完成前一阶段的工作，才能做下一阶段的工作，否则会造成人力、物力的浪费，而且也影响工作效率，设计结果也会因为缺乏周密细致的考虑而不完善。当然，视环境场地的规模、设计要求的复杂程度可以适当调整工作程序的中间步骤，或合或分。

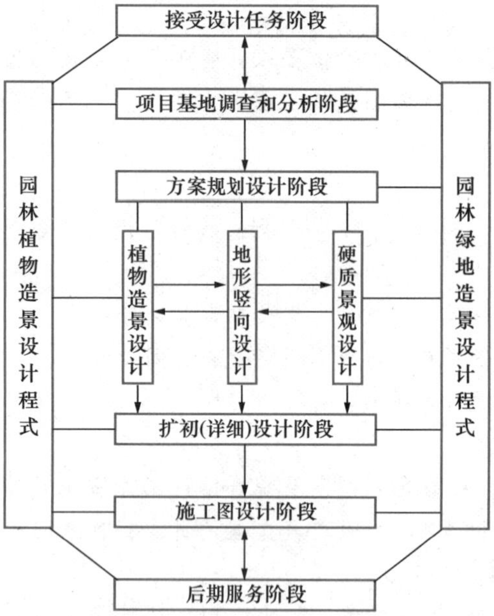
接受设计任务阶段
项目基地调查和分析阶段
方案规划设计阶段
植物造景设计
地形竖向设计
硬质景观设计
扩初(详细)设计阶段
施工图设计阶段
后期服务阶段
园林植物造景设计程式
园林绿地造景设计程式

图0-10　植物造景设计步骤程式图

就园林绿地总体规划设计而言，植物造景设计是其详细设计内容之一。当园林绿地总体规划初步决定之后，便应在总体规划方案基础上与其他设计同时展开。很多情况下，园林绿地总体规划设计与各类详细设计不一定是由同一单位或同一人完成。由于植物要素的特殊性和重要性，也为了把设计做细做精，在设计时尽量要从基础工作做起，从原地形图、现状分析图（不一定有）和总体规划图着手开始设计工作，如图0-10所示。

0.2.1　接受设计任务阶段

设计单位在接受任务时，必须先取得委托方（业主）单位的设计基地现状地形图和有关总体规划设计的文件，同时要有设计委托书或受理单，见表0-1。受理单的内容包括委托单位、联系人、联系方式、项目名称、项目面积、设计内容和要求等，并签订合同。

表 0-1　园林绿化规划设计受理单

委托单位			
地址		电话	
联系人		委托时间	
项目名称			
项目面积		经办人	
原始资料			
设计内容和要求：			
设计部意见			
总师办意见			
批准意见			
受托单位			

0.2.2　项目基地调查和分析阶段

1. 访问对象，了解背景

走访有关人员，详细了解其对设计的要求、设计档次、服务对象、苗源情况、附近苗木种类和生长情况、造价控制、人们的喜好和忌惮，并调查该地块的文化典故。因为融入了文化内涵，绿地才有灵气，这样的设计才是成功的。

2. 项目基地踏勘

在接受委托方（业主）的设计委托后，在方案设计前及其进行过程中，必须要对设计地段的环境面貌和条件进行查勘。调查内容有以下3个方面。

（1）调查当地植被分布特征

规模较大的种植设计必然需要众多的植物种类和较丰富的植物群落结构来支撑，因此应以生态学为原则，即以地带性植被为种植设计的理论模式。规模较小的，特别是立地条件较差的城市基地中的种植设计，在考虑气候因素的同时应以基地特定的条件为依据。

（2）基地的原始状况

基地原始状况是植物造景设计中利用和改造的基础。需要了解：①基地外围道路、交通、建筑、绿地、游人类型、容纳量及自然文化和人文文化等情况；②基地内地形、地貌、地势情况；③基地内原有建筑、构筑、绿化、树木的情况；④基地内的管线布置。

（3）基地自然条件与植物选择

植物的选择从大的方面来看，应以基地所在地区的乡土植物种类为主，同时应考虑已被证明能适应本地生长条件，长势良好的外来或引进的植物种类。另外，还要考虑植物材料选取是否方便、规格和价格是否合适、养护管理是否容易等因素。虽然有很多植物种类都适合于基地所在地区的气候条件，但是由于生长习性差异，植物对光线、温度、水分和土壤等环境因子的要求不同，抵抗劣境的能力不同，因此，应针对基地特定的土壤、小气候条件件安排相适应的植物种类，做到适地适树。

3．现状综合分析

大中型绿地设计基地的勘察与调研，一般要有调研分析报告；一般绿地的基地分析以现状分析图、现状平面图、典型地段或景物特征的照片及图标和文字分析等（图0-11和图0-12）形式表示。现状分析图是指对设计区域的现状进行某一方面或全面的分析，可在原地形图上结合有关照片进行文字分析，从现状特点、景观和功能角度来进行取舍、可利用性及建议性的分析阐述，为下一步设计提供有力的依据。根据设计需要有所侧重，如植物造景设计的现状分析，自然侧重植被现状分布、土壤情况等。

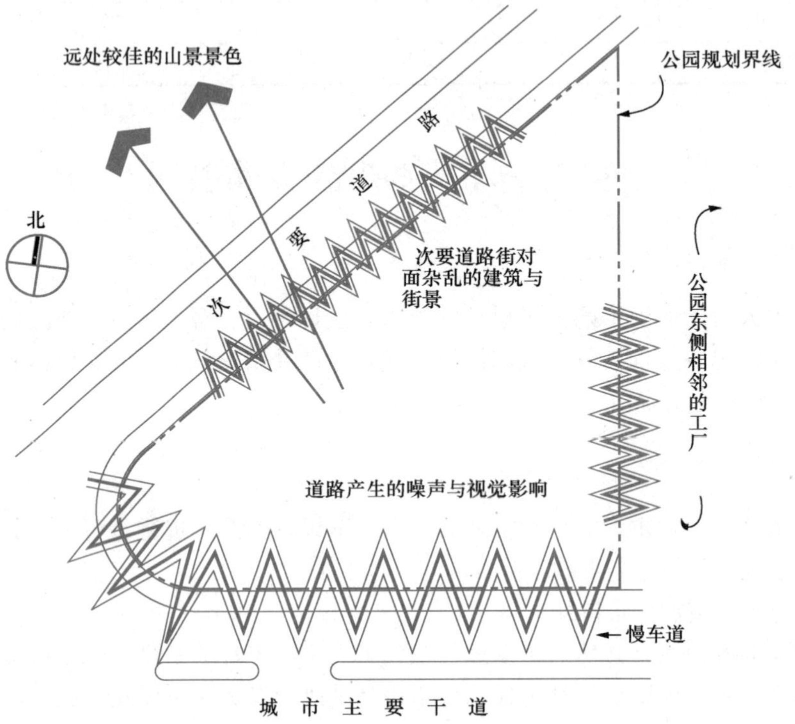
远处较佳的山景景色
公园规划界线
北
次要道路
次要道路街对面杂乱的建筑与街景
公园东侧相邻的工厂
道路产生的噪声与视觉影响
慢车道
城市主要干道

图0-11　某绿地设计基地的现状分析平面图

小贴士：作为一个建设项目的业主（俗称“甲方”）会邀请一家或几家设计单位进行方案设计。作为设计方（俗称“乙方”）在与业主初步接触时要了解整个项目的概况，包括建设规模、投资规模、可持续发展等方面，特别要了解业主对这个项目的总体框架方向和基本实施内容的要求。总体框架方向确定了这个项目是一个什么性质的绿地，基本实施内容确定了绿地的服务对象。把握住了这两点，规划总原则就可以正确制定了。

另外，业主会选派熟悉基地情况的人员陪同设计人员至基地现场踏勘，收集规划设计前必须掌握的原始资料。设计人员结合业主提供的基地现状图对基地进行总体了解，掌握对设计影响较大的因素，为今后做总体构思时，克服和避让不利因素，充分合理利用有利因素。此外，还要在总体和一些特殊的基地地块内进行拍照，将实地现状的情况带回研究，以便加深对基地的感性认识。

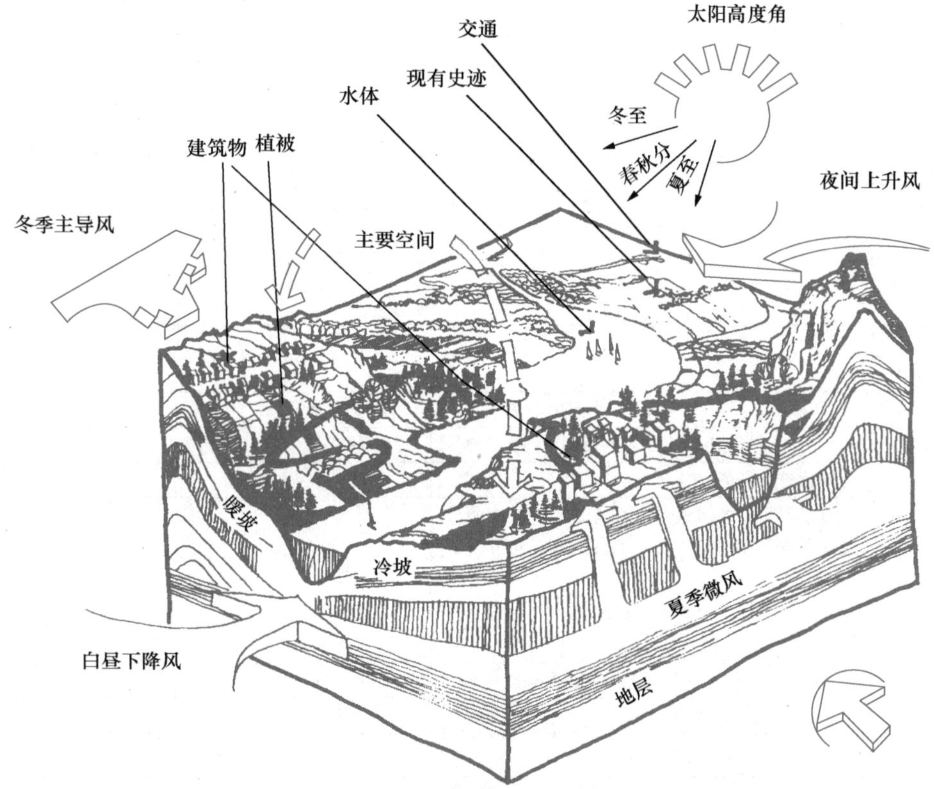
交通
太阳高度角
现有史迹
水体
冬至
春秋分
夏至
建筑物
植被
夜间上升风
冬季主导风
主要空间
暖坡
冷坡
夏季微风
白昼下降风
地层

图0-12　针对植物造景设计的基地现状分析内容（轴测示意图）

4．制定设计任务书

设计前要根据掌握的信息通过分析制定出设计任务书（注：该任务书也可以在第一阶段直接由甲方单位提供）。设计任务书主要包括以下7项内容。

1）项目概况：设计范围、地段、特征、面积大小、功能性质及地位、周边环境的自然状况、植被情况、文化特点、服务对象和容纳量、基地内的原始状况。

2）设计依据：①国家、省、市有关的法律法规，如各城市绿化条例等；②国家及地方有关建设工程勘察设计规范，如公园和居住小区设计规范等；③建设工程批准文件；④业主提供的建筑规划和地形及红线的原始电子图，业主的委托书和要求；⑤现场踏勘和收集的信息。

3）设计原则：与绿地尤其是植物造景设计相关的方向性、目标性和指导性原则。概括为以下几点：地方性原则、人性化原则、可持续性原则、生态性原则等，根据需要可简略或详细说明。

4）分析该设计方案有利和不利之处，设计须注意的事项，并说明设计阶段的要求。

5）项目的总体构思要求（设计的总指导思想）：结合总体规划、建筑特点、现场状况来确定项目园林（植物造景设计）定位、风格及理念，并提出造景设计的主题和特色。

6）组织设计队伍，确定项目负责人和主设计师，进行设计分工。

7）制定设计各阶段的完成时间表。

注：根据实际工程项目内容的不同，在设计任务书的内容和要求上也有所不同，可简可繁。也可使用统一表格，见表0-2。

表0-2　设计任务书

<table>
<tr><td>项目名称</td><td colspan="5"></td><td>起止日期</td><td></td></tr>
<tr><td>建设单位</td><td colspan="2"></td><td>联系人</td><td colspan="2"></td><td>联系方式</td><td></td></tr>
<tr><td>项目设计主要特性及要求</td><td colspan="7"></td></tr>
<tr><td>项目负责人、主创人</td><td colspan="5"></td><td>设计深度阶段</td><td></td></tr>
<tr><td colspan="8">设计项目阶段活动、人员分工及现职权限</td></tr>
<tr><td>设计阶段</td><td colspan="4">阶段活动主要内容及要求</td><td>负责人</td><td>参与人员</td><td>完成日期</td></tr>
<tr><td rowspan="7">方案设计</td><td colspan="4">下达设计任务书</td><td></td><td></td><td></td></tr>
<tr><td colspan="4">现场踏勘，要求设计人员清楚了解设计项目现场状况和对设计有影响的各因素，并进行了综合分析</td><td></td><td></td><td></td></tr>
<tr><td rowspan="3">方案设计实施</td><td colspan="3">方案、土建、小品、绿化设计、文本合成</td><td></td><td></td><td></td></tr>
<tr><td colspan="3">彩色平面设计、效果图绘制</td><td></td><td></td><td></td></tr>
<tr><td colspan="3">概算</td><td></td><td></td><td></td></tr>
<tr><td colspan="4">设计方案评审及意见</td><td></td><td></td><td></td></tr>
<tr><td colspan="4">方案确认/出图放行</td><td></td><td></td><td></td></tr>
<tr><td colspan="8">信息接口流程：
内外部接口：业主信息→设计单位受理→现场踏勘和走访→综合分析→下达设计任务书→设计人员实施设计（方案设计口、初步设计口、施工图设计口）→评审（修正）设计→批准出图→业主接受</td></tr>
<tr><td>编制</td><td></td><td>日期</td><td></td><td>批准</td><td></td><td>日期</td><td></td></tr>
</table>

0.2.3　方案规划设计阶段

在完成基地调研和现场分析以后，进入方案规划设计阶段，该阶段主要完成植物景观布局设计，确定植物景观的功能、景点，以及空间和群落形式，明确植物大类，展示植物景观风格和特点。

1．总体方案设计递进关系主要图纸类型、内容和要求

（1）位置图（区位图）

位置图属于示意性图纸，表示绿地所处位置，要求简洁明了。

（2）现状图

根据已掌握的材料，经分析、整理和归纳后，分成若干空间，对现状作综合评述，如原建筑和有价值的树木、地形地貌、地下管线及绿地四周环境。根据设计要求和基地情况做简要或深入分析。这部分内容在前面已经阐述，属于设计准备阶段的内容，真正的设计应该从功能分区开始。

（3）分区图（功能和景观分区）

根据总体设计原则、现状图分析，以及不同年龄段游人活动规则，不同兴趣爱好游人的需要，确定不同的分区，划出不同的空间，使不同的空间和区域满足不同的功能要求，并使功能与形式尽可能统一。另外，分区图可以反映不同空间分区之间的关系，可以用圆圈表示（图0-13），还可以进一步细化成更具体的景观或功能特征小区域（图0-14）。

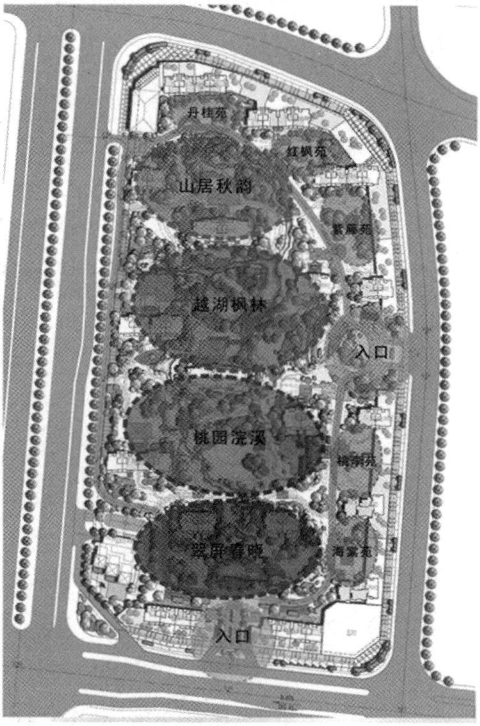
丹桂苑
红枫苑
山居秋韵
紫藤苑
越湖枫林
入口
桃园浣溪
海棠苑
入口

图0-13　某小区功能分区图之一（初步确定）

（4）规划分析或设计意向（概念）图

功能分区完成以后，可以开始规划分析或

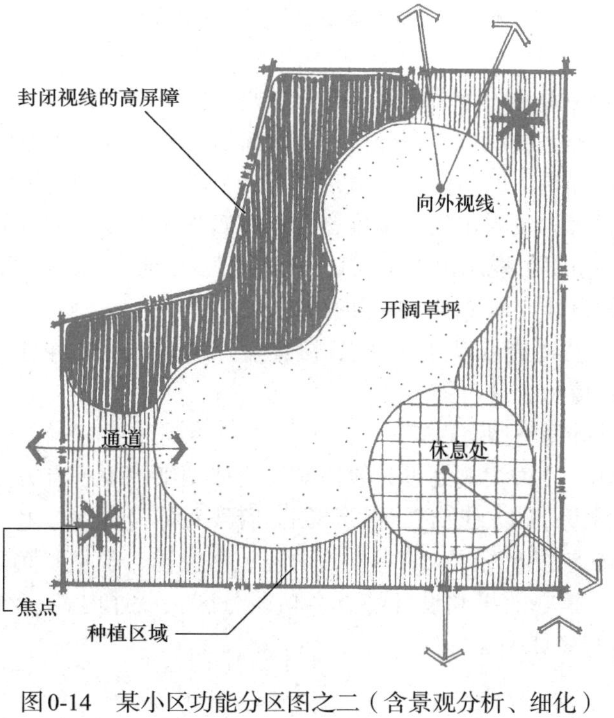
封闭视线的高屏障
向外视线
开阔草坪
通道
休息处
焦点
种植区域

图0-14　某小区功能分区图之二（含景观分析、细化）

概念性设计。规划分析图可在功能分区图的基础上或者结合功能分区做出更进一步的规划，包括文字分析，建议性、意向性图片和有关标注（图0-15）。

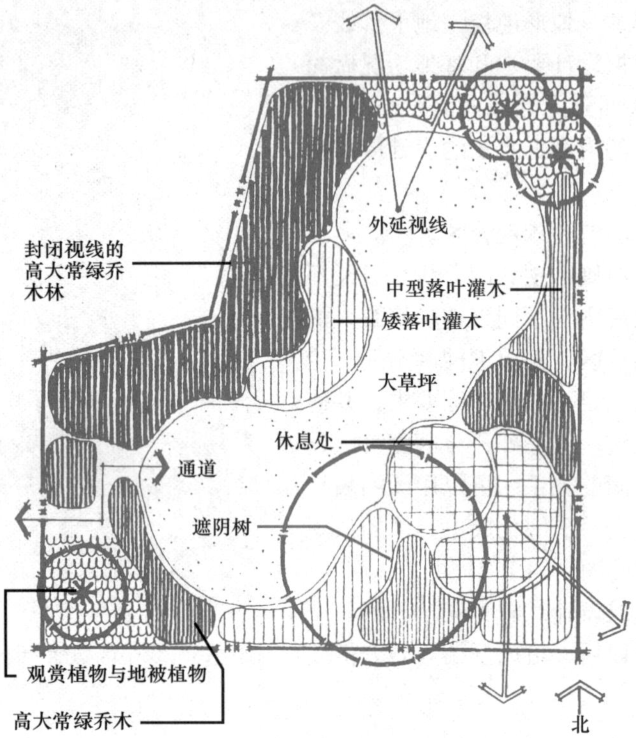
外延视线
封闭视线的
高大常绿乔
木林
中型落叶灌木
矮落叶灌木
大草坪
休息处
通道
遮阴树
观赏植物与地被植物
高大常绿乔木
北

图0-15　种植规划分析图——初步布局

在这一阶段，应主要考虑种植区域的初步布局，如将种植区分划成更小的、象征着各种植物类型、大小和形态的区域。在分析一个种植区域内的高度关系时其理想方法就是做出立面的组合图，制作该图的目的是用概括的方法分析各不同植物区域的相对高度。这种立面组合图，便于设计人员看出实际高度，并能直观地判断出它们之间的关系。考虑到不同方向和视角，我们应尽可能画出更多的立面组合图，以便全面地观测和分析，只有这样，才会做出令人满意的设计方案（图0-16和图0-17）。

在具体设计中，植物造景设计不一定指纯粹的植物造景，也包括其他附属造景设计，只不过应该重点突出植物造景。

（5）方案规划设计图类型与内容

以居住小区为例，在方案规划设计阶段需要完成图纸的类型有方案设计总平面图、竖向设计图、植物造景设计图、道路总体设计图、管线总体设计图、电气规划图、园林建筑布局图等。另外，还有总体设计说明书，其内容包括位置、现状、面积、工程性质、设计依据、原则、理念、景观效果和设计特点、功能分区、设计内容和经济指标、工程造价（可根据甲方要求进行概算）等。

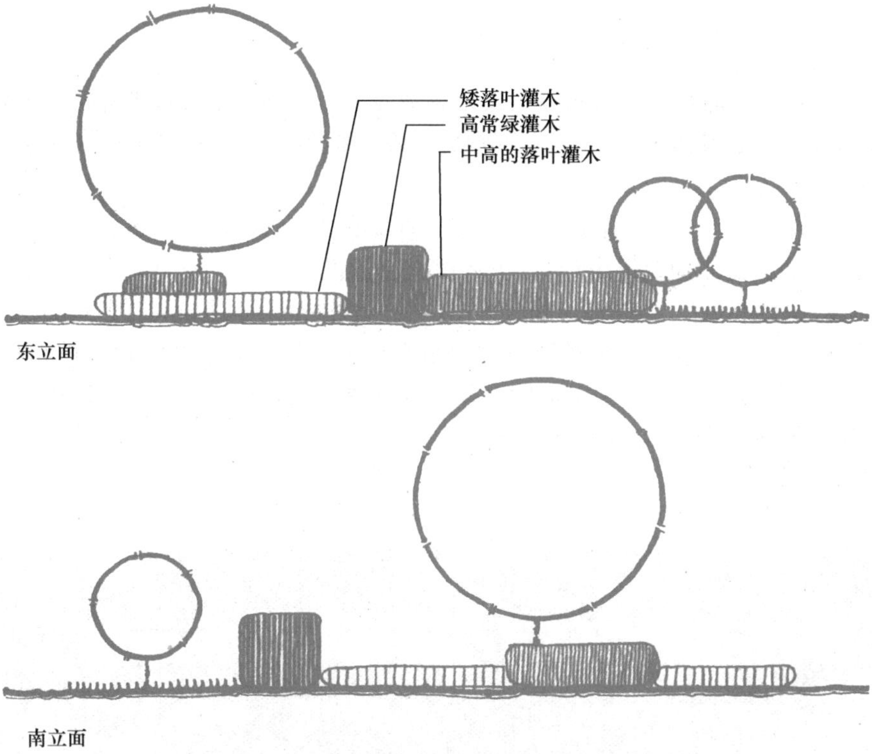
矮落叶灌木
高常绿灌木
中高的落叶灌木
东立面
南立面

图0-16 种植规划植物高度关系分析图（立面）

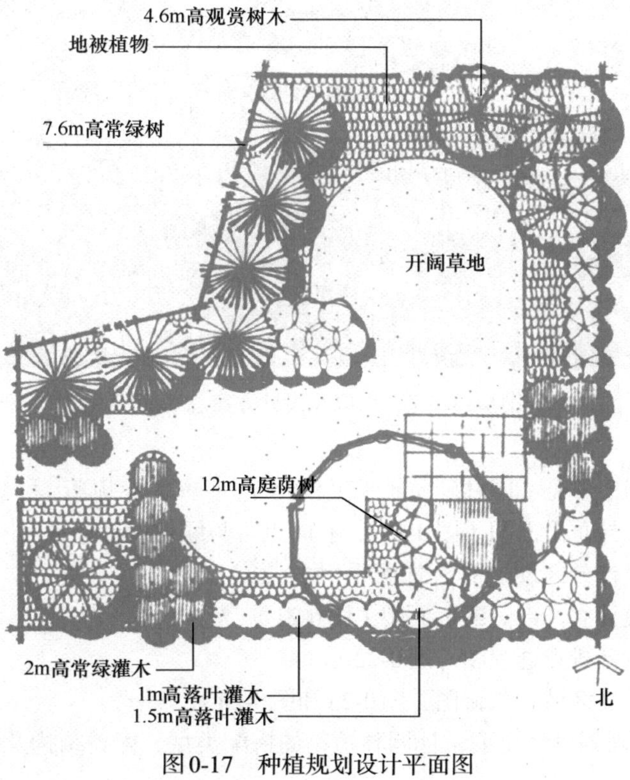
4.6m高观赏树木
地被植物
7.6m高常绿树
开阔草地
12m高庭荫树
2m高常绿灌木
1m高落叶灌木
1.5m高落叶灌木
北

图0-17 种植规划设计平面图

2．总体方案设计平行关系主要图纸类型、内容和要求

就植物造景设计而言，要绘制方案设计总平面图、植物造景设计图等；其他各类硬质景观设计内容和方法具体可参考《园林硬质景观工程设计》（易军等编著，科学出版社出版），故在此不再赘述。

如我们接受的是整个小区绿化设计方案，那么植物造景设计的图纸就要有小区绿化总体方案设计总平面图（含地形设计）、小区植物造景设计（总）平面图（突出植物造景设计，并标明植物类型等）。当绿地面积较大时，在一张图纸中不能较为详尽地展示出来，因此还要绘制重要区域（部分）的植物景观分区设计图。为了方案的深化设计和直观表现，还可根据需要，绘制立、剖（断）面图，以及景点透视图和整体（或主要区域）的鸟瞰图等。植物造景方案规划设计各类图纸如下：

1）总平面图（图0-18）。

图0-18　某小区绿化设计方案总平面图

2）竖向设计图［详见《园林硬质景观工程设计》（易军等编著，科学出版社出版）］。

3）植物造景设计总平面图（图0-19），有时也可与绿化设计总平面图重合。

4）植物造景设计分区设计平、剖面图（图0-20）。

5）植物造景设计立、剖（断）面图（图0-21）。

6）植物造景设计景点透视图（图0-22）。

7）整体（或主要区域）鸟瞰图（图0-23和图0-24）。

植物造景方案规划设计主要是把园林植物的搭配类型、配置结构及空间的布局结构等

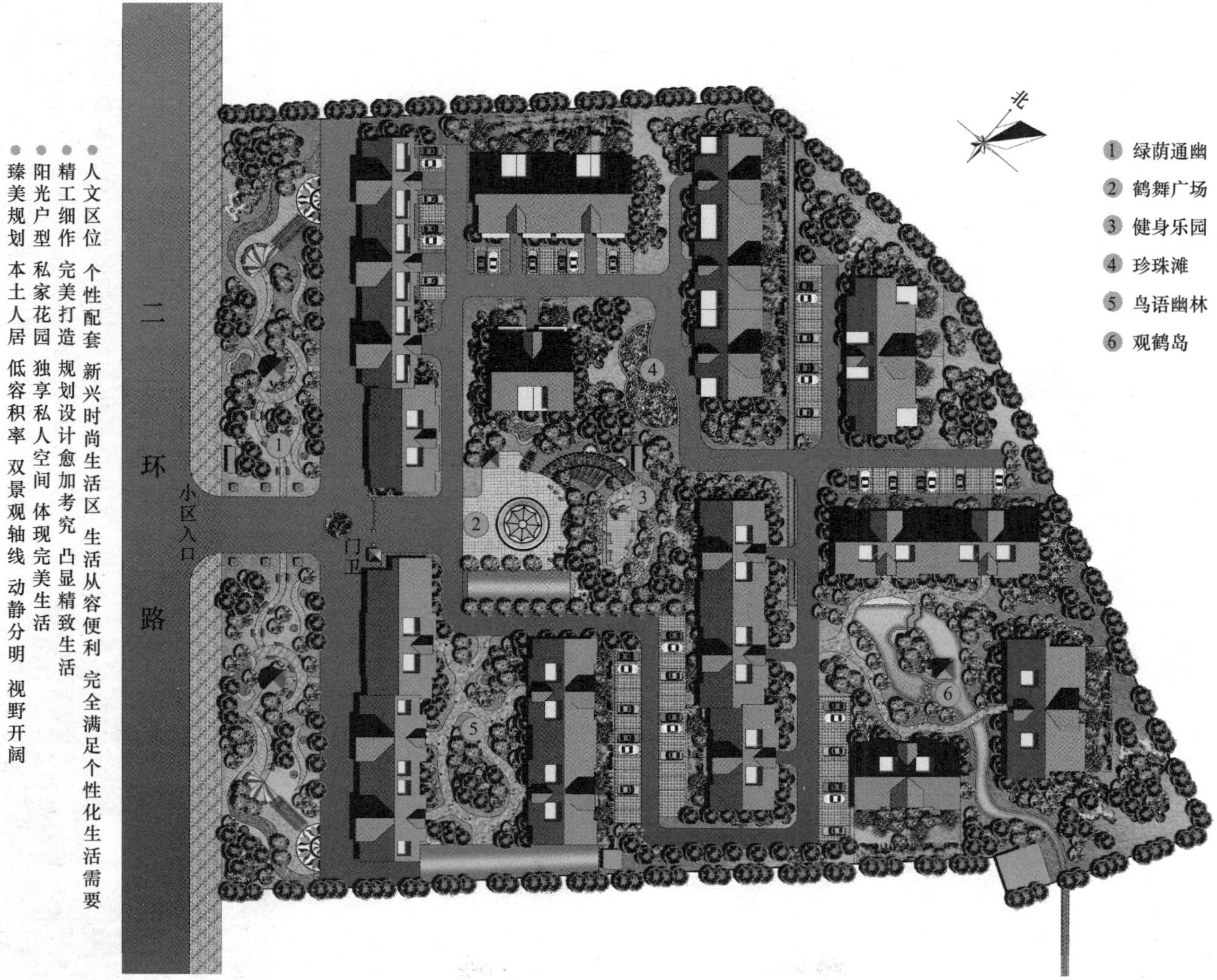

●人文区位 个性配套 新兴时尚生活区 生活从容便利 完全满足个性化生活需要
●精工细作 完美打造 规划设计愈加考究 凸显精致生活
●阳光户型 私家花园 独享私人空间 体现完美生活
●臻美规划 本土人居 低容积率 双景观轴线 动静分明 视野开阔
二 环 路
小区入口
门卫
北
1 绿荫通幽
2 鹤舞广场
3 健身乐园
4 珍珠滩
5 鸟语幽林
6 观鹤岛

图0-19　某小区绿地植物造景设计总平面图

图0-20　某小区绿地植物景观分区方案设计平、剖面图

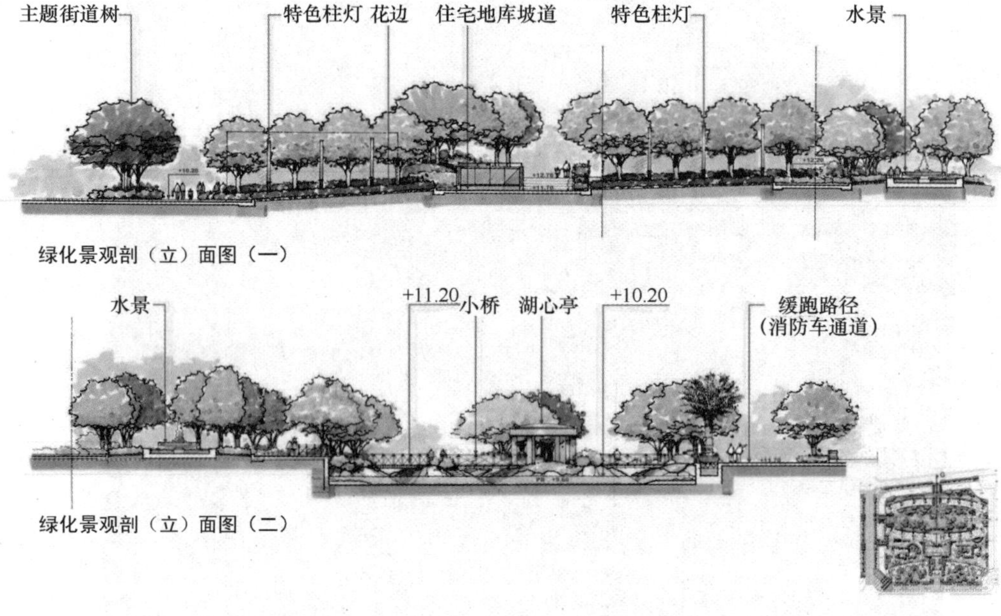
主题街道树
特色柱灯
花边
住宅地库坡道
特色柱灯
水景
绿化景观剖（立）面图（一）
水景
+11.20
小桥
湖心亭
+10.20
缓跑路径
（消防车通道）
绿化景观剖（立）面图（二）

图0-21　某小区绿地植物景观分区方案设计立、剖面图

图0-22　植物造景设计景点透视图

表现出来，程度可深可浅。程度浅者只标明植物大类，如常绿阔叶、常绿针叶、落叶阔叶、花灌木，地被、水生植物，或者再加一些相对具体的植物，如梅、竹、松、大乔木、庭荫树、装饰木、色叶树等；程度深者可写出植物名录，列出植物明细表等。一般范围大的绿地规划设计做得宜浅，但要准确；范围小的可一步到位，宜深入些。从设计构思一直到施工图，想要一步到位，可能会出现考虑不够全面、扎实，容易忽略功能、空间和景观上的要求。因此，从粗到细、从宏观到微观、从浅到深是

图0-23　植物造景设计鸟瞰图（总体）

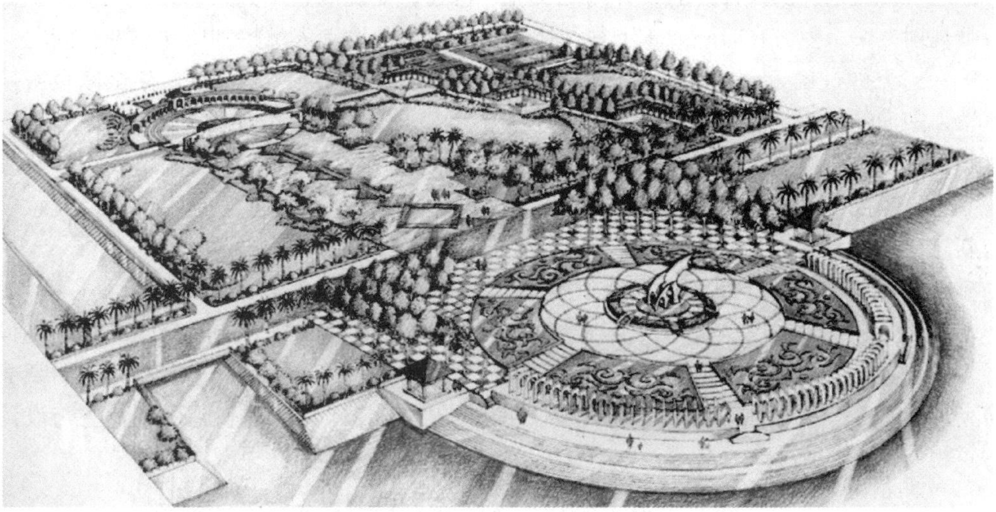

图0-24　植物造景设计鸟瞰图（局部区域）

必须要遵守的过程，否则欲速则不达。而范围小的绿地，基本上可以一目了然，清晰明确，流程不需烦冗，但分析和构思过程并没有跳跃，只是不必再分很多阶段了。

小贴士：植物的功能分区及设计分析是整个设计布局的开篇。在这一阶段，要结合园林功能要求初步进行空间的营造、景物的布置和道路的设置，以及分析植物在障景、隐蔽、遮阴及视线焦点方面的问题。此时，设计师所关心的仅是植物种植区域的位置和相对面积，而不是在该区域内的植物具体分布；材料或工程细节在这里暂不考虑。一般情况下，为了估价和选择最佳设计方案，往往需要拟出几种不同的、可供选择的功能分区草图。只有对功能分区图做出优先的考虑和确定，并使分区图自身变得更加完善、合理时，才能考虑加入更多的细节和细部设计。

3．方案规划设计阶段应注意的问题

在着手进行总体规划构思之前，必须认真阅读设计任务书和业主设计委托书中对建设项目的各方面要求，包括总体定位、性质、内容、投资规模、技术经济相符控制及设计周期等。在这里，还要提醒刚入门的设计人员：要特别重视对设计任务书的阅读和理解。在进行总体规划构思时，要将业主提出的项目总体定位作一个构思，并与抽象的文化内涵及深层的警世寓意相结合，同时必须考虑将设计任务书中的规划内容融合到有形的规划构图中去。构思草图只是一个初步的规划轮廓，接下来要结合收集到的原始资料对草图进行补充、修改，逐步明确草图中的入口、广场、道路、湖面、绿地、建筑、小品、管理用房等各元素的具体位置。经过修改，使整个规划在功能上趋于合理，在构图形式上符合园林造景设计的基本原则，达到美观、舒适（视觉上）的效果。经过初次修改后的规划构思，还不是一个完全成熟的方案。设计人员应虚心好学、集思广益，多渠道、多层次地听取各方面的建议。不但要向有经验的设计师请教方案的修改意见，而且还要虚心向中青年设计师讨教，往往多讨教别人的设计经验，并与之交流、沟通，能提高整个方案的新意与活力。由于大多数规划方案，甲方在时间要求上往往比较紧迫，因此设计人员特别要注意两个问题：

第一，只顾进度，一味求快，最后导致设计内容简单枯燥、无新意，甚至完全搬抄其他方案，图面质量粗糙，不符合设计任务书要求。

第二，过多地更改设计方案构思，花费过多时间、精力去追求图面的精美包装而忽视对规划方案本身质量的重视。这里所说的方案本身质量是指规划原则是否正确，立意是否具有新意，构图是否合理、简洁、美观，是否具有可操作性等。

整个方案全部确定下来后，图文的包装必不可少。将规划方案的说明、投资框（估）算、水电设计的一些主要节点，汇编成文字部分；将规划平面图、功能分区图、绿化种植图、小品设计图、全景透视图、局部景点透视图汇编成图纸部分。将文字部分与图纸部分结合，便形成一套完整的规划方案文本。目前，图文包装环节正越来越受到业主与设计单位的重视。

知识链接

植物造景设计方案的评审

（1）业主的信息反馈

在方案评审之前，业主拿到方案文本后，一般会在较短时间内给予答复。答复中会提出一些调整意见，包括修改、添删项目内容，投资规模的增减，用地范围的变动等。针对这些反馈信息，设计人员要在短时间内对方案进行调整、修改和补充。

注意：对于业主的信息反馈，设计人员如能认真听取，积极主动地完成调整方案，则会赢得业主的信赖，对今后的设计工作能产生积极的推动作用；相反，设计人员若马虎、敷衍了事，或拖拖拉拉，不按规定日期提交调整方案，则会失去业主的信任，甚至会失去这个项目的设计任务。

（2）方案设计评审会

由业主组织专家评审（论证）会。参与评审会的人员除了相关专家外，还有建设方负责人，市、区有关部门及项目设计负责人和主要设计人员。作为设计方，项目负责人一定要结合项目的总体设计情况，在有限的时间内将项目概况、总体设计定位、设计原则、设计内容、技术经济指标、总投资估算等诸方面内容，向与会专家做全方位的汇报。汇报人必须清楚项目情况，在某些重点环节上，要尽量介绍得透彻、直观，并且一定要具有针对性。在方案设计评审会上，宜先将设计指导思想和设计原则阐述清楚，然后再介绍设计布局和内容。设计内容的介绍，必须紧密结合先前阐述的设计原则，将设计指导思想及原则作为设计布局和内容的理论基础，而后者又是前者的具体化体现。两者应相辅相成，缺一不可，设计原则与设计内容切不可不吻合。方案设计评审会结束后，设计方必须对评审会议纪要提出的每一条意见进行认真阅读，相应地做出明确答复，对特别有意义的专家意见，要积极听取并落实到修改稿中。

0.2.4　扩初（详细）设计阶段

1．深化设计内容和要求

植物造景设计扩初（详细）设计阶段要绘制的图纸类型与方案规划设计阶段的相近，景点透视图和鸟瞰图可以不画。在此阶段中主要用植物材料使方案中植物配置构思具体化，这包括详细的种植配置平面、植物的种类和数量、规格、种植间距等。设计中应从植物的形状、色彩、质感、季相变化（形态因素）、生长速率、生长习性（图0-25～图0-27等）配置在一起的美学效果等方面去考虑，以满足种植方案中的各种要求，如图0-28所示。植物配置具体要求如下。

图0-25　从详细设计的立面中可看出考虑植物形态因素的重要性

1）植物配置要根据各种不同的植物形态、生态习性特点，满足不同绿化用地要求。其中，形态与空间组合的配置，季相色彩的配置，建筑物、地下管线与植物的配置，都要以植

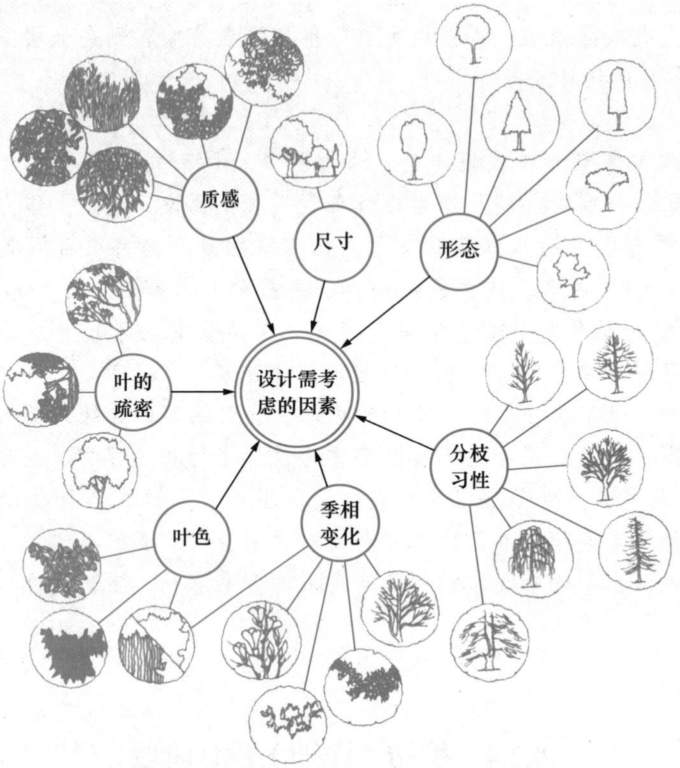
质感
尺寸
形态
叶的疏密
设计需考虑的因素
分枝习性
叶色
季相变化

图0-26　种植设计中应考虑的植物形态因素

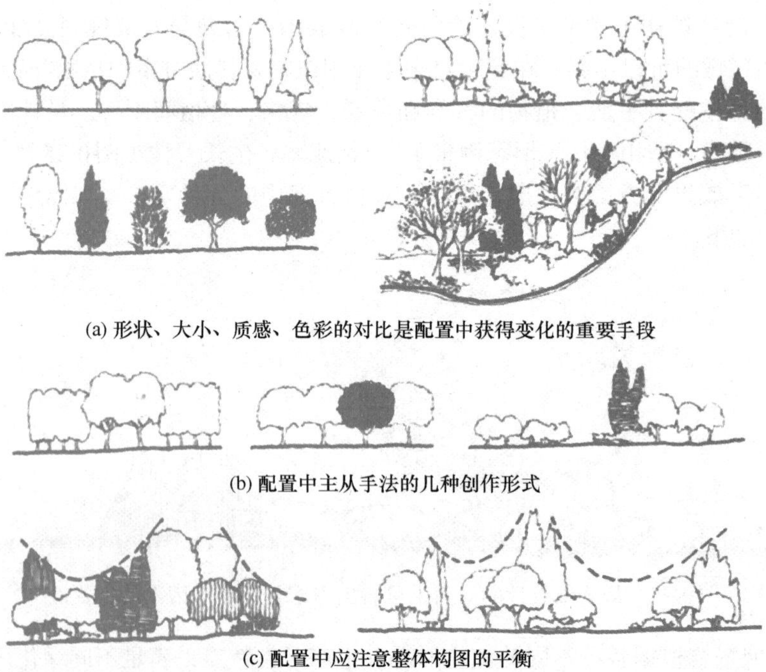

(a) 形状、大小、质感、色彩的对比是配置中获得变化的重要手段

(b) 配置中主从手法的几种创作形式

(c) 配置中应注意整体构图的平衡

图0-27　植物景观构图的基本手法

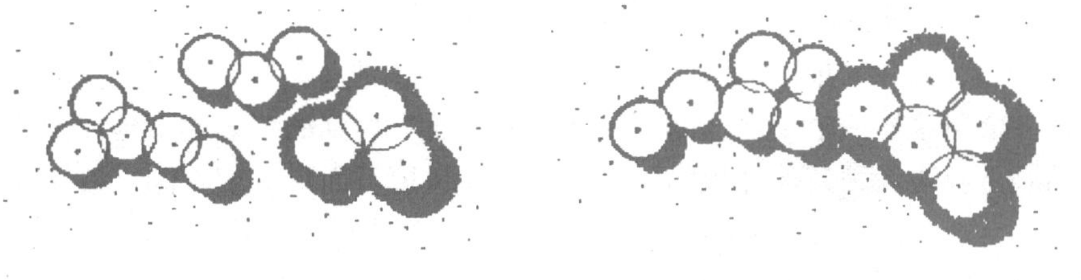

(a) 植物丛之间的空隙造成的废空间　　(b) 每组植物紧密结合在一起，消除废空间

图0-28　植物配置中的空间处理

注：废空间即没有意义的空隙。

物的空间组织与观赏功能为出发点，考虑多种植物相互重叠交错，以增加整体性和群体性。

2）适应当地的气候、土壤条件和自然植被分布特点，选择抗病虫害、易养护管理的植物，体现良好的生态环境和地域特点。乔木、灌木、常绿植物和落叶植物的配置要考虑植物生长特性和观赏价值。木本植物和草花的配置，要考虑观赏效果和四季的变化。

3）充分发挥植物的各种功能和观赏特点，合理配置。常绿与落叶、速生与慢生相结合，构成多层次的复合结构，使人工配置的植物群落自然和谐、稳定。

4）要尽量群体地而不是单体地处理植物素材。一方面，一种设计方案中的各组相似因素会在布局内对视觉统一感产生影响，当设计中的各个成分互不相关、各自孤立时，整个设计就有可能在视觉上分裂成无数相互抗衡的对立部分；另一方面，群体或“浓密的结合体”能将各单独的部分联结成一个统一的整体（植物在自然界中几乎都以群体的形式而存在）。当树木形象很突出且其成熟度较高时，可孤植作为主景，但在一个园林区域中，不宜多用。

5）在群体植物中处理各单体植物之间的关系时，应使它们有轻微的重叠。群体植物中的每株植物之间如果间距较大，则会失去群体感，像充斥一群毫不相干的孤植树，从而会使整个画面杂乱无章。为视觉统一，各单体植物的相互重叠面一般是各植物树冠直径的1/4～1/3。

6）在小群体中排列单体植物的原则，是将它们按奇数（如3、5、7等）组合成一组。因为偶数易形成视觉上均等的分割，视线会在被“分割”的两组之间来回移动，因而造成对立和冲突；相反，奇数则不易被均等分割，在视觉上不会只停留在任何一个单株上，而将它们作为一个整体来观赏。

7）每组植物在相互衔接时，不要出现废空间。在一个园林功能或视觉区域中，植物群体之间围合的空间应该是有审美或实用功能上的意义，因此每组植物的衔接一定要服从这一需要（图0-29）。如果衔接不当，便会出现许多废空间，在设计中应避免出现，否则既不

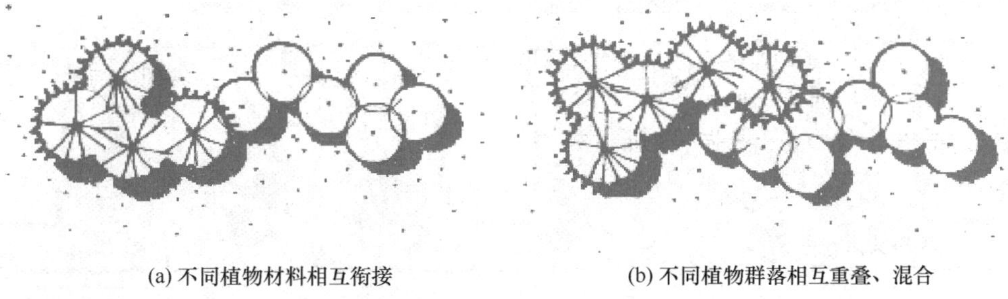

(a) 不同植物材料相互衔接　　(b) 不同植物群落相互重叠、混合

图0-29　植物配置中不同植物的衔接

美观（杂乱无章），又极易造成养护上的困难。

8）设计者在考虑植物间的间隙和相对高度时，绝不能忽略树冠下面的空间。经验不足的设计者往往会犯这样一个错误，即认为在平面上所观察到的树冠向下延伸到地面，从而不在树冠的底下及边缘种其他矮植物。这无疑会在树冠下面形成废空间，破坏设计的流动性和连贯性。当景观和功能上需要树冠下构成有用空间时，另当别论。

9）在选取和布置植物时，应该有一些基本（普通）种类的植物，以其数量占支配地位，从而进一步确保布局的统一性。普通种类的植物主要是指形态饱满（以呈圆球形为主），观赏价值一般，不特别引人注目的植物类型，它们可在视觉上形成一致性和连贯性，一般构成景的基调和背景，可大量（占60%以上）应用。反之，如果大量地运用特殊形状的树，势必冲突过大，杂乱有余而统一性不够，且成本也较高。自然界的植物也是呈“一般的多，特殊的少”这一“正态分布”规律的。

2．古树、名木保护

树龄在百年以上的树木称为古树；国内外稀有的、珍贵的、具有历史价值和纪念意义及重要科研价值的树木称为名木。古树、名木一经发现必须重点保护，其设计要点如下。

1）古树、名木保护范围：在成行地带外缘树冠垂直投影及其外侧5m宽和树干基部外缘水平距离为树胸径20倍以内。保护范围内不得损坏表土层和改变地表高程，不得设置建（构）筑物及架（埋）各种管线，不得栽植缠绕古树、名木的藤本植物。

2）保护范围附近不得设置造成古树、名木的有害水、气的设施。

3）采取有效的保护措施和创造良好的生态环境，维护其正常生长。

4）在绿化设计中要尽量发挥古树、名木的文化历史价值作用，丰富环境的文化内涵。

3．扩初设计图纸要求

植物景观的扩初设计阶段，在平面图中要标注植物明细表（图0-30和图0-31），表中注

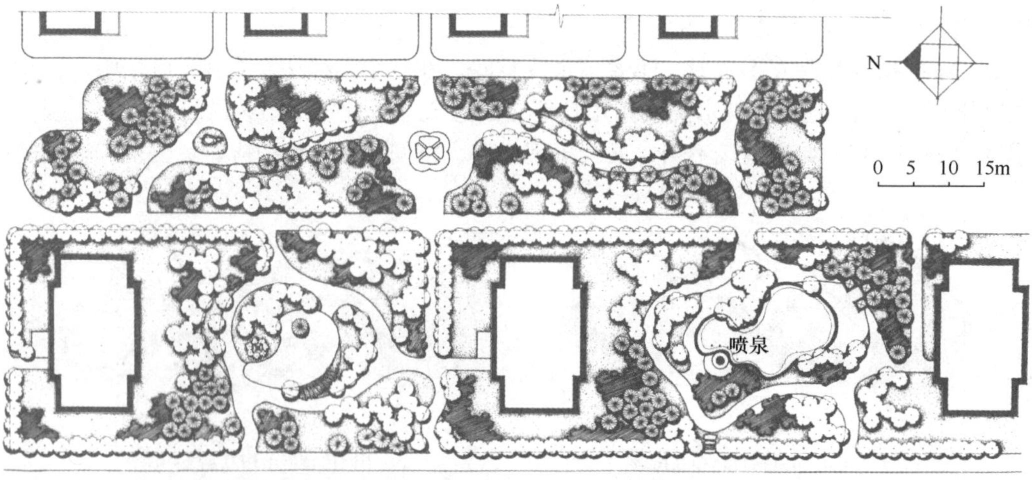
N
0 5 10 15m
喷泉

图0-30　某小区植物景观扩初（详细）设计（苗木名录省略）

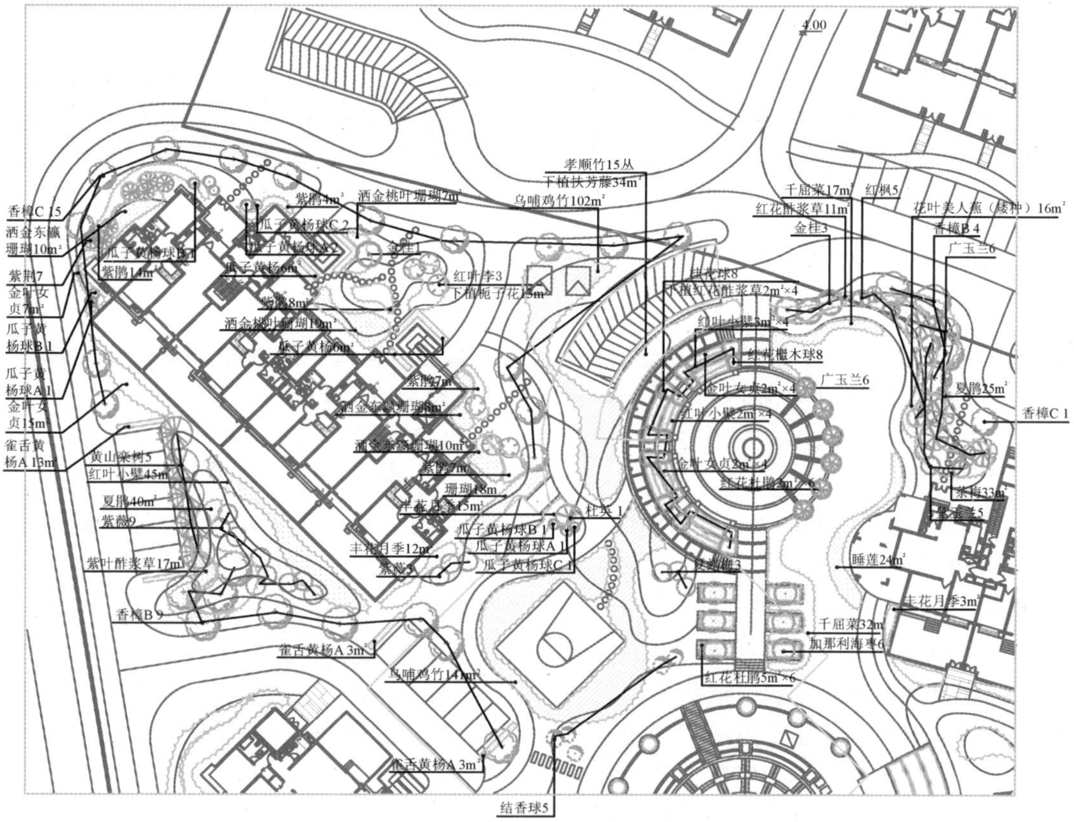
4.00
孝顺竹15丛
下植扶芳藤34m²
乌哺鸡竹102m²
香樟C 15
酒金东瀛珊瑚10m²
紫荆7
金叶女贞7m²
瓜子黄杨球B 1
瓜子黄杨球A 1
金叶女贞15m²
雀舌黄杨A 13m²
紫鹃4m²
洒金桃叶珊瑚7m²
瓜子黄杨球C 2
瓜子黄杨球B 1
紫鹃14m²
瓜子黄杨6m²
红叶李3
下植栀子花13m²
紫鹃8m²
瓜子黄杨6m²
紫鹃7m²
酒金东瀛珊瑚10m²
珊瑚18m
丰花月季12m²
瓜子黄杨球B 1
瓜子黄杨球A 1
瓜子黄杨球C 1
杜英 1
黄山栾树5
红叶小檗45m²
夏鹃40m²
紫薇9
紫叶酢浆草17m²
香樟B 9
雀舌黄杨A 3m²
乌哺鸡竹14m²
雀舌黄杨A 3m²
结香球5
千屈菜17m²
红枫5
红花酢浆草11m²
金桂3
花叶美人蕉（矮种）16m²
香樟B 4
广玉兰6
下植红花酢浆草2m²×4
红叶小檗3m²×4
红花檵木球8
广玉兰6
金叶女贞2m²×4
红叶小檗2m²×4
夏鹃25m²
香樟C 1
金叶女贞2m²×4
红花杜鹃2m²×6
茶梅33m²
睡莲24m²
丰花月季3m²
千屈菜32m²
加那利海枣6
红花杜鹃5m²×6

图0-31 某小区（局部）植物景观扩初（详细）设计

明植物的名称、数量、苗木的规格和种植的间距或密度等。要合理利用备注栏，对苗木有特殊要求的，可在备注栏中写清楚。一般要画平、立、剖面图（也可加画景点透视图和鸟瞰图）。比较简单的种植设计一般可在这一阶段完成种植施工图，即将两个阶段合在一起来做，但与土建部分紧密结合的诸如种植坛、种植台等，则需要进一步作详尽的施工图。

知识链接

植物景观扩初（详细）设计评审会

扩初设计评审会上，专家们的意见不会像方案评审会上那样分散，而是比较集中，也更有针对性。设计负责人的发言要言简意赅，有的放矢。根据方案评审会上专家们的意见，介绍扩初文本中修改过的内容和措施。未能修改的意见，要充分说明理由，争取得到专家评委们的认可。

如条件允许，设计方应尽可能使用多媒体技术进行讲解，这样，能使整个方案的规划理念和精细的局部设计效果完美呈现，使设计方案更具有形象性和表现力。一般情况下，经过扩初设计评审会后，总体规划平面图和具体设计内容都能顺利地通过评审，这就为施工图设计打下了良好的基础。扩初设计越详细，施工图设计越省力。一般而言，建筑设计由于比较复杂，设计的内容和材料多，技术要求高，因此，要经历的阶段就比较多。对于植物造景设计而言，一般只要做出方案设计，通过方案评审，即可进入施工图设计阶段。

0.2.5 施工图设计阶段

植物景观扩初设计完成以后，就可以进入施工图设计阶段。但在进入施工图设计阶段以前，也就是植物景观扩初设计完成后，尚需要通过绿化报批手续。

1．绿化报批

除私营环境小型绿地外，一般的绿化工程项目设计都必须要经过相关主管部门的批准，如宁波市的绿化工程项目设计都必须要经过市主管部门的批准，才能进行绿化施工图设计，下面以宁波市绿化工程项目报批为例介绍绿化报批要点。

（1）申报材料

1）立项文件、扩初会议纪要。

2）国有土地使用证（附图1：500）或建设用地许可证（规划红线图1：500）。

3）宁波市规划批准的项目总平面图。

4）1：500绿化方案总平面白纸图2张。

5）光盘一张（1：500绿化方案总平面图和绿化面积计算图）。

其中第4）、5）项由设计方提供，其他由业主提交。

（2）指标

小区绿地率占30%，公园绿地1m^2/人，乔、灌、草比为3：4：3；小区公园的标准：绿化面积达400m^{2}以上，宽度最小不能少于8m，绿地内要有休闲设施，高层（24～100m）建筑之间的南北间距不得小于50m，多层（高于10m，低于24m）建筑之间的南北间距不得小于30m。绿地占小区面积的70%以上，乔灌草比为3：4：3。

（3）注意事项

1）布局合理，种植设计要做到扩初设计。

2）沿河绿地的岸线划定：沿河两岸绿地宽度必须符合宁波市城市绿化条例的规定，在此绿地内不得安排与园林无关的设施。

3）绿地面积的计算：不是小区所有的绿地都能按100%计算。例如，小区绿地与建筑主体之间距离扣除1.5m，与道路之间距离扣除1m后计算其面积（其中幼儿园的绿地面积可以不扣）。地下车库和地下建筑覆土顶面高相对设计室外地坪标高不大于1m，且平均覆土厚度不小于1m时，乔灌木种植面积不低于70%的才可按100%计算绿地面积，达不到以上标准的只能按30%计算。屋顶绿化高度是指建筑物覆土顶面高相对设计室外地坪标高5m以下的高度。屋顶面覆土1m以上进行绿化后，供人休闲观赏兼有生态作用的永久性屋顶绿地可折算绿地面积，但不得超过总绿地面积的5%。绿色环保型草格可按20%折算，但总量不得超过总绿地面积的1%。

4）水景和游泳池可作绿地计算。

2．基地的再次踏勘与施工图设计有关要求

施工图设计阶段可以看成是设计的终极阶段，施工图是工程项目施工的依据，应根据前两个阶段设计的有关资料，继续深化和完善。植物景观施工图就是要在结合各要素和工种的要求基础上，绘制出具体可以实施操作的图纸，同时要满足以下条件：第一，明确有关设计规范、技术标准；第二，精心设计、图纸详细、清晰无错。

由于施工的基础是基地，为了使施工设计图与基地条件更加吻合，以提高施工的有效性和可操作性，必须要对基地再次踏勘。而此次基地的再次踏勘，至少有3点与前一次不同。

1）参加人员范围的扩大。前一次参与的是设计项目负责人和主要设计人，这一次必须增加建筑、结构、水、电等各专业的设计人员。

2）踏勘深度的不同。前一次是粗勘，这一次是精勘。

3）掌握最新的基地情况。前一次与这一次踏勘相隔较长一段时间，现场情况必定有了变化，必须找出对今后设计影响较大的变化因素，并加以研究调整，然后进行施工图设计。

3．施工图设计内容

（1）施工总平面图

表明各设计因子的平面关系和它们的正确位置及放线坐标网、基点、基线的位置。内容包括保留的现有地下管线（用红色线表示）、建筑物、构筑物、主要现场树木（用细线表示），设计的地形等高线、高程数字，山石和水体、园林建筑物和构筑物的位置（用黑粗线表示），道路广场、园灯、园椅、果皮箱等放线坐标网，以及做出的工程序号、透视线等。

（2）竖向设计图

用于各设计因素的高程关系，如山峰、丘陵、盆地、缓坡、平地、河湖驳岸、池底等具体高程，各景区的排水方向、雨水汇集及建筑、广场的具体高程等。为满足排水坡度，一般绿地坡度不得小于5%，缓坡为8%～12%，陡坡在12%以上。内容有：①竖向设计平面图主要包括等高线、最高点高程，设计溪流河湖岸线、河底线及高程，填挖方范围等（填挖工程量注明）；②竖向设计剖面图包括主要部分山形、丘陵、谷地的坡势轮廓线（用黑粗实线表示）及高度、平面距（用黑细实线表示）等。剖面的起讫点、剖切位置编号必须与竖向设计平面图上的符号一致（参见《园林硬质景观工程设计》，易军等编著，科学出版社出版）。

（3）种植设计图

平面图　用设计图例绘出常绿阔叶乔木和落叶阔叶乔木、常绿针叶乔木和落叶针叶乔木、落叶灌木、常绿灌木、整形绿篱、自然形色篱、花卉、草地等的具体位置和种类、数量、种植方式及株行距搭配等。在一小区绿地中把同种树用细实线连在一起，标明树种和数量。同一幅图中树冠的表示不宜变化太多，花卉绿篱的图示也应简明统一，针叶树可重点突出，保留的现状树与新栽的树应有区别。复层绿化时，用细线画大乔木树冠，用粗一些的线画冠下的花卉、树丛、花台等。树冠的尺寸应以成年树为标准，如大乔木5～6m，孤植树7～8m，小乔木3～5m，花灌木1～2m，绿篱宽0.5～1m，种名、数量可在树冠上注

明，若图纸比例小，不易注字，可用编号的形式，在图纸上要标明编号树种名、数量对照表。成行树要注上每两株树的距离。

大样图　对于重点树群、林缘、绿篱、花坛、花卉及专类园等，可附种植大样图（1：100的比例）。要将群植和丛植各种树木位置画准，注明种类数量，用细实线画出坐标网，注明树木间距，并做出立面图，以便施工参考。

有时，为了便于普通工人的施工操作，增加施工图的直观性，对于不容易看明白的或者重点的部分应画出轴测图（图0-32～图0-36）。

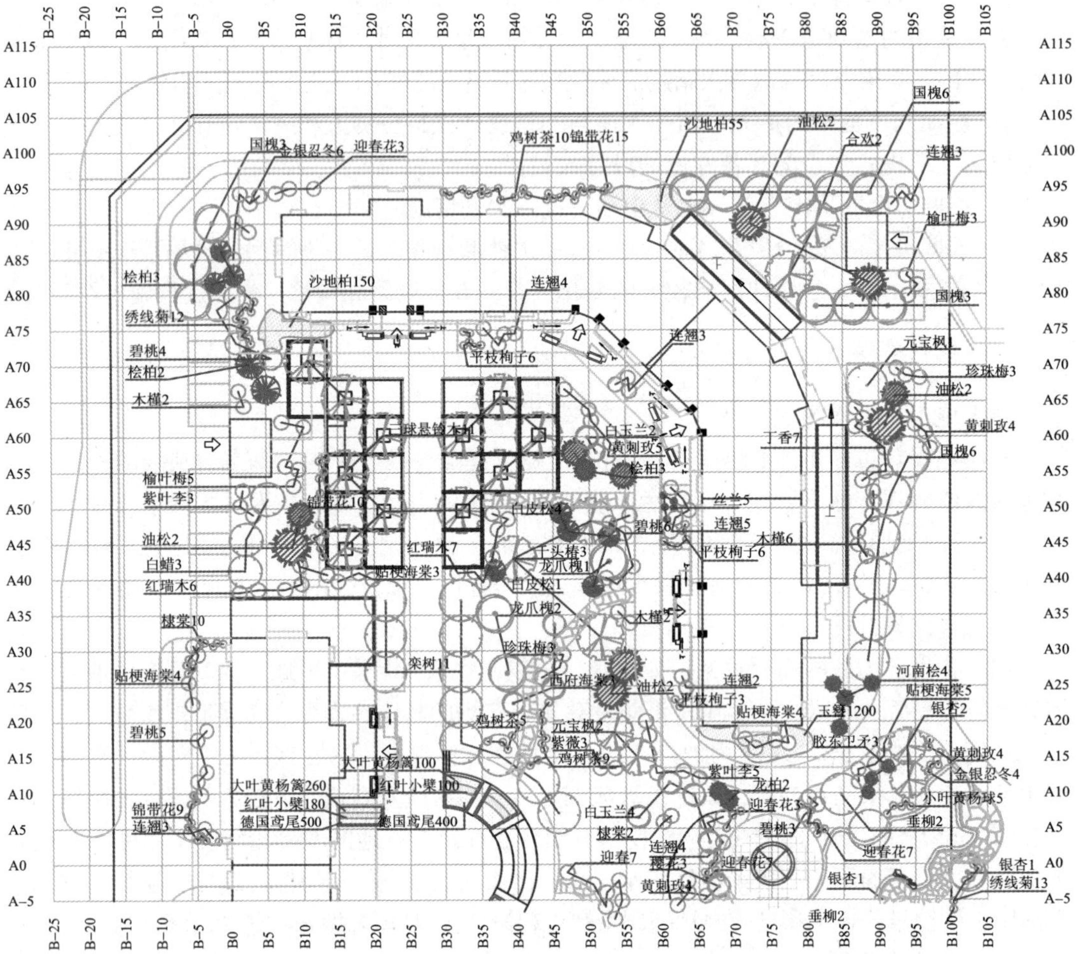
国槐3
金银忍冬6
迎春花3
鸡树茶10
锦带花15
沙地柏55
油松2
合欢2
国槐6
连翘3
榆叶梅3
桧柏3
沙地柏150
连翘4
国槐3
绣线菊12
连翘3
元宝枫1
碧桃4
桧柏2
平枝栒子6
珍珠梅3
油松2
木槿2
黄刺玫4
白玉兰2
国槐6
黄刺玫5
丁香7
球悬铃木11
桧柏3
榆叶梅5
紫叶李3
丝兰5
锦带花10
白皮松4
碧桃6
连翘5
油松2
木槿6
千头椿3
平枝栒子6
红瑞木7
白蜡3
龙爪槐1
贴梗海棠3
红瑞木6
白皮松1
龙爪槐2
木槿2
棣棠10
珍珠梅3
栾树11
河南桧4
贴梗海棠4
西府海棠3
油松2
连翘2
贴梗海棠5
平枝栒子3
银杏2
贴梗海棠4
玉簪1200
碧桃5
鸡树茶5
元宝枫2
紫薇3
胶东卫矛3
黄刺玫4
鸡树茶9
大叶黄杨篱100
金银忍冬4
紫叶李5
大叶黄杨篱260
红叶小檗100
龙柏2
小叶黄杨球5
红叶小檗180
迎春花3
白玉兰4
锦带花9
德国鸢尾500
德国鸢尾400
棣棠2
碧桃3
垂柳2
连翘3
连翘4
迎春花7
迎春7
樱花3
迎春花7
银杏1
银杏1
黄刺玫4
绣线菊13
垂柳2

图0-32　某小区（局部）植物造景设计施工放样定位图

其他如：道路广场设计图、水景设计图、园林建筑设计图、管线设计图、假山、雕塑等小品设计图、电气设计图等在此省略（详见《园林硬质景观工程设计》，易军等编著，科学出版社出版）。

（4）施工放样定位图

通常使用坐标方格网放样，需注意原始点的选择，不能随便选择原点。一定要以在现场能找到的特征点作为原点（0，0），原点向右（向北）为正，原点向左（向南）为负。每一

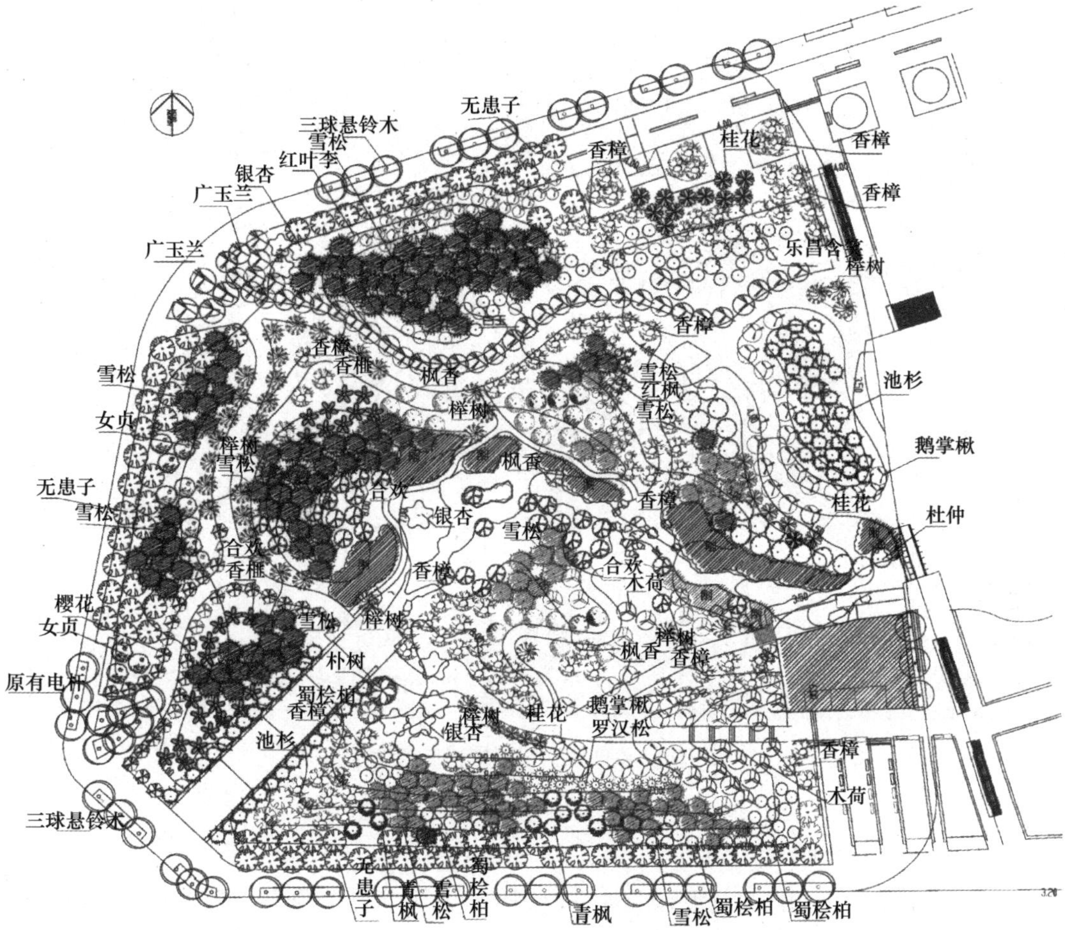
无患子
三球悬铃木
雪松
红叶李
银杏
广玉兰
广玉兰
香樟
桂花
香樟
香樟
乐昌含笑
榉树
香樟
香樟
香榧
枫香
雪松
池杉
雪松
红枫
雪松
女贞
榉树
榉树
雪松
枫香
鹅掌楸
无患子
合欢
香樟
桂花
雪松
银杏
雪松
杜仲
合欢
香榧
香樟
合欢
木荷
樱花
女贞
雪松
榉树
榉树
枫香
香樟
原有电杆
朴树
蜀桧柏
香樟
榉树
桂花
鹅掌楸
罗汉松
池杉
银杏
香樟
木荷
三球悬铃木
无患子
青枫
雪松
蜀桧柏
青枫
雪松
蜀桧柏
蜀桧柏

图0-33　某自然生态园植物景观之上木设计图

方格的边长定一个适合长度（如5m、10m、20m等）即可。

（5）编制施工图预算

在施工设计中要编制施工图预算。它是实行工程总承包的依据，是控制造价、签订施工合同、拨付工程款项、购买材料的依据，同时也是检查工程进度、分析工程成本的依据。预算包括直接费用和间接费用。直接费用包括人工、材料、机械、运输等费用。间接费用按直接费用的百分比计算，其中包括设计费和管理费。如预算超过控制价很多，则必须要对材料、品种、规格、数量等进行调整设计。根据设计项目所得的经验，施工图预算与最终工程决算往往有较大出入。其中的原因各种各样，影响较大的有：施工过程中工程项目的增减，工程周期的调整，工程范围内地质情况的变化，材料选用的变化。施工图预算编制属于造价工程师的工作，但项目负责人应该时刻有一个工程预算控制度，必要时及时与造价工程师联系、协商，尽量使施工预算能较准确地反映整个工程项目的投资状况。应该承认，一个工程的最终效果很大程度上由投资控制决定。作为项目负责人有责任为业主着想，客观上因地制宜，主观上发挥各专业设计人员的聪明才智，平衡协调，在设计这一环节做到投资控制。整个工程项目建成后良好的景观效果，是充裕资金保证同优良设计与科学合理施工结合的体现。

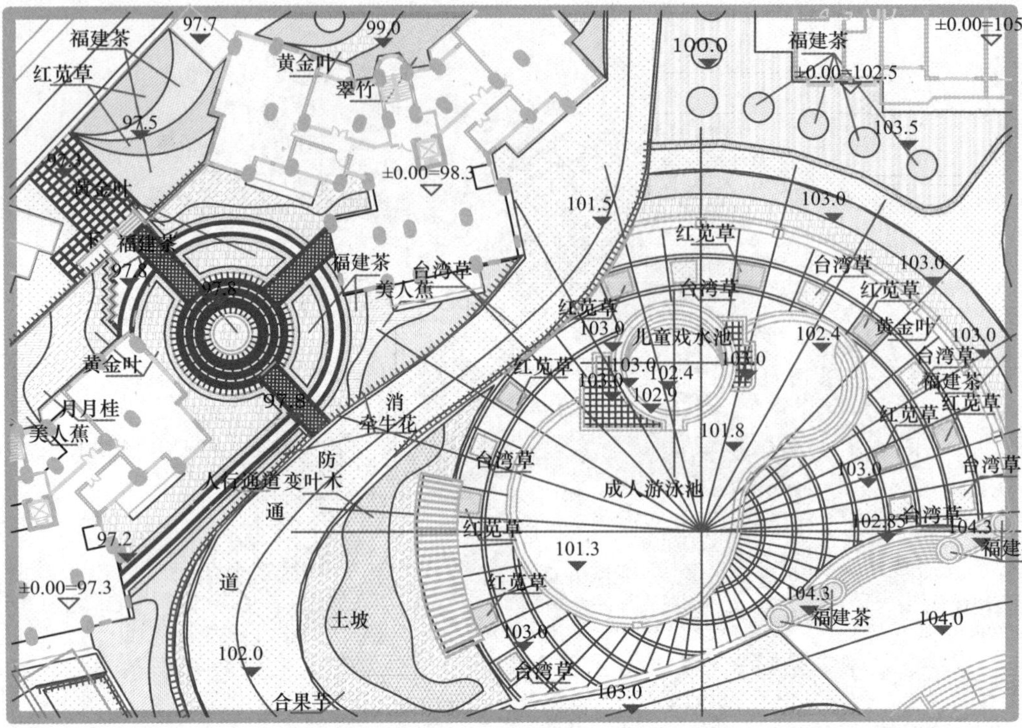
福建茶
97.7
99.0
红苋草
黄金叶
翠竹
97.5
黄金叶
福建茶
97.8
97.8
福建茶
台湾草
美人蕉
±0.00=98.3
100.0
福建茶
±0.00=102.5
±0.00=105.9
103.5
101.5
103.0
红苋草
台湾草
103.0
台湾草
红苋草
红苋草
103.0
儿童戏水池
102.4
黄金叶
103.0
台湾草
福建茶
红苋草
红苋草
红苋草
103.0
102.4
102.9
黄金叶
月月桂
美人蕉
97.8
消
牵牛花
101.8
红苋草
台湾草
台湾草
防
人行通道
变叶木
成人游泳池
103.0
通
红苋草
101.3
福建茶
97.2
±0.00=97.3
道
红苋草
104.3
福建茶
104.0
土坡
103.0
102.0
台湾草
103.0
合果芋

图0-34　某自然生态园植物造景设计图

（6）施工设计说明书

施工设计说明书的内容是设计的进一步深化。说明书需写明设计的依据、设计对象的地理位置及自然条件、园林绿地设计的基本情况、各种园林工程的论证叙述、园林绿地建成后的效果分析等。

4．施工设计出图应急

当前，很多大工程如市、区重点工程施工周期紧促。往往先确定最后竣工期，然后从后向前倒排施工进度。这就要求设计人员打破常规的出图程序，实行先出图方式。一般而言，在大型园林景观绿地的施工图设计中，施工方急需的应急图纸有总平面放样定位图，竖向设计图（俗称土方地形图），一些主要的大剖面图，土方平衡表（包含总进、出方量），水的总体上水、下水、管网布置图，主要材料表，电的总平面布置图、系统图等。同时，这些较早完成的图纸要做到两个结合：

1）各专业图纸之间要相互一致。

2）每一种专业图纸与以后陆续完成的图纸之间，要有准确的衔接和连续关系。

随着社会的发展会有更多大型项目出现，它们自身的特点使设计与施工各自周期的划分变得不够清晰，特别是由于施工周期紧张，会使我们只得先出一部分急需施工项目的图纸，从而使整个工程项目处于边设计边施工的状态。紧接着就要进行各个单体建筑小品的设计，其中包括建筑、结构、水、电的各项专业施工图设计。另外，作为整个工

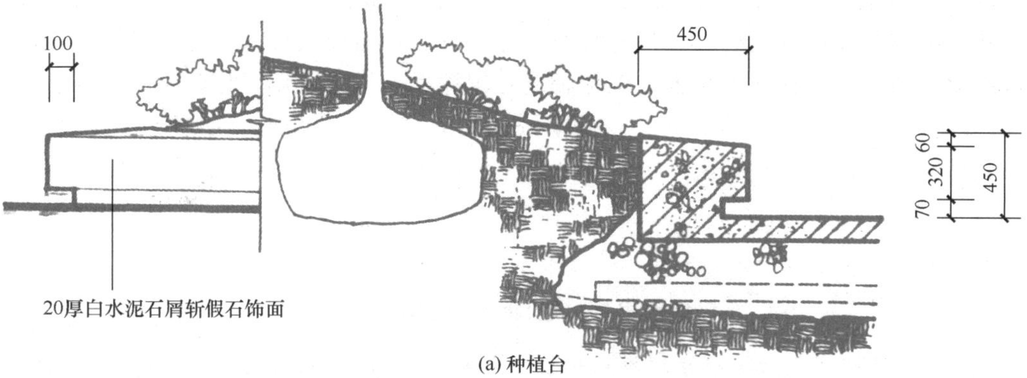
100
450
60
320
450
70
20厚白水泥石屑斩假石饰面

(a) 种植台

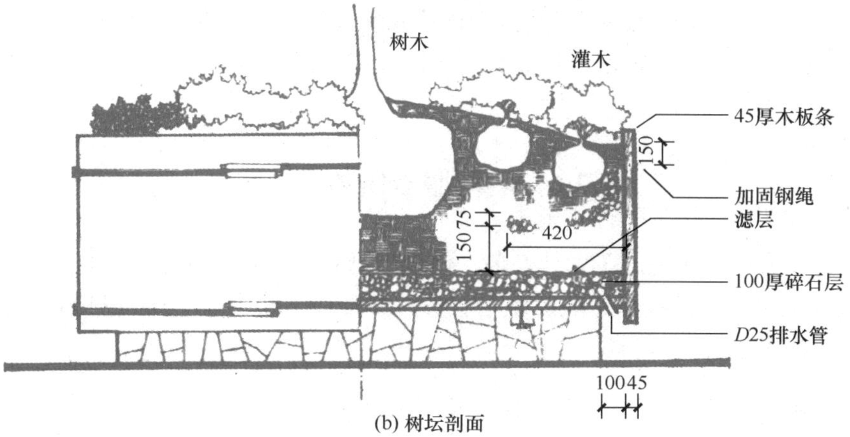
树木
灌木
45厚木板条
150
加固钢绳
滤层
150
75
420
100厚碎石层
D25排水管
100
45

(b) 树坛剖面

图0-35　种植（施工）设计——树坛详图（单位：mm）

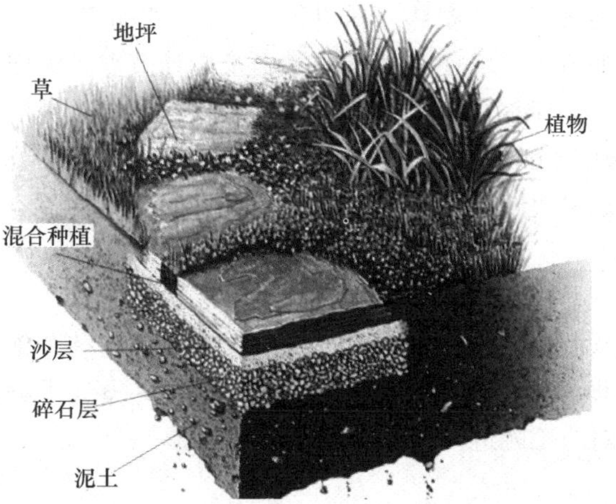
地坪
草
植物
混合种植
沙层
碎石层
泥土

图0-36　种植（施工）设计——轴测大样图

程项目设计总负责人，往往同时承担着总体定位、竖向设计，道路广场、水体，以及绿化种植和施工图设计任务，而且要把很多时间、精力花费在协调、组织、平衡等工作中。尤其是甲方与设计方之间、设计方与施工方之间，各专业设计人员之间的协调工作更不可避免。通常，工程规模越大，工程影响力越深远，组织协调工作就越繁重。从这方面看，作为项目设计总负责人，不仅要掌握扎实的设计理论知识和丰富的实践经验，更要具有极强的工作责任心和优良的职业道德，这样才能更好地担当起这一重任。

知识链接

植物景观施工图设计评审

施工图设计完成以后，要经过设计单位内部和业主组织的评审，设计组在评审会上要简明扼要地介绍设计的难点、注意事项、使用标准等，详尽讲解新工艺、新技术等的使用。评审会上对所提出疑问要进行明确的解答和说明，对一些意见和建议，设计组要慎重考虑，并对评审会议纪要上提出的问题逐条进行设计整改。

0.2.6 后期服务阶段

施工图设计完成后，便完成了设计任务，但设计项目整个过程还没有完成，设计单位还要有后期服务工作，包括技术交底、现场服务、参加竣工会议、备案资料的签名盖章、设计回访和设计总结等。

1. 技术交底

在技术交底会议上，设计方把设计意图、注意事项、技术难点、新工艺、关键部分设计、技术要求和规范详细向施工方交代。业主、监理、施工各方面审图后提出所发现的各专业方面的问题，各专业设计人员将对口进行答疑。一般情况下，业主方的问题多涉及总体上的协调、衔接；监理方、施工方的问题常提及设计节点、大样的具体实施，双方的侧重点不同。由于上述三方都做好充足准备，并且有些问题往往是施工中关键节点，因而设计方在交底会前也要做充分准备，会上要尽量结合设计图纸当场答复，现场不能回答的问题，应于会后考虑清楚尽快做出答复。

2. 现场服务

合同中明确要求设计人员驻地的，设计单位要派人参与整个施工过程，协同施工方施工；不需要驻地的，设计人员也要定期或不定期到现场考察，了解设计与现场的施工效果准确、合理与否，并对施工方进行指导或进行设计调整。

3. 参加竣工会议

设计人员要参加业主组织的工程竣工会，在会议上设计方对工程是否符合设计意图，是否达到设计所预定的景观效果提出看法，并对现场施工存在的问题提出整改建议。

思考与练习

1. 植物造景设计过程一般分为哪几个阶段？各阶段的主要工作内容是什么？
2. 为什么要选取小区绿化设计为课程学习主要项目内容？
3. 小区植物造景详细设计主要包括哪些内容？

1 设计基础

园林植物造景设计理论、方法与技巧

1.1 植物造景设计基本法则

学习目标

熟悉形式美法则、意境美法则、生态学法则的主要内容和运用方法，在此基础上做出符合小区环境特点的、满足功能要求的、具有艺术特色的植物造景设计。

技能要求

1. 善于运用植物造景设计的形式美法则来构思和配置植物，使植物景观在形态、色彩和空间营造组织方面都能满足美学和基本的功能要求；
2. 善于运用植物造景设计的意境美法则来营造环境和空间的个性和氛围，能赋予植物造景设计以一定境界，至少具有一定诗情画意和艺术匠心；
3. 善于运用植物造景设计的生态学法则来科学合理地配置植物，构成美观而稳定自然的植物群落，同时在环境功能和改善人居环境质量方面具有合理的设计构思。

工作场境

工作（教、学、做）场所：一体化制图室及综合设计工作室（最佳的教学场所应该具有多媒体设备、制图桌及较高配置的计算机，满足教师教学示范和学生设计制图操作的需要）。

工作情境：学生模拟担任公司设计员角色，学习、操作并掌握设计岗位基本工作内容；在这里教师是设计师、辅导员（偶尔充当业主和管理者角色）。理论教学采用多媒体教学手段，以电子案例和设计文本实物增加感性认识，教师要进行现场操作示范，学生要进行操作训练，可结合居住小区绿地模拟建设项目或教师指定的实际设计项目进行植物造景设计的教学和实践。

植物是构成园林景观的主要素材，由乔木、灌木、草本、藤本、水生植物等创造的园林景观在形态、线条、色彩、季相变化等方面都是极其丰富和无与伦比的。植物造景设计是一项看似简单、实则复杂的系统工程，要考虑方方面面的问题和法则，植物本身具有其他要素不可比拟的仪态万千的造型，而且具有丰富多彩的色彩形象；在搭配时既是一种优势，又存在“麻烦”。处理好则意趣盎然、多姿多彩；处理不好则杂乱无章、粗野无趣。因此，必须要遵循一定的形式美法则。另外，植物具有生命，不仅能从小长到大，而且还具有明显的季相变化，同时，作为生物必然需要特定的生态环境，既要动态地考虑景观效果，具有一定的预见性，又要遵循植物和群落生长和演替的生态法则，否则植物长势不好，甚至不能生长，便不能体现植物绚烂的景观，也不能很好地起到提高环境生态效益的作用。

独具特色的植物景观配置，讲究诗情画意和意境，赋予植物景观很深的境界和灵魂，因此，意境美法则体现与否，对于营造特殊的艺术氛围和特殊的环境气氛极为重要，在具体的设计中必须要综合考虑，统筹安排。合理的园林植物造景设计，必须是科学性与艺术性的高度统一，既要满足园林绿地的性质与功能要求，又要满足植物的生态适应性要求；既要体现植物个体和群体的形式美，又要让人们在观赏中体验一种意境美。

1.1.1 植物观赏特性与形式美法则

园林植物造景是运用艺术的手段而产生的美的组合，它是无声的诗、立体的画，是艺术美的体现。现代景观设计者利用植物造景，多是从视觉角度出发，根据植物的观赏特性、形状、线条、色彩，运用艺术手法来进行景观创造。这种从视觉出发、充分考虑植物观赏特性的造景艺术属于造型艺术范畴，因此，必须要遵循相关的形式美法则，同时要在形式美共性的基础上，考虑植物形式美的内容和特殊性来展开阐述。

1. 园林植物的观赏特性

（1）园林植物微观的观赏特性

通常所见的园林植物，是由根、干、枝、叶、花和果实（种子）所组成。根、干、枝、叶部分都与植物的营养有关，它们是植物的营养器官，而花和果实是植物的繁殖器官。这些不同的器官或整体，有其典型的形态和色彩，通常在夏季呈深绿色，但到了深秋会变成深浅不同的颜色。松树在幼龄期和壮龄期，其树姿端正苍翠，而到了老龄期则枝矫顶兀，枝叶盘结。植物一系列的色彩与形象变化，使园林景观得以丰富。因此，我们必须掌握植物不同时期的观赏特性与变化规律，并充分利用其叶容、花貌、色彩、芳香及树干姿态等来构成特定环境的园林艺术效果。

图1-1 盘根错节的黄葛树树根景观

园林植物的根大多生长在土壤之中，其观赏价值不大，而某些特别发达的树种，其根部高高隆起，突出地面，并盘根错节，颇具观赏价值（图1-1）。还有些植物的根系，因负有特殊的功能可不在土壤中生长，其形态自然也有所改变。例如，榕树类盘根错节、郁郁葱葱，树上布满气生根，并倒挂下来，犹如珠帘下垂，当其落至地上又可生长成粗大的树干，异常奇特，能给人以新奇之感。

树干的观赏价值与其姿态、色彩、高度、质感和经济价值都有着密切关系。银杏、香樟、珊瑚朴、银桦等主干通直、气势轩昂、整齐壮观，它们是很好的行道树种；白皮松树形秀丽，为极优美的观赏树种；梧桐皮绿干直，紫薇细腻光滑，具有较高的观赏价值。

树枝是树冠的“骨骼”，其生长状况，树枝的粗细、长短、数量和分枝角度的大小都直接影响着树冠的形状和树姿的优美与否。例如，油松侧枝轮生，呈水平伸出，使树冠组成层状，尤其老树更苍劲（图1-2）。柳树小枝下垂，轻盈婀娜，摇曳生姿。一些落叶乔木的枝条在冬季像图画一样的清晰，衬托在蔚蓝的天空下或晶莹的雪地上时，便具极高的观赏价值。

叶的观赏价值主要在于叶形和叶色，一般叶形给人的印象并不深刻，然而奇特的叶形或特大的叶形往往容易引起人的注意，如鹅掌楸、银杏、王莲、苏铁、棕榈、荷花、芭蕉、龟背竹、八角金盘等植物的叶形都具有一定的观赏价值。园林植物的叶色也有很多变化，春夏之际大部分树叶的颜色是绿色，只不过浓淡不同而已；常绿针叶树多呈蓝绿色，阔叶落叶树多呈黄绿色，但到了深秋很多落叶树的叶就会变成不同深度的橙红色、紫红色、棕黄色和柠檬色等（图1-3）。“霜叶红于二月花”，正是枫叶、黄栌叶色彩变化的写照。

图1-2　北京社稷坛古松树虬枝铁干

图1-3　公园中各种形态和色彩的观叶植物

花是植物的有性生殖器官，种类繁多，争奇斗艳，其姿态、色彩和芳香对人的精神有着很大的影响，如：白玉兰一树千花；荷花丽质高洁、姿色迷人；梅花姿、色、香俱全，“一树独先天下春”“疏影横斜水清浅，暗香浮动月黄昏”都是对梅花的写照。其他如春有桃花映红（图1-4），夏有石榴红似火，秋有金桂香馥郁，冬有蜡梅飘香、山茶吐艳。当秋季硕果累累时，不仅到处散发着果香，而且还呈现出金黄、艳红的色彩（图1-5），为园林平添景色。如能搭配得当，效果更佳。

（2）园林植物宏观的观赏特性

园林植物宏观的观赏特性主要是指植物的大小、形态、色彩、质地和树叶的类型等。

1）植物的大小。

主要是指其高宽尺度或体量的大小，这种因素对人们的视觉影响是显著的。按照植物

图1-4 公园中盛开的桃花

图1-5 荚蒾的果实火红艳丽

大小标准一般可将植物分为几类：大中型乔木（10m以上）、小乔木（5～10m）、高灌木（3～4.5m）、中灌木（1～2m）、矮小灌木（1m以下）和地被植物（30cm左右）。

大中型乔木在景观中的功能作用有以下几点：①因其高大的体量而引人注目，成为某一布局中的主景或充当视线的焦点；②（空间界定方面）在顶平面或垂直面上形成封闭空间；③在景观功能中还被用来提供阴凉（用来充当遮阴树）。

小乔木和装饰植物的景观功能作用为：①能从垂直面和顶平面两方面限制空间，由于大部分树木分枝点低，因而其密集的枝干能在垂直面上暗示甚至封闭着空间边界；②这类植物因其美丽的姿态和花果而成为视觉焦点和构图中心。

高灌木的景观功能作用为：①许多高灌木能组合在一起构成漂浮的林冠；②高灌木犹如一堵堵围墙，在垂直面上构成闭合空间，从而也可作为视线屏障和私密性控制之用；③在低灌木的衬托下，高灌木因其显著的色彩和质地形成构图焦点；④高灌木还能作为雕塑和低矮花灌木的天然背景。

中灌木在体量上属于中等，往往作为配景，并作为高灌木或小乔木与矮小灌木之间的视觉过渡。中灌木还可以起到围合空间的作用，这类空间界面限定感较强，但视线一般不受阻挡。在植物造景设计中，中灌木使用量较大，以达到景观和谐统一的效果。

矮小灌木能在不遮挡视线的情况下限制或分隔空间。在构图上，矮小灌木也具有从视觉上连接其他不相关因素的作用。矮小灌木的另一个功能是在设计中充当附属因素，它能与较高的物体形成对比，或降低一级设计尺度，使其更小巧、更亲密。

与矮小灌木一样，地被植物在设计中也可暗示空间边缘。另外地被植物尚有如下景观功能：①地被植物因其具有独特的色彩或质地而能提供观赏情趣；②作为主要景物的无变化的、中性的背景或衬底；③能从视觉上将其他孤立因素或多组因素联系成一个统一的整体（图1-6）。

2）植物的形态。

单株或群体植物的外形，是指植物自身形态特征结合生长习性所形成的整体形态轮廓。植物外形的基本类型有纺锤形、圆柱形、水平展开形、圆球形、尖塔形、垂枝形和特殊形（图1-7）。

图1-6　丰富的植物景观效果

图1-7　形态各异的植物个体景观效果

纺锤形　这类植物形态窄长，顶部尖细。在设计中，纺锤形植物通过引导视线向上的方式，突出了空间的垂直面。它们能为一个植物群和空间提供一种垂直感和高度感。如果大量使用该类植物，其所在的植物群体与空间会给人以一种超过实际高度的错觉。当与较低矮的圆球形或水平展开形植物种植在一起时，其对比十分强烈，其形状犹如“惊叹号”，惹人注目。由于这种特征，故在设计中纺锤形植物数量不宜过多，否则，会造成过多的视线焦点，使构图跳跃破碎。

圆柱形　这类植物除顶部是圆的外，其他形状都与纺锤形相同。因此，它具有与纺锤形植物相近的设计用途，只是视觉的强烈感要相对弱一点。

水平展开形　这类植物具有水平方向生长的习性，故宽和高几乎相等，能使设计构图产生一种宽阔感和外延感，从而有引导视线沿水平方向移动的用途。因此，这类植物布局通常用于从视线的水平方向联系其他植物形态。如果这种植物形状重复地灵活运用，视觉效果更佳。在构图中展开形植物能与平坦的地形、平展的地平线和低矮水平延伸的建筑物相协调。若将该类植物布置于平矮的建筑旁，它们能延伸建筑物的轮廓，使其融汇于周围环境之中。

圆球形　具有明显的圆环或球形形状的植物。它是植物类型中为数较多的种类之一，因而在设计布局中，该植物用量较大。不同于前面几类植物，该类植物在引导视线方面既无方向性，也无倾向性。因此，在整个构图中，随便使用圆球形植物都不会破坏设计的统一性。圆球形植物外形圆柔温和，可以和其他外形较强烈的形体相呼应，也可以和其他曲线形的因素相互配合、呼应，以形成波浪起伏的景观。

圆锥形（尖塔形）　这类植物的外观呈圆锥状，整个形体从底部逐渐向上收缩，最后在顶部形成尖头。圆锥形植物除有易被人注意的尖头外，总体轮廓也非常分明和特殊。因此，该类植物可以用来作为视觉景观的重点，特别是与较矮的圆球形植物配置在一起时，在其对比之下尤为醒目。也可以与尖塔形的建筑物或是尖耸的山巅相呼应。

垂枝形　这类植物具有明显的悬垂或下弯的枝条。在自然界中，地面低洼处常伴生着垂枝植物，如河床两旁常生长有众多的垂柳。在设计中，它们能起到将视线引向地面的作用，因此可以在引导视线向上的树形植物之后，用垂枝形植物。垂枝形植物还可种于岸边，以配合其波动起伏的涟漪，象征着水的流动。为能表现出该植物的姿态，最理想的做法是将该类植物种在种植池的边沿或地面的高处，这样，植物就能越过池的边缘悬垂。

特殊形　特殊形植物具有奇特的造型，其形状千姿百态，有不规则的、多瘤节的、歪扭式的和缠绕螺旋式的。这类植物通常在某个特殊环境中已生存多年。除专门培育的盆景植物外，大多数特殊形植物的造型，都是由自然力造成的。由于它们具有特殊的形状，所以，常作为孤植树，放在突出的设计位置上，构成独特的景观效果。一般而言，无论在何种景观中，一次只宜置放一棵这类植物，避免产生杂乱的景象。

毫无疑问，并非所有植物都能准确地符合上述分类。有些植物的形状极难描述，而有些植物则越过了不同植物类型的界限。尽管如此，植物的形态仍是一个重要的观赏特征，在植物因其形状而自成一景，或作为设计焦点时，尤为凸显。不过，当植物以群体出现时，单株的形象便消失，自身造型能力受到削弱。在此情况下，整体植物的外观便成了重要的因素。

3）植物的色彩。

除了植物的大小、形态，植物的色彩也是引人注目的观赏特征。植物的色彩可以被看作是“情感”象征，这是因为色彩直接影响着一个室外空间的气氛和情感。鲜艳的色彩给人以轻快、欢乐的气氛，而深暗的色彩则给人以异常沉闷的气氛。由于色彩易于被人识别，因而它也是构图的重要因素。植物的色彩通过植物的各个部分，如树叶、花朵、果实、大小枝条及树皮等而呈现。其中，树叶的色彩是主要的。

依据花色或秋色来布置植物的色彩组合是不可取的，因为特征会很快消失。在夏季树叶色彩的处理上，最好是在布局中使用一系列具色相变化的绿色植物，使其在构图上有丰富层次的视觉效果（图1-8）。另外，将两种对比色配置在一起，其色彩的反差更能突出主题。其中，深绿色能使空间显得恬静、安详，但若过多地使用这种色彩，会给室外空间带

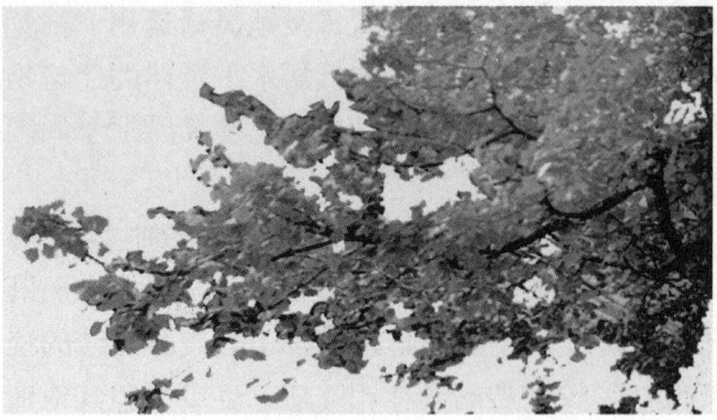

图1-8 绚丽的植物色彩

来阴森沉闷感；浅绿色植物能使空间产生明亮、轻快感。

在处理设计所需要的色彩时，应以中间绿色为主，其他色调为辅。另外，假如在布局中使用夏季的绿色植物作为基调，那么花色和秋色则可以作为强调色。色彩鲜明的区域，面积要大，位置要开阔并且日照充足。因为阳光可使色彩更加鲜艳夺目。当然，如果慎重地将鲜艳的色彩配置在阴影里，鲜艳的色彩能给阴影中的平淡无奇带来欢快、活泼之感。

4）树叶的类型。

树叶的类型包括树叶的形状和持续性，并与植物的色彩在某种程度上有关系。在温带地区，基本的树叶类型有三种：落叶型、针叶常绿型和阔叶常绿型。落叶植物的最显著功能便是突出强调了季节变化；某些落叶树有一个特性，是具有让阳光透射叶丛，使其相互辉映，产生一种光叶闪烁的效果；还有一个特性，就是它们的枝干在冬季凋零光秃后呈现的独特形象。

作为针叶常绿树来说，其色彩比其他类型的植物（柏树类除外）都深，这是由于针叶植物的叶所吸收的光比折射出来的光多，故产生这一现象。在设计中应该注意的是：其一，不能使用过多，以免造成一种郁闷、深沉的气氛。正因为如此，一般在纪念性公园及陵园里，这类植物使用较多。其二，必须在不同的地方群植针叶常绿树，避免分散。针叶常绿树的一个显著特征就是其树叶无明显变化，色彩相对常绿。由于其针叶密度大，因而它在屏障视线、阻止空气流动方面非常有效，同时作为其他景物的背景也很理想。

与针叶常绿树相似，阔叶常绿树的叶色几乎呈深绿色。不过，许多阔叶常绿植物的叶片具有反光的功能，从而使该植物在阳光下显得光亮。阔叶常绿植物也因其艳丽的春季花色而闻名，故在绿地中可以普遍使用，同时也常作为行道树。

根据不同植物树叶类型的不同特性，除在设计中要注意场合和环境外，还要注意地区的地方特色和要求。通常在华北地区，落叶树和针叶常绿树的比例要大些，这是因为一方面阔叶常绿树分布少，另一方面华北地区气候寒冷且阔叶常绿树需要充足的光照；在江南地区，落叶树和常绿树的比例相当；在华南地区，落叶树和常绿树的比例与华北地区相反。另外，不同性质的绿地及业主的不同喜好，同样影响落叶树与常绿树的比例，在设计中要慎重考虑，精心布置。

5）植物的质地。

所谓植物的质地，是指单株植物或群体植物直观的粗糙感和光滑感。它受植物叶片的大小、枝条的长短、树皮的外形、植物的综合生长习性，以及观赏植物的距离等因素的影响。我们通常将植物的质地分为粗壮型、中粗型及细小型三种。

粗壮型　通常具有大叶片、浓密而粗壮的枝干（无小而细的枝条），以及在疏松的生长习性下形成的植物，这类植物观赏价值较高。由于粗壮型植物体现出强壮感，因此它能使景物有趋向观赏者的动感，从而造成观赏者与植物间的可视距离短于实际距离的错觉。在许多景观中，粗壮型植物在外观视觉上都显得比细小型植物更空旷、疏松、模糊。

中粗型 通常是具有中等大小叶片、枝干及适度密度的植物。与粗壮型植物相比，这种植物透光性较差，轮廓较明显。这类植物占种植成分中最大比例，是一项设计中的过渡成分，起到联系和统一整体的作用。

细小型 通常长有许多小叶片和脆弱的小枝，以及具有整齐密集的特性。这类植物的特性及设计功能恰好与粗壮型植物相反。

因此，在不同的空间和距离中选用不同质地的植物，不仅对于空间感和距离感有较大的影响，而且当观赏距离很接近植物景观时，它便体现出重要的观赏特征，从而使植物景观远近都有“景”可观、可赏。

2. 对比与调和

园林植物景观是由植物的景观素材特性及其与周围环境综合构成的。植物的景观素材主要由植物的形体、质地、色彩构成，这些构成要素都存在大或小、轻或重、深或浅的差异。在植物各种单独成景的要素特性中，越具有相近特性的，在搭配上越具有调和性，如质地中的粗质与中质、色彩中的相近色。相反，当属性间的差异极为显著时，就形成对比，如红色与绿色、粗质与细质等。植物造景设计中应用对比，会使景观丰富多彩、生动活泼、引人注目、突出主题，同时运用调和原理，可使景观布局统一、和谐。

（1）形象的对比与调和

在植物造景设计中，需要考虑不同植物之间形象的对比与调和（图1-9～图1-11）。

图1-9 不同植物之间高低的对比与调和

图1-10 修剪成长方形的绿篱与近圆锥形树木之间的对比与调和

首先，需要考虑不同植物之间的高差关系，高大的乔木与低矮的灌木，以及更低矮的草坪与地被植物之间形成高低的对比。如在开阔的草坪上种植几株高大的乔木，空旷寂寥又别开生面，这是高度差给人的视觉效果。而在树林中间或边缘，高低错落地进行乔灌木的搭配，则会形成连绵起伏而富有韵律的林冠线。

其次，需要考虑不同植物之间形状的对比与调和。植物的基本形状有圆形、方形、三角形等。圆形反映了曲线特有的自然、紧凑感，具有朴素、简练、清新之美。具有圆形成分的植物姿态有圆球形、半圆球形及圆锥形等，如香樟的天然树冠，以及人工修剪的海桐球、黄杨球等具有圆球形或半圆球形形状，而龙柏、圆柏等树的树冠具有圆锥形形状。方形是由一系列直线构图而成，如修剪成方形的绿篱、绿墙等。植物景观中很少用到三角形状。在实际园林植物造景设计中，欲达到形状的对比与调和，需要潜心琢磨不同形状植物之间的搭配及其与周围建筑环境的关系。

（2）体量的对比与调和

不同植物之间或同一种类不同树龄植物之间，往往在体量上存在很大差别。利用这一对比也可以体现不同的景观效果（图1-12）。

图1-11　圆形、方形及圆柱形等植物之间的对比与调和

图1-12　同一树种之间因体量的不同而产生对比

（3）色彩的对比与调和

色彩因搭配与使用的不同，给人带来不同的感受。一个空间所呈现的立体感、大小比例及各种细节等，都可以因为不同的色彩运用而显得明朗或模糊。因此，熟练地运用色彩进行植物造景设计，可以得到事半功倍的效果。

单一色的对比与调和　在同一颜色之中，浓淡明暗相互配合。同一色相的色彩，尽管明度或彩度差异较大，但容易取得协调与统一的效果，而且同色调的相互调和，使意象柔和、协调，给人温和的气氛与情调，但若搭配不合理，也会使景观单调贫乏。因此，在只有一个色相时，必须改变明度与彩度组合，并加以植物的形状、排列、光泽、质感等变化，以免流于单调乏味。

图1-13　富有变化的色彩感受

对花坛内不同鲜花配色时，如果以深红、明红、浅红、淡红顺序排列，会呈现美丽的色彩图案，易产生渐变的稳健感。在园林植物景观中，并非任何时候都有花开或彩叶，绝大多数都以绿色支撑。而绿色的明暗与深浅之“单色调和”加之以蓝天白云，同样会显得空旷优美。如草坪、树林，或针叶树、阔叶树及地被植物的深深浅浅，给人们不同的、富有变化的色彩感受（图1-13）。

近色相的对比与调和　近色相的配色具有相当强的调和能力，然而它们又具有比较大的差幅，即使在同一色调上，也能够分辨其差别，易于取得调和色；相邻色相，统一中有变化，过渡不会显得生硬，易得到和谐、温和的气氛，并存在加强变化的趣味性；加之以明度和彩度的差别运用，更可营造出各种各样的调和状态，搭配成既统一又有变化的优美植物景观（图1-14和图1-15）。

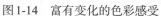

图1-14　富有变化的色彩感受

图1-15　近色相的对比调和

近色相的色彩，依一定顺序渐次排列，如红与紫、黄与绿，用于园林造景设计中，常能给人以混合气氛之美感。欲打破近色相调和的温和平淡感，又要保持其统一与融合，可改变明度或彩度；强色搭配弱色，或高明度搭配低明度，可加强对比，增加效果。

对比色相调和　在园林景观中运用对比色相的植物花色搭配，能产生对比的艺术效果，给人以现代、活泼、明视性高的感受。在进行对比配色时，要注意明度差与面积大小的比例关系。例如，红与绿、黄与蓝是最常用的对比配色，但因其明度都较低，而彩度都较高，常存在相互渲染的问题；对比色相会因为其二者的鲜明对比而互相提高彩度，所以至少要降低一方的彩度方可达到良好的效果，如“万绿丛中一点红”（图1-16）。

为了引起游客注意，花坛花境的配色常以对比色安排。对比色可以增加颜色的强度，使整个花群的气氛活泼向上。在种植时，应按花卉的高度、色调、种类分开种植，以避免造成凌乱的错觉。此外，在色彩搭配时，应先取某种色彩的主体色，其他色彩则以副色衬托主体色，切忌喧宾夺主（图1-17）。

图1-16　万绿丛中一点红

图1-17　色彩较暗的蓝色花将黄色花衬托得更加鲜艳

图1-18　整齐高大的行道树给人以整齐纯一的美

（4）整齐纯一

这是最简单的形式美法则。整齐就是事物的各个局部都秩序井然、完整而不杂乱地排列；纯一就是单纯的、单一的，没有明显的差异或对立因素。整齐纯一的美学特征是庄重、威严、气魄。在植物造景设计中，常大量种植某个单一的品种，或将外貌特征差异很小的几个品种一起种植来表现整齐纯一的美。具体表现在园林植物景观中，有大片的草地、大片的树林或竹林、大片的色块、整齐的行道树（图1-18）、绿篱等。

3．对称与均衡

在形式美法则上，对称形式又分为对称均衡和不对称均衡。园林植物景观是各种植物或其构成要素在形体、数量、色彩、质地、线条等方面量的展现。这种植物景观有的展现的是对称均衡的美，有的展现的是不对称均衡的美。

（1）对称均衡

规则式园林的构图呈各种对称的几何形状，其中运用的各种园林植物在品种、形体、数量、色彩等方面也是均衡的，给人一种规则整齐、庄重的感觉。在自然式园林绿地中，常用对植的方式来强调公园、建筑、广场、道路的出入口（图1-19和图1-20）。

图1-19　对称均衡

图1-20　法国赛西府邸园林对称均衡的植物配置

（2）不对称均衡

不对称均衡美赋予景观自然生动的表现。在自然式园林绿地中，植物景观通常表现为不对称均衡的美，自然、活泼。如一棵体量很大的乔木和一丛灌木对照配置（图1-21）。

4. 韵律与节奏

韵律本来是用来表明音乐和诗歌中音调的起伏和节奏感的。亚里士多德认为：爱好节奏和谐之美的形式也是人类生来就有的自然倾向。在自然界中，许多有规律地出现或有秩序变化的事物或现象，可以激发人们的美感。在园林艺术设计中，人们有意识地加以模仿和运用，从而创造出各种以具有条理性、规律性、重复性和连续性为主要特征的美的形式——节奏和韵律美的园林绿地。

园林植物造景设计中，有规律的、连续性的变化会产生节奏和韵律感。如在街道绿化中，行道树绿化带或分车绿化带常等距离配置同种同龄树，在这同种树木之间再配置同种同龄的花灌木等，这种配置方式虽然简单，却具有节奏和韵律感。在具体的植物造景设计中，韵律与节奏的运用，主要有以下几种形式。

简单韵律　即由同种因素等距离反复出现的连续构图的韵律特征（图1-22）。

图1-21　构图的不对称均衡美

图1-22　相同的树等距离反复出现给人以韵律感

交替韵律　即由两种以上因素交替等距离反复出现的连续构图的韵律特征，如河堤上一株柳树、一株桃树的栽种，两种不同花坛的等距离交替排列，分车绿化带上两种不同灌木色块的等距离交替排列等（图1-23）。

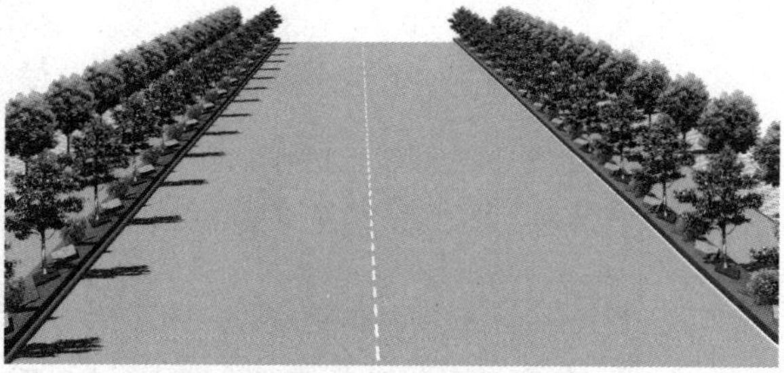

图1-23　分车带的绿化效果是几类植物的交替韵律

渐变韵律　有时为了追求特殊效果，在成排或成片的植物配置中就某一方面做有规律地逐渐加大或变小，逐渐加宽或变窄，逐渐加长或缩短的韵律特征。如花柱体积大小的逐渐变化，植物色彩浓淡的逐渐变化，质地粗细的逐渐变化等。

突变韵律　景物连续构图过程中某一部分以较大的差别和对立形式出现，从而产生突然变化的韵律感，给人以强烈对比的印象。如在一排海桐球中放置几株龙柏，可形成这种韵律感，通常的“万绿丛中一点红”的植物配置方式就充分地表现了突变韵律的美感。

图1-24　刺绣花坛的旋转韵律

交错韵律　在规则式的林植形式中，两组以上的树种按一定规律相互交错变化形成的一种韵律形式。

自由韵律　类似云彩或溪水流动的表示方法，如优美的林冠线和林缘线，就是运用各种树冠相近的植物形成线条自然流畅、不规则但却有一定规律的婉转流动，反复延续而自然柔美的韵律形式。

旋转韵律　某种要素或线条按照螺旋状方式反复连续进行，或向上或向左右发展，从而得到旋转感很强的韵律特征。如在草坪上用色彩鲜艳的小灌木、花卉等材料做色块、图案花纹设计时常用这种方式（图1-24和图1-25）。

5．比例与尺度

比例与尺度规律在园林中指景物在体形等方面上具有适当美好的关系，这种关系不一定用数字来表示，而是属于人们感觉上、经验上的审美

图1-25　模仿动物的特殊造型所呈现的旋转韵律

概念。比例一般只反映景物及各组成部分之间的比例关系，而不涉及具体尺寸，而尺度则是指景物具体尺寸的大小、高低。

在植物造景设计中，首先要注意植物本身尺度与周围环境的比例关系。如在庞大的建筑物旁边，可以种植高大的乔木，使比例关系协调，更能使建筑物融合于自然环境。在空间比较小的绿化环境中，如酒店中庭的绿化设计，常选择一些形体较小、质感较为细腻的乔灌木进行配置，使整个环境小而精致、虽小却不拥挤，使比例关系协调。在假山的植物配置中，要求植物的形体、枝叶较小，且是慢生树种，如五针松、羽毛枫、南天竹等小型乔灌木，以及一些枝叶较小的藤本植物，如络石、薜荔、迎春花、云南黄素馨、凌霄等，以植物的小来衬托假山的大。其次，要注意植物本身的尺度是否符合园林绿地功能的要求，如交通绿地中的行道树要求其枝干较高，不影响行人及车辆；遮阴树要求较为高大，便于人们在树下乘凉等。

小贴士： 园林植物造景设计时须强调植物的多样性，通过不同植物的相互配置来表现不同季节的美丽景观。但是，若没有基调树种和骨干树种，植物景观则会显得凌乱，因为基调树种数量大、种类少，易形成基调和特色，起到统一基调的作用。另外，在设计中，应该是一般造型、色彩的植物要占多数；特殊造型、色彩的植物要占少数，这样才能做到统一中有变化，变化中有统一。

1.1.2 植物配置风水禁忌与意境美法则

通过植物进行园林意境的创作，是中国古典园林所特有的。中国的植物栽培历史非常悠久，早在七千多年前的河姆渡文化中，就已经有作为观赏的盆栽植物出现。在中华民族的灿烂文化中，很多诗、词、歌、赋和民众习俗都赋予植物人格化的形象。人们借助植物来抒发自己的思想情感，寄托美好的愿望，从而使单纯的对植物形态美的欣赏升华到对意境美的欣赏。

1. 通过“拟人”和“比德”手法来选配植物，从而体现人的某种品格境界

古人称梅、兰、竹、菊为“四君子”，又称松、竹、梅为“岁寒三友”，将植物比喻为品质高尚的君子，而不同的植物具有不同的含义。下面来具体论述较为常用的园林植物所蕴含的意境美。

梅 历代以来关于梅的诗篇不计其数，其中不乏人们耳熟能详的。如：“墙角数枝梅，凌寒独自开。遥知不是雪，为有暗香来。”“梅须逊雪三分白，雪却输梅一段香。”写的是人们对梅花在纷飞白雪中吐露芬芳的喜爱与钦佩。“疏影横斜水清浅，暗香浮动月黄昏”，在这诗句里，梅如一位清丽绝俗的佳人，无怪乎有林逋“梅妻鹤子”的故事了。“万花敢向雪中出，一树独先天下春”“隆冬到来时，百花迹已绝。红梅不屈服，树树立风雪”，赞赏的是梅花不畏强暴、坚贞不屈的品格。“俏也不争春，只把春来报，待到山花烂漫时，她在丛中笑”，表达了梅花无私的奉献精神。“无意苦争春，一任群芳妒”“零落成泥碾作尘，只有香如故”，则赞扬了梅花自尊自爱、高洁清雅的情操。以梅花为主要景观的景点较多，著名的如拙政园中的“雪香云蔚”亭，杭州植物园的灵峰探梅等。而在园林中梅花的应用极为普遍，或成片栽植于山坡，或单株植于庭园的山石花台中供人们细细观赏。

兰　其香最纯，被誉为“香祖”，幽香馥郁，兰叶幽茂，清隽淡雅，四时不凋。郑板桥诗曰：“四时花草最无情，时到芬芳过便空。惟有山中兰与竹，经春历夏又秋冬。”又曰：“兰草已成行，山中意味长。坚贞还自抱，何事斗群芳？”陈毅诗曰：“幽兰在山谷，本自无人识。不为馨香重，求者遍山隅。”赞扬了兰内在的坚韧高洁。兰花常被种于精致的盆中，作为案几摆设，供人们欣赏。在园林中，以兰花为主要景观作景点布置也较为常见，如杭州花圃中的“兰苑”，种有各种名品兰花，供人观赏。

竹　是最受文人青睐的植物。“未出土时先有节，纵凌云处也虚心”“坚可以配松柏，劲可以凌霜雪，密可以泊晴烟，疏可以漏霄月，婵娟可玩，劲挺不回”。因此，竹被视为最有气节的君子，东坡先生“宁可食无肉，不可居无竹”，可见中国文人对竹的喜爱。在古典园林中常将竹与石相配置，郑板桥在题《竹石》诗中说：“十笏茅斋，一方天井，修竹数竿，石笋数尺，其地无多，其费亦无多也，而风中雨中有声，日中月中有影，诗中酒中有情，闲中闷中有伴，非唯我爱竹石，竹石亦爱我也。”竹石配置的妙处由此可见。竹也常以片植与林植的形式出现，《红楼梦》大观园中林黛玉所居住的潇湘馆，馆外有“千百竿翠竹遮映”，凤尾深深，用竹来暗喻林黛玉高洁的人品。在苏州沧浪亭中有一景点“翠玲珑”，室外翠竹掩映，阳光透过竹林间隙从漏窗进入室内，光影变化中让人们充分感受此处景点的意境。在庭园中也常用孝顺竹丛植，而园林景点中“竹径通幽”的方式也较为常用。

菊　耐霜寒，百花凋零时，它傲霜怒放。陆游的“菊花如端人，独立凌冰霜”，陶渊明的“芳菊开林耀，青松冠岩列。怀此贞秀姿，卓为霜下杰”，陈毅的“秋菊能傲霜，风霜重重恶，本性能耐寒，风霜其奈何”，都赞赏的是菊花不畏严寒等恶劣环境的坚贞品格。而陶渊明的“采菊东篱下，悠然见南山”，则让菊与“隐逸”紧密联系在一起，故后人称菊为“隐逸者之花”。

松　苍劲古雅，万古长青，能在严寒中挺立高山之巅，具有坚贞不屈、高风亮节的品质。陈毅诗云：“大雪压青松，青松挺且直。要知松高洁，待到雪化时。”故在烈士陵园中被采用，以松的品格象征革命先烈的品格（就此而言，柏与松具有相同的含义）。松针细长而密，在大风中发出犹如波涛汹涌的声响，因此在园景中有万壑松风、松涛别院、松风亭等。此外，松又有“迎客”的寓意，人们常在建筑入口两侧盆栽五针松，来表达主人对客人的欢迎之意。

桂花　四季常青，花小而香浓，李清照有词云：“暗淡轻黄体性柔，情疏迹远只香留，何须浅碧深红色，自是花中第一流。梅定妒，菊应羞，画栏开处冠中秋，骚人可煞无情思，何事当年不见收。”连高雅绝冠的梅花也为之生妒，隐逸贞洁的菊花也为它含羞，可见桂花的高贵。以桂花命名的景点颇多，如满陇桂雨、小山丛桂轩、闻木樨香轩等。

荷花　又称水芙蓉、芙蕖、菡萏等，因其“出淤泥而不染，濯清涟而不妖”，而备受人们喜爱。以荷花为主要景观的景点有“曲院风荷”“远香堂”“藕香榭”等。

2. 通过“象征”和“谐音”手法来选配植物，从而体现人们对美好生活和愿望的期盼

在中国古典园林中，常种植一些具有象征意义的植物。如桃花在民间象征幸福、交好运；翠柳依依，表示惜别及报春；桑树和梓树代表家乡；萱草忘忧；石榴多子，寄托着人

们多子多孙的美好愿望；古人认为梧桐是一种吉祥的树，可以招来凤凰。

此外，在古典园林里常用“谐音”的手法来选配植物。如用玉兰、海棠、迎春花、牡丹、桂花5种花木分别取一个字，合成谐音“玉堂春富贵”；种植榉树，谐音“中举”等。凡此种种，不胜枚举。

3. 通过取古人诗意的“点景”手法来选配植物，从而体现某种艺术境界或人生哲理

通过植物配置，创造景观意境，是我国古典园林的特色。通常所用植物在古典诗词中描述较多，并且为人们所耳熟能详，如竹子、梧桐、芭蕉、荷花等。

梧桐 “梧桐叶上三更雨，叶叶声声是别离”“梧桐更兼细雨，到黄昏、点点滴滴”，中国的文人更多地把离情别绪通过对梧桐雨的描写而表达得淋漓尽致。故在古典园林中梧桐应用较多，如拙政园的梧竹幽居。

芭蕉 历来文人所爱之物。“芭蕉叶上潇潇雨，梦里犹闻碎玉声”，芭蕉可听雨，因此，在庭园中应用较多，在拙政园中有一景点“听雨轩”，轩前植一丛芭蕉，不仅视觉和听觉上很美，意境上更美。

用这种方式来体现意境美的例子不可胜数，如杭州西湖十景的曲院风荷、新十景中的满陇桂雨；圆明园的杏花春馆、柳浪闻莺、曲院风荷、碧桐书屋、汇芳书院、菱荷香、万花阵等风景点；承德避暑山庄的万壑松风、松鹤清樾、清风绿屿、梨花伴月、曲水荷香、金莲映日等景点；苏州古典园林中拙政园的枇杷园（金果园）、远香堂、玉兰堂、海棠春坞、听雨轩、柳荫路曲、梧竹幽居等景点。

4. 通过植物的造景来达到“赋形写意”的目的

在植物造景设计中，有时还会运用植物的造型，来达到“赋形写意”的目的。做法一般有三种：其一，通过乔灌木本身的修剪造型，做出诸如“十二生肖”或“龙凤呈祥”及其他造型等，以展示某种环境氛围（图1-26）；其二，可以通过立体花坛的形式，做出各种造型，有时还辅以文字等，以烘托绿地的性质和环境等（图1-27）；其三，通过灌木色块，做出各种造型或文字，以表达某种含义（图1-28）。

图1-26 利用植物的修剪造型来展示某种环境氛围

5. 植物造景设计的风水禁忌

风水禁忌可以看成是一种文化现象和意境体现，同时部分禁忌也蕴含一定的科学道理。民间树木栽植禁忌、风水学的均衡原则要求在植物造景过程中形态求吉，因为根据风水学形势宗的观点，树木的形态影响着周围的环境。

例如，干忌立于门窗前。这是因为干立于门窗前不仅会影响通风和采光，而且影响安

图1-27　立体花坛植物造型烘托某种环境氛围

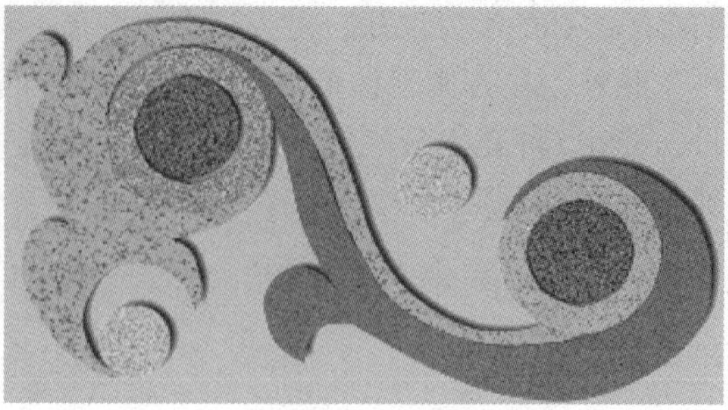
图1-28　利用灌木色块造型来表达某种含义

全，阻碍视线，给人造成心理上的不适感。

风水学的阴阳均衡原则也直接影响着现代园林设计中的植物造景。一般来说现代别墅的前院布置，通常会种植大片草坪，在草坪与建筑相邻部位或前门小路两侧种植花圃。均衡性原则要求大面积草坪与大型乔木、小型灌木相平衡，在数量和色彩上、水平和竖向上保持一致，尽量体现变化，高低错落有致，与季相变化相和谐的原则。风水学是易学原理与环境地理学相结合的产物，体现了环境的优选，时空的优选。《易经》中“生生不息”的变化思想，直接影响到了中国人的人生态度和生活方式，也影响了园林设计中的美学追求和植物造景。

风水学罗盘中的方位有着与季节相对应的含义，风水学著名典籍《黄帝宅经》就记载着“宅以形势为身体，以泉水为血脉，以土地为皮肉，以草木为毛发，以舍屋为衣服，以门户为冠带，若得如斯，是事俨雅”的观点。这就要求通过草木的状态变化来评定风水的好坏。风水学强调植物配置能反映季相变化与现代园林设计的基本原则是相一致的。

“天人合一”思想影响下的风水学也要求植物造景与自然环境相和谐。例如，传统园林设计中要栽植有利于春季欣赏的玉兰、海棠、桃，也要有利于夏季欣赏的荷花、芭蕉，利于秋季欣赏的菊花、石榴、桂花，利于冬季欣赏的松柏、梅等。在植物配置上要求春夏景物疏朗明快，从而表现出冬夏有别的季节变化。对庭院植物一般要求灌木多于乔木，落叶树多于常绿树。当然植物本身也具有四季变化的特点，树木有抽枝、发芽、吐叶、落叶的变化，而花草有花开花落的过程。融入这种变化当中进行欣赏和观察也是风水学中“天人合一”内涵的体现。

风水学是中国传统文化的重要组成部分，几乎所有的中国古代园林设计都渗透着风水学的影响。植物造景作为园林设计的重要步骤和构成要素之一，也可以从风水学中汲取营养。把风水学中方位相关原理和均衡性原则、植物本身在风水学中的象征性及与四季相应原则应用于植物造景过程中是对传统文化的继承和发扬，有着重要意义。

小贴士：中国园林中的植物造景设计，不仅讲究植物景观配置的造型美和四季变化，更讲究植物造景设计中的文化内涵、象征意义等意境美；同时还要兼顾地方特色、风水禁忌等。因此在设计中必须予以考虑和引起重视！

1.1.3 树种选择与生态学法则

景观设计者对植物材料的运用，首先应把握其作为景观素材的生命特性，即一切艺术的含义都在活的变化中展现，而且，只有当植物以饱满的活力呈现在人们面前，再加上艺术设计之后，才算得上完美的艺术作品。而如何保证植物的生命活力及所需景观的形成，关键在于如何掌握植物与其生存环境的协调关系。温度、水分、光照、风和土壤等环境因子制约着植物的正常生长发育，也就是制约着完美景观的形成。所以，研究环境中各因子与植物的关系是植物造景设计的基础。不同的自然环境造就不同的植物，在人工环境中，或选择适合其特殊环境的具有特殊景观的植物材料，或改变环境使其适合植物的正常景观因素的形成。所有这些都是一个优秀的景观设计师所应认识和考虑的。

1．因地制宜、适地适树

按照园林绿地的功能和艺术要求进行植物造景设计时，必须满足植物的生态要求，因地制宜、适地适树。植物赖以生存的生态环境主要由五个因子组成：温度、水分、光照、风和土壤。要使植物能正常生长，必须使所种植物的生态习性和栽植地点的生态条件基本上得到统一，并且为植物的正常生长创造条件。下面具体论述各个因子与植物的关系。

（1）温度对植物造景设计的重要性

温度是影响植物生存的重要因素之一。在空间上，温度随海拔的升高、纬度的北移（北半球）而降低；随着海拔的降低、纬度的南移而升高。在时间上，四季有变，昼夜有变，温度亦有变。温度对植物景观的影响，不仅在于温度是植物生存的必要性条件，有时候它还是景观形成的主导因素。例如，在高海拔、空气湿度大的地方配置秋色叶植物，可使景观更加明显，特色更加突出；而欲表现北方冬景，常绿与落叶树种的合理搭配效果会更好。“大雪压青松，青松挺且直”，松之冬态更显其高洁、伟岸；而在南方海岸，配以喜欢高温、高湿的棕榈科植物，便能显现美丽的热带风光。所以，温度的南北地域差异也是造就不同地方景观的重要因素之一。

同时，温度的变化也影响着植物个体的生长发育速度，即影响着景观的形成快慢。温度适宜，景观形成快；温度不适，则景观形成慢。

（2）水分对植物造景设计的重要性

水分对于植物景观的影响关键在于其对植物生长发育的决定作用。水分是植物体的重要组成部分，而且植物对营养物质的吸收和运输，以及光合、吸收、蒸腾等生理作用，都必须在有水分的参与下才能进行。另外，水不仅直接影响植物是否能健康茁壮地生长，同时也具有特殊的植物景观效果。如“雨打芭蕉”即为描述雨中植物景观的一例。经过雨水的冲刷后，植物的叶子明亮清新，绿意盎然。

不同的植物种类，在长期生活的水分环境中，不仅形成了对水分需求的适应性和生态习性，还产生了特殊的可赏景观。如仙人掌类植物，由于长期适应沙漠干旱的水分环境，从而形成了各种各样的奇特形态。根据植物对水分的关系，可把植物分为水生、湿生、中生和旱生等生态类型，它们在外部形态、内部组织结构、抗旱和抗涝能力及植物景观上各有差异。

（3）光照对植物造景设计的重要性

光照与温度、水分对植物造景设计的影响类似，既对植物的生长发育起着重大作用，同时又可利用光影创造独特的植物景观。植物与光最本质的联系就是光合作用，即植物依靠叶绿素吸收光能，并利用光能进行物质交换，把二氧化碳和水转化成糖和淀粉，同时放出氧气。但是不同的植物对光的需求程度不同，通常用光补偿点和光饱和点来衡量。光补偿点即光合作用所产生的碳水化合物与呼吸作用所消耗的碳水化合物达到动态平衡时的光照强度。能够知道植物的光补偿点，就可以了解其生长发育的需光度，从而预测植物的生长发育状况及观赏效果。光照强度和光质在很大程度上影响着植物的高矮和花色的深浅，如生长在高山上的植株通常受紫外线照射严重而显得低矮且花色非常艳丽。根据植物对光照强度的需求，把植物分为三类：阳性植物、阴性植物、耐阴植物。

另外，植物的叶子或枝干的光影也可成为园林之一大特景。“疏影横斜水清浅”“落影斑驳”等都是以光影来描述的。无光不成影，巧妙地利用光影的景观很多，如香山饭店正楼一侧的白墙与水池间植以姿态秀美的油松，阳光照射，一树成三影，墙上落影如画，水中两影如宾，别具诗画韵味。

（4）风对植物景观效果的影响和关系

景观设计者往往对风不太重视。其实风对植物的生长和景观的形成也有一定的影响。风是空气流动形成的，其对植物生长作用有利的一面是帮助授粉和传播种子，不利的一面是在一定程度上影响着观花果类植物的景观效果。风对植物有害的生态作用表现在台风、焚风、海潮风、冬春旱风、高山强劲的大风等。如沿海城市树木在受到台风危害时，冠大荫浓的榕树常常被连根拔起，大叶桉的主干经常被折断。而在四川渡口、金沙江的深谷常发生极干热的焚风，焚风一过，万物枯萎凋零，一片凄惨景象。海潮风带来大量盐分，使不耐盐的植物死亡。北京地区的早春干风经常导致植物的枝梢干枯。而经常刮强劲大风的地方，更要注意对植物种类的选择，因为有的浅根性树木甚至会被连根拔起。所以景观设计者在调查当地刮风情况的同时，一定要注意选择抗风性能较好的适宜树种。

（5）土壤对植物景观形成的重要性

景观设计者在选择植物时，应从以下三个方面对土壤进行调查。

基岩调查　不同的岩石风化后形成不同性质的土壤，不同性质的土壤上生长不同的植被，从而形成不同的植物景观。基岩的种类主要有石灰岩、砂岩和流纹岩。石灰岩主要由碳酸钙组成，属钙质岩类风化物；在风化过程中，碳酸钙可被酸性水溶解，大量随水流失，所以土壤中缺失磷和钾，而多具石灰质，呈中性或碱性反应；土壤黏实，易干；不宜针叶树生长，适宜喜钙耐旱植物生长，上层乔木以落叶树为优势种类。砂岩属硅质岩类风化物，含有大量石英，坚硬、难风化，多构成山背和山坡；在潮湿情况下易形成酸性土，并缺乏营养。流纹岩也很难风化，干旱条件下呈酸性或强酸性，形成红色黏土或砂质黏土。

土壤物理性质调查　这里主要指城市土壤的成分及物理结构调查。因为城市土壤受基建污水、踩压等因素影响，一般较密实、土壤孔隙度很低，使植物很难生长。因此，在植物造景设计时，一是要选择抗性强的树种，二是在必要情况下使用客土。

土壤酸碱度调查 在某种程度上，土壤的酸碱度决定着植物能否存活。根据植物对酸碱的需求程度可分为酸性土植物、中性土植物和碱性土植物。①酸性土植物要求土壤pH值在6.5以下，如杜鹃、南烛、山茶、油茶、马尾松、石楠、油桐、吊钟花、马醉木、栀子、大多数棕榈科植物、红松、印度橡皮树、柑橘、白兰、含笑、珠兰、茉莉、枸骨、绣球、肉桂等。②中性土植物要求土壤pH值为6.5～7.5，大部分植物属于此类。③碱性土植物要求土壤pH值在7.5以上，如柽柳、紫穗槐、沙棘、沙枣、杠柳、文冠果、合欢、黄栌、木槿、油橄榄、木麻黄等。

2．植物种类和数量要适中，且要有合理的搭配和种植密度

在植物造景设计时，除要满足植物对温度、水分、光照、空气和土壤的基本要求外，还要注意植物的种类和数量要适中，并且要有合理的搭配和种植密度。

（1）植物的种类和数量

植物造景设计就是要求用各种不同形态、不同类别的植物来创造景观，因此在植物造景设计时，要求尽量避免植物种类的单一性，同时也要保证每种树，尤其是骨干树种和基调树种的数量，从而创造出丰富多彩的植物景观。

（2）要有合理的种植密度

植物的密度大小直接影响植物景观和绿地生态功能的发挥。若密度太小，不利于景观的创造；若密度太大，又不利于植物的正常生长。植物造景设计时应以成年树冠大小作为株间距的最佳设计，但也要注意近期效果和远期效果相结合。如果要在短期就取得较好的绿化效果，种植距离可适当小一些。常采取速生树与慢长树、常绿树与落叶树、乔木与灌木、观叶植物与观花植物等不同类型的植物相互搭配，在满足植物的生态条件下创造各种植物景观。

3．要师法自然，创造丰富多样的植物群落

在自然界，植物以丰富多样的群落分布于世界各地，不同的纬度、海拔、温度、湿度等，有不同的植物群落。园林设计中强调“师法自然”，植物造景设计时以自然的植物群落为设计的模本，并加以艺术的提炼和概括，创造丰富多样的人工植物群落。

（1）植物群落设计的原则

植物群落的设计必须遵循自然群落的发展规律，单纯地追求艺术效果，而不顾植物的习性要求，生搬硬套，凑合成一个违反植物自然生长规律的群落，其结果必然是失败的、违背设计者初衷的。

（2）植物群落的垂直结构与分层

不同地域的植物群落常有不同的垂直结构层次。通常自然群落的多层结构可分为三个基本层：乔木层、灌木层、草本及地被层。荒漠地带的植物常只有一层；热带雨林的植物层次可达6～7层或更多。

（3）景观设计中常见的植物群落形式

① 单一的地被层，如开阔的草坪景观。草坪植物可用耐践踏的品种，如冷季型草坪的

图1-29　单一地被层的植物群落

高羊茅、多年生黑麦草、草地早熟禾、匍匐剪股颖等，暖季型草坪的结缕草、狗牙根等；或采用只供观赏的品种，如马蹄金、白花三叶草等（图1-29）。

② 两层的垂直结构层，即植物在垂直结构上分为两层：第一层为乔木层或灌木层，第二层为地被植物（地被植物可以是草坪植物、藤本植物或低矮的花卉植物等）。如疏林草地的形式（图1-30）。

③ 三层的垂直结构层，即三个基本层。三层以上的垂直结构层，即乔木层、灌木层、草本及地被层可分为若干个亚层，如高大乔木—小乔木—灌木—小灌木—花卉—草本及地被层，其中藤本植物缠绕在灌木或乔木上（图1-31）。

图1-30　两层的垂直结构层（疏林草地）

图1-31　三层的垂直结构层

1.1.4　拓展知识——植物造景设计的“传统特色、国外特点、发展趋势”

在园林设计中，无论是硬质造景设计还是植物造景设计，都存在继承和发展的问题，一般要做到“古为今用”和“洋为中用”。当然还要做到“取其精华，去其糟粕”，然后结合时代和需要加以创新发展，因此有必要了解中国传统园林、国外优秀园林中的植物造景设计的特点和精粹，以便学习、借鉴和继承。

1．中国传统园林植物景观配置的特色

中国历史悠久，文化灿烂。很多古代诗词及民众习俗中都留下了赋予植物人格化特征的优美篇章。从欣赏植物景观形态美到欣赏植物意境美是欣赏水平的升华，不但含蓄深邃，而且达到了天人合一的境界。以中国画为理论基础，追求自然山水构图，寻求自然风景。因此，在传统园林中，不对树木做任何修剪。中国园林景观善于应用植物题材，表达造园意境，或以花木作为造景主题，创造风景点，或建设主题花园。凡此种种，不胜枚举，为我国植物景观留下宝贵的文化遗产，也可以说独具特色。

（1）注重植物景观配置的“意”，即“立意”与“象征”

中国传统园林植物景观配置不是只简单地考虑形式美的景观效果，而是将植物具有的文化内涵与园主（或造园者）的宇宙观、人生观、审美观等通过某些手法巧妙地融合，从而形成园林景观体系中最有生气的、最能反映天地自然与园主内心世界的一种景观。如果我们把植物材料看成是景观的“躯体”，那么配置成景的“意”便是景观的“灵魂”。只有具备了灵魂的躯体，才能具有生命活力（图1-32）。

个園
图1-32 讲究植物景观配置的“立意”与“象征”

（2）讲究植物景观配置的“匠”，即“匠心”与“技艺”

植物景观配置的“匠”，即“匠心”或“技艺”，是植物景观“意”的贯彻和保证的具体做法，是把配置意图科学地落实到园林绿地中去，即把植物材料按配置意图种植在园中适宜地点，经养护使之成活、成景的工程措施。这些具体技术看似简易，其实却与造林迥异，包含着许多技艺因素，既要解决工程技术上的实际问题，又要满足艺术构图上的要求。如苏州园林中的松、竹、梅和藤蔓植物等的种植位置及与之相配套的工程设施或养护措施，都是十分得体和讲究的（图1-33）。

图1-33 讲究植物景观配置的“匠心”与“技艺”

（3）按“诗格”取裁植物景观，以诗的“境界”与“格调”来要求

明代陆绍珩《醉古堂剑扫》中说：“栽花种草全凭诗格取裁”，清代沈复的《浮生六记》中也有“栽花取势”的论点，这说明种植花草树木应符合诗情和包含文气。“诗者，人心之感物而形于言之余也”；诗格者，是诗词的宗旨（包括体裁、字义等文学内涵），在这里是指作者的思维感受和描写的客体相互结合后用精练的文字来表达的一种文学形式。唯物论者历来认为“存在决定意识”，良好的客体，即具备良好的环境，能引发自身的感受思维，就是诗人说的“诗情缘境发”。因此，传统植物配置中特别注意创造一种能激发人们“诗情文意”的境界，或者令植物景观者如赏析一首首“跌宕起伏、引人入胜、荡气回肠”的诗。例如，苏州园林中的“一枝红杏出墙来”、“绿杨宜作两家春”（图1-34）、“枯木逢春”等，都是以诗的“境界”和“格调”来进行植物造景设计的。

图1-34 “绿杨宜作两家春”之诗意

（4）按“画理”取裁植物景观，即按照绘画“经营”的原理来构图

画理者是符合国画原理和技法的论述，是绘画经验的总结。中国山水画是以自然山水、风景形象为主的，是源于自然，高于自然的表现。可是山水风景范围广阔，若要达到“咫尺之图，写百千里之景，东西南北，宛尔目前；春夏秋冬，生于笔下”（王维《山水诀》）的效果，必须在艺术上深化。宋代郭熙在《林泉高致》中也说：“千里之山，不能尽奇，万里之水，岂能尽秀……一概画之，版图何异？”因此要把描绘的对象概括、提炼，把客观的风景形象与主观的感受情思结合起来进行表现。关键是要抓住风景形象内在的气质特性，而不是追求形象的逼真，即所谓“神似”。在传统植物配置中，往往所用植物数量不多，但树姿要适宜，栽植位置要符合画面需要，力求“气韵生动”。如苏州网师园中的白粉墙似一张很大的宣纸，攀附其上的藤本植物（木香）如同画家笔下疏密错落的藤蔓“写意”，而墙上的“盲窗”又仿佛是篆体的钤印，三者相得益彰，构成了一幅绝妙的具有国画“笔意”的图画（图1-35）。

在中国园林中，山水是大空间中的主体，植物是从属于主体的宾客。宾随主定，低山不能栽高树，小山不能配大木，以免喧宾夺主，做到“宾主皆随远近高低布置”（图1-36）。要“正标侧抄，势以能透而生；叶底花间，景以善漏为豁”。意思是景点的正面，即视景中心要显露突出，成为“标的”；侧面则应该简略。无论正侧面都应疏朗，才能有生气，花间、叶底也不能堆砌重叠，缺乏气度。这几句画论，不但指导了植物配置的艺术，也符合了植物生长习性。对于配置植树成丛的山林景观，画理也有论述：“两株一丛的要一俯一仰，三株一丛的要分主宾，四株一丛的则株距要有差异。”这一论述不仅是为了画面美观的需要，而且完全符合树木生长对环境的要求，这和现代丛植、群植的理论是十分接近的。

图1-35 具有国画“笔意”的藤本植物

图1-36 宾主皆随远近高低布置

（5）按植物生长习性取裁植物景观（即“适地适树”，营造环境特色）

按植物生长习性取裁植物景观，是较注重植物生物学特性的一种方法。所谓生长习性，

也就是植物的遗传本性。遗传本性是在长期的系统发育中，受环境的影响逐步演化而成的，有较稳定的生理特性，故难以改变。某一地区的生长环境，诸如水、土、温热、光等自然条件也是基本稳定的。因此，在某一特定的生长条件下，要使植物生长良好，发挥其预定的配置意图，在“匠”的方面，除前文所说的选择适宜的种类外，还需要在配置上取材、调剂，使局部小气候与植物取得最大程度的统一。清代陈扶摇在《花镜》中说：“草木之宜寒宜暖，宜高宜下者，天地虽能生之，不能使之各得其所，赖种植位置有方耳！”根据所选植物种类的生长特性，配置适宜的位置、地点，这便是按植物生长习性取裁景观的目的和任务（图1-37）。

图1-37 按植物生长习性取裁植物景观

（6）按植物色、香、姿取裁植物景观（即充分展现植物的“观赏特性”和“季相变化”）

色、香、姿是植物固有的形态和特征，也是人们直接感受的观赏内容。植物具有因季节变化而呈现出不同色、香、姿变化的特征，故在选择植物和组合植物群落时要注意表现这种“季相变化”——春花、夏荫、秋色、冬态，以营造生机勃勃、丰富多彩的植物景观。一种植物往往不能兼有这三方面的观赏特征，所以要选配、组合。选配、组合还应与种植位置及环境相协调，高大厅堂前如配置丛丛花灌木，就显得不协调；休息小亭旁如满栽乔木，也欠相称。所以色、香、姿三者中首先要考虑姿，然后兼顾色与香。古典园林因限于面积，常不易选用色、香、姿兼备的组合配置于园中，只能以某一特色取胜，或以香胜，或以色显，或以姿称（图1-38）。

图1-38 以姿、色取胜植物景观

（7）采用特殊造园手法处理与其他造园要素的关系，并营造某种环境气氛

就植物景观总体配置之成法而言，《园冶》认为园林要由植物来围绕，置身于绿色环境之中，故提出“围墙隐约于萝间”（图1-39），此其一也。其二，《园冶》中还提出“架屋蜿蜒于木末”（图1-40），这指明了园林的总体规划上应该有一定数量的树木，房屋才能蜿蜒于树木之中。如能使房屋蜿蜒于树木之中，房屋就不会互相局促相处，可以错落相间地具有良好的空间环境，掩映在绿树丛中的房舍才有城市山林的感受。其三，《园冶》中也主张“碍木删桠”，即遇到妨碍建筑的大树，房屋又无避让的位置时，至多删去一些侧枝，而不要伐除大树，还要做到“斫数桠不妨封顶”，即砍侧枝不妨碍树冠的完整性（封顶）。同时《园冶》中又有“结茅竹里”“松寮隐僻”（图1-41）的建屋原则，这是“天人之际和谐”的思想，也是隐逸文化的具体反映。

就植物景观局部配置之成法而言，《园冶》记述了：“窗户虚邻，纳千顷之汪洋，收四

图1-39　围墙隐约于萝间

图1-40　架屋蜿蜒于木末

图1-41　松寮隐僻

时之烂漫。”这里的“烂漫”就是植物景观与建筑存在较远的观赏视距。如条件限制，则可用“窗虚蕉影玲珑”“移竹当窗”等成法，以利“开窗见绿”。园地较宽，使用“栽杨移竹”“花隐重门若掩”等成法，使环境氛围具有“竹修林茂”之趣。园地偏狭，则用“芍药宜栏”（《园冶》）、“梅花、蜡瓣之标清，宜疏篱竹坞”（《花镜》），以及“蔷薇不妨凭石”等成法。

2．国外植物造景设计的特色及动态

（1）国外植物造景设计的特色

对植物景观的欣赏，不同国家和地区具有不同的爱好和观点。在法国、意大利、荷兰等国的古典园林中，植物景观多半是规则整形式，究其根源，据说主要始于人与自然的关系处理上，西方人认为人类可以征服一切，因而作为自然物的植物也被整形修剪成各种几何形体及鸟兽形体，以体现植物也服从人们的意志。当然，在总体布局上，这些规则整形式的植物景观与规则几何形建筑的线条、外形乃至体量较协调一致，体现很高的艺术价值。例如，将欧洲紫杉修剪成又高又厚的绿墙，与古城堡的城墙非常协调；植于长方形水池四角的植物也常被剪成正方形或长方形体；锦熟黄杨常被剪成各种模纹或成片的绿毯；尖塔形的欧洲紫杉常植于教堂四周；甚至一些行道树的树冠都被剪成几何形体。规则整形式的植物景观具有庄严、肃穆的气氛，常给人以气魄雄伟之感（图1-42～图1-44）。

另一种则是自然式的植物景观，如英国自然式风景园中，模拟自然界森林、草原、草甸、沼泽等景观及农村田园风光，结合地形、水体、道路来组织植物景观，体现植物自然的个体美及群体美，以及从宏观季相到枝、叶、花、果、刺等的细致变化。自然式的植物

图1-42 修剪整齐的灌木

图1-43 各种规整造型的植物景观

景观容易体现宁静、深邃的气氛（图1-45和图1-46）。随着各学科及经济的飞速发展，人们的艺术修养不断提高，加之不愿再将大笔金钱浪费在养护管理这些整形的植物景观上，人们向往自然，追求丰富多彩、变化无穷的植物美。于是，在植物造景中提倡自然美，创造自然的植物景观已成为新的潮流。

图1-44 欧洲园林中规则整形式的植物景观

图1-45 英国自然式风景园的自然式植物景观

图1-46 英国风景画中的自然式植物景观

（2）国外植物造景设计的发展动态

英国在规划高速公路时，需要先由风景设计师确定线路，常按地形、景观设计婉转曲

图1-47 微型岩石园

折、波状起伏的线路，路旁配置有美丽的植物景观，可缓解驾驶员开车时的疲劳。结合自然资源保护，在高速公路两旁植有20余米宽的林带，使野生小动物及植物有生存之处。1960年后，英国很多中产家庭搬入了具有小花园的私人住宅，于是按主人不同年龄及爱好，创造了各种样式的小花园，如微型岩石园（图1-47）、微型水景园、微型台地园、墙园、花境、小温室等，并相应地培育了与这些微型植物景观相适应的低矮植物景观。要创造出丰富多彩的植物景观，首先要有丰富的植物材料。一些经济发达的西方国家，国内绿化植物不够用，就派人员到国外搜寻，大量引进。

英、法、俄、美、德等国就是在19世纪大量从中国引进成千上万的观赏植物，为其植物造景服务。就以英国为例，原产英国的植物种类仅1700种，可是经过几百年的引种，至今在皇家植物园邱园中已拥有50 000种来自世界各地的活植物。回顾一下历史，可知英国早在1560～1620年已开始从东欧引种植物，1620～1686年从加拿大引种植物，1686～1772年收集南美的乔灌木植物，1772～1820年收集澳大利亚的植物，1820～1900年收集日本的植物，1839～1938年引种了我国甘肃、陕西、四川、湖北、云南及西藏的大量观赏植物，为英国园林中的植物景观奠定了雄厚的基础（图1-48）。

图1-48 丰富的植物材料

植物景观的创造，仅靠这些自然的植物种类还不尽如人意，自然的植物种类尽管数量大，但在观赏特征和抗逆性等方面还存在许多不足。为此，人们就想方设法改良植物品种，园艺学科随之迅速发展起来，尤其是在选种、育种、创造新的栽培变种方面取得了丰硕的成果。如为了创造高山景观，模拟高山植物匍匐、低矮、叶小、花艳等特点，除了选择一批诸如栒子属植物及花色鲜艳的宿根、球根花卉外，一些正常生长有几十米高的雪松、北美红杉、铁杉、云杉等都被培育成了匍地的体形。由于岩石园往往面积较小，故需要小比例的植物，于是很多原本较高大的裸子植物都被育成了高不盈尺的低矮树形；为了丰富园林中的线条，很多垂枝类型的栽培变种应运而生，如垂枝北非雪松、垂枝欧洲山毛榉、垂枝桦等；为了丰富园林中的色彩，培育出大量的彩叶植物，如黄叶青皮槭、红叶青皮槭、黄叶复叶槭等（图1-49）。

园林设计师对植物景观的重视程度或设计理念是植物造景成败的重要因素之一。值得一提的是，英国园林设计师在设计植物景观时有一个很强烈的观点，那就是“没有量就没有美”（图1-50），强调大片栽植；而我国园林中强调的是以欣赏植物个体美为主。前者视觉的直观性和生态的功能性突出；后者视觉的趣味性和审美的联想性强。其实两者并不是矛盾和对立的，是可以取长补短的，甚至可以在一个园林绿地中共存。需要强调的是，前者更值得借鉴与重视，在这里，“量”不仅体现在植物的种类数上，更体现在每种植物的数量上，因而它更能将生态的功能性与景观的艺术性统一起来。另外，要体现植物景观的群体效果，需要大量种苗，这就促使了植物繁殖、栽培水平的提升。

图1-49 丰富的西方园林植物景观

图1-50 没有量就没有美

由于受现代雕塑、绘画和其他前卫艺术思潮的影响，近、现代还出现了一种抽象图案式的种植方式。如：巴西著名设计师罗勃托·布勒·马尔克思（Roberto Burle Marx）早期所提出的抽象图案式种植方式。由于巴西气候炎热、植物自然资源十分丰富、种类繁多，马尔克思从中选出许多种类作为设计素材，组织到抽象的平面图案之中，形成了与众不同的种植风格。从他的作品中可以看出其深受克利和蒙德里安的立体主义绘画的影响。种植设计从绘画中寻找新的构思，也反映出艺术和建筑对园林设计有着深远的影响（图1-51）。

图1-51 罗勃托·布勒·马尔克思设计的巴西教育部翼楼屋顶花园鸟瞰图

在马尔克思之后的一些现代主义园林设计师们也重视艺术思潮对园林设计的渗透。例如，美国著名园林设计师彼特·沃克和玛莎·舒沃兹的设计作品中就分别带有极少主义抽象艺术和通俗的波普艺术的色彩。这些设计师更注重园林设计的造型和视觉效果，设计往往简洁、偏重构图，将植物作为一种绿色的雕塑材料组织到整体构图之中，有时还单纯从构图角度出发，用植物材料创造一种临时性的景观。有的甚至还将风格迥异、自相矛盾的种植形式组合在一起用来烘托和诠释现代主义设计。

值得一提的是源于美国的"环境运动"（始于20世纪70年代），受景观建筑师麦克哈格（McHarg）《自然设计》一书的影响，园林设计开始包含更为广泛的概念，如环境计划、开放空间的保留、生态系统的维护。随着环境科学领域的诞生，在设计中自然生态的规划设计得到提倡。麦克哈格认为环境由生态保护所定义，应该决定土地具体使用的位置。这个概念把土地管理作为设计的先决条件。通过艺术与环境科学在景观中的结合，"平静、健康和自省"才能得以保护。

"环境主义"倡导以艺术形式保护和使用乡土植物。通过理解脆弱的、相互依赖的自然系统，理解小气候和植物配置的分类，出现了一种指导园林设计的方式。重要的是乡土树种，它们表现了一致的地域性，即地域植物，随国家的不同地区而发生变化。这种设计理念的一个典型案例是克罗斯比（Crosby）树木园，位于密西西比的皮卡尤恩。由费城（Philadelphia）公司同事和密西西比的景观设计师爱德华·布莱克（Edward Blake）合作完成。克罗斯比树木园具有平坦的地势，展示了该地区的生态系统情况：一个在生态上受火控制的稀树草原景观（图1-52）；新构造的水池被柏树、山毛榉和蓝果树所围合，模拟典型海狸池塘的水波效果。它的形式创造了生动的漫步园林，介绍、隔离不同植物群落，为赏景的亭子提供了自然的、美的景观视野（图1-53）。克罗斯比树木园提倡生态健康设计，通过了解当地生态系统，利用乡土植物种类来保护景观的自然进化过程。

图1-52　美国密西西比的克罗斯比树木园

图1-53　克罗斯比树木园海狸池塘景观的植物群落

3．我国植物造景设计发展趋势

我国现阶段的园林植物景观配置虽然不像传统的东方或西方园林那样，具有很鲜明的特色，但也可以看出兼具两者的特点，并受现代一些生态造园理论和园艺高新技术的影响。这种中西兼具的高新理论及技术的结合，必然给植物造景注入新鲜的血液，由于种种原因，这种结合还不够成熟和理想，因而也必然存在一些问题。

如在沿袭我国古典园林的传统手法，同时结合西方园林中的植物专类园的做法，在创造植物主题景点方面比较成功；在运用生态学原理进行植物造景方面也有较大进展，并有一些较为成功的作品和成果。然而在多方面的结合上往往顾此失彼，不尽如人意，如在植物景观意境的创造上还是习惯“以少胜多”，在艺术效果表达上尚可，但在发挥环境生态效益方面却不能“一拳代山”“一木代林”。

目前，我国园林的植物造景设计在实践上存在多种形式，设计理论的特色和系统性尚不够成熟和明朗，但就设计原则的理论而言，绝大部分设计师基本达成共识：其一，提倡设计的个性化原则；其二，美学原理（主要是形式美法则）的运用；其三，生态学原理的运用；其四，强调因地制宜的原则；其五，遵循风水法则和意境美相结合。以上原则（理）的运用，正是说明了现阶段我国植物景观配置呈现出既融合古今中外优良植物景观特点，又具备我国艺术个性发展的趋势（图1-54～图1-58）。

图1-54 理想的植物造景设计

图1-55 水域的植物造景设计

图1-56 道路两旁坡地上的植物配置

图1-57 植物造景设计较理想的现代公园

图1-58 植物造景设计较理想的城市绿地

1.2 植物造景配置形式

学习目标 熟悉植物造景设计中考虑功能和美学需要的布局结构形式及应用，掌握植物景观的构图设计。

技能要求 1. 能进行植物景观各种配置形式和群落的组合设计；
2. 会在植物景观的方案设计中合理进行各种植物的配置与布局。

工作场境 工作（教、学、做）场所：一体化制图室及综合设计工作室（最佳的教学场所应该具有多媒体设备、制图桌及较高配置的计算机，满足教师教学示范和学生设计制图操作的需要）。

工作情境：学生模拟担任公司设计员角色，学习、操作并掌握设计岗位基本工作内容；在这里教师是设计师、辅导员（偶尔充当业主和管理者角色）。理论教学采用多媒体教学手段，以电子案例和设计文本实物增加感性认识，教师要进行现场操作示范，学生要进行操作训练，可结合居住小区绿地模拟建设项目或教师指定的实际设计基地进行植物造景设计的教学和实践。

植物景观配置基本形式是植物造景设计的核心内容，是植物景观创造具体形象的直观体现，不是简单的形态和色彩组合，而是对植物景观群落的组合创造，是一项复杂、系统的工程，还要考虑植物的生态习性、养分和空间的竞争、群落的演替变化等。本节主要介绍植物景观在造型和组合形式上的搭配技巧和类型。

在环境景观设计尤其是绿地设计中提倡以植物造景为主的理念，因此，凡是能用植物替代其他要素的尽量加以替代，如运用树墙、绿篱替代普通的建筑围墙。另外，传统园林中很大程度是运用建筑来创造和组织空间的，而在现代园林和环境设计中，应该多考虑运用植物材料来创造和组织空间。植物造景除采用基本的组合形式外，还应创造和发展更多的形式，并要有合理的树冠交叉和乔、灌木复层结构形式。在具体的运用和设计中要把植物造景设计和空间组织结合起来，把平面布局与立面布局结合起来，把各种植物类型结合起来，只有不拘泥于简单、单调的配置形式，才能真正体现植物景观应有的魅力。

1.2.1 乔、灌木的种植方式与整形

在园林中，乔、灌木通常是搭配应用、互为补充的，它们的组合首先必须满足生态条件。第一层的乔木应是阳性树种，第二层的亚乔木可以是半阴性的，分布在外缘的灌木可

以是阳性的，而在乔木遮阴下的灌木则应是半阴性的，以乔木为骨架，亚乔木、灌木等紧密结合构成复层、混交相对稳定的植物群落。

在艺术构图上，应该是反映自然植物群落典型的天然之美，要具有生动的节奏变化。由于要考虑园林各项功能上的需要，乔、灌木的组合有从少到多、从简单到复杂等多种多样的形式。同时，应充分认识到：乔、灌木因其生长速率快、体量大、寿命长而对园林构图起到举足轻重的影响，因此，在进行植物配置、选择种植方式时应慎重考虑。乔、灌木的孤植、对植和列植，相对而言，比较容易把握，也容易表现出造景效果，但不宜多用。

1．孤植

孤植一般是指乔木或灌木的单株种植类型，它是中西园林中广为采用的一种自然式种植形式。但有时为构图需要，同一树种的树木两株或三株紧密地种在一起，以形成一个单元，其远看和单株栽植的效果相同，这种情况也属于孤植。在园林的功能上，一是单纯作为构图艺术上的孤植树，二是作为园林中庇荫和构图艺术相结合的孤植树。

孤植树主要表现植株个体的特点，突出树木的个体美，如奇特的姿态、丰富的线条、浓艳的花朵、硕大的果实等。因此，在选择树种时，孤植树应选择那些具有枝条开展、姿态优美、轮廓鲜明、生长旺盛、成荫效果好、寿命长等特点的树种，如银杏、国槐、榕树、香樟、悬铃木、山桦、无患子、枫杨、七叶树、雪松、云杉、桧柏、白皮松、枫香、元宝、鸡爪槭、乌桕、樱花、紫薇、梅、广玉兰、柿等。在园林中，孤植树的种植比例虽然很小，却有相当重要的作用。

孤植树在园林中往往成为视觉焦点。种植的地点要求比较开阔，不仅要保证树冠有足够的伸展空间，而且要有比较合适的观赏视距和观赏点，让人们有充足的活动场地和恰当的欣赏位置（图1-59）。最好还要有天空、水面、草地等自然景物作背景衬托，以突出孤植树在形体、姿态等方面的特色。庇荫与艺术构图相结合的孤植树，其具体位置的确定，取决于它与周围环境在整体布局上的统一。孤植树最好布置在开敞的大草坪之中，但一般不宜种植在草坪的几何中心，而应偏于一端，安置在构图的自然重心，与草坪周围的景物取得均衡与呼应的效果（图1-60）；孤植树也可以配置在开阔的河边、湖畔，以明朗的水色

图1-59　孤植种植的开阔地点

图1-60　孤植树作为草坪中的景观焦点

图1-61　水边的孤植树

做背景，游人可以在树冠的庇荫下欣赏远景或活动（图1-61）。孤植树下斜的枝干自然成为各种角度的框景。孤植树还适宜配置在可以透视辽阔远景的高地上和山冈上。一方面，游人可以在树下纳凉、眺望；另一方面，可以使高地或山冈的天际线丰富起来。孤植树也可与道路、广场、建筑结合，还可以作为诱导树种植在园路的转折处或假山蹬道口，以引导游人进入另一景区。如在较深暗的密林作为背景的条件下，宜选用色彩鲜艳的红叶树等具有吸引力的树种。孤植树还可以配置在公园前广场的边缘、人流少的地方和园林院落等处。

孤植树作为园林构图的一部分，不是孤立存在的，必须与周围环境和景物相协调，即要求统一于整个园林构图之中。如果在开敞宽广的草坪、高地、山冈或水边栽种孤植树，所选树木的体形必须特别巨大，这样才能与广阔的天空、水面、草坪有差异，才能使孤植树在姿态、体形、色彩上突出。在小型林中草坪、较小水面的水滨及小型院落之中种植孤植树，其体形必须小巧玲珑，可以应用体形与线条优美、色彩艳丽的树种。在山水园中的孤植树，必须与假山石协调，树姿应选盘曲苍古状的，树下还可以配以自然的卧石，以作休息之用。

建造园林必须注意利用原地的成年大树作为孤植树，如果绿地中已有上百年或数十年的大树，必须使整个公园的构图与这种有利的条件结合起来；如果没有大树，则利用原有中年树（10～20年生的珍贵树）为孤植树，这也是有利的。另外，孤植树最好选乡土树种，可望树茂荫浓，健康生长，树龄长久。

2．对植

对植是指用两株或两丛相同或相似的树，按照一定的轴线关系，作相互对称或均衡的种植方式。对植主要用于强调公园、建筑、道路、广场的出入口，同时结合庇荫和装饰美化的作用，在构图上形成配景和夹景。同孤植树不同，对植树很少作主景。

对称种植　主要用在规则式的园林中。构图中轴线两侧，选择同一树种，且大小、形体尽可能相近，与中轴线的垂直距离相等，如公园建筑入口两旁，或主要道路两侧。

拟对称种植　主要用在自然式园林中，构图中轴线两侧选择的树种相同，但形体大小可以不同，与中轴线的距离也就不同，求得感觉上的均衡，彼此要求动势集中。因此，对植并不一定是一侧一株，也可以是一侧一株大树，另一侧配一个树丛或树群。

在规则式种植中，利用同一树种或同一规格的树木依主体景物轴线作对称布置，两树连线与轴线垂直并被轴线等分，这在园林的入口、建筑入门和道路两旁是经常运用的。规则式种植一般采用树冠整齐的树种，而一些树冠过于扭曲的树种则需使用得当，种植的位置既要不妨碍交通和其他活动，又要保证树木有足够的生长空间。一般乔木距建筑物墙面的距离要在5m以上，小乔木和灌木可酌情减少，但不能太近，要在2m以上。在自然式种植中，对植不是对称的，但左右仍是均衡的。在自然式园林的入门两旁，桥头、蹬道的石阶两旁，河道的进口两边，闭锁空间的进口及建筑物的门口，都需要自然式的入口栽植和诱导栽植，自然式对植是最简单的形式，是与主体景物的中轴线支点取得均衡关系。在构图中轴线的两侧，可用同一树种，但大小和姿态必须不同，动势要向中轴线集中，与中轴线的垂直距离，大树要近，小树要远。自然式对植也可以采用株数不相同而树种相同的配置，如左侧是一株大树，右侧为同一树种的两株小树；也可以两边是相似而不相同的树种，或是两种树丛。树丛的树种必须相似，双方既要避免呆板的对称形式，但又必须对应。对植树在道路两旁构成夹景。利用树木分枝状态或适当加以培育，就可以构成相依或交冠的自然景象。

3．列植

列植即行列栽植，是指乔灌木按一定的株行距成排成行地种植，或在行内株距有变化。列植形成的景观比较整齐、有气势，是规则式园林绿地如道路广场、工矿区、居住区、办公大楼绿化应用最多的基本栽植形式。行列栽植具有施工、管理方便的优点。

植物成排成行栽植，并有一定的株行距。可用一种树单行栽植，也可多种树间植，或多行栽，多用于栽植道路两旁绿篱、林带等。在树种的选择方面，乔木多选择分枝点较高、耐修剪的树种，间植多选择灌木或花卉，以求形体和色彩上的丰富。

列植宜选用树冠体形比较整齐的树种，如圆形、卵圆形、倒卵形、椭圆形、塔形、圆柱形等；而不选枝叶稀疏、树冠不整形的树种。列植的株行距，取决于树种的特点、苗木规格和园林用途等，一般乔木为3～8m，甚至更大，而灌木为1～5m，过密就成了绿篱。

在设计列植时，要处理好乔灌木与其他因素的矛盾，列植多用于建筑、道路、上下管线较多的地段。列植与道路配合，可起夹景作用。列植的基本形式有两种：一是等行等距，即从平面上看是呈正方形或品字形的种植点，多用于规则式园林绿地中；二是等行不等距，即行距相等，行内的株距有疏密变化，从平面上看是不等边的三角形或不等边四角形，可用于规则式或自然式园林局部，如路边、广场边缘、水边、建筑物边缘等，株距有疏密和变化，也常应用于从规则式栽植到自然式栽植的过渡带。

4．篱植

列植的特殊形式是篱植（绿篱和绿墙）。

（1）绿篱的功能

1）范围与围护作用：在园林绿地中，常以绿篱作防范的边界，如刺篱、高篱或绿篱内加铁丝。绿篱还可用作组织游览路线。

2）分隔空间和屏障视线：园林的空间有限，往往又需要安排多种活动用地，为减少互相干扰，常用绿篱或绿墙进行分区和屏障视线，以便分隔不同的空间。这种绿篱最好用常绿树组成高于视线的绿墙。如把儿童游戏场、露天剧场、运动场等与安静休息区分隔开来，减少互相干扰。局部规则式的空间，也可用绿篱隔离。这样使对比强烈、风格不同的布局形式可以得到缓和。

3）作为规则式园林的区划线：以中篱作分界线，以矮篱作花境的边缘，或作花坛和观赏草坪的图案花纹。一般装饰性矮篱选用的植物材料有黄杨、大叶黄杨、桧柏、日本花柏、雀舌黄杨等，其中以雀舌黄杨最为理想，其生长缓慢，别名千年矮，纹样不易走样，比较持久，也可以用常春藤组成粗放的纹样。

4）作为花境、喷泉、雕像的背景：园林中常将常绿树修剪成各种形式的绿墙，作为喷泉和雕像的背景，其高度一般要与喷泉和雕像的高度相称，色彩以选用没有反光的暗绿色树种为宜。作为花境背景的绿篱一般均为常绿的高篱及中篱。

5）美化挡土墙：在各种绿地中，为避免挡土墙立面的枯燥，常在挡土墙的前方栽植绿篱，以便对挡土墙的立面进行美化。

6）作色带：是中矮篱的一种应用形式，密度和宽窄随设计纹样而定，但宽度过大将不利于修剪操作，设计时应考虑工作小道，在大草坪和坡地上可以利用不同的观叶木本植物（以灌木为主，如小叶黄杨、红叶小檗、金叶女贞、桧柏、红枫等）组成具有气势、尺度大、效果好的纹样。如北京天安门观礼台、三环路上立交桥的绿岛等由宽窄不一的中、矮篱组合成不同图案的纹饰。

图1-62　在绿地中的高绿篱、绿篱和矮绿篱

（2）按高度划分绿篱的类型

根据高度的不同，可以分为绿墙、高绿篱、绿篱和矮绿篱四种（图1-62）。

1）绿墙的高度一般在人眼（约1.6m）以上，阻挡人们视线通过。绿墙或树墙常用的树种有珊瑚树、桧柏、构橘、月桂等。

2）凡高度在1.6m以下、1.2m以上，人的视线可以通过，但其高度是一般人所不能跨过的绿篱称作高绿篱。

3）比较费事才能跨越而过的绿篱，称为绿篱或中绿篱，这是一般园林中最常用的绿篱类型。

4）凡高度在50cm以下，人们可以毫不费力一跨而过的绿篱，称为矮绿篱。

（3）按功能和观赏要求划分绿篱的类型

根据功能与观赏要求不同，可分为常绿篱、花篱、果篱、刺篱、落叶篱、蔓篱与编篱等。

1）常绿篱：由常绿树组成，为园林中最常用的绿篱。常用的主要树种有桧柏、侧柏、罗汉松、大叶黄杨、海桐、女贞、小蜡、锦熟黄杨、雀舌黄杨、冬青、月桂、珊瑚树、蚊母、观音竹、茶树等。

2）花篱：由观花树木组成，是园林中比较精美的绿篱与绿墙。常用的主要树种有桂花、栀子、茉莉、六月雪、金丝桃、迎春花、野迎春、木槿、锦带花、金钟花、溲疏、郁李、珍珠梅、麻叶绣球、日本绣线菊等，其中将常绿芳香花木用在园中作为花篱尤具特色。

3）果篱：许多绿篱植物在果实长成时，可作观赏，且别具风格，如紫珠、枸骨、火棘、枳等。果篱以不规则整形修剪为宜。如果修剪过重，则结果减少，将影响观赏效果。

4）刺篱：在园林中为了安全防范，常用带刺的植物作绿篱。常用的树种有枸骨、枳、花椒、小檗、黄刺梅、蔷薇、胡颓子等，其中枳用作绿篱有铁篱寨之称。

5）落叶篱：由一般落叶树组成，在东北、华北地区常用，主要树种有榆树、白杜、紫穗槐、柽柳、雪柳等。

6）蔓篱：在同林或住宅大院内起到安全防范与划分空间的作用。若一时得不到高大的树苗，常常建立竹篱、木栅围墙或铅丝网篱，同时栽植藤本植物。常用的植物有金银花、凌霄、常春藤、山荞麦、爬行蔷薇、茑萝松、牵牛等。

7）编篱：为了增加绿篱的防范作用，避免游人或动物穿行，有时把绿篱植物的枝条编结起来，做成网状或格状形式。常用的植物有木槿、杞柳、紫穗槐等。

（4）篱植和种植密度

绿篱的种植密度根据使用的目的性，所选树种、苗木的规格和种植地带的宽度而定。矮篱、一般绿篱的株距为30～50cm，行距为40～60cm，双行式绿篱呈三角交叉排列。绿墙的株距可采用100～150cm，行距为150～200cm。绿篱的起点和终点应做尽端处理，从侧面看来比较厚实美观。

5．丛植

乔、灌木的丛植、群植和林植多用于自然式的植物配置中，而且也是值得提倡的群落型配置方式。配置时讲究乔、灌木结合，要求高低错落、层次丰富；同时要考虑植物的生态及相互的依存关系和稳定性。搭配得好不仅给环境大增异彩，而且也有极大的生态作用。

树丛通常是由两株到十几株同种或异种乔木或乔、灌木组合而成的种植类型。树丛可以配置在自然植被或草坪、草花地上，也可配置在山石或台地上。树丛是园林绿地中重点布置的一种种植类型，它以反映树木群体美（兼顾个体美）的综合形象为主，所以要很好地处理株间、种间的关系。所谓株间关系，是指疏密、远近等因素；种间关系是指不同乔木及乔、灌木之间的搭配。在处理植株间距时，要注意在整体上适当密植，局部疏密有致，并使之成为一个有机的整体；在处理种间关系时，要尽量选择有搭配关系的树种，要将阳性与阴性、快长与慢长、乔木与灌木树种有机地组合成生态相对稳定的树丛。同时，组成树丛的每一株树木也都能在统一的构图中表现其个体美。因此，作为组成树丛的单株树木与孤植树相似，必须挑选在庇荫、树姿、色彩、芳香等方面有特殊价值的树木。

树丛可以分为单纯树丛与混交树丛两类，树丛在功能上除作为组成园林空间构图的骨架外，还有庇荫、诱导、主景、配景等功能。庇荫用的树丛最好采用单纯树丛形式，一般不用或少用灌木配置，通常以树冠开展的高大乔木为宜。而作为构图艺术上的主景或诱导与配置用的树丛，多采用乔、灌木混交树丛。

当树丛作为主景时，宜用针阔叶混植的树丛，其观赏效果较好，可配置在大草坪中央、水边、河旁、岛上或山丘山冈上，作为主景的焦点。在中国古典山水园中，树丛与岩石的组合常设置在粉墙的前方，或走廊、房屋的一隅，以构成树石小景。作为诱导用的树丛多布置在出入口、路叉和弯曲道路，以诱导游人按设计安排的路线欣赏丰富多彩的园林景色。另外，树丛也可以当配景用，如作小路分歧的标志，或遮阴小路的前景，以取得峰回路转又一景的效果。树丛设计必须以当地的自然条件和总的设计意图为依据，用的树种虽少，但要选得准确，以充分掌握其植株个体的生物学特性及个体之间的相互影响，使植株在生长空间、光照、通风、温度、湿度和根系生长发育方面，都取得理想的效果。丛植有以下几种基本形式。

（1）两株配合

树木配置构图上必须符合多样统一的原理，既要有调和，又要有对比。两株树的组合，必须既有变化又有统一，凡差别太大的两种不同树木，如一株棕榈和一株马尾松，一株桧柏和一株龙爪槐配置在一起，对比太强便失掉均衡；另外，二者间无通相之处，便形成不协调的景观，其效果也不好。因此，二株结合的树丛最好采用同一树种，但如果两株相同的树木，其大小、体形、高低完全相同，那么配置在一起时又会过分呆板。正如明代画家龚贤所说：“二株一丛，必一俯一仰，一欹一直，一向左一向右，一有根一无根，一平头一锐头，二根一高一下。”又说：“二树一丛，分枝不宜相似，即十树五树一丛，亦不得相似。”以上说明两株同种树木的配置，在动势、姿态、体量上均须有差异、对比，才显得生动活泼（图1-63）。

图1-63　两株同种树木的丛植示意

两株配合的树丛，其栽植的距离不能与两树冠直径的1/2相等，必须靠近，其距离要比小树冠小得多，这样才能成为一个整体；如果栽植距离大于成年树的树冠，就变成两株树而不是一个树丛。不同种的树木，如果在外观上十分相似，可考虑配置在一起，如桂花和女贞为同科不同属的植物，且外观相似，又同为常绿阔叶乔木，配置在一起将会十分调和。在配置时，最好把桂花放在重要位置，将女贞作为陪衬。同一个树种下的变种和品种，其差异更小，一般可以一起配置，如红梅与绿萼梅相配，就很调和；但是，即便是同一树种的不同变种，如果外观上差异太大，仍不适宜配置在一起，如龙爪柳和馒头柳同为旱柳的变种，但由于外形相差太大，故配置在一起会不协调。

（2）三株配合

三株配合时，如果是不同的树种，最好同为常绿树或同为落叶树，同为乔木或同为灌木。三株配合时，最多只能用两个不同树种，忌用三个不同树种（如果外观不易分辨则不在此限）。古人云：“三树一丛，第一株为主树，第二、第三为客树。”“三株一丛，则二株宜近，一株宜远以示区别也，近者曲而俯，远者宜直而仰。”“三株不宜结，亦不宜散，散则无情，结是病。”三株配合时，树木的大小、姿态都要有对比和差异；栽植时，三株忌在一条直线上，也忌按等边三角形栽植。三株的距离不要相等，其中最大的一株和最小的一株要靠得近些，成为一小组，而中等的一株要远离些，使其成为另外一组；但这两组在动势上又要呼应，这样构图才不致分割（图1-64）。

(a) 相同树种搭配

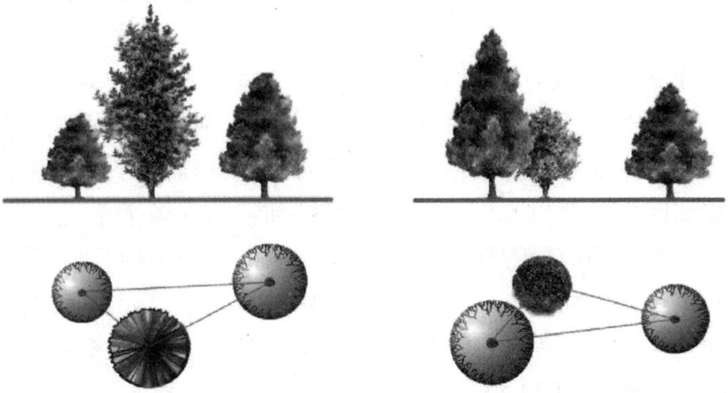

(b) 不同树种搭配

图1-64 三株配合的丛植示意

（3）四株配合

四株完全用一个树种，或最多只能应用两种不同的树种时，必须同为乔木或同为灌木，这样比较调和，这通常称为通相。如果应用三种以上的树种，或大小悬殊的乔、灌木就不易调和；如果是外观极相似的树木，可以超过两种，所以，原则上四株的组合不要乔、灌木合用。当树种完全相同时，在体形、姿态、大小、距离、高矮上应力求不同，栽植点标高也可以变化，这通常称为殊相。

四株配合的树丛，不能种在一条直线上，要分组栽植；但不能两两组合，也不要任意三株呈一条直线，可分为二组或三组。分为二组，即三株较近一株远离；分为三组，即二株一组，而另一株稍远，再有一株更远。当树种相同时，在树木大小排列上，最大的一株要在集体的一组中；当树种不同时，其中三株为一种，另一株为其他种，这另一株不能最大，也不能最小，也不能单独成一个小组，必须与另外一种组成一个三株的混交树丛。在这一组中，这一株应与另一株靠拢，并居于中间，不要靠边（图1-65）。当然还应考虑庇荫的问题。

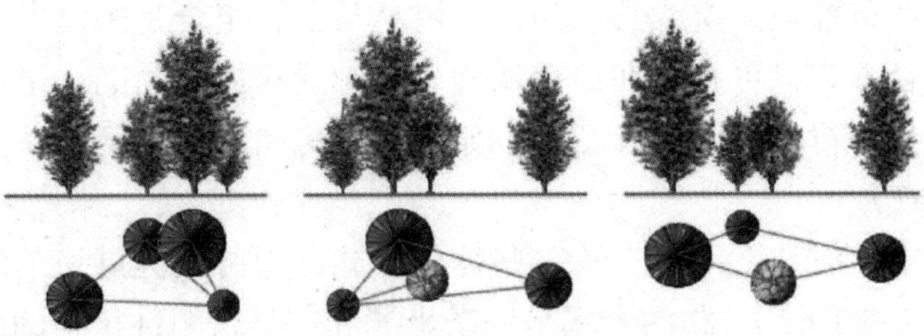

图1-65 四株配合的丛植示意

（4）五株配合

当五株同为一个树种时，每株树的体形、姿态、动势、大小、栽植距离都应不同。最理想的分组方式为3∶2，即三株为一小组，另二株为一小组；如果按照大小分为五个号，三株的小组应该是1、2、4成组或1、3、4成组或1、3、5成组。总之，主体必须在三株的一组中，其组合原则是：三株的小组与三株的树丛相同，二株的小组与二株的树丛相同，但是这两小组必须各有动势，两组动势又须取得和谐。另一种分组方式为4∶1，其中单株树木不要是最大的，也不要是最小的，最好是2、3号树种，但两小组距离不宜过远，动势上要有联系。

五株树丛由两个树种组成时，一个树种为三株，另一个树种为二株，这样比较合适；如果一个树种为一株，另一个树种为四株就不恰当了。例如，三株桂花配二株槭树较好，这样容易均衡；而四株黑松配一株丁香，就很不协调。五株由两个树种组成的树丛，其配置上，可分为一株和四株两个单元，也可分为两株和三株的两个单元。当树丛分为一株和四株两个单元时，三个树种应分置于两个单元中，两株的一个树种应置于一个单元中，不可把两株的分为两个单元，如要把一个树种的两株分为两个单元，其中一株应该配置在另一树种的包围之中。当树丛分为三株和两株两个单元时，不能三株的种在同一单元，而另一树种的两株种在同一单元（图1-66）。

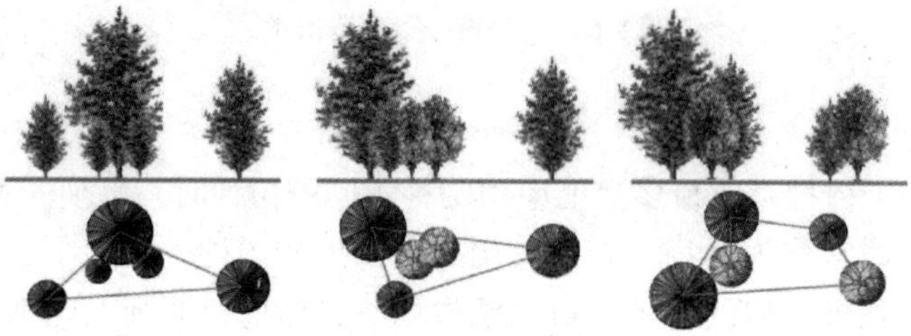

图1-66　五株配合的丛植示意

在树木的配置中，株数越多就越复杂。孤植树是一个基本，二株丛树也是一个基本，三株是由二株和一株组成；四株又由三株和一株组成；五株则由一株和四株或两株和三株组成，理解了五株的配置方法，六七株、八九株同样类推，其关键在于调和中要求对比差异，差异太大时要求调和。所以，株数越少，树种越不能多用；当株数增多时，树种可逐渐增多，但树丛的配合，宜控制在10～15株。外形相差太大的树种，最好不要超过五种，而外形十分类似的树种可以增多种类。

当树丛作为主景时，四周要空旷，可以布置在大草坪的中央、水边、河湾、山坡及山顶上，也可作为框景，布置在景窗或月洞门外。树丛与山石组合是中国古典园林中常见的造景手法，这样的组合方式，可布置在白粉墙前、走廊或房屋的角隅，组成一个画题。在日本庭院中，植物多与山石、枯山水等结合，如布置在房屋墙前，组成一幅富有情趣且色彩丰富的画面（图1-67）。

在游息园林绿地中，树丛下面可布置一些休息坐凳，为游人提供一个停留的场地。这是自然道路中的一段（图1-68），路的一端是一条坐凳和一丛密闭性很强的树丛，使游人在此停留有一种安定感；另一端由三株常绿树和一株观赏树组成，具有很好的景观效果。

图1-67 日本庭院中丛植植物与枯山水的结合

图1-68 自然道路、坐凳与丛植的植物

配置的基本形式有两株组合、三株组合、四株组合、五株组合。《芥子园画传》中有“以五株既熟，则千株万株可以类推，交搭巧妙，在此转关”之说。因此，了解两株到五株的组合形式，可运用到多株树木的组合。

6．群植

群植是由多数（一般在20～30株或以上）乔、灌木混合成群栽植的类型，树群表现的主要为群体美。树群也像孤植树和树丛一样，可作构图的主景。树群应该布置在有足够距离的开阔场地上，如靠近林缘的大草坪、宽广的林中空地、水中的小岛屿、宽阔水面的水滨、小山的山坡、土丘等。树群主立面的前方，至少在树群高度的4倍、树宽度的1.5倍距离上，要留出空地，以便游人欣赏。

树群规模不宜太大，在构图上要四面空旷。树群的组合方式，最好采用郁闭式、成层的结合。树群内通常不允许游人进入，游人也不便进入，因而更利于作庇荫之用。树群的北面，树冠开展的林缘部分，也可作庇荫之用（图1-69）。

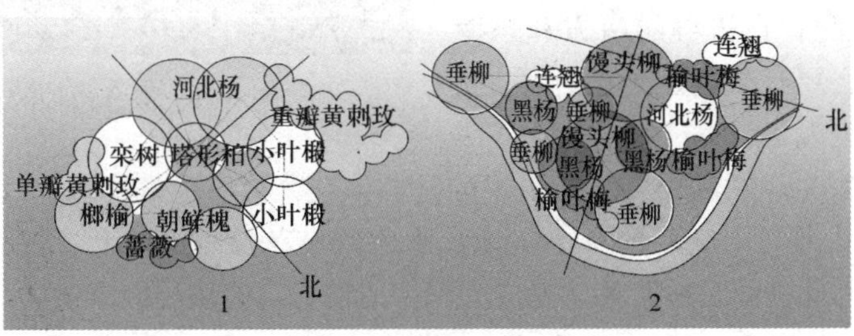
河北杨
重瓣黄刺玫
栾树
塔形柏
小叶椴
单瓣黄刺玫
榔榆
朝鲜槐
小叶椴
蔷薇
北
1
垂柳
连翘
馒头柳
连翘
榆叶梅
垂柳
黑杨
垂柳
河北杨
馒头柳
垂柳
黑杨
黑杨
榆叶梅
榆叶梅
垂柳
北
2

图1-69 树群的几种配置方式示意

树群可分为单纯树群和混交树群两类。单纯树群由同一种树木组成，可以应用宿根花卉作为地被植物。混交树群是树群的主要形式，可分为乔木层、亚乔木层、大灌木层、小灌木层及多年生草本五个部分。其中，每一层都要显露出来，其显露部分应该是该植物观赏特征突出的部分。乔木层选用的树种，其树冠的姿态要特别丰富，整个树群的天际线要富于变化；亚乔木层最好选用花朵繁茂或具美丽叶色的树种；灌木应以花木为主，草本植物应以多年生野生花卉为主。树群下的土面不能暴露，树群组合的基本原则：高度喜光的乔木层应分布在中央，亚乔木在其四周，大灌木、小灌木在外缘，这样不致互相遮掩，且各个方向的断面应过渡自然，在树群的某些外缘可以配置一两个树丛及几株孤植树。

图1-70　单纯树种的自然群植

① 单纯树群：由同一种树木组成，观赏效果相对稳定，布置在靠近园路或铺装广场等地，且选用大乔木，可解决游人的休息问题。利用相同的树种，采取自然群植方式，在大面积草坪中分隔出一个半封闭的空间，草坪汀步将人们从路的边缘引到了这个空间（图1-70）。

② 混交树群：多种树木的组合。首先要考虑生态要求，从观赏角度来看，其构图要以自然界中美的植物群落为样本，林冠线要起伏错落，林缘线要曲折变化，树间距要有疏有密。

树群内植物的栽植距离要有疏密的变化，要构成不等边三角形，切忌成行、成排、成带地栽植；常绿、落叶、观叶、观花的树木，其混交的组合不可用带状混交，又因面积不大，也不可用片状、块状混交，而应该用复层混交及小块混交与点状混交相结合的方式。在树群内，树木的组合必须很好地结合生态条件，如有的地方在种植树群时，在玉兰下用了阳性的月季花作下木，而将强阴性的桃叶珊瑚暴露在阳光之下，这是不恰当的。作为第一层乔木，应该是阳性树，第二层亚乔木可以是半阴性的，而种植在乔木庇荫下及北面的灌木应是半阳性、半阴性的。喜暖的植物应该配置在树群的南方和东南方。树群的外貌，要有高低起伏的变化，要注意季相变化和美观（图1-71）。

图1-71　混合树种的自然群植

树群的树木数量较树丛要多，所表现的是群体美，树群也是构图上的主景，因此应布置在靠近林缘的大草坪、宽广的林中空地、水中的小岛及小山坡上。树群属于多层结构，水平郁闭度大，因此种间及株间关系就成为保持树群稳定的主导因素。

7．林植

凡成片、成块大量栽植的乔、灌木，以构成林地和森林景观的称为林植，也叫树林。风景林是公园内较大规模成带、成片的树林，是多种植物组成的一个完整的人工群落。风景林除着重树种的选择、搭配的美观外，还要注意其具有防护功能。

（1）疏林

疏林的郁闭度为0.4～0.6，它常与草地结合，故又称草地疏林。草地疏林是园林中应用最多的一种形式，系模仿自然界的疏林草地而形成，是吸引游人休息、游戏、观景的地方。树林一般选择生长健壮的单一品种乔木，且应具有较高的观赏价值；林下一般为经过人工选择配置的木本或草本地被植物；草坪应具有含水量少、耐践踏、易修剪、不污染衣服等特点。疏林应以乡土树种为宜，其布置形式或疏或密，或散或聚，形成一片淳朴、美丽、舒适、宜人的园林风景林。无论是鸟语花香的春天、浓荫蔽日的夏天，还是晴空万里的秋天，游人总是喜欢在林间草地上休息、游戏、看书、摄影、野餐、观景等。即便在白雪皑皑的严冬，草地疏林仍别具风味，所以疏林中的树种应具有较高的观赏价值：树冠宜开展，树荫要疏朗，长势要强健，花和叶的色彩要丰富，树枝线条要曲折多变，树干要优美，常绿树与落叶树的搭配要合适。树木的种植要三五成群、疏密相间、有断有续、错落有致，构图上生动活泼，林下草坪应含水量低、坚韧、耐践踏。最好秋季不枯黄，尽可能地让游人在草坪上多活动。一般不修建园路，但作为观赏用的嵌花草地疏林，要留出一定的空间或通道，以供游人通过和驻足观赏（图1-72）。

图1-72 疏林草地

（2）密林

密林的郁闭度为0.7～1.0，一般阳光很少透入林下，土壤湿度大，地被植物含水量高，经不起踩踏，所以以观赏为主，并可起到改善气候、保持水土等作用。密林可分为单纯密林和混交密林两种。

单纯密林 具有简洁壮阔之美，但也缺乏丰富的色彩、季相和层次的变化，因此栽植时要靠起伏变化的地形来丰富林冠线与林缘线。林带边缘要适当配置观赏特性较突出的花灌木或花卉，林下可考虑点缀花、草为其他地被植物增加景观的艺术效果（图1-73）。

混交密林 多种植物构成的郁闭群落，其种间关系复杂而重要，大乔木、小乔木、大灌木、小灌木、地被植物根据各自的生态习性和互相的依存关系，形成不同层次。这样的树林季相丰富，林冠线、林缘线构图突出，但也应做到疏密有致，使游人在林下欣赏特有的幽邃深远之美。密林内部可有道路通过，也可在局部留出空旷的草地，还可规划自然的林间溪流，并在适当的地方布置建筑作为景点。供游人欣赏的林缘部分，其垂直成层构图要十分突出，但又不能全部塞满，以免影响游人的欣赏。为了能使游人深入林地，密林内部有自然路通过，沿路两旁的垂直郁闭度也不宜太大，必要时还可以留出空旷的草坪。可以利用林间溪流水体，种植水生花卉，也可以附设一些简单构筑物，以供游人作短暂休息之用（图1-74）。

大面积的密林种植可采用片状混交，小面积的多采用点状混交，一般不用带状混交。要注意常绿与落叶、乔木与灌木林的配合比例，以及植物对生态因子的要求等。单纯密林

图1-73　单纯密林

图1-74　混交密林

和混交密林在艺术效果上各有其特点，前者简洁，后者华丽，两者相互衬托，特点突出，因此不能偏废。从生物学的特性来看，混交密林比单纯密林好，园林中纯林不宜配置太多。

以上这些基本的配置形式通常结合使用，并因园林布局形式和规模的不同而有变化和不同要求。当园林绿地或绿化空间不大时，群植尤其是林植方式不常用或不用，如小庭院的植物造景设计；而当面积比较大时，必须应有林植类型，而且最好有混交密林等，如风景区、公园及比较大的专用绿地等。另外，如果不是游憩功能和景观的特殊需要，应尽量采用复层结构的植物群落，同时要尽量与地被植物和花卉植物结合起来配置，使其景观效果和生态功能更加理想。

1.2.2　花卉的栽植形式

花卉类植物虽然大小不如一般的乔、灌木，但因其鲜艳的色彩和旺盛的生长力及比较短的生长周期，对四季园林景观的营造或者植物景观的丰富起到了点缀效果，尤其在节日氛围的营造方面起到了很大的作用，因此结合起来才能相得益彰。

露地栽培的花卉是园林中应用最广的花卉种类，多以其丰富的色彩美化重点部位，形成园林景观。根据应用布置方式，花卉栽植大概有以下几种形式。

1. 花丛和花群

这种应用方式是将自然风景中野花散生于草坡的景观运用于城市园林，从而增加园林绿化的趣味性和观赏性。花丛和花群应用灵活、量少为丛、丛连成群、繁简均宜。花卉选择高矮不限，但以茎干挺直、不易倒伏、花朵繁密、株形丰满整齐者为佳。花丛和花群常布置于开阔的草坪周围，使林缘、树丛树群与草坪之间有一个联系的纽带和过渡的桥梁，也可以布置在道路的转折处或点缀于院落之中，均能产生较好的观赏效果。同时，花丛和花群还可布置于河边、山坡、石旁，使景观生动自然（图1-75）。

2. 花境

花境是由多种花卉组成的带状自然式布置，是根据自然风景中花卉自然生长的规律，加以艺术提炼而应用于园林的栽植形式。花境的花卉种类多、色彩丰富，具有山林野趣，观赏效果十分显著。欧美国家园林特别是英国园林中花境应用十分普遍，而我国目前对花境的应用尚少。根据观赏形式的不同，花境可以分为单面观赏花境和双面观赏花境。单面观赏花境多以树丛、树群、绿篱或建筑物的墙体为背景，植物配置上前低后高以利于观赏。双面花境多设置在草坪或树丛间，两侧都有步道，以供观赏，植物配置采取中间高两边低的方法，各种花卉呈自然斑状混交。

图1-75 园林中林下的花丛与花群

花境中各种花卉在配置时既要考虑同一季节中彼此的色彩、姿态、体型、数量的调和与对比，花境的整体构图也必须是完整的，同时还要求在一年之中随着季节的变换而显现不同的季相特征，使人们产生时序感。适应布置花境的植物材料很多，既包括一年生的，也包括宿根、球根花卉，还有一些生长低矮、色彩艳丽的花灌木或观叶植物。其中，既有观花的，也有观叶的，甚至还有观果的。特别是宿根和球根花卉能较好地满足花境的要求，并且维护管理比较省工。由于花境布置后可多年生长，不需要经常更换，若想获得理想的四季景观，必须在种植规划时深入了解和掌握各种花卉的生态习性、外观表现及花期、花色等，对所选用的植物材料具有较强的感性认识，并能预见配置后产生的景观效果。例如，郁金香、风信子、荷包牡丹及耧斗菜类仅在上半年生长，在炎热的夏季即进入休眠。在花境中应用这些花卉时，需要在林丛间配置一些夏秋生长茂盛而春末夏初又不影响其生长与观赏的其他花卉，使整个花境不至于出现衰败的景象。再如，石蒜类的植物根系较深，属先花后叶花卉，如能与浅根性、茎叶葱绿而匍地生长的爬景天混植，不仅能相互生长，而且不受影响。并且，由于爬景天茎叶对石蒜类花的衬托，使景观效果显著提高。在花境设计时，相邻的花卉色彩要合理搭配，长势强弱与繁衍的速度应大致相似，以利于长久稳定地发挥花境的观赏效果。花境的边缘即花境种植的界限，不仅确定了花境的种植范围，也便于周围草坪的修剪和周边的整理清扫。依据花境所处的环境不同，边缘可以是自然曲线，也可以是直线。高床的边缘可用石头、砖头等垒砌而成，平床多用低矮致密的植物镶边，也可用草坪带镶边（图1-76）。

图1-76 路（水）边的花境

3．花坛

花坛多设于广场和道路的中央分车带两侧，以及公园、机关单位、学校等观赏游地段和办公教育场所，应用十分广泛。花坛主要采取规则式布置，有单独或连续带状及成群组合等类型。花坛内部所组成的纹样多采用对称的图案，并要保持鲜艳的色彩和整齐的轮廓。一般选用植株低矮、生长整齐、花期集中、株形紧密、花或叶观赏价值高的种类，常选用一、二年生花卉或球根花卉。植株的高度与形状和花坛纹样与图案的表现效果有密切关系，如低矮且株丛较小的花卉，适合于表现平面图案的变化，可以显示出较细致的花纹，故可用于模纹花坛的布置，如五色苋、三色堇、雏菊、大花马齿苋等，草坪也可以用来镶嵌配合布置。

图1-77　园林中的花丛花坛

花丛花坛　以表现开花时的整体效果为目的，展示不同花卉或品种的群体及其相互配合所形成的绚丽色彩与优美外貌（图1-77）。因此，要做到图样简洁、轮廓鲜明才能获得良好的效果。选用的花卉以花朵繁茂、色彩鲜艳的种类为主，如金盏菊、金鱼草、三色红矮牵牛、万寿菊、孔雀草、鸡冠花、一串红、百日草、石竹、小天蓝绣球、菊花、水仙、郁金香、风信子等。在配置时应注意陪衬种类要单一，花色要协调，每种花色相同的花卉布置成一块，不能混种在一起形成大杂烩。花坛中心宜用较高大而整齐的花卉材料，如美人蕉、地肤、毛地黄、金鱼草等。花坛的边缘常用矮小的灌木绿篱或常绿草本作镶边栽植，如雀舌黄杨、紫叶小檗、沿阶草、土麦冬等，也可用草坪作镶边材料。

模纹花坛　又叫毛毡花坛。此种花坛是以色彩鲜艳的各种矮生性、多花性的草花或观叶草本为主，在一个平面上栽种出种种图案，看上去犹如地毯。花坛外形均是规则的几何图形。花坛内图案除用大量矮生性草花外，也可配置一定的草皮或建筑材料，如色砂、瓷砖等，使图案色彩更加突出。这种花坛通过不同花卉色彩的对比，展示平面图案美，所以，所栽植的花卉要以叶细小茂密、耐修剪为宜，如大花马齿苋、香雪球、矮性霍香蓟、五彩苏、宝石花和五色草等。其中，以五色草配置的花坛效果最好。模纹花坛的中心部分，在不妨碍视线的条件下，还可选用整形的小灌木、桧柏、小叶黄杨、苏铁、龙舌兰等。当然也可用其他装饰材料来点缀，如形象雕塑、建筑小品、水池和喷泉等（图1-78）。

花台　将花卉栽植于高出地面的台座上，类似花坛但面积较小，也可以看成是一种较窄但较高的花坛，在我国古典园林中这种应用方式较多。现在多应用于庭院，其上种植花草作整形式布置。由于面积狭小，一个花台内常只布置一种花卉。因花台高出地面，故选用的花卉株形较矮、繁密匍匐或茎叶下垂于台壁，如玉簪、芍药、鸢尾、兰花、沿阶草等（图1-79）。

花钵　花钵可以说是活动花坛，是随着现代化城市的发展，花卉种植施工手段逐步完善而推出的花卉应用形式。花钵造型美观大方，纹饰以简洁的灰、白色调为宜，从造型上看，有圆形、方形、高脚杯形，以及由数个种植钵拼组成六角形、八角形、菱形等图案，也有木制的种植箱、花车等形式，造型新颖别致、丰富多彩，钵内放置营养土用于栽植花卉。花钵移动方便，里面花卉可以随季节更换，使用方便灵活、装饰效果好，是深受欢迎

图1-78 上海市浦东世纪公园的横纹花坛

图1-79 园林中的花台
（较花坛高而面积狭小）

的新型花卉种植形式。花钵主要摆放于广场、街道及建筑物前进行装点，施工容易，能够迅速形成景观，符合现代化城市发展的需要（图1-80）。

花钵选用的植物种类十分广泛，如一、二年生花卉，以及球根花卉、宿根花卉及蔓生性植物都可应用。应用时选用应时的花卉作为种植材料，如春季用石竹、金盏菊、雏菊、郁金香、水仙、风信子等；夏季用虞美人、美女樱、百日草、花菱草等；秋季用矮牵牛、一串红、鸡冠花、菊花等。所用花卉的形态和质感要与钵的造型相协调，色彩上有所对比。如白色的种植钵与红、橙等暖色系花搭配会产生艳丽、欢快的气氛，与蓝、紫等冷色系花搭配会给人宁静素雅的感觉。

图1-80 园林中灵活多样的花钵

4．盆栽花卉的装饰应用

温室花卉一般盆栽观赏，以便冬季到来时移入温室内防寒。盆栽花卉既可用于温暖季节的室外环境装饰，也可用于室内环境装饰，应用方便灵活，使用也越来越多，概括起来，有以下几个方面。

公共场所的花卉装饰 机场、车站、码头、广场、宾馆、影剧院、体育馆、大礼堂、博物馆及其他场所，都需要用花卉来美化装饰。这些场所的花卉装饰起点缀作用，应用时首先要以不妨碍交通和不给人们造成不便为原则，其次选择的花卉材料要与周围的环境和使用的性质相一致。如举行庆祝的会场，应该布置色彩鲜艳的花卉，烘托喜庆气氛，而展览陈列室则以淡雅素朴的花卉为宜，休息厅应给予较精致的花卉装饰，因为人们在休息时会去欣赏或品评所布置的花卉。另外，还要了解花卉的习性，特别是对光的要求，如酢浆草、五色梅需要在阳光直射的情况下才能开放，若放在较暗的室内，就会失去其装饰效果。

私人居室的花卉装饰 居住建筑中花卉装饰主要应用于卧室、客厅、阳台、餐厅等处。阳台是摆放盆花进行装饰的理想地点，因为阳台的光线相对比较充足，可摆放一些喜光的观花花卉。室内通常以耐阴的常绿观叶植物进行布置和装饰，以调和室内布局，增添居室的生机。布置时要注意不妨碍人的活动。几案、柜橱上陈列的花卉以小巧玲珑为上，数量不宜多，但质量要高。

温室专类园布置　为满足人们对温室花卉的观赏需要，可以专门开辟观赏温室区，置热带、亚热带花卉供参观游览。如兰花、仙人掌类及多浆植物等种类繁多、观赏价值高、生态习性接近的花卉可布置成专类园的形式。对温度要求不太高的植物，如棕榈、苏铁等，可用来布置室内花园。

1.2.3　藤蔓植物的栽植与应用

藤蔓植物是指茎干柔弱、不能独自直立生长的藤本和蔓生植物，可分为攀缘植物、匍匐植物、垂吊植物等。藤蔓植物或以叶取胜，如叶形别致的龟背竹、叶色常绿的常春藤；或以花迷人，如花形奇特的油麻藤、花色艳丽的凌霄；或重在观果，如果形有趣的葫芦、果色多样的葡萄等。藤蔓植物能迅速增加绿化面积，改善环境条件，在园林绿化尤其是在立体绿化中具有广泛用途。

1．应用原则

（1）选材恰当，适地适栽

不同的植物对生态环境有不同的要求和适应能力，环境适宜则生长良好，否则便生长不良甚至死亡。生态环境又是由各不相同的温度、光照、水分、土壤等条件组成的综合环境，千差万别。因此，在栽培应用时首先要选择适应当地条件的种类，即选用生态要求与当地条件吻合的种类。从外地引种时，最好先作引种试验或少量栽培，成功后再大量推广。把当地野生的乡土植物引入庭园栽培，各生态条件虽然基本一致，但常常由于小环境的不同，某些重要生态条件，如光照、空气湿度差异较大，对引种的成败起关键作用，必须高度注意。例如，生长于林下的种类不耐强光直射，生长于山谷间者，需要很高的空气湿度，才能正常生长等。

从外地引种，若不知道该植物对环境条件的具体要求时，通常可先了解其原产地及其生境，从原产地的地理位置、海拔便可知道其适宜的温度、空气湿度的大体情况。例如，在我国引种的植物中，有许多来自原产于南美洲的种类，基本都有喜热怕寒的习性。从具体的生境可更深入地推断其对光照、水分、土壤等的具体要求，草坡、林下、溪流边、崖壁的生态条件是各不相同的。

（2）自然美与意蕴美相结合

在应用时，要同时关注科学性与艺术性，在满足植物生态要求、发挥植物对环境的生态功能的同时，通过植物的自然美和意蕴美要素来体现植物对环境的美化装饰作用，这也是观赏植物应用的一个重要特点。

藤蔓植物种类繁多，姿态各异，通过茎、叶、花、果在形态、色彩、芳香、质感等方面的特点及其整体构成，表现出各种自然美。例如，紫藤老茎盘曲蜿蜒，犹若龙盘蛟舞；茑萝枝叶纤丽，似碧纱披拂，缀鲜红小花，更显娇艳；花叶常春藤的自然下垂给人以轻柔、飘逸感；龟背竹、麒麟尾等叶宽大而形奇，给人以豪放、潇洒、新奇感。形与色的完美结合是观赏植物能取得良好视觉美感的重要原因。不同色彩的花、叶可以形成不同的审美心理感受。红色、橙色、黄色常予人以温暖、热烈、兴奋感，会产生热烈的气氛；绿色、紫色、蓝色、白色常使人感觉清凉、宁静，使环境有静雅的氛围。植物以绿色作为大自然赋予的主基调，同时又以多彩的花、果、叶的形式向人们展现出美的形象。除视觉形象外，很多花、果、叶甚至整个植株还发出清香、甜香、浓香、幽香等多种香味，引起人的嗅觉美感。藤蔓植物，除具有一般直立植物的形、色、香外，它们的体态更显纤弱、飘逸、婀娜、依附的风韵，备受钟爱。

植物除了自然美外，很多传统的观赏植物还富有意蕴美，其含义与通常所说的联想美、含蓄美、寓言美、象征美、意境美相近，其审美特征在于将植物自然形象与一定的社会文化、传统理念相联系，以物寓意、托物言情，使植物形象成为某种社会文化、价值观的载体，成为历来文人墨客、丹青妙手垂青的对象。在我国，这方面较为典型的藤蔓植物有紫藤、凌霄、十姊妹、木香、素馨花、迎春花、忍冬等。由于具有一定的传统文化载体功能，这些植物在自然形态美的基础上又具有了丰富的意蕴美内涵。

通过植物自然美和意蕴美的内容，与环境的协调配合来体现植物对环境的美化装饰作用是观赏植物，也是攀缘、匍匐、垂吊植物应用于观赏园艺的一个重要方面。

（3）突出生态效应

应用藤蔓植物时，除考虑其生态习性、观赏特性外，植物对生态环境的改善也是环境绿化的重要目的。藤蔓植物同其他植物一样具有调节环境温度和湿度、杀菌、降噪、抗污染、平衡空气中O_2与CO_2等多种生态功能，且因习性特殊，能在一般直立生长植物无法生存的场所出现，更具有独到的生态效应。由于在形态、生态习性、应用形式上的差异，不同的藤蔓植物对环境生态功能的发挥不尽相同。例如，以降低室内温度为目的，应在屋顶、东墙和西墙的墙面绿化中选栽叶片密度大、日晒不易萎蔫、隔热性好的攀缘植物，如地锦、薜荔、常春油麻藤等；欲在绿化中增加滞尘和隔音功能，则选择叶片大、表面粗糙、绒毛多或藤蔓纠结、叶片较小而密度大的种类较为理想；在市区、工厂等空气污染较重的区域则应栽种能抗污染和吸收一定量有毒气体的种类，以降低空气中的有毒成分，改善空气质量；欲地面滞尘、保持水土，则应选择根系发达、枝繁叶茂、覆盖致密度高的匍匐、攀缘植物为地被。

2．应用形式

藤蔓植物的应用形式与内容要根据环境特点、建筑物的类型、绿化功能要求，结合植物的生态习性、体量、寿命、生长速率、物候变化、观赏特点选用适宜的类型和具体种类，也可根据不同类型植物的特点、设计和制作相应的设施，如各式栅栏、格子架、花架、种植槽、吊挂容器等，使植物、构筑物、环境之间实现科学与艺术的统一。不同的绿化场所中藤蔓植物有以下常见的应用形式与内容。

绿柱　对于灯柱、廊柱、大树干等粗大的柱形物体，可选用缠绕类或吸附类攀缘植物盘绕或包裹柱形物体，形成绿线、绿柱、花柱。古藤盘柱的绿化更接近自然，落葵薯、常春油麻藤等大型藤本有时可将树体全部覆盖。

绿廊、绿门　选用攀缘植物种植于廊的两侧，并设置相应攀附物使植物攀附而上并覆盖廊顶形成绿廊。也可于廊顶设置种植槽，选植藤蔓植物中的一些种类，使枝蔓向下垂挂，形成绿帘或垂吊装饰。廊顶设槽种植，由于位置关系和土壤体积等情况限制，在养护管理上较为困难，应视廊的结构、具体环境条件、养护手段来设计和选用。也可在门梁上用攀缘植物绿化，形成绿门。

棚架　棚架是园林绿化中最常见、结构造型最丰富的构筑物之一。生长旺盛、枝叶茂密、开花观果的攀缘植物是花架绿化的基本物质基础，可应用的种类达百种以上，常见的有紫藤、藤本月季、十姊妹、油麻藤、炮仗藤、忍冬、叶子花、葡萄、络石、凌霄、铁线莲、葫芦、猕猴桃、牵牛、茑萝松、使君子等。在具体应用时，还应根据缠绕、卷攀、吸附、棘刺等不同类型及木本、草本不同习性，结合花架大小、形状、构成材料综合考虑，选择适应的植物种类和种植方式。例如，杆、绳结构的小型花架，宜配置蔓茎较细、体量较轻的种类；对于砖、木、钢筋混凝土结构的大、中型花架，宜选用寿命长、体量大的藤木种类；对于只用于夏季遮阴或临时性花架，则宜选用生长快，一年生草本或冬季落叶的类型。对于卷攀型、吸附型植物，棚架上要多设些间隔适当，以及便于吸附、卷缠之物；对于缠绕型、棘刺型植物，应考虑适宜的缠绕、支撑结构，并在初期对植物加以人工的辅助牵引。

绿亭　可视为花架的一种特殊形式。通常在亭阁形状的支架四周种植生长旺盛、枝叶致密的攀缘类植物，形成绿亭。

篱垣与栅栏绿化　篱垣与栅栏都是具有围墙或屏障功能，但结构上又具有开放性与通透性的构筑物。篱垣与栅栏的结构多样，有传统的由竹篱笆、木栅栏或砖砌成的镂空矮墙，也有现代的由钢筋、钢管、铸铁制成的铁栅栏和铁丝网搭制成的铁篱，还有由塑性钢筋混凝土制成的水泥栅栏及其仿木、仿竹形式的栅栏。使植物攀缘、披垂或凭靠篱垣栅栏形成绿墙、花墙、绿篱、绿栏。除生态效益外，比光秃的篱笆或栅栏更显自然、和谐，更生气勃勃。能应用于篱垣与栅栏绿化的植物种类很多，主要为攀缘类及垂吊植物中的一些俯垂型种类，常用的有藤本月季、十姊妹、木香、叶子花、云南黄素馨、地锦、岩爬藤、素馨花、牵牛、茑萝松、丝瓜、文竹等。

墙面绿化　泛指建筑物墙面及各种实体围墙表面的绿化。墙面绿化除具有生态功能外，也是一种建筑外表的装饰艺术。

用吸附型攀缘植物直接攀附墙面，是常见而经济实用的墙面绿化方式。不同植物吸附能力不尽相同，应用时需要了解各种墙面表层的特点与植物吸附能力的关系，墙面越粗糙对植物攀附越有利。在清水墙、水泥砂浆、水刷石、水泥拉毛、马赛克、条石、块石、假石等墙面，多数吸附型攀缘植物均能攀附，但具有黏性吸盘的地锦、岩爬藤和具气生根的薜荔、常春藤等的吸附能力更强，有的甚至能吸附于玻璃幕墙之上。

墙面绿化除采用直接附壁的形式外，也可在墙面安装条状或网状支架供植物攀附，使卷攀型、钩刺型、缠绕型植物都可借支架绿化墙面。支架可采用在墙面钻孔后用膨胀螺栓固定，预埋于墙内或凿砖、打木楔、钉钉拉铅丝等方式进行安装。支架形式要考虑有利于植物的缠绕、卷攀、钩刺攀附，以及便于人工缚扎牵引和以后的养护管理。

用钩钉、骑马钉、胶粘等人工辅助方式也可使无吸附能力的植物茎蔓直接附壁，但难以大面积进行，可酌情用于墙面的局部装饰并需要考虑墙面的温度等生态条件。

墙面绿化还可采用披垂或悬垂的形式。例如，可在墙的顶部或墙面设花槽、花斗，选植蔓生性强的攀缘、匍匐及俯垂型植物，如常春藤、忍冬、木香、蔓长春花、云南黄素馨、紫竹梅等，使其枝叶从上披垂或悬垂而下。也可在墙的一侧种植攀缘植物，使其越墙披垂于墙的另一侧，使墙的两面披绿并绿化墙顶。

屋顶屋面绿化　屋顶绿化常见的形式有地被覆盖、棚架、垂挂等。可铺设人工合成种植土的平顶屋面，选择匍匐、攀缘植物作地被式栽培，形成绿色地毯。屋面不能铺设土层者，也可在屋顶设种植地，种植攀缘植物，任其在屋面蔓延覆盖，对低层建筑或平房也可采用地面种植，将其牵引至房顶覆盖或经由屋面墙壁而覆屋顶的方式。在平屋顶建棚架，选用攀缘植物形成绿棚，既可遮阴降暑，又可美化屋顶，提供纳凉休闲场所，若选用葡萄、瓜类、豆类，在果甜瓜熟时倍增生活情趣。屋顶女儿墙、檐口和雨篷边缘墙外管道还可选用适宜攀缘、俯垂的植物（如常春藤、蔓长春花、云南黄素馨、地锦、十姊妹等）进行悬垂式绿化。

在屋顶上种植植物有别于地面，应选择适应性强、耐热、抗寒、抗风、耐旱的阳性至中性的植物种类，并最好用吸附型植物。

攀缘、匍匐植物体量轻，占用种植面积少、蔓延面积大，在有限土壤容积和承载力的屋顶上，利用攀缘、匍匐植物绿化是经济有效的绿化途径之一。

阳台、窗台绿化　阳台、窗台绿化是城市及家庭绿化的重要内容，目前很多建筑在设计之时，就考虑了花槽、花架的设置以便于绿化与美化。

阳台、窗台绿化除摆设盆花外，常用绳索、竹竿、木条或金属线材构成一定形式的网棚、支架，选用缠绕或卷攀型植物攀附形成绿屏或绿棚。适宜植物有牵牛、茑萝松、忍冬、鸡蛋果、西番莲、丝瓜、苦瓜、葫芦、葡萄、紫藤、络石、云南黄素馨、文竹等。若不设花架，也可利用花槽或花盆栽种植蔷薇、藤本月季、迎春花、蔓长春花、常春藤、花叶常春藤、非洲天门冬等植物披垂或悬垂于台外，起到绿化和美化阳台、窗台外侧的作用。种植吸附型藤蔓，如地锦、常春藤、崖爬藤，把它们的藤蔓导引于阳台外侧栏板、栅柱及阳台、窗台两侧的墙面上，可在台外形成附壁绿化带。

在阳台顶部或窗框上部设置若干吊钩，挂上数盆用网套或绳索连接的枝蔓悬垂的藤蔓植物，可对阳台、窗台上层空间起到装饰美化作用。这种绿化装饰方式要求吊盆装饰性要强，网套、吊绳也要美观、坚实、耐用。

山石绿化　在假山、山石的局部用藤蔓植物中的一些种类攀附其上，能使山石生姿，更富自然情趣。藤蔓与山石的组合配置是我国传统园林中常用的手法之一，有时还以白粉墙相衬，使之在形式上更添诗情画意，常应用的植物有垂盆草、凹叶景天、石楠藤、紫藤、凌霄、络石、薜荔、地锦、常春藤等。

护坡、堡坎绿化　护坡、堡坎绿化是城市立体绿化，特别是地形、地貌复杂多变的山地城市绿化的重要内容。广义的护坡、堡坎绿化包括地形起伏大的自然缓坡、陡坡、岩面及道路、河道两旁的坡地、堡坎、堤岸等地段的绿化。护坡、堡坎绿化可选用适宜的匍匐、攀缘植物植于坡底或坡面，使其在坡面蔓延生长形成覆盖坡面的地被。对于堡坎、坡坎、堤岸等地段，可选用攀缘或垂吊植物中的俯垂型植物植于坡坎顶部边缘，使其枝蔓向下垂挂覆盖坡坎，或采用类似墙面附壁绿化形式，用吸附型藤蔓攀附坡坎而起护坡绿化和美化装饰的功能。在实际运用中，上述两种形式可根据地形和土壤状况因地制宜结合使用，互为补充。

花坛、地被应用　藤蔓植物均可依花坛的设计形式选作花坛配置材料，如攀缘植物可通过人工的牵引、缠绕、绑扎，使藤蔓覆于动物造型或其他几何式的三维立体框架表面，形成立体造型，应用于花坛之中。牵牛、茑萝松、金莲花等，常于花坛中作铺地用。

地被植物是园林绿地的重要组成部分。匍匐茎型的植物一般均可用作地被植物，如地瓜藤、草莓、蛇莓、活血丹、聚花过路黄、旱金莲、蟛蜞菊、紫竹梅等。攀缘植物常在绿地中作垂直绿化布置，实际上其中不少种类作地被效果也很好，如地瓜藤、紫藤、常春藤、蔓长春花、地锦、铁线莲、络石等均可用作林缘、疏林下、林下、路旁地被。

草坪绿地应用　人工草坪所用植物，几乎全部为禾本科及少数莎草科种类。禾本科的匍匐茎型种类，如狗牙根、美洲钝叶草、假俭草等应用十分广泛。以禾草类铺设草坪有生长迅速、成绿快、细密平整、耐践踏和易修剪保养等优点，非一般阔叶草本所能及。暖季型草类入冬后枯黄，冷季型草类多入夏即枯，难以保持周年鲜绿，如大面积应用，景观效果较差，且需要不断修剪才能保持平整。一些双子叶匍匐草本，如火炭母、天胡荽、马蹄金、活血丹等，叶片较小，匍匐性好，蔓延生长迅速，无须修剪，在我国南方无霜地区四季常青，适宜作观赏草坪，有其独特性与优越性。但它们较喜荫蔽湿润，耐强光直晒与耐干旱能力不及许多禾草，应用时要注意选择环境并加强护理。例如，昆明有关园林部门绿化栽植应用的实践证明，马蹄金是优秀的观赏草坪草种，已迅速扩大应用。

1.2.4　水生植物的栽植与应用

1. 水生植物的常见生态群落组成

水生植物的茎、叶、花、果都有较高的观赏价值，水生植物的配置可以打破园林水面的平静，为水面增添情趣；还可以减少水面蒸发，改良水质。水生植物管理粗放，并有较高的经济价值。在园林水景中水生植物按其生活习性和生态环境可分为浮叶植物、挺水植物、沉水植物（观赏水草）及海生植物（红树林）等。

水生植物群落是在一定区域内，由群居在一起的各种水生植物种群构成的有规律的组合。它具有一定的种类组成、结构和数量，并在植物之间及植物与环境之间构成一定的相互关系。

（1）浮叶植物群落

图1-81　浮叶植物（睡莲）群落的合理布置

浮叶植物能适应水面上的漂浮生活，主要在于它们形成了与其相适应的形态结构，如具特殊的贮气组织等。菱和凤眼蓝的叶柄中间膨大呈葫芦状，这样的贮气组织可大幅减轻体重，使植株或叶片漂浮于水面。例如，睡莲群落主要分布在湖塘的静水区，在沼泽的低洼处也能生活。它既能以单独群落独秀于湖面，也能与菱、眼子菜、藻类共生于池塘中（图1-81）。王莲主要是人工栽培，由于叶片硕大、繁殖快，常独占池塘水面而形成单种群落；菱角群落广布全国各地池塘湖泊，在南方常与水皮莲、金银莲花等为邻；在北方则有两栖蓼、荇菜、浮叶慈姑等伴生其中。凤眼莲群落主要是人工栽培，因繁殖迅速，常独占水面，只在边缘有槐叶萍、满江红等浮叶植物。

（2）挺水植物群落

挺水植物群落主要分布在沼泽地及湖、河、塘等近岸的浅水处。它们的营养繁殖力极强，地下茎可不断产生新植株，且个体非常密集而成绝对优势植物，以致其他植物因得不到阳光和生长空间而无法生存。如荷花群落一般生活在水深1.2m以下的水域，因营养繁殖快及生长旺盛，常排斥其他植物而成单独群落（图1-82）。芦苇群落广布全国各地，自华南的池塘到东北的沼泽地，从江浙平原的水域到西北高原的河溪沟都有出现，只是群落的周边伴生禾本科和莎草科植物。菖蒲群落常呈小丛植株生长于池塘、湖泊及溪河近岸的浅水处，伴生泽泻、菰等水生植物（图1-83）。黑三菱、香蒲、水葱、杉叶藻等群落也与此相类似。

图1-82 挺水植物（荷花）

图1-83 挺水植物（水菖蒲）

（3）沉水植物群落

不同种类的沉水植物因生活特性不同，各自的群落分布也有差异。如黑藻群落既能生活在静水池塘，也能生长在流动的溪河中，有金鱼藻、茨藻伴生。它的分布极广，山区小溪、平原的溪河，都是其生长生活的好场所。

黄花狸藻群落一般生活在略带酸性的浅水中。为了适应这种氮素较缺乏的环境，经过长期的演化过程，部分叶子变成了捕虫囊，囊内细胞能分泌有麻醉作用的黏液和消化酶，将误入囊内的小虫消化吸收，用以补充自身所需要的氮素，故称食虫植物。夏秋季节，黄花狸藻的花序挺出水面，其上有数朵小黄花，常有荇菜、茨藻混生其内。此外，还有水毛茛、海菜花等群落，却与之略有差异（图1-84）。

（4）红树林群落

红树林群落主要分布于我国热带海岸，一般冬季水温要保持在18～23℃才能满足红树林所需要的生长条件。我国华南沿海只处在热带的边缘，远不如赤道中心马来半岛的红树林生长旺盛。广东、海南、福建的红树林多为灌木林，如海莲、木榄、红树、角果木、桐

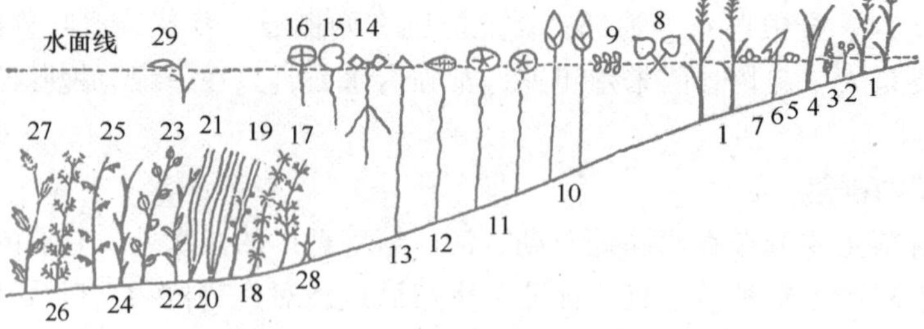
水面线
29
16 15 14
9
8
27
25
23
21
19
17
1
7
6
5
4
3
2
1
10
11
12
13
28
18
20
22
24
26

1—芦苇；2—花蔺；3—香蒲；4—菰；5—青萍；6—慈姑；7—紫萍；8—水鳖；9—槐叶萍；10—莲；11—芡实；12—两栖蓼；13—茶菱；14—菱；15—睡莲；16—荇菜；17—金鱼藻；18—黑藻；19—小茨藻；20、21—苦草；22—竹叶眼子菜；23—光叶眼子菜；24—龙须眼子菜；25—菹草；26—狐尾藻；27—大茨藻；28—五针金鱼藻；29—眼子菜。

图1-84　水生植物生态示意图

图1-85　红树林生态群落

花树、水蓟、水椰等。在涨潮时，全部或部分树冠被海水淹没，而退潮后则挺立在有机质丰富的烂泥海滩上，并具有发达的支柱根、呼吸根或板根。胎生的幼苗随海浪漂流到新的海滩扎根生长（图1-85）。

2．水生植物种植设计要点

（1）数量适当、有断有续、有疏有密

一般在面积小的水面，水生植物所占面积不宜超过1m^2，一定要留有充足的水面，以产生倒影效果，且不妨碍水上的活动。切忌种满一池或沿岸种满一圈，如有特殊需要，种植面积也不能超过水面的1/3（图1-86）。

（2）因地制宜、合理搭配

根据水面性质和水生植物的习性，因地制宜地选择植物种类，注重观赏性、经济性与水质改良三方面的结合。可以单一种类配置，如建立荷花水景区。若为几种水生植物混合配置，则要讲究搭配关系，既要考虑植物生态习性，又要考虑其观赏效果，并考虑主次关系（图1-87）。如香蒲与慈姑配置在一起，有高矮之变化，不互相干扰，易为人们欣赏；而将香蒲与荷花配置在一起，因其高矮相差不多而互相干扰，故显得凌乱。

（3）安置设施，控制生长

为了控制水生植物的生长，常需要在水下安置一些工程设施。最常用的设施是水生植物种植床，最简单的方法是设砖或混凝土支墩，把盆栽水生植物放在墩上，如果水浅可不用墩。这种方法适用于小水面且种植数量少的情况。如大面积种植，用耐水湿的建筑材料作水生植物种植床，可以控制生长范围。在规则式水面上种植水生植物，多用混凝土栽植台，按照水的不同深度要求进行分层设置，也可用缸栽植，排成图案，形成水上花坛。在规则式水面中，要求种植观赏价值高的水生植物，如荷花、睡莲、黄菖蒲、千屈菜等。

图1-86 水生植物的景观设计

图1-87 水生植物的合理配置

1.2.5 拓展知识——立体绿化及植物造型

1．立体绿化

（1）立体绿化的概念

立体绿化是改善城市生态环境的一项举措，是应对城市化进程加快、城市人口膨胀、土地供应紧张、城市热岛效应日益严重等一系列社会和环境问题而发展起来的一项高新技术。与传统的平面绿化相比，立体绿化有更大的空间，让“混凝土森林”变成真正的绿色天然森林，是人们在绿化概念上从二维空间向三维空间的一次飞跃（图1-88）。它将会成为城市有效空间绿化的一种新趋势，可以有效缓解城市热岛效应，能够吸收噪声、滞纳灰尘、净化空气、增加绿量和提高绿视率，显著改善城市生态环境，提升市民的人居环境质量。

一般来说，立体绿化是指以建筑物和构筑物为载体，以植物材料为主体营建的各种绿化形式的总称。

（2）国内外发展状况概述

国外立体绿化起步比较早，特别是欧美国家实施立体绿化已有30多年的历史。新加坡有“花园城市”之称，为了提高城市的绿化面积，该国政府将立体绿化作为国家极其重要的战略目标（图1-89）。

日本是开发草地式屋顶绿化植物较早的国家之一，目前已经有近40种景天科植物应用于草地式屋顶绿化中，基本形成了以抗旱、抗寒、耐浅薄等指标为主，结合观赏性状的草地式屋顶绿化植物选择标准体系。随着新技术、新材料、新工艺的开发和使用，使日本的屋顶绿化形式多种多样，其中包括游园式、轻薄型、移动式等屋顶绿化类型，每一种绿化类型都有相应的绿化技术与工程做法。在墙面垂直绿化的栽培技术方面，日本也取得了显著的成效，如自动灌水装置、人工土壤培育及可控制植物高度和根系深度的种植技术等。

图1-88　立体绿化空间转化

图1-89　新加坡Parkroyal酒店空中花园

此外，捷克、西班牙、匈牙利等国家相继对屋顶环境中的植物种类及其抗寒、抗旱性进行了研究，遴选出了适应屋顶环境的景天属、长生草属的若干种类（Kutkova，1990；Gomez et al.，1996；Kerner，1999）。英国、法国、俄罗斯、加拿大、意大利、瑞士等国家的大城市相继建造各类规模的立体绿化工程，同时还研发立体绿化种植技术，采用节能实用的材料、省工省料的形式，以达到立体绿化效果。

目前国外的可移动式垂直绿化形式主要有三种。①以非纺织材料（如尼龙、聚乙烯等）为载体，做成具有一定的不透水性、通气性和弹性的袋装软包囊，铺以一定厚度的介质，根据植物的需求将袋装软包囊分成若干单元，进行植物栽培，再固定在构筑物立面上（Fukuzumi，1996）。该垂直绿化形式操作简便，可根据需要绿化的外墙体特点灵活改变袋装软包囊形状，更换植物方便，适于个人及家庭绿化使用，也适用于短期绿化。缺点是对栽培植物养护管理不够方便，需要借助攀登工具更换植物；水分供给采用人工浇灌方式，易造成水的浪费；密集的打孔式嵌入植物栽植方式限制了大面积使用和在高楼垂直绿化上的应用。②构架式可移动式垂直绿化使用独立构架，或依附于构筑物垂直面建造垂直的绿化构架，将栽培体安装在构架上形成植物墙，然后进行滴灌栽培。优点是植物材料的更换较灵活。构架式可移动式垂直绿化主要有两种形式：绿墙和生命墙。其中，绿墙包括支撑结构与栽培箱组成的新垂直绿化形式和传统的攀缘植物依墙成景的形式，该模式下植物生长方式和种植方式没有改变，且能避免墙体被攀缘植物破坏，适用于高层建筑外墙体的绿化。生命墙主要由可随时更换的栽培体、模板和独立的或固定于墙体的构架构成，安装于墙体之上或独立构成垂直绿化景观。每一单位模板包括可回收容器、无纺布、灌溉系统、栽培介质和观赏植物等，不仅可以安装于室外进行墙体绿化，也可以组装于室内进行室内绿化，适用的植物种类很丰富。③“抽屉式”可移动式垂直绿化形式，是将抽屉状的栽培槽安插于立面的构架之上，或以不同规格的栽植容器为单位，无须构架，直接垂直拼接而成的立面绿化墙体。如瑞典的Folkwall，其垂直绿化支撑结构由两片混合浇筑物构成，其中一面作为抽屉式栽培槽安插面，将植物种植于栽培槽内，或者由不同规格的栽培槽由低到高逐层组合安装，构成垂直绿墙。这三种形式都有丰富的变化，对于国内的立体绿化具有很好的参考意义。

我国的立体绿化研究起步稍晚，绿化的形式和技术较发达国家还有一定的差距。在20世纪60年代，我国一些城市开始了堡坎（挡土墙）、梯道、岩壁等立体绿化的实践和探索。当时立体绿化的点位比较少，方式也不多，随着时间的推移和人们认识的不断发展，到了

20世纪末期，墙体立面、堡坎（挡土墙）、梯道、岩壁、屋顶、阳台等的绿化得到逐步发展。21世纪初，我国许多省市都颁布了本地区的立体绿化方案及技术规程，内容涉及屋顶、墙面、阳台等，极大地提升了城市立体绿化的进程。目前，北京、上海、广州等城市立体绿化水平位居国内前列。深圳也是国内较早开展垂直绿化的城市之一，从2002年开始对城市公共基础设施进行垂直绿化，在深南大道和北环大道两条道路的立交桥进行悬挂式垂直绿化，主要对城市立交桥的侧面、干道的边坡和桥柱进行垂直绿化。立体绿化带来的城市生态效益、经济效益、社会效益也在逐步呈现和提升。

（3）立体绿化的原则

立体绿化整体遵循安全、环境特点、环保节能和综合协调原则。

1）立体绿化的形式要根据建筑物和构筑物结构、植物材料、功能需求的安全性进行设计，充分考虑建筑荷载、防水、抗风等安全因素。

2）设计风格应与依附载体及其周围环境相协调，采用的辅助设施和施工工艺不应破坏建筑物和构筑物的强度和其他功能需要。

3）设计施工要体现环保节能理念，建立节约型园林绿色空间，使生态循环良性化。

4）充分考虑立体绿化的综合效益，大幅度增加可视绿量和绿化覆盖率。对所依附的载体进行荷载、支撑能力验算，确保安全性。

（4）立体绿化的应用场景和主要形式

立体绿化主要围绕各类建筑、公园、绿地、道路（含立交桥）、河岸及专用绿地（含单位庭院、居住区）等墙面、棚架、绿篱和栅栏、护坡、阳台、屋面等进行设计。其主要形式按载体类型可分为屋顶绿化、墙面绿化、沿口绿化及其他形式。

1）屋顶绿化。

屋顶绿化又分为花园式屋顶绿化（图1-90）、组合式屋顶绿化、草地式屋顶绿化等。

图1-90 花园式屋顶绿化

屋顶绿化的植物种类选择和配置应满足如下要求。

① 应选择姿态优美、植株低矮、生长缓慢、须根发达、抗风能力强、耐寒、耐旱、耐修剪、抗病虫害、不易倒伏的花灌木和小乔木，以及草本地被植物；不宜选择高大乔木及深根、穿透力强的植物。尽量选用乡土树种，适当引进绿化新品种。

② 植物高度、冠径大小应根据土层厚度、女儿墙高低等周边环境因素确定，大灌木、小乔木种植位置距离女儿墙应大于2.5m。

③ 花园式屋顶绿化植物配置以小乔木、大灌木、低矮灌木和草本地被植物等多层次结构为主；草坪式屋顶绿化植物配置以草本地被植物为主；组合式屋顶绿化植物配置以低矮灌木、草本地被植物为主（图1-91）。

④ 坡屋面满覆盖种植宜采用草本地被植物（图1-92）。

图1-91　屋顶绿化多层搭配

图1-92　屋顶草坪

屋顶绿化的主要植物种类见表1-1。

表1-1　屋顶绿化的主要植物种类（华东地区）

小乔木或大灌木	灌木	小型竹类	草本	水生	藤本
桂花、石楠、紫薇、红叶李、樱花、红梅、果梅、桃、垂丝海棠、西府海棠、果石榴、红枫、鸡爪槭、羽毛枫、蜡梅、紫荆、杨梅、枇杷、苏铁、茶花、含笑、各种造型的小树桩等	杜鹃、红叶石楠、红花檵木、金森女贞、金叶女贞、小叶女贞、南天竹、八角金盘、十大功劳、小丑火棘、瓜子黄杨、金边黄杨、大叶黄杨、大叶栀子、小叶栀子、海桐、六月雪、茶梅、花叶青木、大花六道木、野迎春、绣球、蔷薇类等	紫竹、箬竹、凤尾竹、菲白竹等	天蓝绣球、萱草类、鸢尾、紫娇花、葱兰、吉祥草、金边阔叶麦冬、麦冬、矮麦冬、佛甲草、垂盆草、景天类、红花酢浆草、白三叶、虎耳草、玉簪、金叶石菖蒲等多年生草本，各类多年生观赏草，以及四季草花等；百慕大草、黑麦草、马尼拉草、果岭草、高羊茅等草坪植物	千屈菜、水葱、花叶芦竹、黄菖蒲、风车草、睡莲、荷花等	常春油麻藤、扶芳藤、美国凌霄、金银花、藤本月季、木香、五叶地锦、地锦、薜荔、常春藤、络石类、花叶蔓长春、紫藤等

注：植物种类选择要根据屋顶土壤厚度、荷载要求、设计要求和工程造价等多方因素综合考虑。

屋顶绿化类型与荷载要求见表1-2。

表1-2　屋顶绿化类型与荷载要求

屋顶绿化类型	荷载要求	屋顶绿化类型特点
花园式屋顶绿化	≥6.5kN/m^2	植物造景并综合配套园路、座椅、亭子、水池等园林小品
组合式屋顶绿化	≥4.5kN/m^2	在屋顶承重部位进行绿化配置并放置盆栽植物
草地式屋顶绿化	≥2.5kN/m^2	采用适生地被植物或攀缘植物进行屋顶覆盖

屋顶绿化设计类型应根据具体项目的建筑物高度、屋面类型、坡度、荷载要求、光照、功能要求和养护条件等因素综合确定。屋顶绿化类型与绿化比例见表1-3。

表1-3　屋顶绿化类型与绿化比例

屋顶绿化类型	绿化比例
花园式屋顶绿化	绿化种植面积占屋顶绿化总面积的比例≥70%
	园路铺装面积占屋顶绿化总面积的比例≤30%

续表

屋顶绿化类型	绿化比例
组合式屋顶绿化	绿化种植面积占屋顶绿化总面积比例≥80%
	园路铺装面积占屋顶绿化总面积比例≤20%
草地式屋顶绿化	绿化种植面积占屋顶绿化总面积比例≥90%
	园路铺装面积占屋顶绿化总面积比例≤10%

屋顶绿化种植区基本构造典型组成：植被层、基质层、过滤层、排（蓄）水层、隔根层、分离滑动层、防水层（图1-93）。

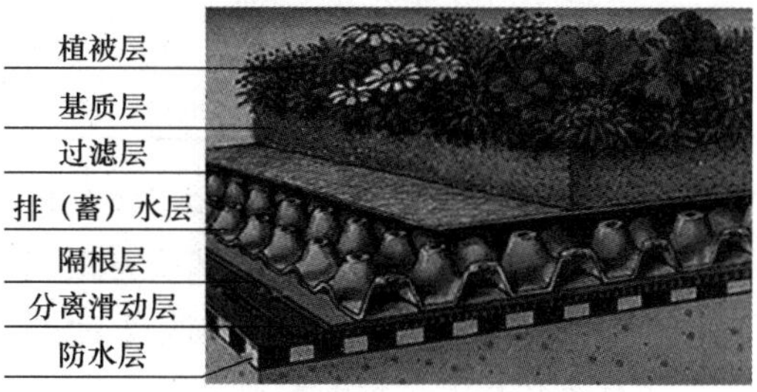
植被层
基质层
过滤层
排（蓄）水层
隔根层
分离滑动层
防水层

图1-93 屋顶绿化种植区构造组成

① 植被层。

按照一定的配置合理进行植物栽植。

② 基质层。

屋顶绿化设计时，为保证树木基质厚度可适当进行土方造型，土方堆高处须在承重梁及柱顶位置。基质应选用专用基质，主要包括改良土和超轻量基质两种类型。改良土由田园土、排水材料、轻质骨料和肥料混合而成。

③ 过滤层。

过滤层采用兼具透水和过滤性能的材料，位于基质层下排（蓄）水层之上，搭接缝的有效宽度应达到100～200mm，并向建筑侧墙面延伸至基质表层下方50mm处。过滤层的克重宜为200～400g/m^2。常采用粗砂、金属丝网、玻璃纤维布、无纺布等材料。

④ 排（蓄）水层。

排（蓄）水层应根据屋顶排水沟情况设计，可选用凸台式、模块式、组合式等多种形式的排（蓄）水板，或直径为0.4～1.6cm的陶粒，厚度宜为50mm。

⑤ 隔根层。

屋顶绿化植物的根系若不采用阻拦的措施，会对屋顶的结构造成一定的损伤。一般采用合金、橡胶、聚乙烯和高密度聚乙烯等材料防止植物根系穿透防水层。

⑥ 分离滑动层。

一般采用玻璃纤维布或无纺布等材料，用于防止隔根层与防水层之间产生粘连。柔性防水层表面需要设置滑动层，刚性防水层或具有刚性保护层的柔性防水层表面，可以忽略本层。

⑦ 防水层。

防水层的合理使用年限不得少于15年。可采用刚性防水、柔性防水或涂膜防水三种不同方法，两道或两道以上防水层设防，最上道防水层必须采用耐穿刺防水材料。防水层的材料应相容。材料应符合《屋面工程技术规范》（GB 50345—2012）。

屋顶绿化种植对土层要求如下。

① 种植土宜选用质量轻、通透性好、持水量大、酸碱度适宜、清洁无毒的轻质混合土壤。

② 种植土如进行地形设计时应结合荷载要求、排水条件、景观布局和植被种植对基质厚度的要求统一考虑，在承重梁、柱部位可增加土层厚度。

③ 植物栽培种植土层的最小厚度要求见表1-4。

表1-4　不同类型植物对种植土要求的最小土层厚度

植物类型	植物规格/m	所需种植土厚度/m	植物生长所需种植土厚度/m
乔木	3～10	0.60～1.20	0.90～1.50
大灌木	1.2～3.0	0.30～0.60	0.60～0.90
小灌木	0.5～1.2	0.20～0.45	0.45～0.60
草坪、地被植物	0.2～0.5	0.10～0.30	0.30～0.45

屋顶绿化植物栽植的基质除了要满足提供水分、养分的一般要求外，应尽量采用轻质材料，以减少屋面载荷。常用基质有田园土、泥炭、蛭石、珍珠岩、草炭、木屑等。轻质人工土壤的自重轻，多采用土壤改良剂以促进形成团粒结构，增加土壤的保水性和通气性。

屋顶绿化植物造景的形式有以下几种。

① 乔、灌木的丛植、孤植。

植株较小的观赏乔木、灌木、藤木，不仅是园林艺术的骨骼，更是改善大气环境质量的主角。因此，乔、灌木应是屋顶绿化中的主体，其种植形式要讲究，以丛植、孤植为主，选用具有观赏性强、姿态优美、花期较长且花色俱佳的小乔木，或形成富于变化的造型表达某一意境，如罗汉松的孤植（图1-94）。与大地园林讲究“亭台花木，不为行列”而突出群体美不同，丛植就是将多种乔、灌木种植在一起，通过树种不同及高矮错落的搭配，表现其形态和季相变化（图1-95）。

图1-94　屋顶绿化乔、灌木的孤植

图1-95　屋顶绿化乔、灌木的丛植

② 花坛、花台设计。

在有微地形变化的自由种植区，建花坛、花台（图1-96）。

花坛有方形、圆形、菱形、梅花形等形状，可用单独或连续带状，也可用成群组合类型。

所用花草要经常保持鲜艳的色彩与整齐的轮廓。多选用植株低矮、株形紧凑、开花繁茂、色系丰富、花期较长的种类，如报春花、三色堇、百日草、一串红、万寿菊、金盏菊、四季海棠、郁金香、风信子、矮牵牛等。

花台，是将花卉栽植于高出屋顶平面的台座上，类似花坛但面积较小。也可将花台布置成盆景式，常以松、竹、梅、杜鹃、牡丹等为主，并配以山石小草。

③ 花境及草坪。

以树丛、绿篱、矮墙或建筑小品作背景的带状自然式花卉配置。

花境的边缘，依屋顶环境地段的不同，可以是自然曲线，也可以采用直线，而各种花卉的配置是自然混交（图1-97）。

图1-96 屋顶绿化花坛植物搭配

图1-97 屋顶绿化花境应用

草坪种植不宜单独成景，而是以“见缝插绿”或在丛植、孤植乔、灌木的屋面铺设，以形成“生物地毯”，起到点缀作用。

屋顶绿化设计的优秀案例见图1-98～图1-101。

2）墙面绿化。

墙面绿化是人们用植物材料装饰建筑墙体、围墙、桥柱等处，进行垂面式绿化的方式，是改善城市生态环境的一种举措（图1-102）。墙面绿化按绿化对象不同可分为新建建筑物墙面立体绿化及新建高架道路、天桥等市政公用设施桥墩（柱）立体绿化；墙面绿化按工艺不同可分为墙面攀爬、墙面贴植和构件绿墙等类型。

墙面绿化设计应充分考虑建筑物墙面的牢度、强度、稳定、朝向、光照等因素，不得破坏墙面结构

图1-98 伦敦花园之家

图1-99 努韦勒屋顶花园

图1-100　拉脱维亚东部Zeimuls创新服务中心屋顶

图1-101　空中花园

图1-102　墙面绿化装饰

和功能，应结合场地特征设计（图1-103和图1-104）。墙面攀爬或墙面贴植应充分利用周边绿地进行栽植。若无立地栽植条件，可使用种植槽或种植箱，并满足如下要求：种植槽或种植箱底部应设排水孔，并保证安全；不同类型荷载设计应不超过墙面能承载的有效种植荷载，并符合抗风抗震要求；构件绿墙容器应保证安全，临时墙体绿化除外；墙面贴植的植物生长基质宜挑选结构稳定、疏松透气、无异味、使用年限长的经济型介质。

图1-103 宁波某立体停车场墙面绿化设计方案

PARK

图1-104 宁波某街道墙面绿化设计方案

桥体墙面绿化设计必须服从其交通功能，使司机在行车时有足够的安全车距和安全视距。桥体的绿化必须服从整个道路的总体规划要求，充分考虑降噪、防尘、减低风速、净化空气等功能，应和整个道路的绿化风格相协调。桥墩绿化可直接在周边种植爬藤植物或者藤本植物；立柱应环绕其基部开种植槽进行栽培或采用贴植方式，宜选用低矮耐阴植物（图1-105和图1-106）。桥体下方隔离带绿化可设置长条形的花坛或花槽，也可设置格栅等，种植藤本植物。

图1-105 上海街头桥墩花箱装饰

图1-106 爬藤植物和容器绿化桥墩装饰

植物种类选择应满足以下要求。

① 耐高温、耐严寒、抗风雪、耐贫瘠的环境要求及四季显绿的美观要求。

② 攀缘型和容器栽培型植物应选择抗性强、养护方便的植物品种，种植苗一般选择二年生3分枝以上规格的植物品种（图1-107）。

③ 高架道路、天桥墙体绿化设计根据设置类型不同，植物种植形式可选下垂式、攀缘式，根据设置位置不同可选用喜阴或喜阳的植物。

④ 构件绿墙不宜种植乔木或大灌木，应根据立地条件选择适宜的植物，合理配置土壤基质。

（a）攀缘型

（b）容器栽培型

图1-107　建筑植物墙面装饰

⑤ 墙面绿化主要植物种类见表1-5。

表1-5　墙面绿化常见植物（华东地区）

灌木	草本	藤本
杜鹃、红叶石楠、红花檵木、金森女贞、金叶女贞、小叶女贞、月季、瓜子黄杨、金边黄杨、小叶栀子、海桐、银姬小蜡、茶梅、大花六道木、野迎春、迎春花、连翘、八角金盘、熊掌木、大吴风草、匍枝亮绿忍冬等	佛甲草、垂盆草、金边阔叶麦冬、麦冬、矮麦冬、金叶石菖蒲、千叶兰、大吴风草等多年生草本及四季草花等	凌霄、紫藤、藤本月季、花叶络石、地锦、常春藤、五叶地锦、金银花等

注：1. 本表不包含室内墙面绿化种类。

2. 植物种类选择具体要根据种植环境及相应载体、设计要求和工程造价等多方因素综合考虑。

3）沿口绿化。

沿口绿化是指以建筑物、构筑物边缘为载体，设置植物种植容器，以植物材料为主体营建的一种立体绿化形式。按载体类型可分为建筑物窗阳台、女儿墙等沿口绿化和高架道路、天桥等市政公用设施沿口绿化。

沿口绿化设计应充分考虑建筑物高度与周边环境的协调，注重安全性。新建筑物及高架道路、天桥的沿口、桥梁栏杆和高架隔音屏绿化应在设计阶段充分考虑沿口种植槽或种植箱位置预留，并满足种植槽或种植箱宜结合载体共同设计，种植槽或种植箱的结构强度应满足最大有效荷载条件下的施工作业；固定设施应满足种植槽或种植箱的有效种植荷载；支架、连接器及其他附属物必须牢固、耐用且应定期维修保养。种植箱或种植槽应设有排水、透气孔；种植箱或种植槽材质宜选用符合有效种植荷载设计要求的、安全环保的合成材料（图1-108）。桥帮悬挂可在护栏上设置活动种植槽，也可在栏杆顶部设计圆柱体花钵和种植一些垂枝的植物，让其枝条自然下垂（图1-109）。桥体防护栏绿化可用攀缘植物顺势生长绿化墙面；也可在防护栏旁放置种植槽，种植观赏花卉或灌木；还可在防撞栏或防撞墙外侧加建种植槽，种植观赏花卉或灌木。

图1-108 高架桥桥帮沿口绿化种植月季

图1-109 杭州高架桥桥帮沿口绿化

植物种类选择应满足以下条件。

① 选用耐旱、抗风、耐寒、易养护、抗污染性强的植物，根据沿口位置适当选择喜阴或喜阳植物。

② 悬垂式绿化设计可选用下垂类植物，附壁式绿化设计可选用攀缘类植物，花槽式种植设计可选用多年生草本植物。

③ 花槽式植物配置宜选择柔软下垂、喜阳、耐旱、抗风的品种；遮挡光照时段较长或光照条件一般的，宜采用耐阴或半耐阴、耐寒、抗风、抗逆性强的品种。

④ 高架道路、天桥及桥梁栏杆的沿口绿化设计宜选用喜阳、耐贫瘠、方便养护的植被，且不得影响行人及车辆安全，保证景观优美。

⑤ 窗阳台绿化宜选用抗旱性强、管理粗放、水平根系发达的浅根性植物。

沿口绿化的主要植物（华东地区）见表1-6。

表1-6 沿口绿化的主要植物（华东地区）

灌木	草本	藤本
月季、杜鹃、野迎春、迎春花、连翘、匍枝亮绿忍冬、细叶萼距花、大花六道木等	千叶兰、金边阔叶麦冬、金叶石菖蒲、四季草花等	藤本月季、花叶络石、常春藤、花叶蔓长春、蔷薇等

注：植物种类选择具体要根据种植环境及相应载体、设计要求和工程造价等多方因素综合考虑。

窗阳台沿口绿化设计的基本形式包括悬垂式、藤棚式、花架式、附壁式和花槽式。悬垂式绿化设计宜采用小容器，选择藤蔓或披散型植物。藤棚式、花架式固定的支架必须坚固耐用，易于爬藤植物的枝叶牵引。附壁式可选用半边花瓶式花盆栽植植物。花槽式选用的种植箱使用寿命不应少于10年，可选用组合方式进行绿化。要选择抗旱性强、管理粗放、无病虫害、水平根系发达、观赏性强的植物进行栽种。根据阳台的大小和承重能力来选择泥盆、釉盆、瓷盆、塑料盆等容器。

常用设计容器和种植组合方式，其基本形式有悬垂式、附壁式和花槽式，并满足如下要求。

① 悬垂式绿化设计宜采用小型容器，可选用下垂类植物。

② 附壁式绿化设计宜采用种植箱或种植槽的形式，可选用攀缘类植物。

③ 花槽式绿化设计宜采用花盆作为栽植容器，可选用多年生草本植物。

④ 新建筑物窗阳台沿口绿化设计的容器应注意容器摆放安全，浇灌及养护便利。

4）其他形式。

① 花架、棚架绿化。

花架、棚架位置应保证为攀缘植物留有充足的种植和生长空间。植物配置应与花架、棚架样式和环境相协调。花架、棚架植物生长不应损坏原有花架、棚架的安全结构，不影响其功能的使用。

花架、棚架设计可根据功能要求、环境特点、景观效果选用不同类型的植物。花架的方位、体量、构造、材料及花池的位置和面积也可根据攀缘植物的特点来确定，保证植物获得良好的光照及通风条件。花架、棚架的高度宜控制在250～280cm，最高不宜超过300cm；宽度宜为200～300cm。应充分根据花架、棚架的用途、植物攀缘的方式和花架、棚架结构来配置植物（图1-110和图1-111）。可以根据立地条件、花架和棚架类型、植物品种确定适宜的牵引结构，可采用网线牵引、栏杆牵引、网架牵引等形式。

图1-110　紫藤花架

图1-111　藤本月季拱门

② 栅栏绿化。

栅栏绿化可用于私家庭院、居住区、公路防护绿化，是必要的隔离设施，应起到围合空间、保障安全且不完全阻断内外视觉联系的作用。栅栏绿化应处理好植物配置与用途、构建材料、立地条件、构件色彩的关系。

篱笆与栏杆宜采用竹木、金属、钢筋混凝土和混合结构等类型。根据类型可设置成网状、柱状和组合式等形式。绿化植物选择时应考虑植物的栽植环境、重量、覆盖面积、种植密度和可利用的空间。篱笆与栏杆作为透景应是透空的，应选择种植枝叶细小的植物；

如是起到分隔空间作用应选择枝叶繁茂的植物。根据构筑材料的材质和色彩不同，可选择不同观赏特性的植物，一般可选用开花、常绿的攀缘植物（图1-112和图1-113）。

图1-112 灯笼花栅栏

（a）"藤宝贝"月季 （b）"蓝色阴雨"月季

图1-113 藤本月季栅栏

③ 坡面绿化。

坡面绿化可用于自然的悬崖峭壁、土坡岩面，以及城市道路两旁的坡地、堤岸、桥梁护坡等地。根据工程建设的性质宜采用生态防护方式来达到抗冲刷、涵养水源、美化环境的作用，同时保证行车安全。坡面绿化设计前必须根据边坡的立地条件、环境因素来制订方案。

应选择生长速度快、抗旱性强、耐瘠薄、病虫害少、植株低矮、四季常绿的植物种类，同时注意色彩与高度适当，丰富的季相变化和模纹造型布置（图1-114）。设计方式可采用人工播种、草皮移植、苗木移植等方式并考虑坡面排水。对25°～45°的边坡，宜选用灌木、草本类植物，可在边坡上打桩，设置栅栏，预制框格以利于边坡稳固（图1-115）；对大于45°的边坡，可选用混凝土绿化，也可以用藤本植物进行绿化。对于坚硬岩石边坡或土石混合边坡，一般不易塌方或滑坡的地段可采用藤本植物进行覆盖。也可利用植物种子喷播，如某高速公路边坡采用的小乔木种子为银合欢，草本植物种子为狗牙根、高羊茅，小灌木种子为紫穗槐、

图1-114 模纹造型边坡示例

图1-115 预制框格坡面防护

胡枝子、刺槐。各种子配比为1∶2∶2∶2∶2∶1；种子用量为25g/m^2；在喷播前，乔、灌木种子需用80℃热水浸种一天，草本植物种子在喷播前浸种1～2h，使种子吸水湿润即可。

2．植物造型

整形的树木是为了使有强烈几何体形的建筑与周围自然环境取得过渡与统一。在规则式的园林中，整形树木是建筑的组成部分，也是主要的栽植方式。树木的整形大致有以下几种类型。

几何体形式整形　把树木修剪成几何形体，用于花坛中心，强调轴线的主要道路两侧，有时也通过整形植物景观营造规则式的园林类型（图1-116）。

动物体形式整形　把植物修剪成各种动物的形状，一般用于构景中心，也常用在动物居舍的入口处，还可在儿童乐园内，用整形的动物、建筑、绿墙等来构成一个童话世界（图1-117）。

图1-116　几何形的整形植物

图1-117　动物造型的整形植物

建筑体形式整形　把树木整形成绿门、绿墙、亭子、透景窗等，使人虽置身于绿色植物中，但可体会到建筑空间的感受（图1-118）。

抽象式或半自然式整形　在自然形的基础上稍加整理，形成曲线更流畅、枝叶更整齐的造型；或者融入一定的象征意义加以半自然的整形。如日本庭院中的整形树木经常用于草坪上或枯山水园中，以沙代表海，而以整形的植物代表海中的岛和山，这样的庭院也别有一番情趣（图1-119）。

图1-118　建筑造型的整形植物

图1-119　日本庭院中的抽象式整形植物

整形植物的树种选择及苗木准备需要同其生长相结合，同时具有耐修剪、枝条易弯曲等特点，有些工序必须在苗圃中进行，待苗木长成一定的体形后再移植到园林中。

1.3 植物景观空间结构与组织

学习目标 熟悉植物造景设计中考虑功能和美学需要的空间创建及结构序列安排的一般内容、要求和方法，掌握植物景观的空间构图设计。

技能要求 1. 会进行合理的植物空间设计与布局；
2. 能结合功能和艺术要求进行合理的植物景观空间组织；
3. 能较好地将植物配置形式和空间布局结合起来。

工作场境 工作（教、学、做）场所：一体化制图室及综合设计工作室（最佳的教学场所应该具有多媒体设备、制图桌及较高配置的计算机，满足教师教学示范和学生设计制图操作的需要）。

工作情境：学生模拟担任公司设计员角色，学习、操作并掌握设计岗位基本工作内容；在这里教师是设计师、辅导员（偶尔充当业主和管理者角色）。理论教学采用多媒体教学手段，以电子案例和设计文本实物增加感性认识，教师要进行现场操作示范，学生要进行操作训练，可结合居住小区绿地模拟建设项目或教师指定的实际设计项目进行植物造景设计的教学和实践。

园林空间是人们赏景和活动的区域，景物既可作为空间界面的形式出现，也可以位于空间的其他地方；同时现代园林中提倡以植物造景为主体，原来由建筑围合空间的“任务”很多就落在植物“身上”。因此，在植物造景设计中，植物空间的营造、空间序列的组织也就显得至关重要。

1.3.1 植物景观的空间结构类型与特点

1. 空间的含义和作用

所谓空间感，是指由地平面、垂直面及顶平面单独或共同组合成的具有实在的或暗示性的范围围合（图1-120）。植物可以用于空间中的任何一个平面，在地平面上以不同高度和不同种类的地被植物或矮灌木来暗示空间的边界。在此情形中，植物虽不是以垂直面上的实体来限制空间，但它却在较低的水平面上筑起了一道围栏。一块草坪和一片地被植物

图1-120　由植物围合成的空间

之间的交界处，虽不具有实体的视线屏障，但却暗示着空间范围的不同。就植物所有非直接性暗示空间的方式而言，这仅是微不足道的一例。

在垂直面上，植物能通过其树干或树丛影响空间感。树干如同直立于外部空间中的支柱，以实体限制着空间，其空间封闭程度随树干的大小、疏密及种植形式而不同。树干越多，空间围合感越强，如自然界的森林。树干暗示空间的例子在下述情景中也可以见到：种满行道树的道路，乡村中的植篱或小块林地。即使在冬天，无叶的枝干也能暗示空间的界限。叶丛的疏密度和分枝的高度影响着空间的闭合感。阔叶或针叶植物越浓密、体积越大，其围合感越强烈。落叶植物的封闭程度，随季节的变化而不同。在夏季，浓密树叶的树丛，能形成一个个闭合的空间，从而给人以向内的隔离感；在冬季，同是一个空间，则比夏季显得更大、更空旷。这是因为植物落叶后，人们的视线能延伸到所限制的空间范围以外的地方。在冬季，落叶植物是靠枝条暗示着空间范围，而常绿植物在垂直面上能形成周年稳定的空间封闭效果（图1-121）。

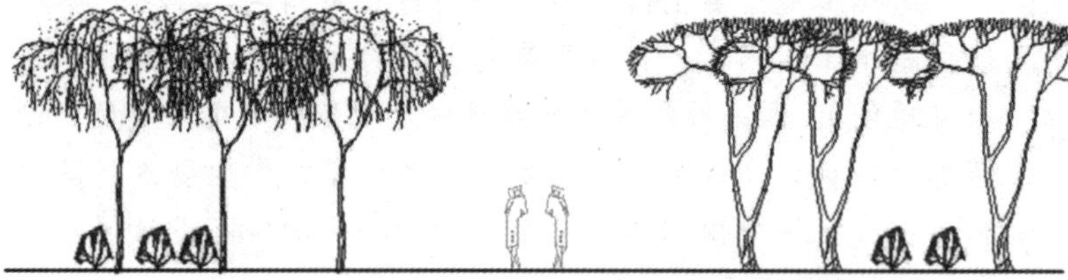

图1-121　树干构成虚空间的边界

植物同样能限制、改变一个空间的顶平面。植物的枝叶犹如室外空间的天花板，限制了伸向天空的视线，并影响着垂直面上的尺度（图1-122）。当然，此间也存在着许多可变

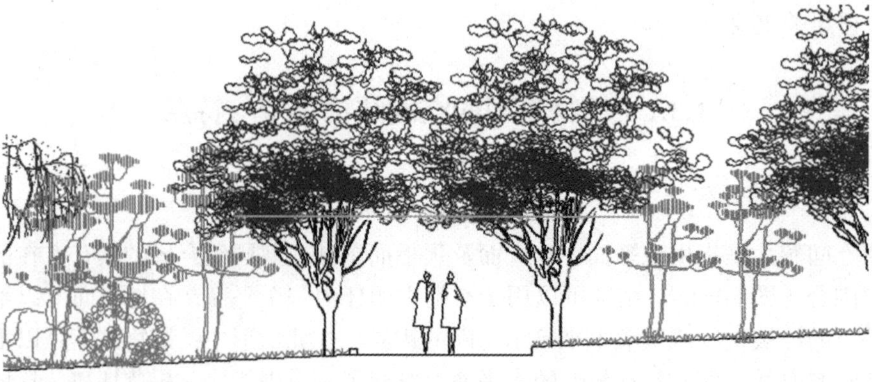

图1-122　树冠形成的顶平面空间

因素，如季节、枝叶密度，以及树木本身的种植形式。当树木树冠相互覆盖、遮蔽了阳光时，其顶面的封闭感更强烈。亨利·阿诺德在他的著作《城市规划中的树木》中介绍，在城市布局中，树木的间距应为3～5m，如果树木的间距超过了9m，便会失去视觉效应。

如图1-123所示，空间的三个构成面（地平面、垂直面、顶平面）在室外环境中以各种变化方式互相组合，形成各种不同的空间形式。但无论在何种情况中，空间的封闭度都是随着围合植物的高矮大小、株距、密度，以及观赏者与周围植物的相对位置而变化的。例如，当围合植物高大、枝叶密集、株距紧凑，并与赏景者距离近时，会显得空间非常封闭。

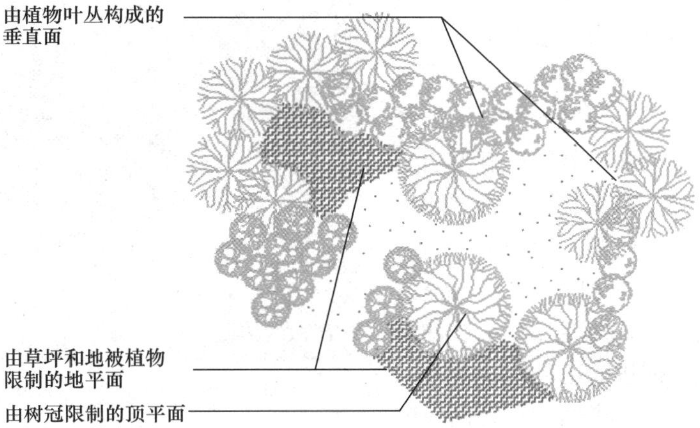
由植物叶丛构成的垂直面
由草坪和地被植物限制的地平面
由树冠限制的顶平面

图1-123 由植物材料限制的室外空间

2．空间的类型与特点

在运用植物构成室外空间时，如利用其他设计因素一样，设计师应首先明确设计目的和空间性质（开旷、封闭、隐秘、雄伟等），然后风景园林师才能相应地选取和组织设计所要求的植物。利用植物而构成的空间一般包括以下几种基本类型。

开敞空间 仅用低矮灌木及地被植物作为空间的限制因素。这种空间四周开敞、外向、无隐秘性（图1-124）。

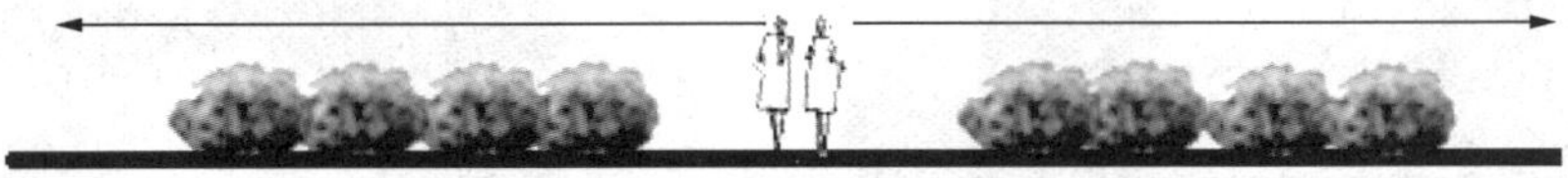

图1-124 低矮的灌木和地被植物形成开敞空间

半开敞空间 它的空间一面或多面受到较高植物的封闭，限制了视线的穿透（图1-125）。这种空间与开敞空间有相似的特性，但开敞程度较小，其方向性指向封闭较差的开敞面。这种空间通常适于用在一面需要隐秘性，而另一侧又需要景观的居民住宅环境中。

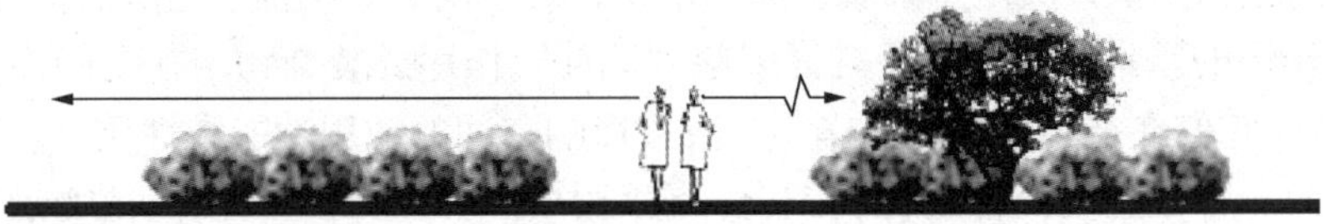

图1-125 半开敞空间视线朝向敞面

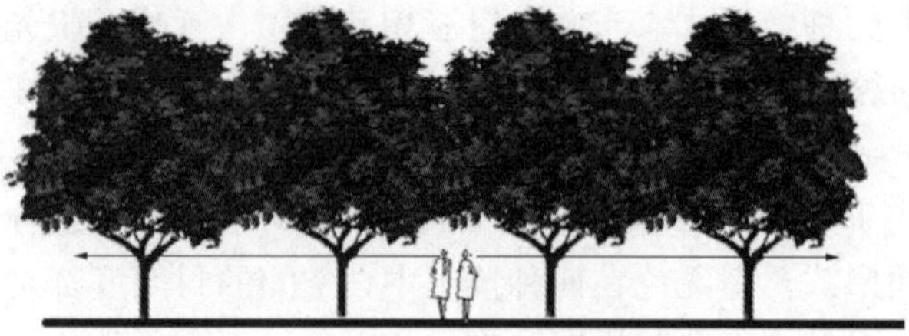

图1-126　处于地面和树冠下的覆盖空间

覆盖空间　利用具有浓密树冠的遮阴树，构成一个顶部覆盖而四周开敞的空间（图1-126）。一般说来，该空间为夹在树冠和地面之间的宽阔空间，人们能穿行或站立于树干之间。利用覆盖空间的高度，能形成垂直尺度的强烈感觉。从建筑学角度来看，犹如站在四周开敞的建筑物底层或有开敞面的车库内。在风景区中，这种空间犹如一个去掉低层植被的城市公园，由于光线只能从树冠的枝叶空隙及侧面射入，因此在夏季显得阴暗，而冬季落叶后显得明亮较开敞。这种空间较凉爽，视线通过四边出入。另一种类似于此种空间的是"隧道式"（绿色走廊）空间，是由道路两旁的行道树交冠遮阴形成（图1-127）。这种布置增强了道路直线前进的运动感，使人们的注意力集中在前方。当然，有时视线也会偏向两旁。

图1-127　"隧道式"（绿色走廊）空间

垂直空间　运用高而细的植物能构成一个方向直立、朝天开敞的室外空间（图1-128）。设计要求垂直感的强弱取决于四周开敞的程度。此空间就像歌特式教堂，令人翘首仰望，将视线导向空中。这种空间尽可能选用圆锥形植物，植株越高空间越大，而树冠则越来越小。

完全封闭空间　这种空间与覆盖空间相似，但差别在于这种空间的四周均被中小型植物所封闭（图1-129）。这种空间常见于森林中，具有极强的隐秘性和隔离感。

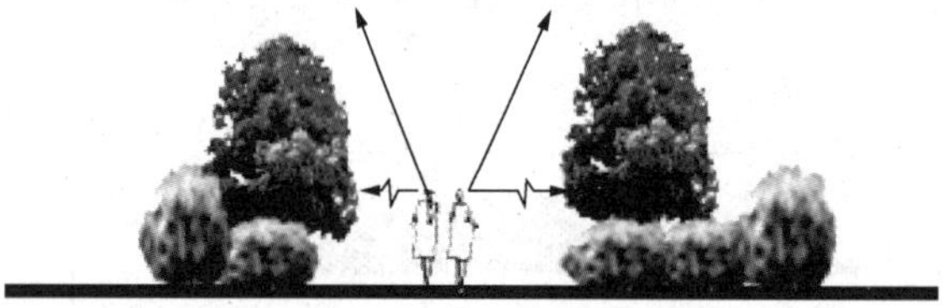

图1-128　封闭垂直面、开敞顶平面的垂直空间

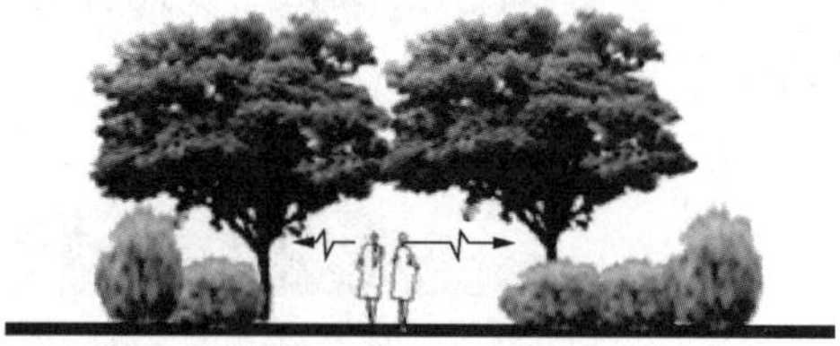

图1-129　完全封闭空间

3．植物造景与空间关系

以上这些空间类型，决定了景观空间的结构，是空间的"构框"。在园林空间中，除了起"构框"作用的基本界面外，还有许多起"填补"作用的装饰物。在空间中还可以建造"景物"实体，它们在空间中起主要作用，直接影响空间的使用功能和性质。从植物造景的角度来看：第一种是空间由植物材料围合，空间中的"填充物"可以由植物景观组成，也可以由其他景观组成（图1-130和图1-131）；第二种是空间由建筑材料围合，空间中的"填

充物”可以是植物景观，也可以由其他景观组成（图1-132和图1-133）；第三种是空间由建筑、植物、山石等围合，空间中的“填充物”可以由植物景观组成，也可以由其他景观组成（图1-134和图1-135）。

图1-130 由植物围合成的空间，空间中的“填充物”是植物景观

图1-131 由植物围合成的空间，空间中的“填充物”是其他景观（雕塑）

图1-132 由建筑材料围合成的空间，空间中的“填充物”是植物景观

图1-133 由建筑材料围合成的空间，空间中的“填充物”是植物、山石等其他景观

图1-134 由建筑、植物、山石等围合成的空间，空间中的“填充物”是植物景观

图1-135 由建筑、植物、山石等围合成的空间，空间中的“填充物”是水体等其他景观

如果要论植物造景与空间的关系，至少要满足一个前提，即组成空间的界面或空间中的主景有植物景观。因此，它们之间的关系应该有以下几种：一种是组成空间的“界面”有植物景观，空间中的“填充物”是植物景观或其他景观（图1-136～图1-139）；另一种是组成空间的“界面”是建筑或其他景观，空间中的“填充物”是植物景观（图1-140）；还有一种是空间界面都由植物景观组成，空间填充物（主景）可以是植物景观或其他景观，也可以没有（图1-141～图1-143）。

图1-136　空间界面由建筑、植物等材料组成，空间中的“填充物”是建筑、植物和山石等综合景观

图1-137　空间界面由建筑、植物等材料组成，空间中的“填充物”是水体、植物和山石等综合景观

图1-138　界面由建筑、植物等综合材料组成的“纯空间”

图1-139　空间界面由建筑、植物等材料组成，空间中的“填充物”是其他景观

图1-140　空间界面由建筑材料组成，空间中的“填充物”是植物景观

图1-141　空间界面和空间中的“填充物”都是植物景观

图1-142 空间界面由植物等材料组成，空间中的“填充物”是其他景观

图1-143 界面由植物材料组成的“纯空间”

1.3.2 植物景观的空间营造与组织

1. 赏景方式与空间营造

对与植物景观相关的各种空间的营造的主要目的是满足赏景和其他休闲活动的需要，本小节重点阐述赏景方式对空间营造的要求。赏景方式按不同角度划分，可以分为以下几种。

（1）动态观赏与静态观赏

动就是游，静就是息。游而无息使人筋疲力尽，息而不游又失去游览的意义。因此，一般景观园林绿地的规划，都应从动与静两方面的要求来考虑。

动态观赏是一种动态的连续构图。在动的游览路线上，应系统地布置多种景观，在重点地区，游人必须停留下来，对四周景物进行细致的观赏品评。动态观赏，因人与景物之间相对位移的速度不同，景观效果也不相同。如乘车游览，景物扑面而来，瞬间即向后消逝，往往是一瞥印象。乘车观赏，选择性较少，多注意前方景物和景物的体量轮廓及天际线，沿途重点景物应有适当视距，并注意景物不凌乱、不单调，连续而有节奏，丰富而有整体感。乘船游览，虽属动态观赏，但因水面较大，视野宽阔，景物深远，视线的选择也较自由，与置身车中不同。步行游览，是游览的主要方式。步行游览时，景物向后移动的速度较慢，景物与人的距离较近，可随人意变化，既可注视前方，又可环顾四周，视线的选择更自由。

在静态构图中，主景、配景、前景、背景、空间组织和构图的平衡轻重固定不变。因此，静态构图的景观观赏点也正是摄影家和画家乐于拍照和写生的位置。静态观赏多在亭廊台榭中进行。

动态观赏与静态观赏不能完全分开，可自由选择，动中有静、静中有动。

（2）平视观赏、仰视观赏与俯视观赏

游人在观赏过程中，因所在位置不同而有平视、仰视、俯视之分。在平坦地区或江河之滨，视线向前观赏，景物深远，多为平视。在低处仰望高山高楼，则为仰视。登上高山或高楼，居高临下，景色全收，则为俯视。平视、仰视、俯视的观赏形式，游人的感受各不相同。

图 1-144　平视观赏景观效果

平视观赏　中视线与地平线平行而伸向前方，游人头部不必上仰下俯，可以舒展地平望出去，使人有平静、深远、安宁之感，不易疲劳。平视风景由于与地面垂直的线组在透视上无消失感，故景物的高度效果较少。但不与地面垂直的线组，均有消失感，因而景物的远近深度，表现出较大的差异，有较强的感染力（图 1-144）。

平视景观的布置宜选在视线可以延伸到较远的地方，有安静的环境，如园林绿地中的安静地区及休、疗养地区，并布置供休息远眺的亭廊水榭。

图 1-145　仰视观赏景观效果

仰视观赏　观赏者中视线上仰，不与地平线平行。因此，与地面垂直的线有向上消失感，故景物高度方面的感染力较强，易形成雄伟严肃的气氛。但仰视景观，对人的压迫感较强，使游人情绪比较紧张（图 1-145）。

俯视观赏　游人所在位置视点较高，景物多开展在视点的下方。如观赏者的视线水平向前，下面景物便不能映入 60° 的视域内，因此必须低头俯视，使中视线与地平线相交，垂直地面的线组产生向下的消失感，景物越低就显得越小（图 1-146）。

（3）视景空间营造

空间组织与园林绿地构图关系密切。没有空间，便不能组织风景视线；没有广场空地，便没有供多数游人活动的环境。

空间有室内、室外之分。建筑的个体设计应注意建筑物内部空间的处理；建筑群及园林绿地的规划，则应注意空间关系的组织，以及室内外空间的渗透过渡。

组织风景视线的园林空间，有可控制空间与不可控制空间之分。可控制空间是按规划设计意图，利用屏障（如建筑、墙垣，山石、树木、水面等）组成一定的范围，在此范围内进行规划布置而成的空间。可控制空间是内向的，游人可在空间游览。

不可控制空间是游人视线所能达到的空间，其距离远远超过所规划的园林绿地的范围。不可控制空间是外向的，游人是不一定能到达的，但可作为对外组织借景的空间安排。

① 静态空间与静态风景、动态空间与动态风景。

园林中的最小的艺术感受单元为固定视点的静观构图，在这种视点固定观赏静态画面

图1-146 俯视观赏景观效果

所需的空间为静态空间。在园林中，把全园划分为既有联系又能独立，自成体系的局部空间。在游人最多、逗留最久之处，如亭、廊、茶厅、入口处、制高点、构图的中心地带，安排优美的静观风景画面。在静态空间中，多考虑风景透视的不同视角要求，以及不同视距的不同感染力。

各个静态空间的观赏不是孤立的。在两空间过渡转折时，便出现了步移景异的动态观赏和组织动态空间的要求。游人走动时，视点起伏曲折移动，景色的变化相应增多。在动态观赏的空间组织中，要考虑节奏规律，有起点、高潮、结束。在动态空间中，多考虑构图的连续和景色的交替。

② 开敞空间与开朗风景、闭合空间与闭锁风景。

人的视平线高于四周景物的空间是开敞空间，在开敞空间中所见到的风景是开朗风景。在开敞空间中，视线可延伸到很远的地方，视平线向前，视觉不易疲劳。欣赏开朗风景，使人心旷神怡、豁然开朗。开敞空间多利用湖面、江滨、海滨、草原及能登高远望之地进行组织（图1-147）。

图1-147 开敞空间与开朗风景

人的视线被四周屏障遮挡的空间是闭合空间，在闭合空间中所见到的风景是闭锁风景。屏障物的顶部与游人视线所成角度越大，闭合性越强；反之，所成角度越小，则闭合性越弱。闭锁风景的近景感染力强，其四面都有景物，有琳琅满目的效果，但久留易感闭塞，易觉疲劳。闭合空间多利用四合院、林中空地，以及四周为山峦环抱的盆地、谷地、水面等来进行组织（图1-148）。

③ 纵深空间与集聚风景、拱穹空间与拱穹风景。

在狭长的空间中，如道路、街巷、河流、溪谷等有建筑、墙垣、山丘、密林等遮挡两侧视野，形成的狭长空间为纵深空间。在纵深空间中，视线被导向空间的远端，在远端处布置的景物为集聚风景，其特点是主景突出，有强烈的深度感，两侧其他景物仅起引导陪衬和对比的作用（图1-149）。

图1-148　闭合空间与闭锁风景（景观）

图1-149　纵深空间与集聚风景（景观）

在岩洞或在人工的地下洞穴中，利用洞穴组成的空间为拱穹空间，在拱穹空间内组织的景观为拱穹风景。拱穹风景应分别根据不同的客观条件进行组织，也可以利用各种材料进行模拟创造。例如，利用两旁林木树冠相连或棚架、藤本植物等都可以创造或形成这种拱穹空间或拱穹风景（图1-150～图1-152），给游人以特殊的感受和体验。

图1-150　拱穹空间与拱穹风景之一
（两旁林木树冠相连）

图1-151　拱穹空间与拱穹风景之二
（利用棚架和藤本植物）

闭合空间的大小与周围景物高度的比例关系，决定它的闭合度。界面对空间氛围、舒适度影响很大。美国城市设计师理查德·海得曼认为，若要使城市空间舒适、宜人，必须使形成城市空间的界面之间的关系符合人的视域规律，按照最佳视域要求确定空间的断面。一些城市景观或园林设计优秀的作品，与设计师对空间界面的详尽分析是分不开的。

图1-152 拱穹空间与拱穹风景之三（林木及树冠紧密搭接）

不同的游览方式会产生不同的观赏效果。因此，如何组织游览观赏是一个值得思考的问题。掌握游览观赏的规律，可指导园林绿地的规划设计。正常情况下，人的视域范围在水平方向是180°左右，垂直方向是130°左右，向上看比向下看约小20°，分别是55°和75°。在这一范围内，人可以看到所有物体，但不一定看清和注意到所有物体。

游人所在位置称为观赏点或视点，观赏点与被观赏景物间的距离，称为观赏视距。观赏视距适当与否与观赏的艺术效果关系很大。当视距大于500m时，对景物可有模糊的形象；当视距为250～270m时，可以看清景物的轮廓。在正常情况下，不转动头部，而能看清景物的经验视域值为：①大型景物的合适视距约为景物高度的3.3倍；②小型景物的合适视距约为景物高度的3倍；③合适视距约为景物宽度的1.2倍；④如景物高度大于宽度时，则按宽度、高度的数值进行综合考虑。一般平视静观的情况下，水平视角不超45°，垂直视角不超过30°，则有较好的观赏效果（图1-153）。

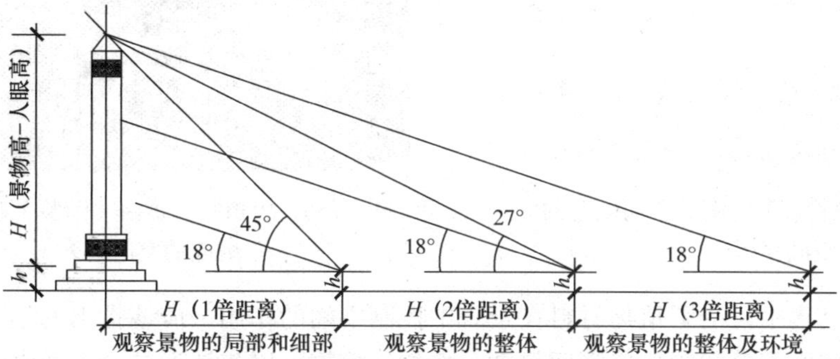
H（景物高–人眼高）
h
45°
18°
18°
27°
18°
h
h
h
H（1倍距离）
H（2倍距离）
H（3倍距离）
观察景物的局部和细部
观察景物的整体
观察景物的整体及环境

图1-153 观赏视距与景物高度的关系

对景物的观赏，可分别在景物高度的1、2、3、4倍距离处，设空间场地布置视点，使在不同视距内对同一景物收到移步换形的效果。

空间感一般受空间地面宽度和空间侧面（垂直面）这两个参数影响最大。当高：宽为1：4时，空间的界定感不强，使人感到很空旷；当高：宽为1：2时，空间的界定感较强；当高：宽为1：1时，空间的界定感很强；当高宽比大于视域范围时，空间的界定感最强，这是因为超出了人的视域范围，会使人失去对尺度的判断能力，进而产生压抑感和恐惧感。

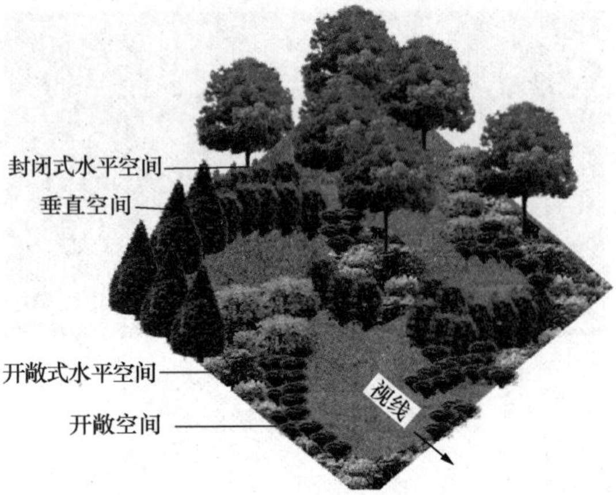
封闭式水平空间
垂直空间
开敞式水平空间
开敞空间
视线

图1-154　各种空间类型的轴侧图

2．赏景序列与空间组合

风景园林师仅借助植物材料作为空间限制的因素，就能建造出许多不同类型的空间。图1-154是这些不同空间在一个小型绿地上的组合示意图。风景园林师除能用植物材料造出各种具有特色的空间外，也能用植物构成相互联系的空间序列。植物就像一扇扇门、一堵堵墙，引导游人进出和穿越一个个空间。在发挥这一作用的同时，植物既能改变空间的顶平面的遮盖，又能有选择性地引导和阻止空间序列的视线。植物能有效地“缩小”空间和“扩大”空间，形成欲扬先抑的空间序列。风景园林师在不变动地形的情况下，利用植物来调节空间关系，从而能创造出丰富多彩的空间序列（图1-155）；也可以由植物结合道路（铺装）、建筑、水体等来组成形式更加趣味多样的空间序列（图1-156）。

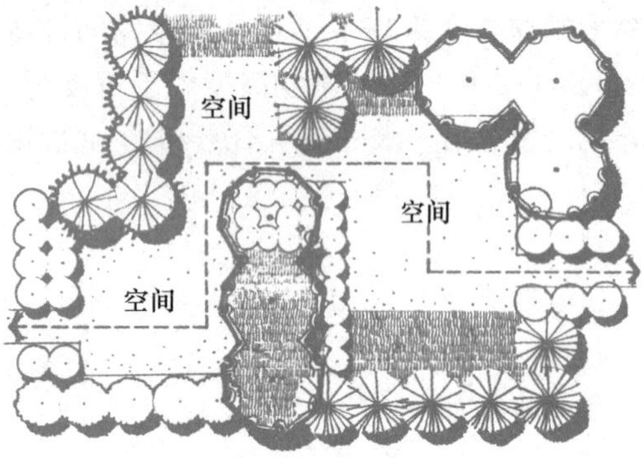
空间
空间
空间

图1-155　利用植物调节空间关系而创造的空间序列

图1-156　由植物、道路（铺装）及建筑等组成的空间序列

至此，我们已集中讨论了植物材料在景观中控制空间的作用。应该指出的是，植物通常是与其他要素相互配合共同构成空间轮廓。例如，植物可以与地形结合，增强和减弱或消除由于地平面上地形的变化所形成的空间（图1-157）。如果将植物种植于凸地形或山脊上，便能明显地增加地形凸起部分的高度，随之增强相邻的凹地或谷地的空间封闭感。与之相反，植物若被种植于凹地或谷地内的底部或周围斜坡上，它们将减弱或消除最初由地形所形成的空间。因此，为了增强由地形构成的空间效果，最有效的办法就是将植物种植于地形顶端、山脊和高地，与此同时，为了让低洼地区更加透空，最好不要种植物。

3．对其他景物空间的完善作用

植物还能调整和完善由建筑物所构成的空间。植物起到的作用是将各建筑物所围合的

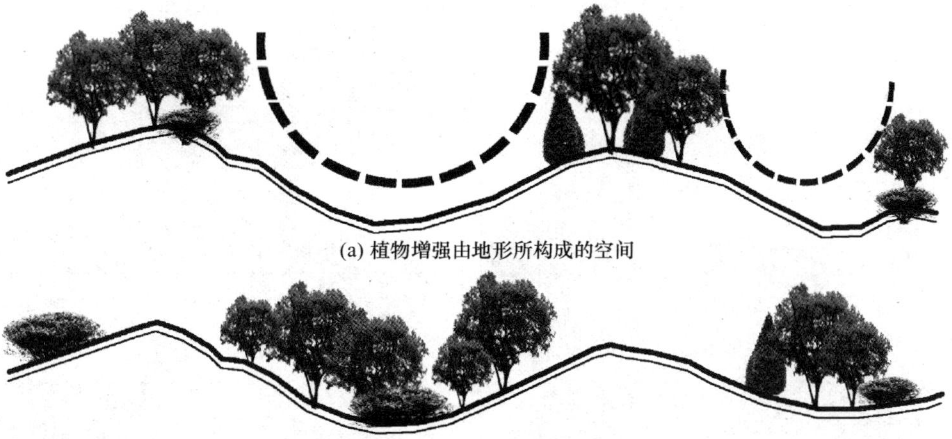

(a) 植物增强由地形所构成的空间

(b) 植物减弱和消除由地形所构成的空间

图1-157 植物与地形相结合

大空间再分割成许多小空间。例如，在城市环境和校园布局上，在楼房建筑构成的硬质主空间中，用植物材料再分割出一系列自然又富有生命的次空间（图1-158）。如果没有植被，城市环境无疑会显得冷酷、空旷、没有生机。乡村风景中的植物同样有类似的功能，林缘、小林地、灌木树篱等，都能将乡村分割成一系列空间。由此可见，植物可以被用来完善由楼房建筑或其他设计因素所构成的空间范围和布局，其主要表现形式有以下两种。

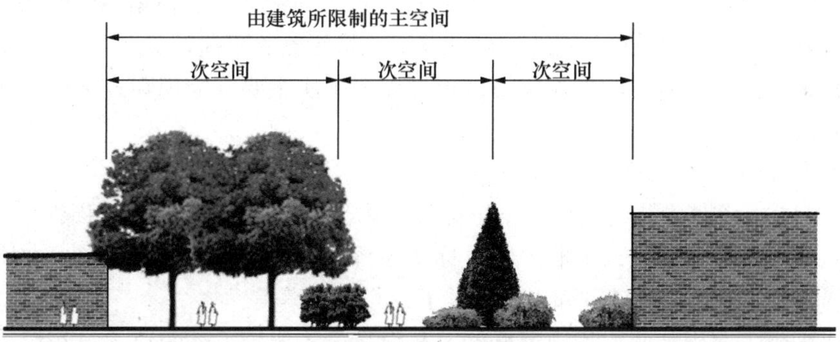
由建筑所限制的主空间
次空间
次空间
次空间

图1-158 植物的空间分隔作用

围合 围合的意思是完善大致由建筑物或围墙所构成的空间范围。当一个空间的两面或三面是建筑和墙时，剩下的开敞面则用植物来完成或完善整个空间的围合（图1-159）。

连接 连接是指在景观中，从视觉上将其他孤立的因素连接成一完整的室外空间。像围合一样，运用植物材料将其他孤立因素所构成的空间给予更多的围合面，连接形式是运用线型种植植物的方式，将孤立的因素有机地连接在一起，完成空间的围合。图1-160是一个庭院图示，该庭院最初由建筑物所围成，但最后的完善，是以大量的乔、灌木将各孤立的建筑有机地结合起来，从而构成连续的空间围合。

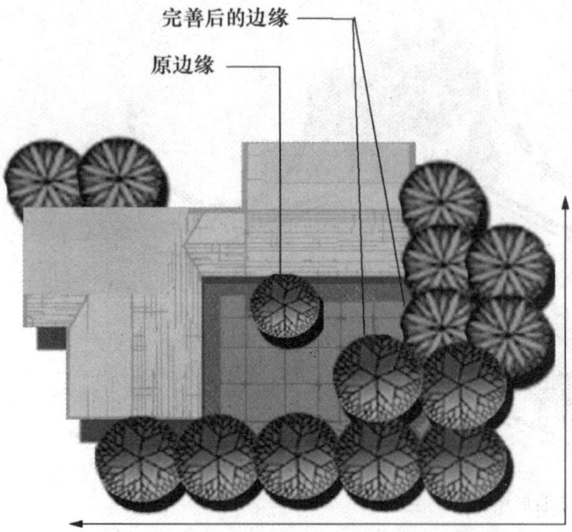
完善后的边缘
原边缘
图1-159　植物的围合作用

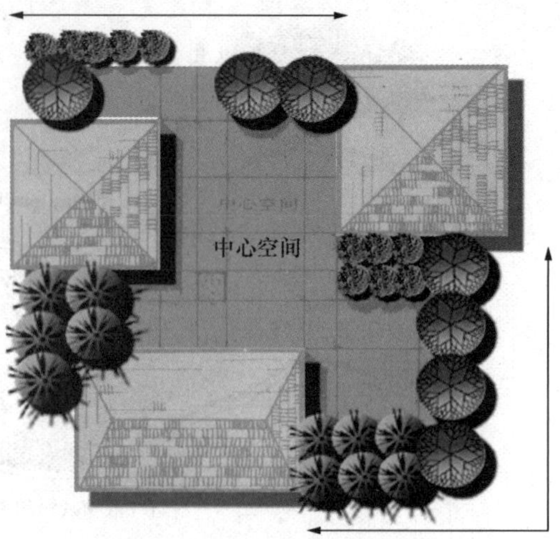
中心空间
图1-160　植物的连接作用

1.3.3　拓展知识——园林植物造景配置手法

1．园林植物造景总体布局手法

按植物的生态性和园林布局的艺术性等要求，合理配置园林中各种植物（乔、灌、草、地被植物），以发挥它们的园林功能和观赏特性，称为植物造景。根据不同的场地性质及功能要求，采取不同的配置手法，营造风格各异、风景优美的园林景观。

根据种植形式及所呈现的景观风格，植物配置手法主要分为规则式种植、自然式种植和混合式种植。

（1）规则式种植

规则式园林又称整形式、几何式、对称式园林，其植物配置主要使用绿篱、模纹花坛、整形树木、整形草坪等形式，采取中轴对称式、行列等距种植，形状规整，在构图上呈几何形，表现出整齐、严谨、庄重和人为设计下的几何图案美。

规则式种植主要用于西方景观风格的园林设计，主要以平整的草坪、花坛（包括模纹花坛）、绿篱及绿墙、行道树、树阵种植来表现。规则式绿化主要运用于公园轴线绿化、人行道绿化、树阵广场等（图1-161和图1-162）。

（2）自然式种植

自然式园林又称风景式、不规则式、山水派园林等。与规则式园林相比，其植物种植不成行列式，无固定的株行距，以孤植、丛植、组团式种植为主，特别是地被植物自然生长，无人工造型的形态，展现植物群落的自然之美。

自然式种植主要用于中式景观风格的园林设计中。中国传统园林讲究步移景异，选择的植物注重姿态美、色彩美、气味香，展现植物的自然风韵之美。在景观布局上，没有明显的轴线，以错落有致、自然曲折的方式营造宁静致远、曲径通幽、生动活泼的多样景观空间。自然式种植主要以自然花境和自然之物组团来表现。自然花境较多运用于公

图1-161 规划式种植之一

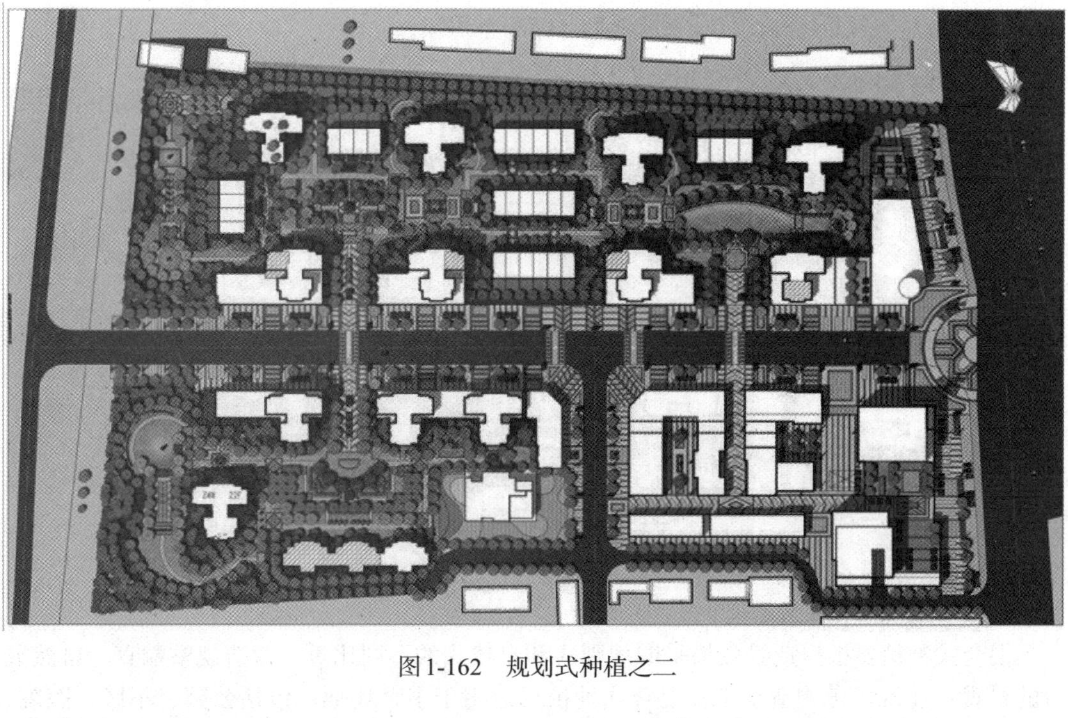

图1-162 规划式种植之二

园、溪边等可亲可达之处，自然之物组团较多运用于房前屋后作为遮挡、屏障（图1-163和图1-164）。

（3）混合式种植

混合式种植是规则式种植和自然式种植的结合，吸取了规则式和自然式这两种种植形式的优点。既有整洁大方、色彩明快的整体效果，又有丰富多彩、变化无穷的自然美景，

图1-163　自然式种植之一

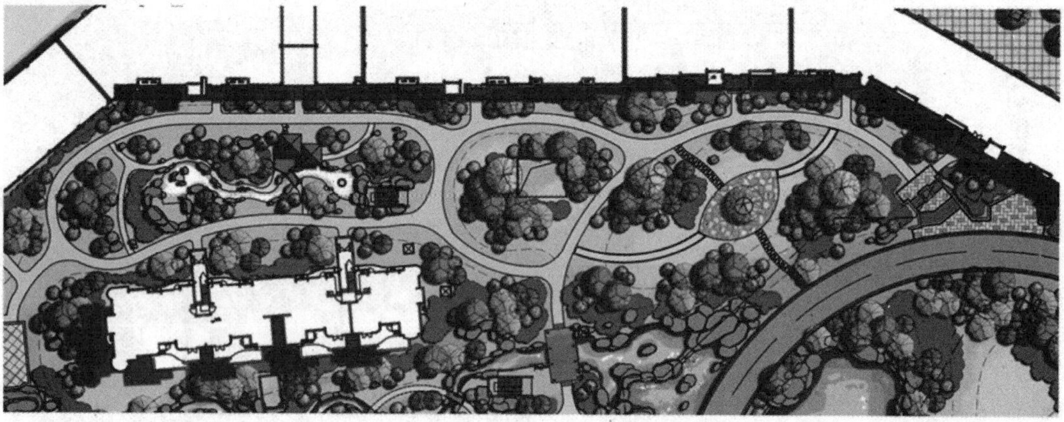

图1-164　自然式种植之二

展现了植物的人工美和自然美。

混合式种植要根据造景效果采取规则式和自然式的不同比重，营造规整端直、自然灵活的景观。在现代植物造景中，混合式种植可运用于多种场地，包括公园、小区、医院、道路等（图1-165）。

2. 园林植物造景组景手法

（1）师法自然，咫尺山林

中国古典园林常用手法是师法自然，将自然界的植物景观植入园林中。即使是面积很

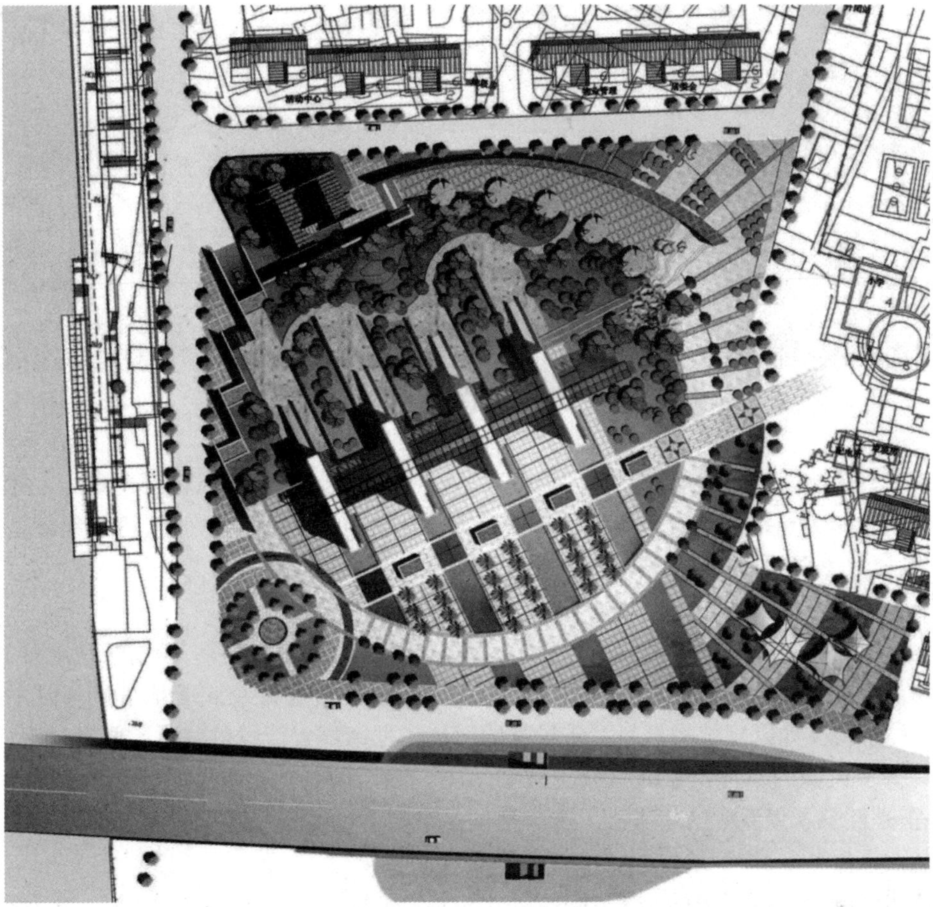

图1-165 混合式种植

小的园林，也模拟“三五成林”，创造“咫尺山林”的意境。宋徽宗的艮岳曾被誉为“括天下之美，藏古今之胜”，按照陶渊明《桃花源记》的描述，在园林中创造“武陵春色”，或者把田园风光搬进园林，设置“稻香村”等。古典私家园林多数建置在城市里，园主追求足不出户而尽享山林之趣，避喧嚣、觅幽静。园林植物绿意油油、翠意宜人的审美愉悦感，使人身心安宁、舒畅，可以消除疲劳、振奋精神。

从系统上看，江南园林没有北方皇家园林那样壮丽辉煌，它所追求的是朴素淡雅的城市山林野趣。私家园林的规模小，便要在“小”中做文章。要想在咫尺之地，突破空间的局限性，创作出“咫尺山林，多方胜景”的园林艺术效果，就不得不依赖于植物的配置。因此，植物的配置要突出其风格——轻盈、素雅、清幽和宁静的特色，才能反映出小环境的野趣。在源远流长的中国园林文化里，许多拟人化的植物象征着人们崇高的理想、追求的情怀、瑰丽的想象、思想的情趣，抒发激情和友情的理念，不但含意深邃，而且达到了天人合一的境界（图1-166和图1-167）。

现代园林植物配置，不仅继承传统园林植物配置中以少胜多、咫尺山林的意趣和境界，还融合现代生态造园理论，同时植物的数量和种类也前所未有地丰富，以提高环境生态效

图1-166　咫尺山林

图1-167　松、竹、梅——岁寒三友

益的目的。传统园林中的植物只是“毛发”，现代造园理论中要求以植物造景为主体，建筑和其他小品作为点缀。当然，山水地形还是起到“骨架”的作用，但植物景观却是园林机体的“血肉”（图1-168）。

（2）景情交融，意匠结合

文化内涵若是植物景观配置的“意”，那么技术体现便是“匠”。植物景观配置的“意”是植物自身的文化与造园主的审美观和人格观的融合，并使之反映天地自然与园主内心世界的一种景观。如果把植物材料看作景观的躯体，那么配置成景的“意”便是景观的灵魂。只有具备了灵魂的躯体，才能具有生气和活力。简洁的景色居然能“不酒而醉”“不茗而醒”，正是反映了景观中的生气和灵魂，这便是造园者的文气；是宇宙观、审美观在配置中的综合影响。

植物造园首先要考虑的是大小比例。“大园重在补白”“小园重在点景”，如面积大者，建筑物相对显得少，那么需要较多林木花卉覆盖园地。正如《花镜》中所说的：“园中地广，多植果木松篁”，这是大园配置植物时的总原则。面积小者，建筑物相对显得多，植物景点宜疏，要与山、池、廊、房屋、桥等协调成景，甚至树姿花容都要加以琢磨，方能与全园相称，避免拥塞。

在风景园林空间布局中，除了主景定位外，与主景和主景区有视线直接或间接联系的部位，如山顶、山脊、山坡、山谷、水中、岸边、瀑侧、泉旁、溪源，以及在视线控制处或景区转折点上，经常利用山石、建筑、亭廊和雕塑等景物来点题，使景观有了焦点和凝聚中心。这种手法打破了空间的单调感，从而增加了意趣，起到了点景作用。

此外，我国园林善于抓住各景观特点，根据其性质、用途，结合空间环境的景象和历史进行高度概括，常作出形象化、诗意浓、意境深的园林题咏。题咏的形式多样，有匾额、对联、石碑、石刻等。题咏的对象更是丰富多彩，无论是亭台楼阁、大门小桥、假山泉水、名木古树还是自然景象皆可，如北京颐和园的万寿山、黄山的迎客松、杭州的花港观鱼、绍兴的兰亭、少林寺的碑林等（图1-169）。

题景与点景是造景不可分割的组成部分，是诗词、书法、雕刻、建筑艺术的高度融合。它们不但丰富了景的欣赏内容，增加了诗情画意，点出了景的主题，并可借景抒情、画龙点睛，给人以艺术的联想，又有宣传、装饰、导游的作用。植物造景同样离不开题景与点

图1-168 丰富的植物造景作为园林绿地的主景或“血肉”

图1-169 通过建筑及楹联匾额“题景”为植物造景“点景”

景，典型的景点有“苏堤春晓”“柳浪闻莺”“曲院风荷（图1-170）”“万壑松风”等。正因为点景准确巧妙，诗情画意，给人以艺术的联想，使这些景点家喻户晓。

图1-170 杭州西湖的“曲院风荷”植物景观

（3）对比衬托，动势均衡

对比衬托是利用花木的不同形态特征，运用高低远近、叶形花形、叶色花色等对比手法，表现一定的艺术构思，衬托出美的生态景观。在树丛组合时，注意相互间的协调，不宜将形态姿色差异很大的花木组合在一起。

各种花木姿态不同，有的比较规整，如石楠、桂花等；有的有一种动势，如杨、柳、竹、松等。在配置时，既要讲求花木相互之间的和谐，又要考虑花木在不同生长阶段和季节的变化，以免产生不平衡的状况。

另外，植物造景也要有主次之分，这样才能突出重点，丰富景观。

园林中的景有主景与配景之分，起到控制作用的景称为主景。主景是核心和重点，往往呈现主要的功能或主题，是全园视线控制的焦点。配景起衬托作用，以使主景更为突出。在园林造景中既要强调突出主景，又要重视配景的烘托；配景不能喧宾夺主，但又要达到衬托的效果。

主景或主景区是风景园林的构图中心，处理好主配景关系可以取得提纲挈领的效果。突出主景的方法主要有以下几种。①主景升高或降低法，如“主峰最宜高耸，客山须是奔趋”，或四面环山中心平凹法（图1-171）。②轴线对称法，包括绝对对称法与相对对称法，

图1-171　植物造景中主景升高法——造型树为主景

主景位于轴线上，而配景则布置在轴线两边对称或均衡的位置。③百鸟朝凤或托云拱月法，也叫动势集中法，即把主景置于周围景观的动势集中部位（图1-172）。④构图重心法。把主景置于园林空间的几何中心或相对重心部位，使全局规划稳定适中（图1-173）。⑤园中之园法。大面积的风景区常在关键部位设置园中园，以其局部之精微而取胜。

（4）起伏韵律，层次背景

在道路两旁和狭长形地带上，花木配置要特别注意纵向的立体轮廓线和空间变换，做到高低搭配，有起有伏，产生节奏韵律，避免布局呆板。杭州西湖上的白堤，平舒坦荡，堤上两边，各有一行杨柳与碧桃间种。每逢春季，翩翩柳丝泛绿，树树桃颜如脂，“间株杨柳间株桃”“飘絮飞英撩眼乱”，犹如湖中一条飘动的锦带（图1-174）。

图1-172　动势集中法——岛上植物景观为主景

图1-173　构图重心法——造型五针松为主景

为克服景观的单调，宜以乔木、灌木、草花、地被植物进行多层次的配置。不同花色、花期的植物相间分层配置，可以使花木景观丰富多彩。背景树一般宜高于前景树，栽种密度宜大，最好形成绿色屏障，色调宜深，或与前景有较大的色调和色度上的差异，以加强衬托效果。

没有层次就没有景深。我国园林无论是

图1-174　杭州白堤桃柳相间的韵律变化

建筑围墙，还是树木花草、山石水景、景区空间等，都善于用丰富的层次变化来增加景观深度。根据视点与景物之间的距离，一般分为近景、中景、远景（背景）三个层次（图1-175和图1-176）。

图1-175 植物景观具备完整的近、中、远层次——中景作为主景最丰富

图1-176 植物景观具备完整的近、中、远层次——樱花是中景也是主景

近景距离视点最近，可看清景物的细部和质感，用作景观构图的边框和引导面。中景距离视点有一定距离，可展示景物全貌，可识别景物的主要细部和色彩，通常作为主景重点布置，是构图的重心。远景距离视点特别远，景物大体轮廓可见，体量与细部不太清楚，而且越远越淡薄，常用作景观背景。

合理安排近景、中景与远景，可以加大景深，使之富有层次感，使人获得深远的感受。当主景缺乏近景或背景时，便需要添景，以增加景深，从而使景观显得丰富。尤其是园林植物的配置，常利用片状混交、立体栽植、群落组合、季相搭配等方法，取得较好的景深效果。有时为了突出主景简洁、壮观的效果，也可以不要近、远层次（图1-177）。

另外，林缘线和林冠线处理要富有韵律。林缘线是树冠垂直投影在平面上的线，林冠线是树冠与天空交接的线。进行植物造景时应充分考虑树木的立体感和树形轮廓，通过里外错落的种植及对曲折起伏地形的合理应用，使林缘线、林冠线有高低起伏的变化韵律，形成景观的韵律美。几种高矮不同的乔、灌、草，成块或断断续续地穿插组合，前后栽种，互为背景，互相衬托，半隐半现，既加大了景深，又丰富了景观在体量线条、色彩上的搭配形式（图1-178）。

图1-177 植物景观只有丰富的中景

图1-178 植物景观具有丰富的林冠线和林缘线

（5）疏密有致，计白当黑

由树木的干、枝、叶交织成的网络如果稠密到一定程度，便可形成一种界面，可起限定空间的作用。这种界面与由建筑、墙垣所形成的界面相比，虽然不甚明确、具体、密实，但也有自己的特点。如果说后者所提供的是密实的屏障，那么前者所提供的则是稀疏的屏障，由这两种屏障互相配合而共同限定的空间必然是既有围又有透。

中国古典园林的植物配置是从景象艺术构成出发的，对园林植物题材的认识比较深刻，能得乎性情，从植物的生态习性、外部形态深入植物的内在性格，加以拟人化，着重于植物的文化精神和园林意境的创造。取其精华，去其糟粕，为我所用，这是探索和创造中国现代景观之路的基调。突出应用的特色，以理论指导实践，探讨植物造景的理论基础和方法体系，从景观尺度的战略高度来认识和指导我国城市园林植物造景实践。

植物围合空间可分为开放性空间（视线通透）、半开放性空间（有开阔视野，有封闭视线）、冠下空间（树冠郁闭后的树下空间）、封闭性空间（四周全被遮挡）、竖向空间（视线向上）等几种形式。不同的地形、不同的组团绿地选用不同的空间围合，如街道、人行道两边及城市广场四周，可用封闭性空间，将外界的嘈杂声、灰尘等环境隔离，闹中取静，形成一个宁静和谐的活动游憩场所。

虚中有实，实中有虚，虚虚实实，意趣无穷。实景与虚景的造景手法在我国古典园林中可见于建筑、假山等单项造景之中，也可见于景点景区的大环境之中。建筑中以墙面为实，门窗廊柱间为虚；植物群落中以“密不透风”为实，“疏可走马”为虚；园林与建筑组群空间，封闭为实，开敞为虚；山水之间，山峦为实，水流为虚；树石相配，顽石为实，树草为虚；山岳风景，山体为实，云雾泉瀑为虚；等等。在当今园林造景中流行的组团与留白就是运用了实景与虚景的造景手法，树团为实，草坪为虚（图1-179）。

组团与留白在欧美国家是一种很成熟的造景手法，而在我国园林景观营造中近些年才开始应用。杭州西湖边花港观鱼公园的植物景观，是20世纪50年代北京林业大学孙筱祥教授从英国留学回来之后，用组团与留白的手法做成的经典欧式自然植物景观，是我国最早采用这种造景手法的典范（图1-180）。

图1-179　植物造景设计中的虚实处理

图1-180　植物造景设计中的组团与留白——花港观鱼

组团与留白的造景手法，是造景者通过对植物自然景观的观察提炼而概括出来的。如英国的疏林草地景观就是英国乡村原生态的常见景观，它是植物群落演替的自然产物。英国景观营造师们正是通过对这种自然景观的观察提炼，得出了组团与留白的造景手法。原生态的疏林草地在我国一些生态保护好的地区也是自然存在的。

组团与留白的造景手法，其实就是通过植物的组团围合与分隔，形成一定体量的树群和留出一定的空间，这个空间就是所谓的留白。营造园林景观说到底主要是营造空间，营造满足人们生理和心理需求的空间，即能满足人们对阳光、和风、细雨、安全、放松、游乐、美的欣赏及情感的共鸣等需求。组团与留白的造景手法就可形成这种能满足人们需求的自然空间。

在长江中下游地区，一般要求树团上层乔木的70%为落叶树，30%为常绿树；中下层小乔木和灌木的30%为落叶植物，70%为常绿植物。做树团时，各类乔、灌木的种植既要相对集中，建立群落关系，又要留有足够的生长空间。具体可以概括为“意连形不连”，即在保证各乔、灌木有群落关系的前提下，拉开各乔、灌木的空间距离。做树团时，要考虑整体协调，从各个乔、灌木的体量、色彩、外形、质感等方面考虑和协调，从而做出一个自然生动、清新活泼、耐人寻味的植物群落。

（6）巧于因借，框夹成景

《园冶》中“俗则屏之，嘉则收之”，讲的是周围环境中有好的景观要开辟透视线把它借进来，如果是有碍观瞻的东西则将它屏障起来。一个园林的面积和空间是有限的，为了丰富游览的内容，需要扩大景观的深度和广度，除了运用多样统一、迂回曲折等造园手法外，造园者还常常运用借景或添景的手法。

借景是将园内视线所及的园外景色组织到园内来，成为园景的一部分。借景要达到“精”与“巧”的要求，使借来的景色和本园的空间环境巧妙地结合起来，使园内外相互呼应，融为一体。借景能扩大空间，丰富园景，增加变化。

按所借景物的位置、距离、角度、时间等，可分为远借、近借（邻借）、仰借、俯借、应时而借等。①远借，是把园林远处的景物组织进来，所借之物可以是山、水、树木、建筑等。②近借（邻借），是把园子邻近的景色组织进来，周围景物只要是能够利用成景的都可以借用，如亭、阁、塔、庙、山、水、花木等。“一枝红杏出墙来”“绿杨宜作两家春”等就是近借手法的具体应用（图1-181）。③仰借，是利用仰视借取园外景观，以借高景物为主，如古塔、高层建筑、山峰、大树，以及碧空白云、明月繁星等。仰借易使观赏者视觉疲劳，因而观赏点应设亭台座椅等。④俯借，是指居高临下俯视观赏园外景物，登高远望，四周景物尽收眼底。所借景物甚多，如江湖、原野、草坪、水溪、景石、铺装花纹、湖光倒影等。⑤应时而借，是借一年中春、夏、秋、冬四季自然景色的

图1-181 拙政园通过西部宜两亭借景东部柳树景观——邻借

变换或一天之中景色的变化来丰富园景。对于一日来说，日出朝霞、晓星夜月；对于一年四季来说，春天的百花争艳、夏天的浓荫覆盖、秋天的层林尽染、冬天的银装素裹，这些都是应时而借的意境素材。在国内有许多名景都是应时而借而成名的，如杭州的"苏堤春晓""曲院风荷""平湖秋月""断桥残雪"等。此外，还有借声——借园林中自然之声（雨声、水声、虫鸣、鸟啼等）给景致增添情趣；借香——借草木的气息，使空气清新，烘托园林景致的气氛。

植物景观营造的借景与其他景观中的借景有共同之处，意在扩大景观空间，丰富视觉层次与变化，使视觉空间像阅览立体画册一样，连续丰满，充满变化。与其他景观中的借景不同的是植物景观营造的主体内容不同，是以植物为主，借周边的万物。但有时植物又是以陪衬为主，特别是与景观建筑相并列时，植物往往是点缀和装饰，只是起到画龙点睛的作用。因此，也可以说借景的植物造景手法，是考虑植物的远近、主次关系的配置。

园林景观不尽可观，或平淡间有可取之景。利用门框、窗框、树框、山洞等，可以有选择地摄取空间的优美景色。框景类似于照相取景一样，可以达到增加景深、突出对景的奇异效果。

植物造景的框景手法就是用植物作景框，目的是让框入的景观在视觉上更加集中、美丽。植物框景一般都是在有形的窗框、门洞或树框下实现的，用植物作取景框，其特色是远近景交织，形成一幅别有情趣的风景画，自然而美丽（图1-182～图1-184）。植物作取景框的特点是变化的、有生命的，它可以是绿叶缠绕的取景框，也可以是鲜花缠绕的取景框，因此是植物造景常用的一种手法，是人工与自然完美结合的产物。既可以根据需要立地而框景，也可以与亭廊架结合，增加功能性质，起到一举两得的效果。

植物造景的漏景手法与植物框景相似，不同的是没有人为框景的痕迹，只是景前有稀疏之物遮挡，感觉景观自然而然地显露，若隐若现、含蓄雅致。在园林中多利用景窗花格、竹木疏枝、山石环洞等形成漏景，增加趣味，引人入胜。常用的手法有漏窗、漏墙、漏屏风及疏林中的漏景等，在园内透过漏窗可领略园外景色，使园内外融为一体。

图1-182　利用建筑窗洞框景

图1-183　利用建筑门洞框景

图1-184 利用植物树干做框景

障景手法在街道及公路景观上用得很多，目的是遮挡与对向车辆会车时迎面射来的车灯眩光。因此，往返车道的隔离带常用植物作障景，为晚间行车遮挡对向车辆刺眼的灯光，以避免交通事故的发生。街道常用的障景树种一般是不怕汽车尾气的树种，如雪松、龙柏、塔柏、海桐、火棘等。此外，要提醒的是马路的转弯处、十字路口的中心10m以内转弯处不能栽植1m以上的灌木绿篱，这样的障景可能会遮挡驾驶员的视线，导致其看不清交叉路口的车流情况而引发交通事故。因此，植物配置中的障景要考虑植物的生长情况，注意安全，该遮挡的遮挡，不该遮挡的不能盲目遮挡。

隔景手法常用于把园林景观划分为若干空间，使园中有园、景中有景、隔而不断，景断意联。园景虚虚实实，景色丰富多彩，空间变化多样。隔景可以避免各景区的互相干扰，增加园景构图变化，隔断部分视线及游览路线，使空间“小中见大”。隔景的方法和题材很多，如山冈、树丛、植篱、粉墙、漏墙、复廊等。

为了观赏对景，要选择最精彩的位置，通常利用供游人休息逗留的场所作为观赏点，远处的亭、榭、草地等与景相对。对景可以正对，也可以互对。正对是为了达到雄伟、庄严、气魄宏大的效果，在轴线的端点设景点。互对是在园林绿地轴线或风景视线两端点设置景点，互成对景。对景不一定要有非常严格的轴线，可以正对，也可以有所偏离。

远景在水平方向视界很宽，但其中景色并非都很动人。因此，为了突出理想的景色，常在左右两侧以树丛、绿篱、土山、墙垣或建筑物等加以屏障，于是形成左右遮挡的较为封闭的狭长空间，利用轴线的导向及透视焦点的视觉特征，突显尽端景观，这种造景手法称为夹景。

夹景的特点是两侧夹峙而中间观景，既统一又有变化，可增加园景的深远感。在两侧单一的绿壁树丛的夹持下，减弱两侧视线变化，使视线集中到狭长空间的尽头，突出景观特色，形成夹景空间，同时两侧树丛还能起到障景的作用。运用夹景的植物造景手法，主要是为了突出在夹景中所形成的封闭式视觉感，引出专一的视觉焦点中心。因此，夹景的尽头必须要设置一个精彩的、具有较高观赏价值的景物。这样才能起到特殊的观景效果，让空间更加丰富有趣（图1-185和图1-186）。

图1-185 利用植物做夹景——主景是建筑

图1-186 用植物做夹景——主景是喷泉

（7）透视变形，错觉生趣

人们对于景观最直接的感受便是通过视觉来获得的，设计者引导游人视线成功与否决定了景观的优劣。通透、远近等视线效果主要靠对植物材料的选择，如乔木、灌木、花草等。例如，在同等距离下，质地粗糙、颜色鲜艳的植物比质地细腻、色彩灰暗的植物感觉离观赏者更近。有时把大树种在近处、小树种在远处，也会增加空间距离。这就要求我们在植物造景时，了解和掌握更多的表现形式，如透视变形、几何、视错觉等，创造出适时、适地、有韵律的植物景观，满足观赏者的视觉审美要求（图1-187和图1-188）。

图1-187 利用植物不同质地和空气透视增加空间感

图1-188 利用植物质地和色彩对比增加空间感

（8）突出季相，体现特色

花木的干、叶、花、果的色彩十分丰富，在园林配置中，可运用单色表现、多色配合、对比色处理，以及色调和色度逐渐过渡等不同的配置方式，实现园林景观的色彩构图。将叶色、花色进行分级处理，有助于组织优美的花木色彩构图。此外，要注意体现季相变化，尤其是春、秋两季的季相。在同一个花木空间内，一般以体现一季或两季的季相效果较为明显。因此，采用不同花期的花木分层配置，或将不同花期的花木和显示一季季相的花木混栽，或用草本花卉来弥补木本花卉花期较短的缺陷等，可以延长景观的观赏期，表现花木的季相变化。

园林花木配置是园林规划设计中的重要环节，它包括两个方面：一是各种花木相互之间的配置，要考虑花木种类的选择、树丛的组合、平面和立面的构图、色彩的搭配、季相的安排、园林意境的构造；二是各种花木与其他园林要素（如建筑、山石、水体、园路等）相互之间的配置。花木具有生命，不同的花木具有不同的形态特征和生态习性，在园林内应因地制宜、因时制宜地进行花木配置，充分发挥其观赏特性。选择园林花木，尽量以本地树种（乡土树种）为主，保证园林花木有正常的生长发育条件，并反映不同地域的花木特色。适量引植外地优秀花木，并不断进行驯化工作，使外来树种适应当地生长环境，丰富植物景观，更好地发挥园林绿化的生态功能。从现存的一些园林遗迹中也可以看出花木在园林中所处的地位和作用，园林中有许多景观的形成都与花木有直接或间接的联系。山石、水体、园路和建筑物，都以植物衬托，甚至以植物命名，如万松岭、桃花溪、海棠坞、芙蓉石等，加强了景点的植物气氛。

在植物造景过程中，突出一季景观的同时，兼顾其他三季，即在主要树种开花时，不要有其他树种开花，而在其他季节要有其他树种的开花托景。如在碧桃专类园中种植常绿树与落叶树的比例为1∶3，乔木与花灌木的比例为1∶1。在早春，碧桃开花时以常绿树为背景，弥补了景区花量大、常绿量不足的缺点，而在其他季节，花灌木相继开花，延长了花期，丰富了植物景观，使人们在不同季节欣赏到不同的景色（图1-189～图1-192）。

图1-189 植物造景之春景

图1-190 植物造景之夏景

图1-191 植物造景之秋景

图1-192 植物造景之冬景

（9）嗅觉触觉，通感兼具

植物造景设计除了重点考虑视觉上的组景以外，还要兼具嗅觉、触觉，甚至听觉、味觉方面的植物造景。如苏州留园的闻木樨香轩景点（图1-193）就是种植桂花，以闻其香，拙政园的远香堂池塘中遍植荷花以嗅其香。有时在不同的香味中还能体验出不同的味道，如含笑花就有一种甜甜的香味。植物质地有粗细之分，触之感受不同，如盲人公园、儿童公园就可考虑不同触感的植物，但要避免有刺、有毒、有过敏分泌物的植物。不同的树木在风的作用下可发出不同的声响，雨点滴落于植物叶面也可发出不同的声音，雨打芭蕉就是很有特色的植物造景（图1-194）。

图1-193　留园闻木樨香轩——赏桂闻香

图1-194　拙政园听雨轩——雨打芭蕉

2 项目实践一

居住小区绿化总平面图设计

2.1 居住小区绿化项目基地调查和分析

学习目标

了解并熟悉小区总体绿化设计项目基地基础资料调查的主要内容，掌握基地调研的方法与步骤，并能在居住小区绿地的环境特点和基础资料分析的基础上做出有规划意向的现状分析图。

技能要求

1. 能有针对性地进行基地基础资料勘察、查找和分析，并做出调查分析报告；
2. 会结合小区现状图和基地调查勘察资料做出有针对性的和绿化规划意向的现状分析图。

工作场境

工作（教、学、做）场所：一体化制图室、综合设计工作室及基地现场。

工作情境：学生模拟担任公司设计员角色，学习、操作并掌握设计员岗位基本工作内容；在这里教师是设计师、辅导员。理论教学采用多媒体教学手段，以电子案例和设计文本实物增加感性认识，教师要进行现场操作示范，学生要进行操作训练，可结合居住小区绿地模拟建设项目或教师指定的实际设计项目进行有针对性的教学和实践。

1. 提供实际设计文本，供学生观摩，提高感性认识、兴趣和求知欲；
2. 采用多媒体教学手段，以基地调研的实际案例来分析和讲解，使学生明确基地基础资料调研、整理和分析报告的形式和内容；
3. 通过观摩训练提高调查、分析和撰写报告的能力；
4. 本项目基本的“教、学”环节结束后，“做”的环节为：课外分组（分工协作）完成实训总作业。

居住区绿地是城市园林绿地系统中的重要组成部分，是改善城市生态环境中的重要环节，同时也是城市居民使用最多的室外活动空间，是衡量居住环境质量的一项重要指标。

一般来说，生活居住用地占城市用地的50%～60%，而居住区绿地占居住用地的30%～60%。居住区绿地，是城市绿地点、线、面相结合中的“面”上的重要一环，其面广量大，在城市绿地中分布最广，最接近居民，最为居民所经常使用。人们喜欢生活、休息在花繁叶茂、富有生机、优美舒适的环境中，尤其是老人、儿童的大部分时间是在家中度过的，双休假日使居民在家的时间也逐渐多起来。在信息化时代，越来越多的人在家中办公，除了舒适的智能型家居外，更要求居住区环境“园林化”，贴近自然，成为天然绿色家园。今后良好的居住环境将逐渐成为人们生活的第一要素，成为居民生活中不可缺少的一项内容。

近几年来，我国在居住区建设中，不仅改进住宅建筑单体设计、商业服务设施的配套建设，而且重视居住环境质量的提高，在普遍绿化的基础上，注重绿地艺术布局，以崭新的建筑和优美的空间环境，建成了一大批花园式住宅区。由于整个城市可以理解为大的人居环境、乡镇环境或新农村，掌握了一般居住区的总体绿化设计，也就基本掌握了人居环境的核心设计。

2.1.1 小区绿化项目基地调研的内容与范围

1. 小区绿化项目基地调研的基本内容和范围

小区绿化项目基地调研主要是要明确小区的地理位置、环境特点、建筑风格及植被现状等，重点要调查其自然环境、人文环境及植被现状等。

自然环境　地理位置，地形、地貌及地质、水文情况，气象、气候、土壤状况。

人文环境　区位特点、历史文化内涵、居住对象、规划创意与定位。

植被现状　区域植被群落情况、基地乔木现状、灌木现状、地被现状和水生植物现状等，最好还要考虑植物和动物之间的生态依存关系。要注意把生长茂盛的树木当成特定区域保存。调研时要注意以下几点。

1）住宅区内外的自然山林绿地可否利用？在住宅区内外对防灾、安全和景观方面有用的树木是否可以保存？

2）如何对优良大树、老树进行移植利用？从即将采伐的树林中选出可以移植的树木，以及如何定植、假植的调查。

3）现有树木保存、树木管理的步骤取决于开发住宅区时整地工程、开工时间、工程期限和竣工后树木开始新的利用期限等。在这一连串的活动中，应分别对现有树林进行必要的管理。

4）树木的采伐利用和补植调查。这是为了利用居住区内的树木而进行的苗木调查，其项目有树种、树高、郁闭度、密度、树形、生长势等。

5）居住环境绿化的可能性。

以绘制施工图为目的的调查，要得出实际的距离尺寸和具体树木管理的经费预算等。

2．小区绿化项目基地调研的主要内容和要求

（1）基地调研的主要内容和要求分析

居住小区绿化项目设计的主要内容是绿化和少量的硬质景观设计，也就是说重点是植物景观的设计，因此对于设计地段的环境面貌和条件的查勘内容也应该侧重考虑和绿化相关的因素。调研内容有以下3个方面。

1）调查当地植被分布特征。

规模较大的种植设计必然需要众多的植物种类和较丰富的植物群落结构来支撑，因此应符合自然规律，遵循生态原则，即以地带性植被为种植设计的理论模式。规模较小的，特别是立地条件较差的城市基地中的种植设计，在考虑大气候因素的同时应以基地特定的条件为依据。自然植物群落是一个经过自然选择、不易衰败、相对稳定的群体。光、温度、水、土壤、地形等是植被生长发育的重要因子，群体对包括诸因子在内的生活空间的利用方面需要满足经济性和合理性要求。因此，对当地的自然植被类型和群落结构进行调查和分析无疑对正确理解种群间的关系会有极大的帮助。根据主要植物种类的调查结果做出典型的植物水平分布图，从中可以了解不同层植物的分布情况，并且加以分析，做出分析图。在此基础上结合基地条件简化和提炼出自然植被的结构和层次，然后将其运用于设计之中。

这种调查和分析方法不仅为种植设计提供了可靠的依据，使设计者熟悉这种自然植被的结构特点，同时还能在充分研究当地的植物群落结构之后，结合设计要求、美学原则，做出不同的种植设计方案，并按规模、季相变化等特点分别编号，以提高设计工作的效率。

2）基地的原始状况。

基地是植物造景设计中利用和改造的基础。①基地外围道路、交通、建筑、绿地、游人类型、容纳量及自然文化和人文文化等情况，与基地绿化功能定位和树种选择关系密切；②基地内地形、地貌、地势情况，影响对绿地地形改造和苗木的种类和规格选择；③基地内原有的建筑物、构筑物、绿化、树木的情况，是利用保留和改造的对象，特别是基地内的古树和大树一定要加以保留；④要了解基地内的管线布置，树木栽植点必须考虑管线位置。

3）基地自然条件与植物选择。

从大的方面来看，植物的选择应以基地所在地区的乡土植物种类为主，同时应考虑已

被证明能适应本地生长条件、长势良好的外来或引进的植物种类。另外，还要考虑植物材料是否方便、规格和价格是否合适、养护管理是否容易等因素。虽然有很多植物种类都适合于基地所在地区的气候条件，但是由于生长习性差异，植物对光线、温度、水分和土壤等环境因子的要求不同，抵抗劣境的能力不同，应针对特定的土壤、小气候条件安排相适应的种类，做到适地适树。同时，还要注意以下几点。

① 对不同的立地光照条件应分别选择喜阴、半耐阴、喜阳等植物种类。喜阳植物应种在阳光充足的地方。如果是群体种植，应将喜阳的植物安排在上层，耐阴的植物宜种在林内、林缘或大树下，以及墙的北面。

② 多风地区应选择深根性、生长快速的植物种类，并且在栽植后应立即加桩拉绳固定，风大的地区还可设立临时风墙。

③ 在地形有利的地区或四周有遮挡且小气候温和的地区可种植稍不耐寒的种类，否则应选用在该地区最寒冷的气温条件也能正常生长的植物种类。

④ 受空气污染的基地还应注意根据不同类型的污染，选用相应的抗污染种类。大多数针叶树和常绿树不抗污染，而落叶阔叶树的抗污染能力较强，如臭椿、国槐、银杏等就属于抗污染能力较强的树种。

⑤ 对不同pH值的土壤应选用相应的植物种类。大多数针叶树喜欢偏酸性的土壤（pH值为3.7～5.5）；大多数阔叶树较适应微酸性土壤（pH值为5.5～6.9）；大多数灌木能适应pH值为6.0～7.5的土壤；只有很少一部分种类耐盐碱，如乌桕、苦楝、泡桐、紫薇、柽柳、白蜡、刺槐、柳树等。当土壤其他条件合适时，植物可以适应更广范围pH值的土壤，如桦木最佳的土壤pH值为5.0～6.7，但在排水较好的微碱性土壤中也能正常生长。大多数植物喜欢较肥沃的土壤，但是有些植物也能在瘠薄的土壤中生长，如黑松、白榆、女贞、小蜡、水杉、柳树、枫香树、黄连木、紫穗槐、刺槐等。

⑥ 低洼湿地、水岸旁应选种一些耐水湿的植物，如水杉、池杉、落羽杉、垂柳、枫杨、木槿等。

（2）基地现状分析图的类型分析

小区绿化设计的主要内容是植物造景设计加上少量的硬质造景设计，并且最终的目的是为居民营造一个安静、美观、方便、休闲而有特色的小区环境，因此现状分析图应该从小区的水文地理气象情况、植被分布情况、道路类型、住宅型号、可进行绿化和景观布置的空间特点及与周围环境的关系等入手，如地形地势的关系、互视的情况、周边用地的功能性质等来综合考虑分析，尽量做到总平面图与图片图示结合起来，再辅以文字分析和标注，从而为下一步的绿化规划设计提供翔实可靠的依据。

操作训练

居住小区绿地项目基地调查分析

1）模拟、真实或替代的某现场环境的基础资料的勘察、求证与识记。

2）进行基础资料的整理、概括与分析，并撰写调研报告的提纲和要点。

3）上网查找有关文献和资料。
4）结合各种基础资料，完成基地调研报告（要求1000～2000字）。
5）完成居住小区现状分析图（平面图＋照片＋文字分析）。

2.1.2 小区绿化项目基地调研的方法与步骤

1．基地调研方法

现场踏勘　在委托方陪同与介绍下，进行对照图纸的求证与标注、自然环境的感性识记、勾画草图、摄像摄影等，植被尤其是值得保留的乔灌木要标记清楚。

文献检索与查找　通过网络或到当地图书馆查找当地的相关地理气象资料，结合访问，收集历史文化传说、典故、传承情况及水文气象等资料。

分析和求证总体规划定位和创意说明　查看和分析总体规划设计文本，认真听取委托方的意见和要求，形成设计意向并做出有针对性的调研分析报告。

2．基地调研的步骤

居住小区绿化总体规划设计之前的主要任务是先拿到甲方单位的小区总体规划设计图纸，如已竣工的还应该拿到竣工图纸，最好还有最原始的地形图。在此基础上，要对照有关图纸和甲方的要求进行基地现场勘察，由于是植物景观规划设计，调研勘察的侧重点也不同。

住宅区原有的绿色树木、地形、昆虫、鸟类等自然环境的保存，可以说是一个重要的综合性绿化问题。因此，在住宅区开发过程中，保护这些珍贵的现存绿化环境是非常重要的。应做好社会环境和自然环境的调查，特别是和绿化有密切关系的植被调查、土壤调查、水系调查、动物生态调查等。只有全面地掌握住宅区的环境资料，才能合理而正确地做好规划设计。把不适宜建筑的地方作为公共绿地使用，在适合建筑的地方布局住宅。居住小区绿地规划设计前的调查和现状分析分别见图2-1和图2-2。

2.1.3 基地调研报告的撰写

对基础资料进行归类、概括和分析，利用图、表和文字进行小区植物造景设计方面的引导分析和总结，最后表现为文字和图纸两部分。

1．文字部分

（1）报告封面、目录

封一可注明项目名称、设计单位、日期等；封二可写明项目负责人、参与人及分工等；

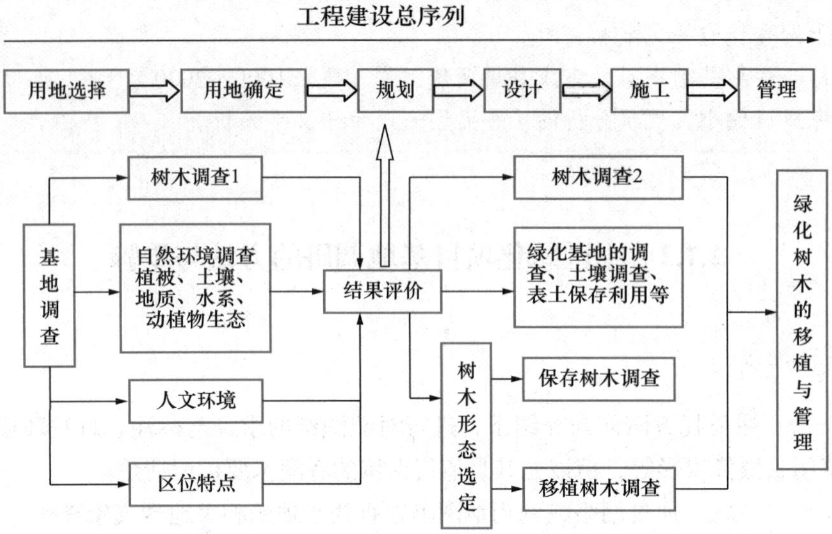
工程建设总序列
用地选择
用地确定
规划
设计
施工
管理
树木调查1
树木调查2
基地调查
自然环境调查 植被、土壤、地质、水系、动植物生态
结果评价
绿化基地的调查、土壤调查、表土保存利用等
绿化树木的移植与管理
人文环境
树木形态选定
保存树木调查
区位特点
移植树木调查

图2-1　居住小区绿地规划设计前的调查

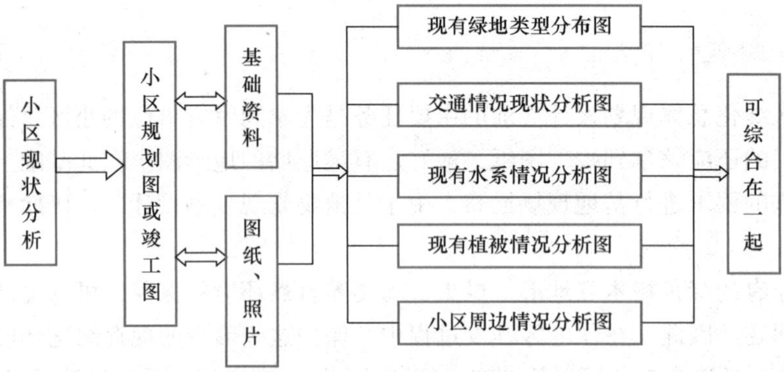
小区现状分析
小区规划图或竣工图
基础资料
图纸、照片
现有绿地类型分布图
交通情况现状分析图
现有水系情况分析图
现有植被情况分析图
小区周边情况分析图
可综合在一起

图2-2　居住小区绿地规划设计前的现状分析

目录将报告提纲和图纸名称列出。

（2）正文

正文内容包括：①基地水文、地理与气象情况；②历史文化传说、典故及传承情况；③现有公共建筑、设施和住宅型号、风格和分布情况说明；④小区植被现状分析说明；⑤小区地形地势和水系情况分析说明；⑥小区道路分布及车流、人流情况分析；⑦小区周边环境状况与特点分析；⑧管线分布情况说明等。

（3）图纸目录

①小区区域位置图（图2-3）；②小区现状布局图；③小区管线分布图；④各类现状分析图等（图2-4～图2-8）。

微雨夜來過，不知春草生

青山忽已曙，鳥雀繞舍鳴

時與道人偶，或隨樵

區域位置圖

科技文化中心
三合潭工业区
电信局

城市道路 居住区道路

■ 区域位置图

区域位置分析

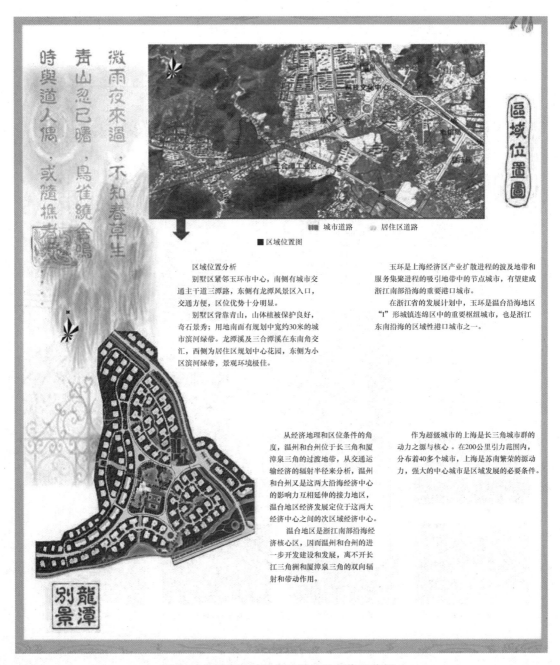

别墅区紧邻玉环市中心，南侧有城市交通主干道三潭路，东侧有龙潭风景区入口，交通方便，区位优势十分明显。

别墅区背靠青山，山体植被保护良好，奇石景秀；用地南面有规划中宽约30米的城市滨河绿带。龙潭溪及三合潭溪在东南角交汇，西侧为居住区规划中心花园，东侧为小区滨河绿带，景观环境极佳。

玉环是上海经济区产业扩散进程的波及地带和服务集聚进程的吸引地带中的节点城市，有望建成浙江南部沿海的重要港口城市。

在浙江省的发展计划中，玉环是温台沿海地区“I”形城镇连绵区中的重要枢纽城市，也是浙江东南沿海的区域性港口城市之一。

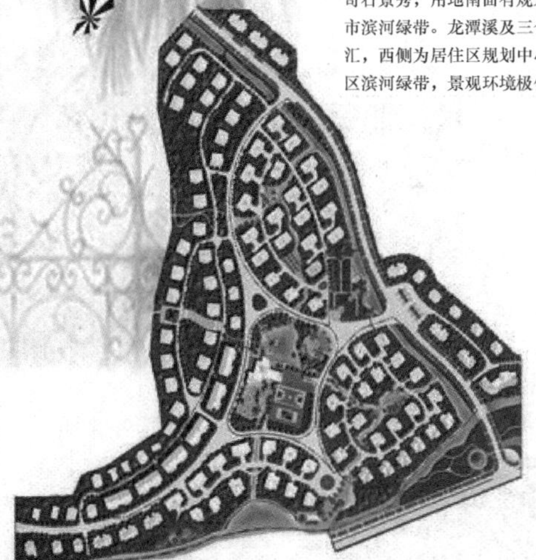

从经济地理和区位条件的角度，温州和台州位于长三角和厦漳泉三角的过渡地带，从交通运输经济的辐射半径来分析，温州和台州又是这两大沿海经济中心的影响力互相延伸的接力地区，温台地区经济发展定位于这两大经济中心之间的次区域经济中心。

温台地区是浙江南部沿海经济核心区，因而温州和台州的进一步开发建设和发展，离不开长江三角洲和厦漳泉三角的双向辐射和带动作用。

作为超级城市的上海是长三角城市群的动力之源与核心 。在200公里引力范围内，分布着40多个城市，上海是苏南繁荣的源动力，强大的中心城市是区域发展的必要条件。

龍潭別景

图2-3 某小区区域位置图及地理位置分析

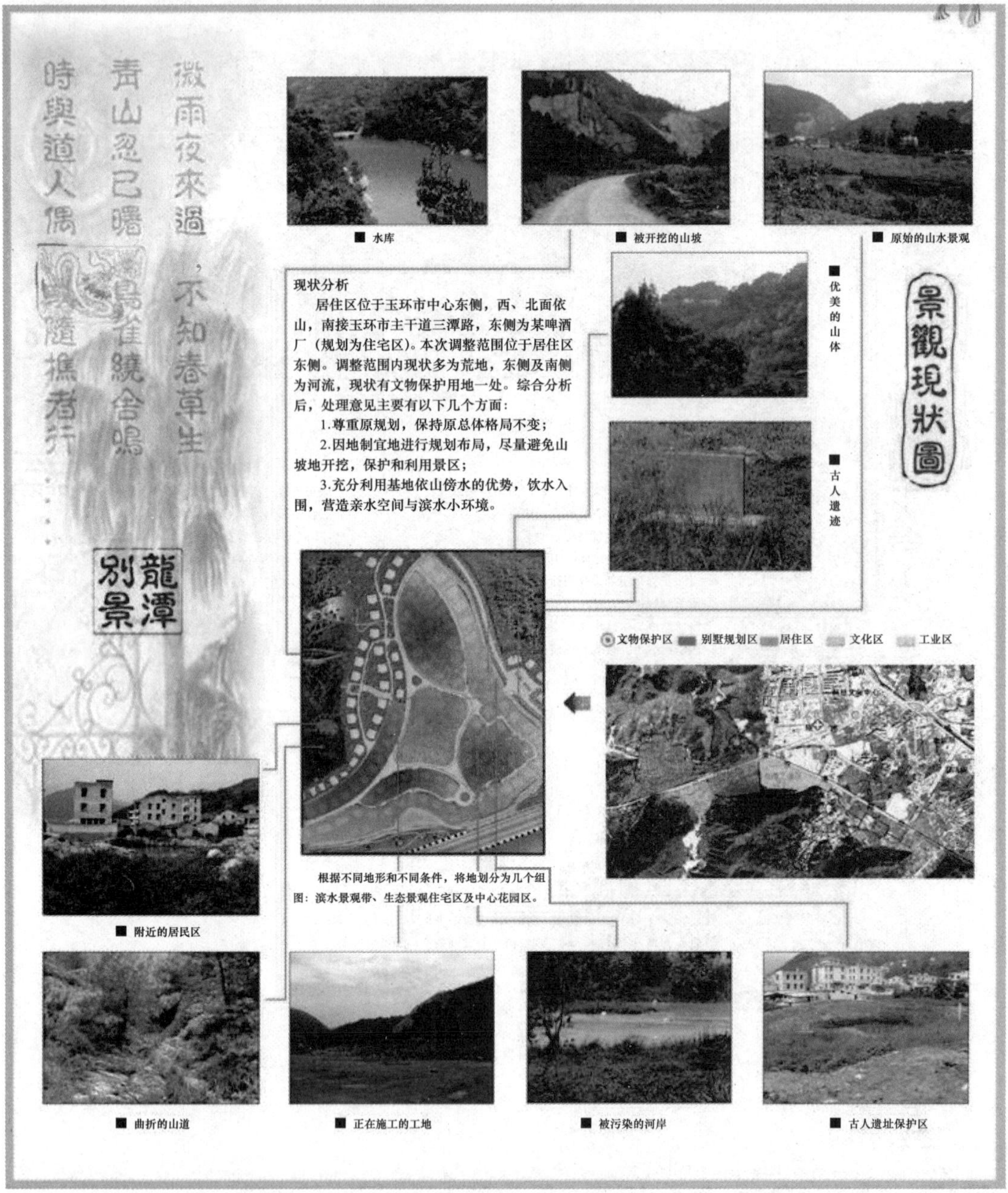
微雨夜来過，不知春草生
青山忽已曙，鳥雀繞舍鳴
時與道人偶，或隨樵者行……
龍潭別景
景觀現狀圖
水库
被开挖的山坡
原始的山水景观
优美的山体
古人遗迹
现状分析
居住区位于玉环市中心东侧，西、北面依山，南接玉环市主干道三潭路，东侧为某啤酒厂（规划为住宅区）。本次调整范围位于居住区东侧。调整范围内现状多为荒地，东侧及南侧为河流，现状有文物保护用地一处。综合分析后，处理意见主要有以下几个方面：
1.尊重原规划，保持原总体格局不变；
2.因地制宜地进行规划布局，尽量避免山坡地开挖，保护和利用景区；
3.充分利用基地依山傍水的优势，饮水入围，营造亲水空间与滨水小环境。
文物保护区
别墅规划区
居住区
文化区
工业区
根据不同地形和不同条件，将地划分为几个组图：滨水景观带、生态景观住宅区及中心花园区。
附近的居民区
曲折的山道
正在施工的工地
被污染的河岸
古人遗址保护区

图2-4　某小区景观现状分析图

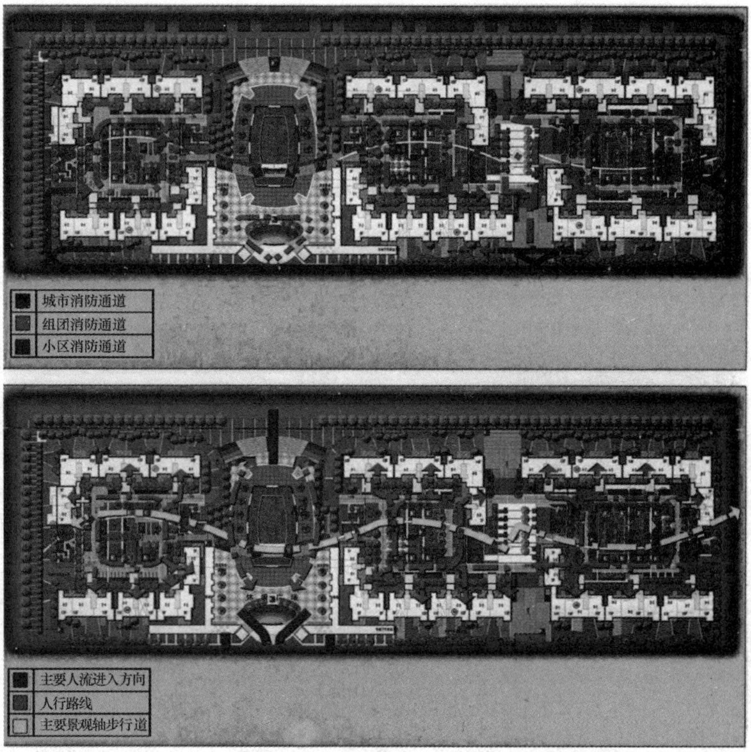
城市消防通道
组团消防通道
小区消防通道
主要人流进入方向
人行路线
主要景观轴步行道

图2-5 某小区道路类型、功能分析图

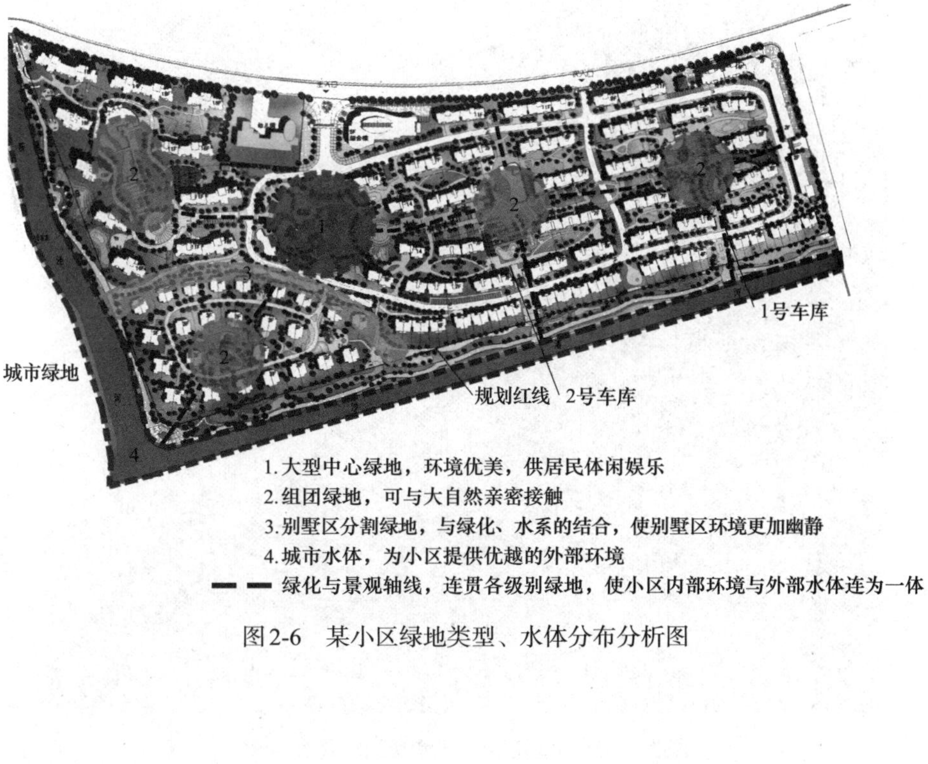
1
2
3
4
1号车库
2号车库
规划红线
城市绿地
1.大型中心绿地，环境优美，供居民休闲娱乐
2.组团绿地，可与大自然亲密接触
3.别墅区分割绿地，与绿化、水系的结合，使别墅区环境更加幽静
4.城市水体，为小区提供优越的外部环境
绿化与景观轴线，连贯各级别绿地，使小区内部环境与外部水体连为一体

图2-6 某小区绿地类型、水体分布分析图

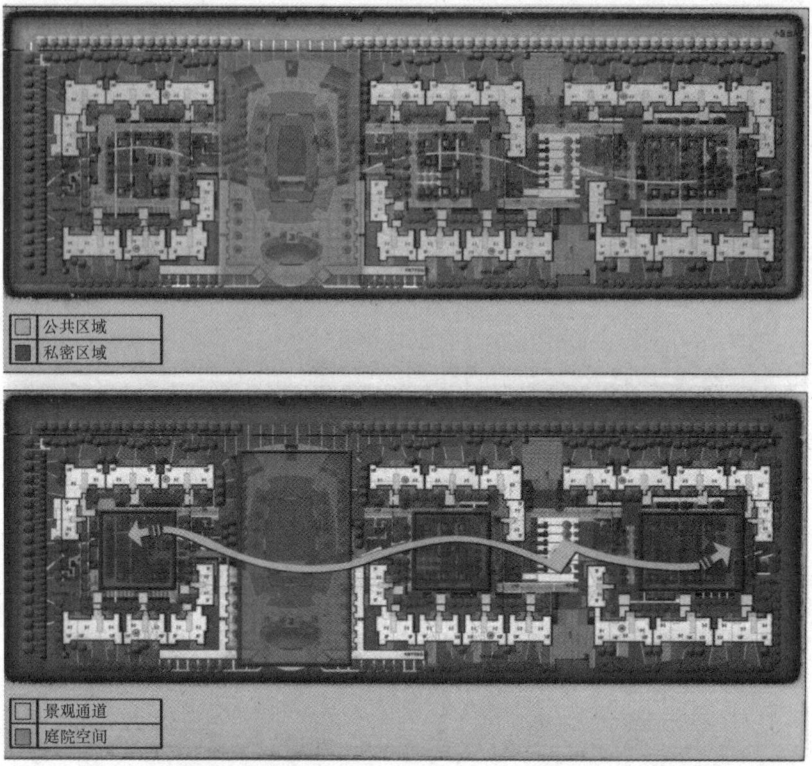
公共区域
私密区域
景观通道
庭院空间

图2-7　某小区空间类型与结构分布（现状或规划）分析图

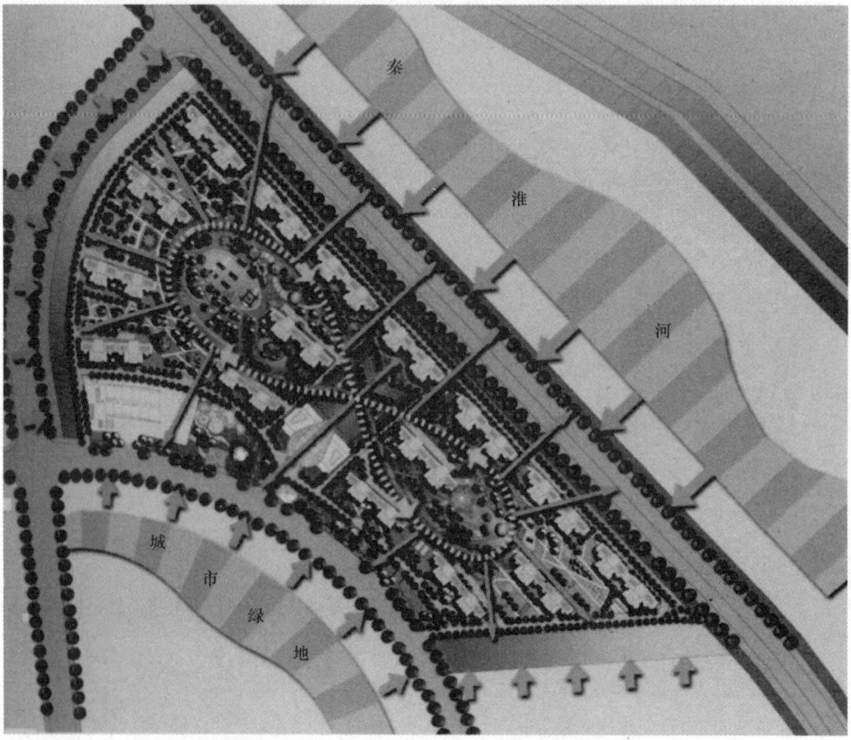
秦
淮
河
城
市
绿
地

图2-8　某小区及周边环境观景视线分析图

2．图纸部分

主要是各类现状分析图，根据需要，分析可以简单也可以复杂；可以全面分析也可以重点分析；分析图一般在现状图（作为绿化规划设计的现状图，一般是指小区建筑总体设计的总平面图及建筑套型的平、立面图，而以总平面图为主）的基础上，结合图片、图示和文字进行。主要分析图有以下几种：

1）小区内现有绿地类型分布图。居住区规划及竣工平面图、照片、计算机绘制图或手绘图及分析文字等。

2）交通情况现状分析图。车流、人流情况分析图。

3）水系情况分析图。水体、水景情况分析图。

4）现有公共建筑、设施和住宅型号分析图。

5）现有植被情况分布图。区域植被群落情况、基地乔木现状、灌木现状、地被现状和水生植物现状等。

6）周边情况分析图。

3．成果展示

纸质材料（一般可用A3纸打印）和电子文件（同时用光盘和闪存盘储存）。

小贴士： 调研分析报告可以单独展示，也可以和设计方案说明书合并，最后以设计说明书的形式展示给业主。一般设计单位的做法都是偏重后者。若业主没有特别要求的话，调研分析报告一般可以做得简略些。另外在实际操作中，往往不太重视现状分析，而比较重视景观规划分析。

2.1.4 拓展知识——设计合同样本

在接受设计任务书并进行初步勘察以后，即可签订园林工程勘察、设计合同。对于规模小些的设计，甲乙双方有时只是口头协议；但是对于规模比较大的设计，甲乙双方又是正规的公司或单位，那么必须签订合同。对于甲方，合同是设计文件质量和进度的保证；对于乙方，合同是设计费用的保证，同时也是对于设计任务保质保量完成的一个责任要求。勘察、设计合同的内容包括提交有关基础资料和文件（包括概预算）的期限、质量要求、费用及其他协作条件等条款。合同样本如下。

GF—2000—0209

建设工程设计合同（一）

（民用建设工程设计合同）

工　程　名　称：________________

工　程　地　点：________________

合　同　编　号：________________

（由设计人编填）

设计证书等级：________________

发　　包　　人：________________

设　　计　　人：________________

签　订　日　期：________________

中华人民共和国住房和城乡建设部

国家市场监督管理总局　　　　　　　　　　　　　　　　监制

发包人：______________________________

设计人：______________________________

发包人委托设计人承担__________工程设计，经双方协商一致，签订本合同。

第一条　本合同依据下列文件签订：

1.1　《中华人民共和国民法典》、《中华人民共和国建筑法》和《建设工程勘察设计市场管理规定》。

1.2　国家及地方有关建设工程勘察设计管理法规和规章。

1.3　建设工程批准文件。

第二条　本合同设计项目的内容：

第三条　发包人应向设计人提交的有关资料及文件：

序号	资料及文件名称	份数	提交日期	有关事宜
1	有关部门批文及红线图			
2	工程地质勘察报告			
3	设计任务意见书			

第四条　设计人应向发包人交付的设计资料及文件：

序号	资料及文件名称	份数	提交日期	有关事宜
1	方案文本			
2	施工图			

第五条　本合同设计收费估算为__________元人民币。设计费支付进度详见下表。

付费次序	占总设计费/%	付费额/万元	付费时间 （由交付设计文件所决定）
第一次付费	20		本合同签订后三日内
第二次付费	30		方案经甲方确认后三日内
第三次付费	40		施工图经甲方确认后三日内
第四次付费	10		竣工验收后三日内

第六条　双方责任。

6.1　发包人责任：

6.1.1　发包人按本合同第三条规定的内容，在规定的时间内向设计人提交资料及文件，并对其完整性、正确性及时限负责，发包人不得要求设计人违反国家有关标准进行设计。

发包人提交上述资料及文件超过规定期限15天以内，设计人按合同第四条规定交付设计文件时间顺延；超过规定期限15天时，设计人员有权重新确定提交设计文件的时间。

6.1.2　发包人变更委托设计项目、规模、条件或因提交的资料错误，或所提交资料作较大修改，以致造成设计人设计需返工时，双方除需另行协商签订补充协议（或另订合同）、重新明确有关条款外，发包人应按设计人所耗工作量向设计人增付设计费。

在未签合同前发包人已同意，设计人为发包人所做的各项设计工作，应按收费标准，相应支付设计费。

6.1.3　发包人要求设计人比合同规定时间提前交付设计资料及文件时，如果设计人能够做到，发包人应根据设计人提前投入的工作量，向设计人支付赶工费。

6.1.4　发包人应为派赴现场处理有关设计问题的工作人员，提供必要的工作生活及交通等方便条件。

6.1.5　发包人应保护设计人的投标书、设计方案、文件、资料图纸、数据、计算软件和专利技术。未经设计人同意，发包人对设计人交付的设计资料及文件不得擅自修改、复制或向第三人转让或用于本合同外的项目，如发生以上情况，发包人应负法律责任，设计人有权向发包人提出索赔。

6.2　设计人责任：

6.2.1　设计人应按国家技术规范、标准、规程及发包人提出的设计要求，进行工程设计，按合同规定的进度要求提交质量合格的设计资料，并对其负责。

6.2.2　设计人采用的主要技术标准是：国家现行的各项工程技术规范。

6.2.3　设计合理使用年限为____________年。

6.2.4　设计人按本合同第二条和第四条规定的内容、进度及份数向发包人交付资料及文件。

6.2.5　设计人交付设计资料及文件后，按规定参加有关的设计审查，并根据审查结论负责对不超出原定范围的内容做必要调整补充。设计人按合同规定时限交付设计资料文件，本年内项目开始施工，负责向发包人及施工单位进行设计交底、处理有关设计问题和参加竣工验收。在一年内项目尚未开始施工，设计人仍负责上述工作，但应按所需工作量向发包人适当收取咨询服务费，收费额由双方商定。

6.2.6　设计人应保护发包人的知识产权，不得向第三人泄露、转让发包人提交的产品图纸等技术经济资料。如发生以上情况并给发包人造成经济损失，发包人有权向设计人索赔。

第七条　违约责任。

7.1　在合同履行期间，发包人要求终止或解除合同，设计人未开始设计工作的，不退还发包人已付的定金；已开始设计工作的，发包人应根据设计人已进行的实际工作量，不足一半时，按该阶段设计费的一半支付；超过一半时，按该阶段设计费的全部支付。

7.2　发包人应按本合同第五条规定的金额和时间向设计人支付设计费，每逾期支付一天，应承担支付金额千分之二的逾期违约金，逾期超过30天时，设计人有权暂停履行下阶段工作，并书面通知发包人。发包人的上级或设计审批部门对设计文件不审批或本合同项目停缓建，发包人均按第7.1条规定支付设计费。

7.3 设计人对设计资料及文件出现的遗漏或错误负责修改或补充。由于设计人员错误造成工程质量事故损失，设计人除负责采取补救措施外，应免收直接受损失部分的设计费。损失严重的根据损失的程度和设计人责任大小向发包人支付赔偿金，赔偿金由双方按《中华人民共和国建筑法》规定商定。

7.4 由于设计人自身原因，延误了按本合同第四条规定的设计资料及设计文件的交付时间，每延误一天，应减收该项目应收设计费的千分之二。

7.5 合同生效后，设计人要求终止或解除合同，设计人应双倍返还定金。

第八条 其他。

8.1 本项目设计组成员：

8.1.1 总工：______图纸审核 园林专业 园林高级工程师

8.1.2 主设计：______项目负责人 环艺专业 园林工程师

8.1.3 概念、方案与绿化设计：______园林专业 助理工程师

8.1.4 园建与结构设计：______结构专业 工程师

8.1.5 给排水、电气设计：______给排水电气专业 工程师

8.2 设计人为本项目提供现场施工服务；发包人要求设计人派专人留驻施工现场进行配合与解决有关问题时，双方应另行签订补充协议或技术咨询服务合同。

8.3 设计人每个阶段的设计成果应及时交发包人进行设计确认，以供设计人在下阶段时作为设计参考依据。

8.4 如景观设计需要报批，设计人应积极配合发包人完成景观设计报批工作。

8.5 设计人为本合同项目所采用的国家或地方标准图，由发包人自费向有关出版部门购买。本合同第四条规定设计人交付的设计资料及文件份数超过《工程设计收费标准》规定的份数，设计人另收工本费。

8.6 本工程设计资料及文件中，建筑材料、建筑构配件和设备，应当注明其规格、型号、性能等技术指标，设计人不得指定生产厂、供应商。发包人需要设计人的设计人员配合加工订货时，所需要费用由发包人承担。

8.7 发包人委托设计人配合引进项目的设计任务，从询价、对外谈判、国内外技术考察直至建成投产的各个阶段，应吸收承担有关设计任务的设计人参加。出国费用，除制装费外，其他费用由发包人支付。

8.8 发包人委托设计人承担本合同内容之外的工作服务，另行支付费用。

8.9 由于不可抗力因素致使合同无法履行时，双方应及时协商解决。

8.10 本合同发生争议，双方当事人应及时协商解决。也可由当地建设行政主管部门调解，调解不成时，双方当事人同意由工程所在地人民法院管辖解决。

8.11 本合同一式______份，发包人______份，设计人______份。

8.12 本合同经双方签章并在发包人向设计人支付定金后生效。

8.13 本合同生效后，按规定到项目所在省级建设行政主管部门规定的审查部门备案。

双方认为必要时，到项目所在地工商行政管理部门申请鉴证。双方履行完合同规定的义务后，本合同即行终止。

8.14 本合同未尽事宜，双方可签订补充协议，有关协议及双方认可的来往电报、传真、会议纪要等，均为本合同组成部分，与本合同具有同等法律效力。

8.15 其他约定事项：无。

发包人名称：	设计人名称：
（盖章）	（盖章）
法定代表人：（签字）	法定代表人：（签字）
委托代理人：（签字）	委托代理人：（签字）

思考与练习

1．园林硬质造景设计和植物造景设计在基础资料的调查内容上有什么区别？
2．现状分析图的文字分析部分应该包括哪些主要内容？
3．你认为基地调研分析对植物造景设计有哪些主要影响？

2.2 居住小区绿化功能分区及概念性设计

学习目标

熟悉居住小区现状地形图、总体规划图和管线分布图等，同时结合设计基地的地理位置、环境特点、地方特色、区域植物分布等，做出功能分区图、规划分析图。

技能要求

在规定时间里按要求绘制功能分区图和规划分析图。

工作场境

工作（教、学、做）场所：一体化制图室、综合设计工作室及基地现场。

工作情境：学生模拟担任公司设计员角色，学习、操作并掌握设计员岗位基本工作内容；在这里教师是设计师、辅导员。理论教学采用多媒体教学手段，以电子案例和设计文本实物增加感性认识，教师要进行现场操作示范，学生要进行操作训练，可结合居住小区绿地模拟建设项目或教师指定的实际设计项目进行有针对性的教学和实践。

1．提供实际设计文本，供学生观摩，提高感性认识、兴趣和求知欲；
2．采用多媒体教学手段，以实际设计案例中的图纸形式和内容来讲解，使学生理解居住小区绿化功能分区及概念性设计；
3．本节基本的“教、学”环节结束后，“做”的环节为：课外分组（分工协作）完成实训总作业。

在现状分析完成以后就开始进入实质性的设计阶段。设计不是跳跃性的，而是连续性的。一个优秀的设计方案不是一蹴而就的。从现状分析开始还要经历功能分区、规划分析（概念性设计），再到方案设计总平面图的完成。不能一上来就是这里种棵香樟，那里种棵桂花；应该从环境特点、功能需要出发，最后再确定采取什么配置和种植方式、用什么树种等。设计操作程式见图2-9。

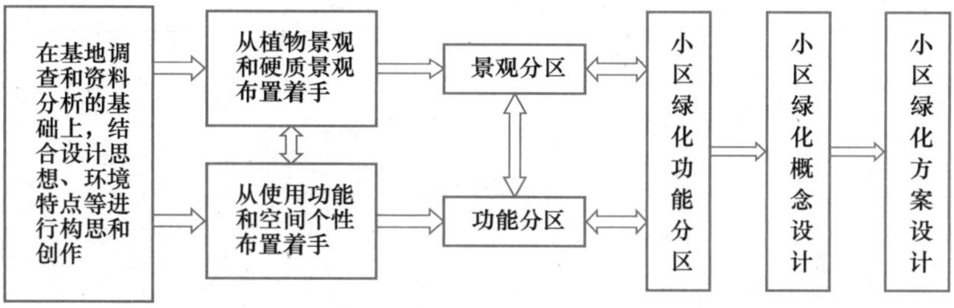
在基地调查和资料分析的基础上，结合设计思想、环境特点等进行构思和创作
从植物景观和硬质景观布置着手
从使用功能和空间个性布置着手
景观分区
功能分区
小区绿化功能分区
小区绿化概念设计
小区绿化方案设计

图2-9　居住小区绿化总平面设计的主要内容和操作程式图

2.2.1　小区绿化功能（或景观）分区图

根据总体设计原则、现状图分析，结合不同年龄段游人活动规则，不同兴趣爱好游人的需要，确定不同的分区，划分不同的空间，使不同的空间和区域满足不同的功能要求，并使功能与形式尽可能统一。一般可按使用功能或景观特点来进行功能分区。功能分区的命名要简要、概括、有内涵，每个分区命名的表达形式、字数或类别要一致，如“桃李争春”“菱荷迎夏”，或者“健身活动区”“探险游戏区”。分区图中每个区的重心部分可用圆圈表示，圆周线可用粗虚线来表示（图2-10），也可以用分区的实际分界线来划分（图2-11）。

2.2.2　小区绿化规划分析（或概念设计）图

功能分区完成以后，可以开始规划分析或概念性设计。规划分析图可在功能分区图的基础上或者结合功能分区做出更进一步的规划，包括文字分析，建议性、意向性图片和有关标注等级（图2-12）。

在这一阶段，应主要考虑种植区域的初步布局，如将种植区分划成更小的、象征各种植物类型、大小和形态的区域。在分析一个种植区域内的植被高度关系时，理想的方法就是做出立面的组合图。制作该图的目的，是用概括的方法分析各不同植物区域的相对高度。这种分析立面图，可使设计人员看出实际高度，并能直观地判断出它们之间的关系。考虑到不同方向和视点，应尽可能画出更多的立面组合图，以便全面地观测和分析，做出令人满意的设计方案（图2-13和图2-14）。

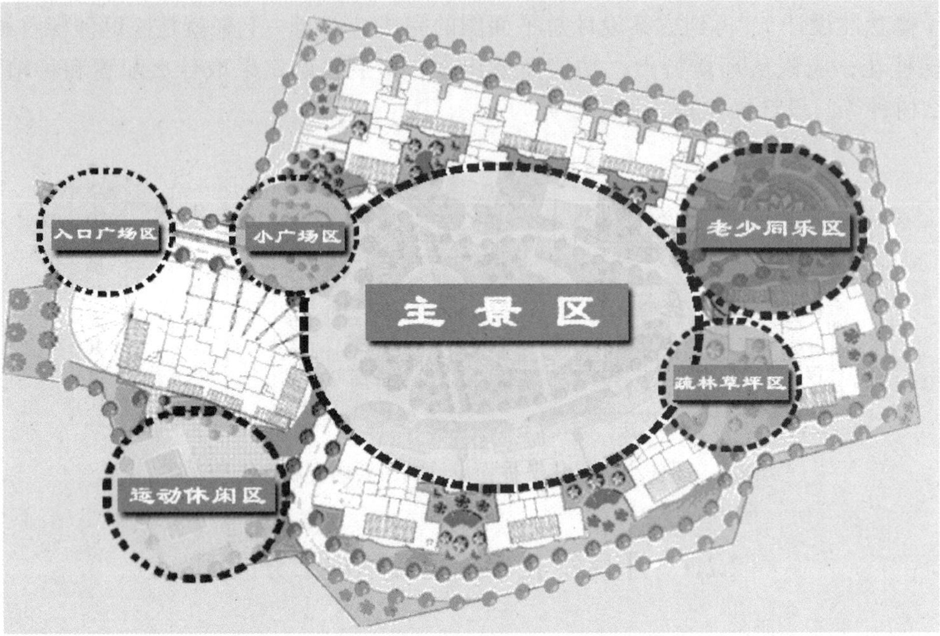
入口广场区
小广场区
老少同乐区
主景区
疏林草坪区
运动休闲区

图2-10　某小区功能分区图之一（初步确定）

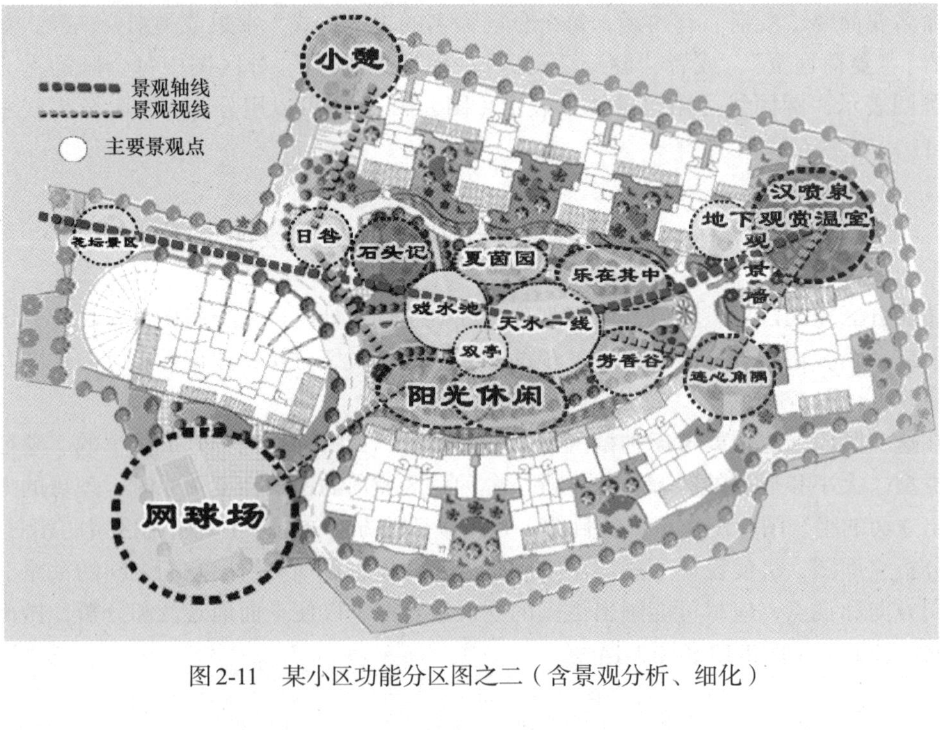
景观轴线
景观视线
主要景观点
小憩
花坛景区
日晷
石头记
夏荫园
乐在其中
汉喷泉
地下观赏温室
观景墙
戏水池
天水一线
双亭
芳香谷
连心廊
阳光休闲
网球场

图2-11　某小区功能分区图之二（含景观分析、细化）

■ 紫云楼西山 栽种

栽种应该让人感受到四季各自的色彩和繁华

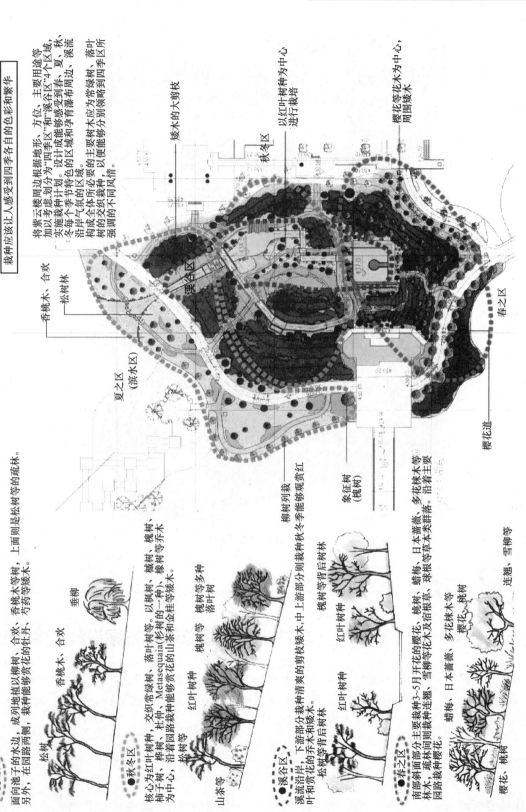

将紫云楼周边根据地形、方位、主要用途等加以考虑,划分为“四季区”和“溪谷区”4个区域,实施栽种计划。设计成能够感受到春、夏、秋、冬每个季节特色的区域和孕育瀑布周边、溪流沿岸气氛的区域。

构成全体所必要的主要树木应为常绿树、落叶树的交织栽种，以便能够分别领略到四季区所强调的不同风情。

●夏之区

面向池子的水边，成列地植以柳树、合欢、香桃木等树，上面则是松树等的疏林。另外，在园路两侧，栽种能够赏花的牡丹、芍药等矮木。

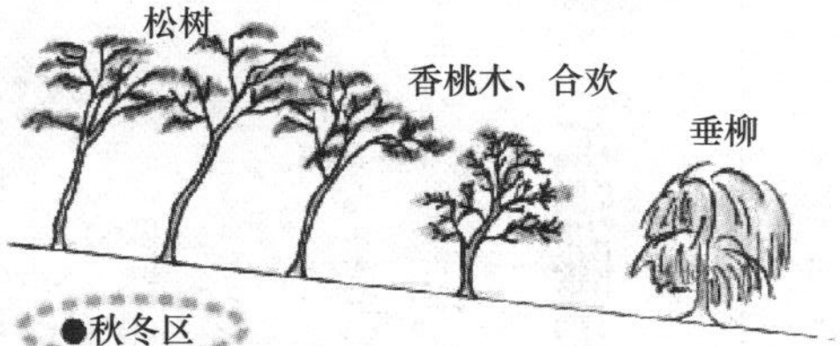
松树
香桃木、合欢
垂柳

●秋冬区

核心为红叶树种，交织常绿树、落叶树等。以枫树、槭树、槐树、柿子树、桦树、杜仲、Metasequaia(杉树的一种)、橡树等乔木为中心，沿着园路栽种能够赏花的山茶和金桂等矮木。

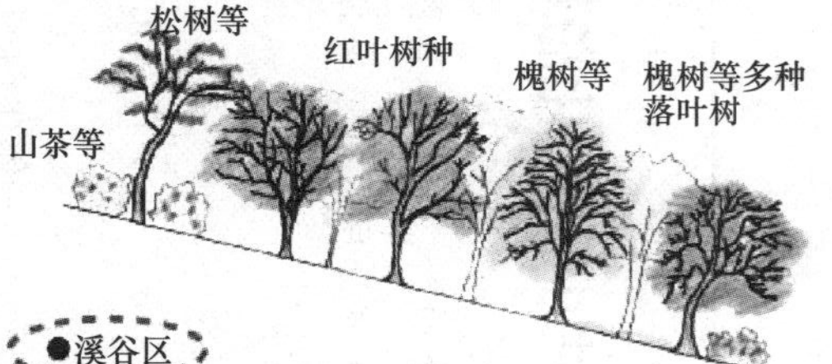
松树等
红叶树种
槐树等
槐树等多种
落叶树
山茶等

●溪谷区

溪流沿岸，下游部分栽种清爽的剪枝矮木,中上游部分则栽种秋冬季能够观赏红叶和赏花的乔木和矮木。

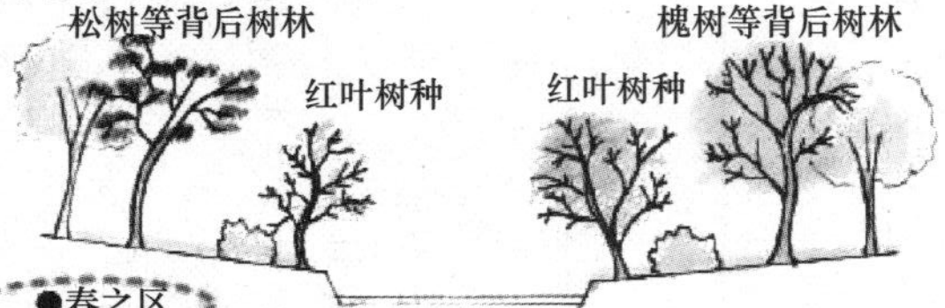
松树等背后树林
红叶树种
红叶树种
槐树等背后树林

●春之区

南部斜面部分主要栽种3~5月开花的樱花、桃树、蜡梅、日本蔷薇、多花楸木等林木，疏林间则栽种连翘、雪柳等花木及宿根草、球根等草本类群落。沿着主要园路栽种樱花。

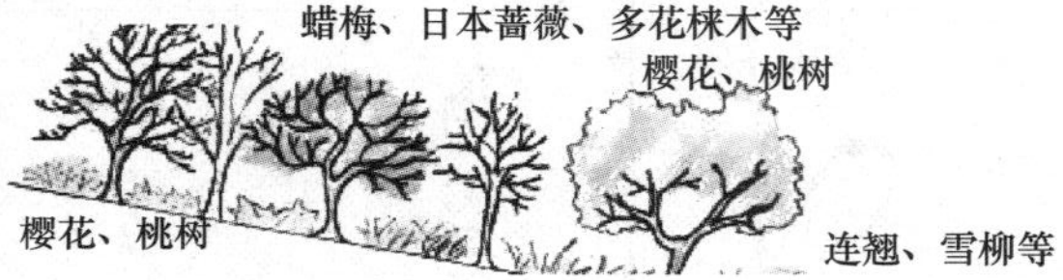
蜡梅、日本蔷薇、多花楸木等
樱花、桃树
樱花、桃树
连翘、雪柳等

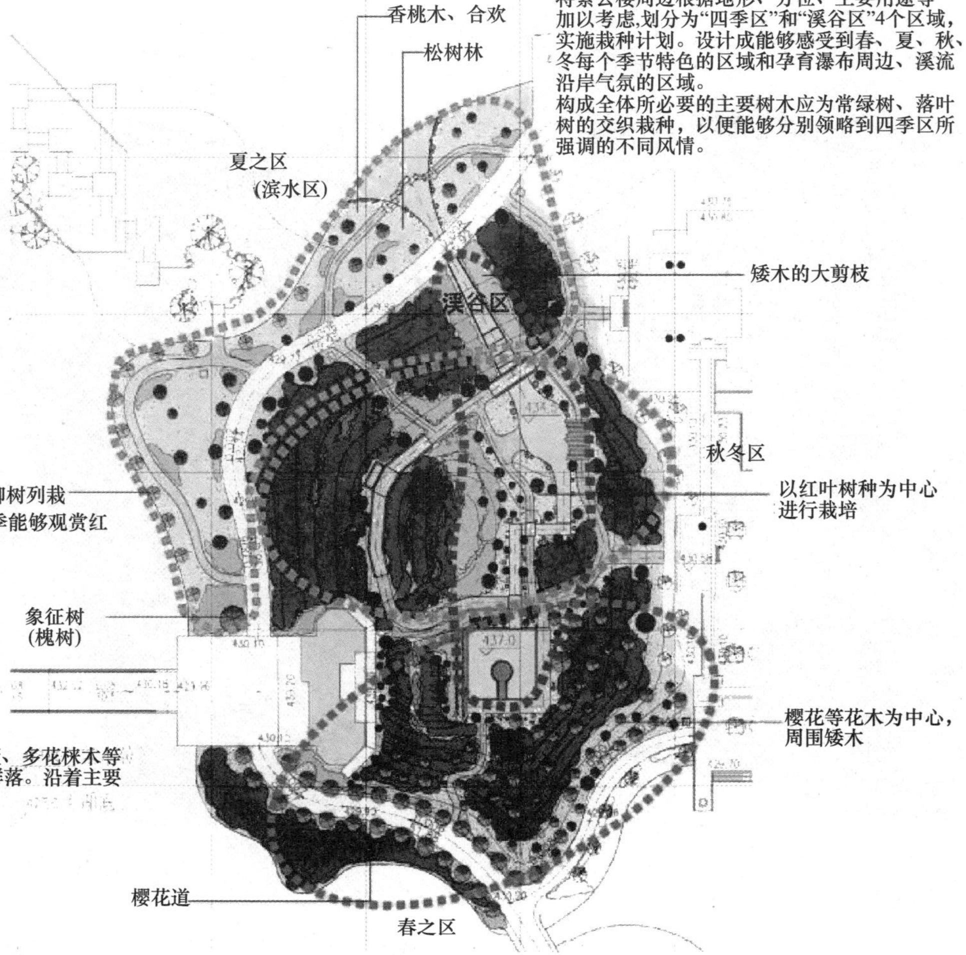
香桃木、合欢
松树林
夏之区
(滨水区)
矮木的大剪枝
溪谷区
秋冬区
柳树列栽
以红叶树种为中心
进行栽培
象征树
(槐树)
樱花等花木为中心，
周围矮木
樱花道
春之区

图2-12 某环境植物景观规划分析图

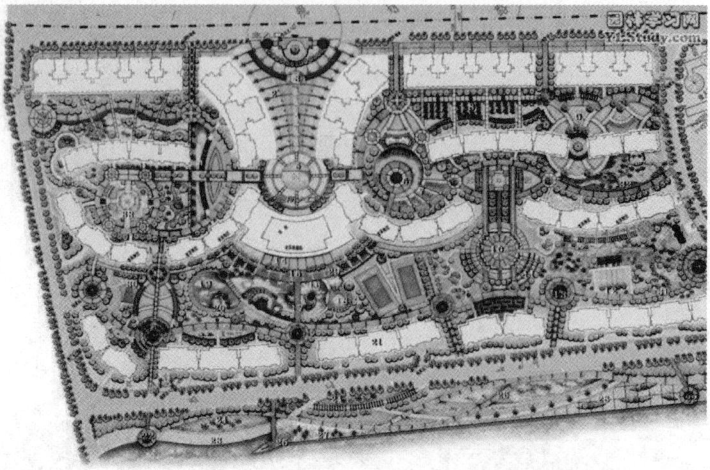

图2-13　小区方案设计总平面图之一

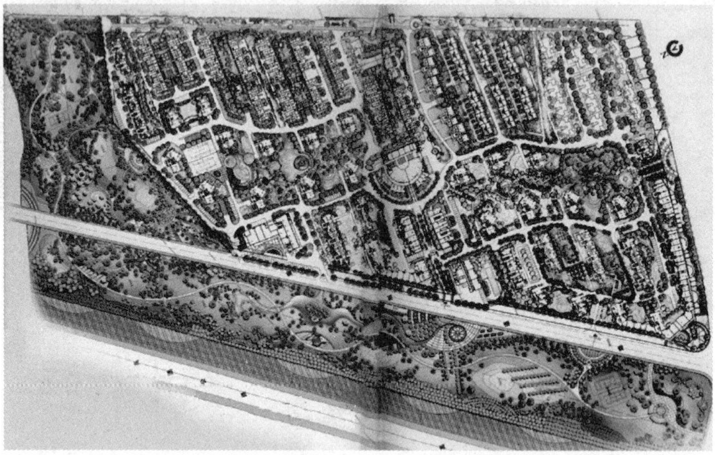

图2-14　小区方案设计总平面图之二

2.3 居住小区绿化总平面方案设计

学习目标　熟悉居住小区现状地形图、总体规划图和管线分布图等，同时结合设计基地的地理位置、环境特点、地方特色、区域植物分布等，做出居住小区绿化总平面的方案设计。

技能要求　在规定时间里按要求绘制居住小区绿化设计总平面图。

工作场境　工作（教、学、做）场所：一体化制图室及综合设计工作室。

工作情境：学生模拟担任公司设计员角色，学习、操作并掌握设计员岗位基本工作内容；在这里教师是设计师、辅导员。理论教学采用多媒体教学手段，以电子案例和设计文本实物增加感性认识，教师要进行现场操作示范，学生要进行操作训练，可结合居住小区绿地模拟建设项目或教师指定的实际设计项目进行有针对性的教学和实践。

1．提供实际设计文本，供学生观摩，提高感性认识、兴趣和求知欲；
2．采用多媒体教学手段，以实际设计案例中的图纸形式和内容来讲解，使学生明确居住小区绿化总平面方案设计的内容及表现方式；
3．本节基本的“教、学”环节结束后，“做”的环节为：课外分组（分工协作）完成实训总作业。

2.3.1 小区绿化总平面设计内容、操作步骤与方法

1．小区绿化总平面设计的内容

在小区绿化设计中，总体方案设计的标志性成果（图纸）就是总平面图的设计。按照设计阶段不同，设计的深浅和要求也不同。

施工设计总平面图一般用Auto CAD软件绘制（图2-15），具体内容和要求如下：

1）图纸比例尺一般为1：500或1：300。图纸上方应标出项目名称及图纸名称等相关信息（如：某小区绿化设计总平面图）。

2）绿地布局应明确示意，界定每块绿地的边界和范围。每块绿地应采用填充的方式进行表达，小区内公共绿地和其他附属绿地应采用不同的填充方式。为表达清晰，铺装装饰线不宜在图中体现。项目重点区域（临城市道路的绿化、消防扑救面、消防通道两侧、主次入口处、屋顶花园等）应标示出主要乔木种植点及其树种。

3）标出主要地形的竖向标高，包括水面及池底标高、地下建筑顶板种植区域及覆土标高、挡土墙护坡标高、屋顶绿化建筑顶及覆土标高。

4）标出主要尺寸，包括临城市道路绿带宽度尺寸、在绿带内设置的出入口宽度尺寸、建筑退让尺寸、组团绿地尺寸、道路及主要游路宽度尺寸等。

5）标出用地红线、绿线、地下车库范围线、建筑边线、组团绿地边线、采取微地形处理区域的等高线等，上述各线应标示清晰。

6）标出建筑栋号数及层数。

7）项目用地范围在城市控规中有两个或两个以上不同性质地块的，应标出地块的界线。界线上若布置有构筑物（如挡土墙、通透式围墙等），应在图纸上明确标示出。

8）在原审定规划总平面图的基础上，绿化设计方案中补充增加绿地的，应在图纸中标示出增加绿地的示意及其尺寸和面积。

9）提供经济技术指标表（表2-1）。

小区绿化总体方案设计阶段的总平面图（图2-16）一般可用Photoshop软件处理的图

某小区绿化设计总平面图
汾江南路
人面子
人面子
老人葵
红苋草
酒金榕
各色长春花
花叶良姜
日本星花
天鹅绒
澜石大涌
人面子
台湾草
张拉膜休息亭
张拉膜休息亭
花池
喷水池(水面)
菜豆树
佛肚竹
观音竹
金脉刺桐
荷花玉兰
尖叶杜英
篮球场
铺地广场
尖叶杜英
黄金叶
大叶棕竹
柱形
车行道
铺地图案
新几内亚凤仙
800宽
儿童游戏区
石板小路
毛杜鹃
硬质铺地
红花美人蕉
大红花
高山榕
小蚌兰
台湾草
高山榕

图2-15　居住小区绿化

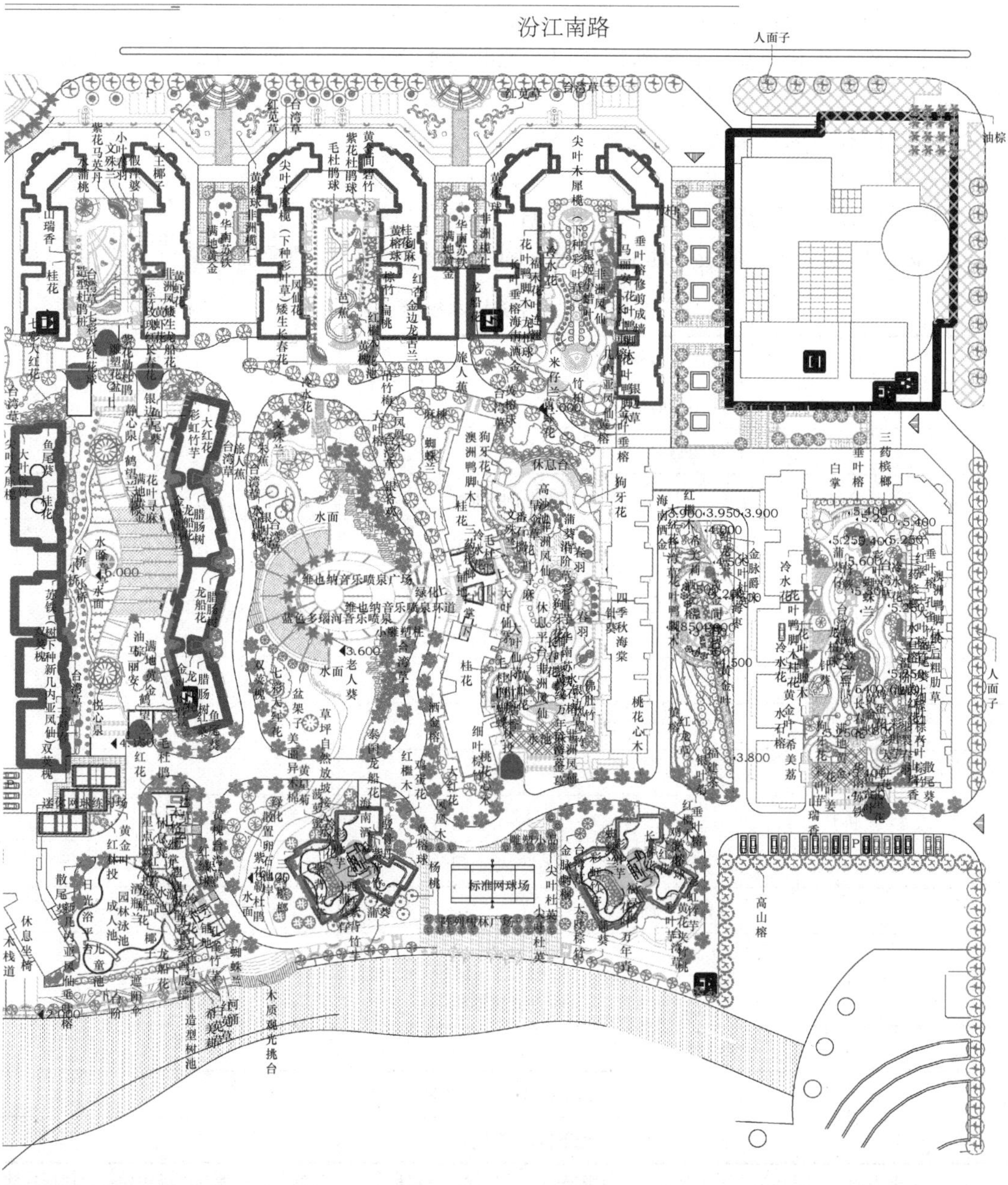
汾江南路
人面子
油棕
标准网球场
高山榕
木质观光挑台
水面
休息台
人面子
造型树池
休息坐椅
木栈道

设计总平面图（施工）

（PS图）来表示，此类图直观、生动，便于识读。结合高职学生的特点和学习要求，本书的重点在于绘制方案设计阶段的设计总平面图。其内容和绘制要求如下：

1）标出风玫瑰图和线段比例尺，图纸比例尺为（1∶300）～（1∶500）。图纸上方应标出项目名称及图纸名称等相关信息（如：某小区绿化设计总平面图）。

2）绿地布局应明确示意，界定每块绿地的边界和范围。标出小区的基调树种，每块绿地的骨干树种、季相特点等；表达出每块绿地的基本空间布局、种植方式和植物大类。水体、铺装、建筑及小品的布局位置、基本形式也要标示出来。项目重点区域（临城市道路的绿化、消防扑救面、消防通道两侧、主次入口处、屋顶花园等）应标示出主要乔木种植点及其树种。

3）可标示出主要地形的起伏和假山置石的布置位置等。

4）标出用地红线、绿线、地下车库范围线、建筑边线、组团绿地边线。

表2-1　经济技术指标

总用地面积		
净用地面积		
绿地总面积		
其中	绿化用地面积	
	景观水面面积	
	休闲活动铺地面积	
	植草砖停车位面积	
绿地率		
人均公共绿地面积		
其中	户数	
	人口数	
	公共绿地面积	
立体绿化面积		
其中	屋顶绿化面积	
	垂直绿化面积	
机动停车位数量		
其中	地上机动停车位数量	
	地下机动停车位数量	

注：1）本表内所有指标均为项目有效用地范围内的各项指标，不包括代征代建的公共绿地及广场用地等，代征代建的公共绿地和广场用地需要单独提供经济技术指标表。

2）植草砖停车位面积按40%计算。

3）根据《城市居住区规划设计标准》（GB 50180—2018），居住小区中公共绿地指的是满足规定的日照要求、适合于安排游憩活动设施的、供居民共享的集中绿地，包括小游园和组团绿地等。

4）应根据建设项目的实际情况对本表内容进行增减。

图2-16 居住小区绿化设计总平面（方案）

5）标出建筑栋号数及层数。

6）在城市控规中项目用地范围内有两个或两个以上不同性质地块的，应标出地块的界线。界线上若布置有构筑物（如挡土墙、通透式围墙等），应在图纸上明确标示出。

7）在原审定规划总平面图的基础上，绿化设计方案中补充增加绿地的，应在图纸中标示出增加绿地的示意图。

8）提供经济技术指标表（同上，可概略地表述）。

2．小区绿化总平面设计表现方式

在小区总体绿化功能分区、绿化概念性设计完成以后，需要做的是小区绿化总平面（方案）设计，其核心是深化完善植物造景设计内容。因此，小区绿化总平面设计表现方式主要取决于植物平面的表现形式。其中，设计范围、深度（阶段）、风格、地方特色及设计师喜好都是直接影响其表现的主要因素。

在植物造景设计的平面、立面和效果图中，植物要素的表现有其特殊性、丰富性和一定的规范性，立面和效果图在后面将会介绍。植物造景设计的平面图按设计程度可分为方案设计平面图、详细设计（初步或扩初设计）平面图及施工平面图，其表现的深度和要求也不同。从表现的形式上来看，可以是简略的、轮廓型的、普通枝叶型的和质感型的；按照范围分为种植设计总平面图、分区设计平面图和局部设计平面详图等。

（1）植物的平面画法

园林植物是园林设计中应用最多，也是最重要的造园要素。园林植物的分类方法较多，这里根据各自特征，将其分为乔木、灌木、攀缘植物、竹类、花卉、绿篱和草地七大类。这些园林植物种类不同，形态各异，因此画法也不同。但一般都是根据不同的植物特征，抽象其本质，形成"约定俗成"的图示来表现的。当然，这些图也是按投影原理画成的，只不过经过抽象和适当的形象化而成；有一定的规范性，但也有一定的随意性。

园林植物的平面图是指园林植物的水平投影图（图2-17）。一般采用图例概括地表示，其方法为：用圆圈表示树冠的形状和大小，用黑点表示树干的位置及树干粗细（图2-18）。树冠的大小应根据树龄按比例画出，成龄树的树冠冠径如表2-2所示。

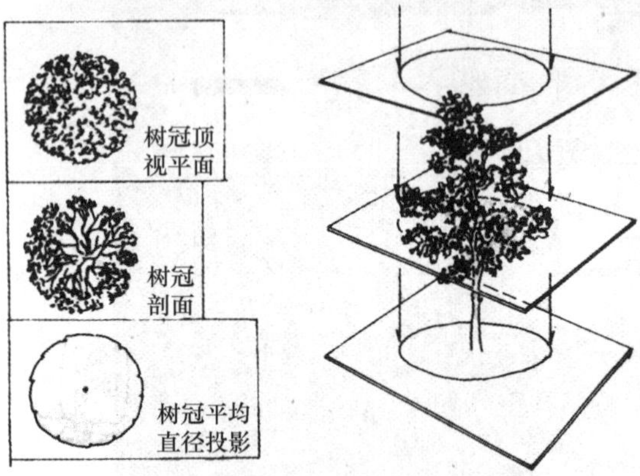
树冠顶
视平面
树冠
剖面
树冠平均
直径投影

图2-17　树木平面表示类型形成原理

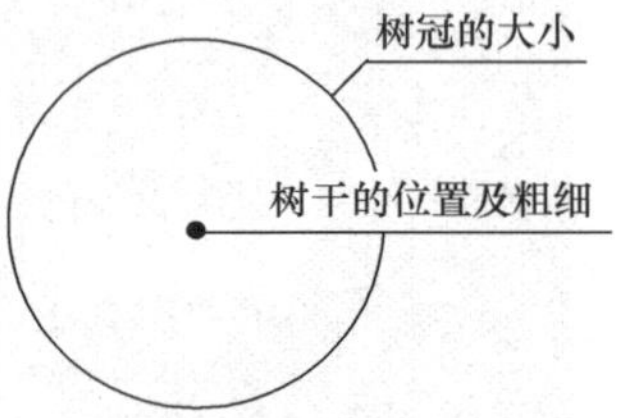
树冠的大小
树干的位置及粗细

图2-18　植物平面图图例的基本表示方法

表2-2　成龄树的树冠冠径　　（单位：m）

树种	孤植树	大乔木	中小乔木	常绿乔木	花灌丛	绿篱
冠径	10～15	5～10	3～7	4～8	1～3	单行宽度：0.5～1.0 双行宽度：1.0～1.5

1）树木平面的几种表现方法。

为了风格、特色和美观表达的需要，树木绘制可以分为如下四种表示类型（图2-19）。

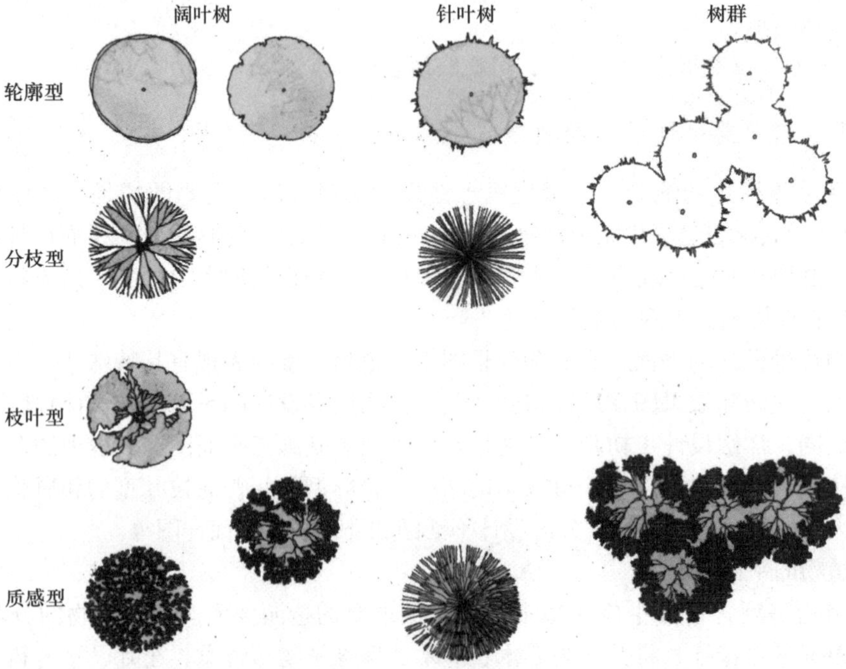
阔叶树
针叶树
树群
轮廓型
分枝型
枝叶型
质感型

图2-19　树木平面的四种表示类型

① 轮廓型：树木平面只用线条勾勒出轮廓，线条可粗可细，轮廓可光滑，也可带有缺口或尖突。

② 分枝型：在树木平面中只用线条的组合表示树枝或枝干的分叉。

③ 枝叶型：在树木平面中既表示分枝又表示冠叶，树冠可用轮廓表示，也可用质感表示。这种类型可以看作是其他几种类型的组合。

④ 质感型：在树木平面中只用线条的组合或排列表示树冠的质感。

为了能够更形象地区分不同的植物种类，常以不同的树冠线型来表示（图2-20）：①针叶树常以带有针刺状的树冠来表示，若为常绿的针叶树，则在树冠线内加画平行的斜线。②阔叶树的树冠线一般为圆弧线或波浪线，且常绿的阔叶树多表现为浓密的叶子，或在树冠内加画平行斜线，落叶的阔叶树多用枯枝表现。

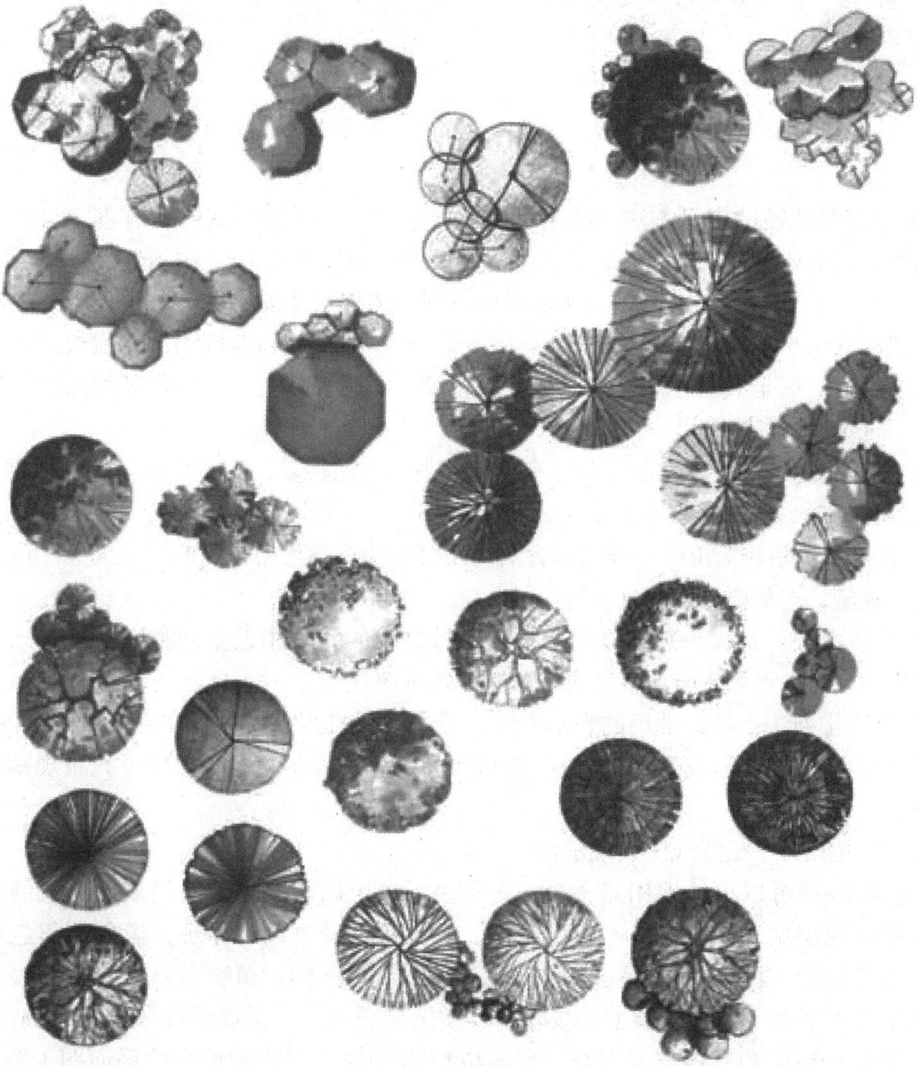

图2-20 不同树木类型的平面表示形式

树木平面画法并无严格的规范，实际工作中根据构图需要，设计师可以创作出许多画法。当表示几株相连的相同树木的平面时，应互相避让，使图面形成整体（图2-21）。当表示成群树木的平面时，可连成一片。当表示成林树木的平面时，可只勾勒林缘线（图2-22）。

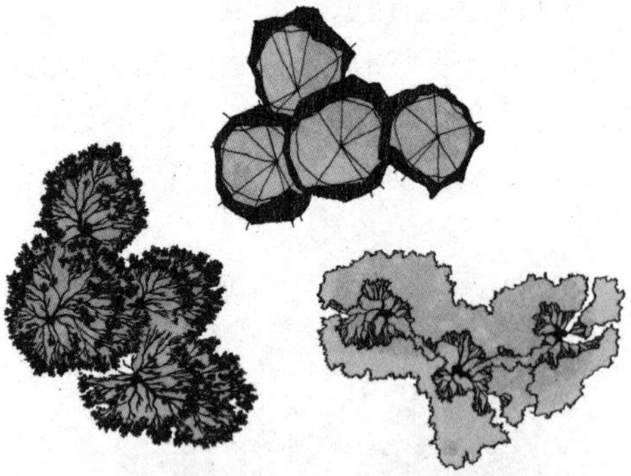

图2-21　相同相连树木的平面画法

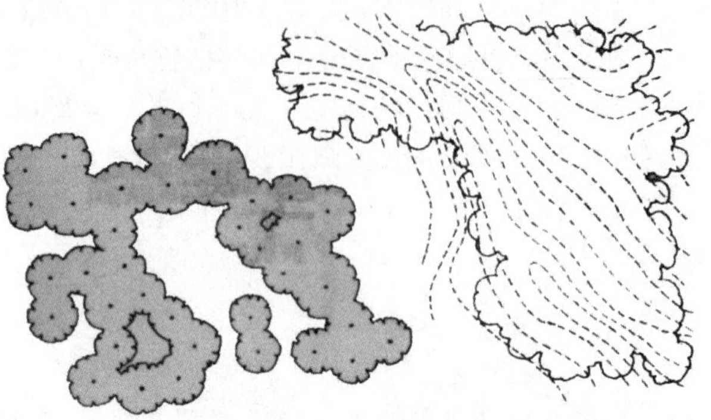

图2-22　大片树木的平面表示法

2）灌木和地被的表示方法。灌木没有明显的主干，平面形状有曲有直。自然式栽植灌木丛的平面形状多不规则，修剪的灌木和绿篱的平面形状多为规则的或不规则但平滑的。灌木的平面表示方法与树木类似，通常修剪的规模灌木可用轮廓、分枝或枝叶型表示，不规则形状的灌木平面宜用轮廓型和质感型表示，表示时以栽植范围为准。地被宜采用轮廓勾勒和质感表现的形式。作图时应以地被栽植的范围线为依据，用不规则的细线勾勒出地被的范围轮廓（图2-23）。

3）草坪和草地的表示方法。草坪和草地的表示方法很多，下面介绍一些主要的表示方法（图2-24）。

① 打点法：是较简单的一种表示方法。用打点法画草坪时，所打的点的大小应基本一致，无论疏密，点都要打得相对均匀。

② 小短线法：是将小短线排列成行，每行之间的间距相近排列整齐的可用来表示草坪，排列不规整的可用来表示草地或管理粗放的草坪。

③ 线段排列法：是最常用的表示方法，要求线段排列整齐，行间有断断续续的重叠，也可稍许留些空白或行间留白。另外，也可用斜线排列表示草坪，排列方式可规则，也可随意。

（2）种植设计平面墨线图表现示例

平面墨线图可以单纯地用点、线、面来表示，可以是手绘、尺绘或计算机绘制。为了更好地表现层次和体积感，一般可用黑、白、灰三种色调来体现，黑色和灰色可采用疏密交错打线的方法来表现。按设计表现手法和风格不同，植物造景设计平面表现（主要内容是树木平面）可用轮廓型、枝叶型及质感型来表现（前面已介绍）。植物造景设计一般也需要与环境和其他要素配合，形成以植物景观为主体的综合性平面图（图2-25～图2-28）。

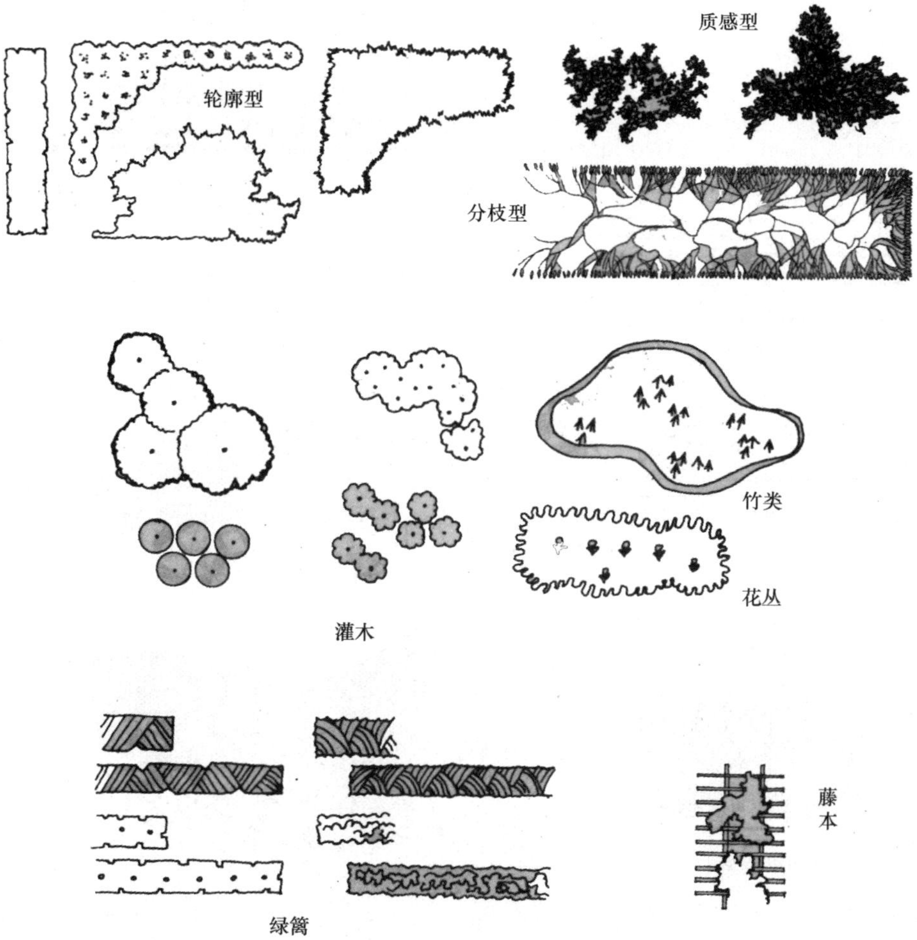
质感型
轮廓型
分枝型
竹类
花丛
灌木
藤本
绿篱

图2-23 灌木与地被表示法

① 植物造景设计轮廓型平面图的表现，见图2-29。一般在方案设计中应用，有时也用在详细设计和施工图设计中，主要用圆圈和圆心点来表示。常绿树有时可加绘斜线来表示，也可以用不同色彩及浓淡来表现不同的类型。这种表现快速、简练，但树木种类不容易区分，也缺少层次性，美感上略显不足。

② 植物造景设计普通枝叶型平面图的表现，见图2-25和图2-26。在轮廓型的基础上加绘枝条，或者主要以主干和枝条来表现树木平面，增加区分度和层次性，纯枝条的平面一般表现落叶乔灌木，枝条和树冠轮廓结合的枝叶型平面一般表现常绿乔灌木；针叶和阔叶用不同的表现形式（将在后面进行叙述）。这种表现形式是最常见和最基本的表现类型。

③ 植物造景设计质感型平面图的表现。这种表现形式是枝叶型表现的细致和深化，并且是对不同树木类型特点的一种比较准确的概括和描绘；能比较细腻明确地表现出树木的不同类型，甚至能较为准确地表现出特定的树种，如雪松、龙柏、竹类和棕榈等，缺点是费时费力。手绘图和PS图又有所不同，手绘图可以稍微简略些（图2-27和图2-28）；当然只要花工夫也可以绘制得比较细腻，见图2-30；PS图可以直接用植物的俯视照片来表现，

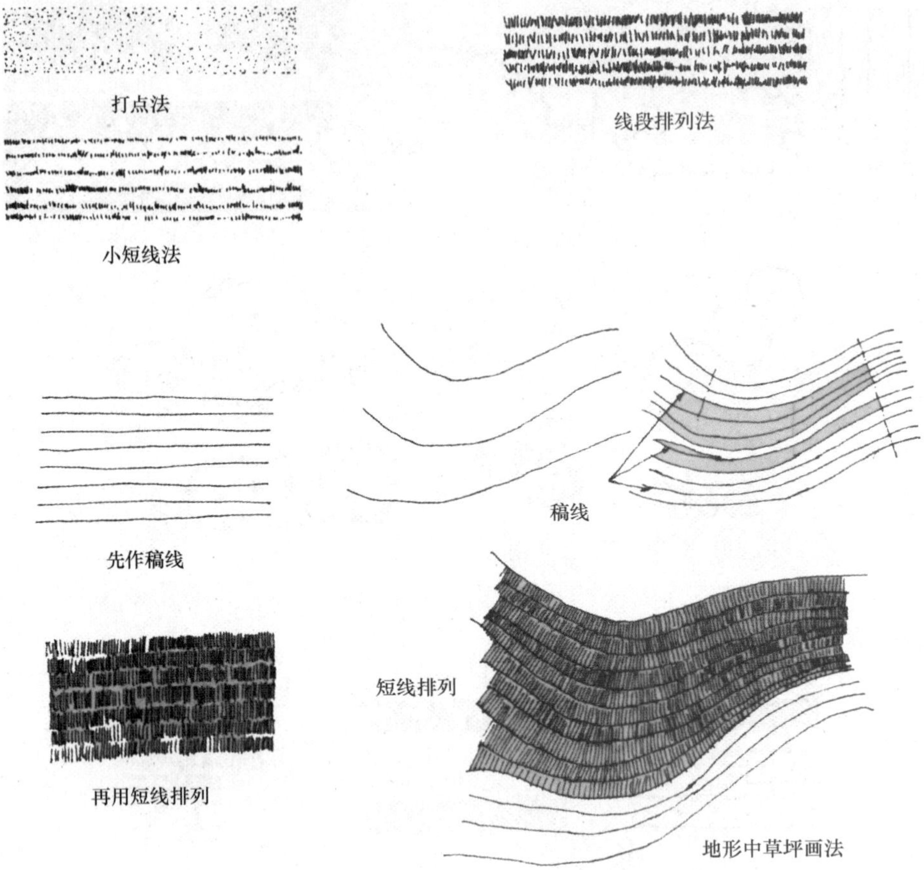
打点法
线段排列法
小短线法
先作稿线
稿线
再用短线排列
短线排列
地形中草坪画法

图2-24　草坪的表示法

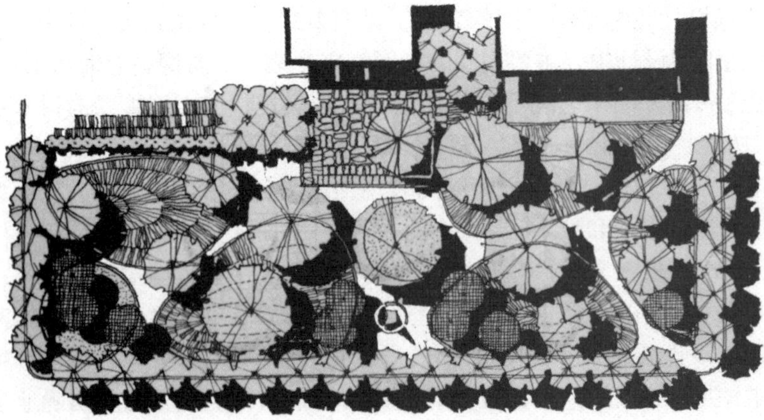

图2-25　绿化平面图中的植物平面采用简洁枝叶投影来表现示例一

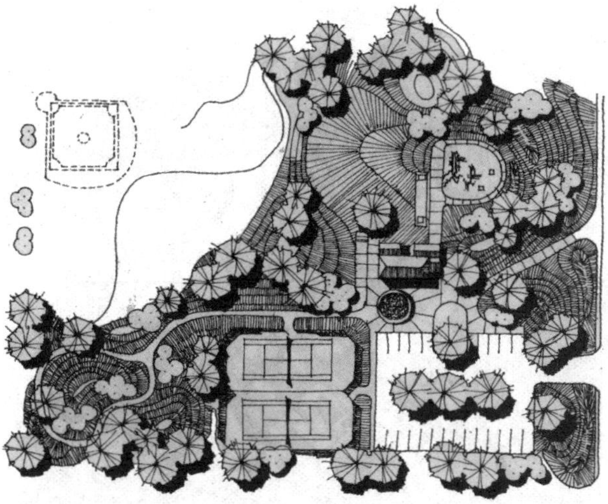

图2-26 绿化平面图中的植物平面采用简洁枝叶投影来表现示例二

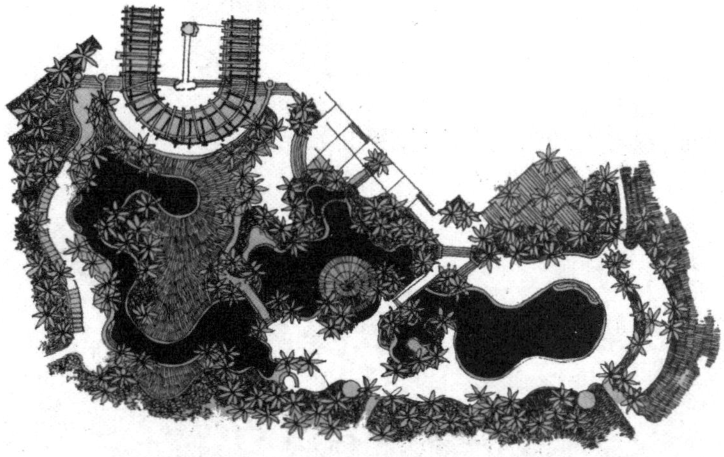

图2-27 绿化平面图中的植物平面采用较为细致的枝叶投影来表现示例一

更加逼真，见图2-31。

注：以上几种植物景观平面表现，有时为了增加层次和体积感，增强表现力，可以加绘阴影。

（3）种植设计平面彩图表现示例

平面彩图可用手绘，也可用计算机绘制等。其设计深度不仅受设计阶段的影响，还受设计范围的影响。设计范围越大，设计深度一般越浅。因此，从设计总平面图到分区及局部平面图，其设计范围从大到小，而设计深度要求却越来越深。初步规划平面图（概念性设计图）的植物平面一般用不同轮廓或块面来表示（图2-32），初步方案设计图用抽象轮廓来表现（图2-29），较完善深化的方案设计图见图2-33，详细设计图见图2-30、图2-31、图2-34和图2-35。

① 植物造景设计总平面图的表现，是指整个设计项目的植物造景设计总体平面图

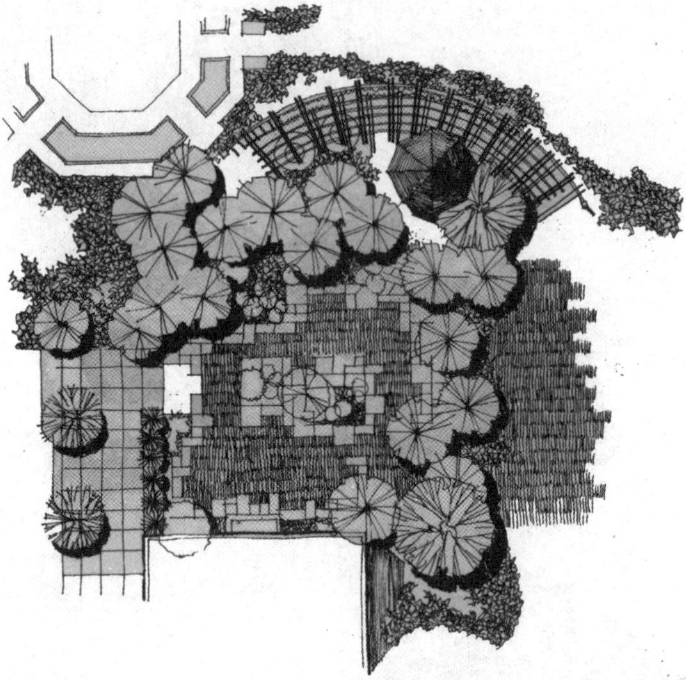

图2-28　绿化平面图中的植物平面采用较为细致的枝叶投影来表现示例二

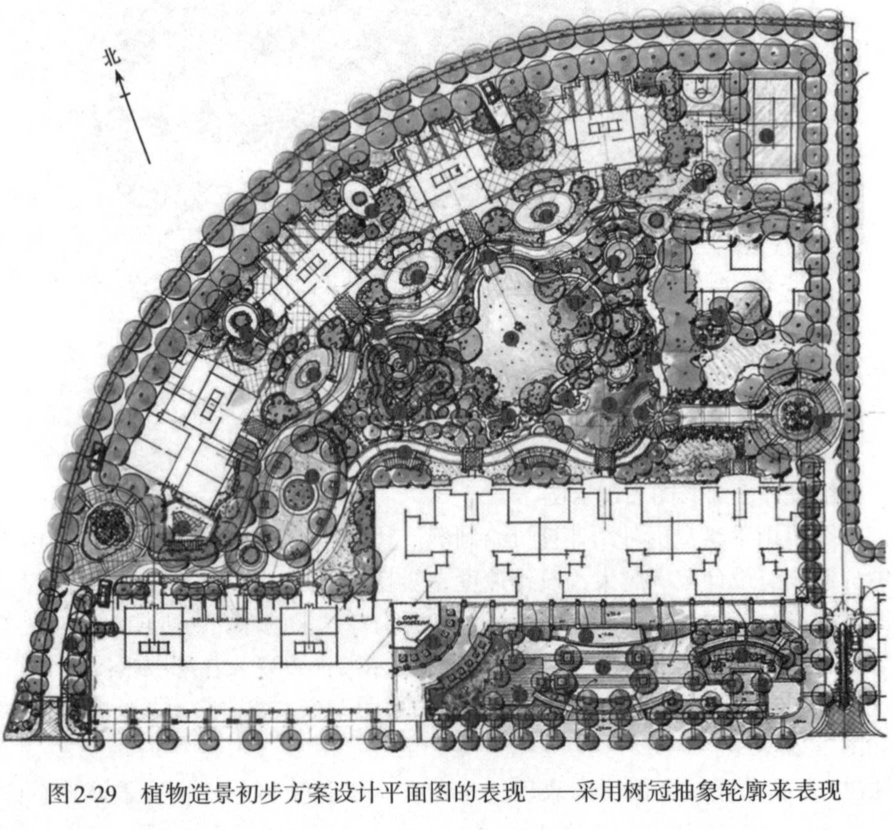
北

图2-29　植物造景初步方案设计平面图的表现——采用树冠抽象轮廓来表现

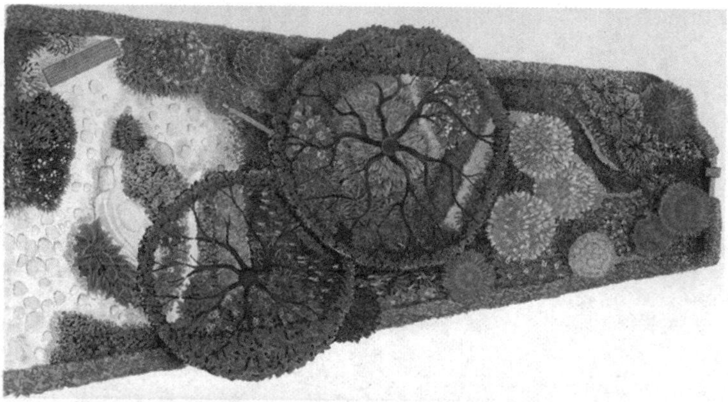

图2-30 手绘得很细致的质感型植物造景设计平面图

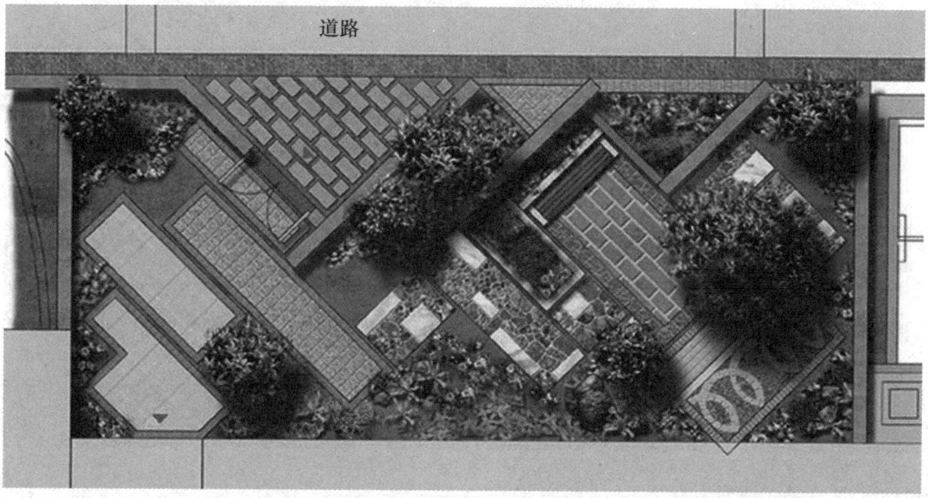
道路

图2-31 用Photoshop软件绘制得很细致的质感型植物造景设计平面图

（图2-33）。

② 植物造景设计分区平面图的表现，是指将总体平面图分成若干分区（如不同的功能或景观分区），再将每个分区放大，画出比较详细的设计平面图（图2-34）。

③ 植物造景设计局部（节点）平面详图的表现，是在分区平面图的基础上，将关键部分或者比较复杂的部分再放大，画出详细的平面图（图2-35）。

注：无论方案设计还是施工图设计，一般都有总平面图、分区平面图及局部平面详图之分。在施工图绘制中要精确标注坐标尺寸及具体的植物名称、数量和规格等。当然在实际设计中硬质景观部分也不能割裂开来，也要画到相对应的程度，但既然是植物造景设计，自然要侧重植物的设计和标注。

（4）植物造景设计总平面图表现的几点说明

① 在植物景观方案设计平面图中，一般不表现具体的树木名称，而是表现植物的大类和基本的空间布局关系。植物大类是指如常绿或落叶乔木、常绿或落叶灌木、花灌木、色叶树、针叶或阔叶树、竹类、棕榈、地被、草坪、水生植物（浮叶、沼生、沉水植物

图2-32　植物造景初步规划平面图的表现——轮廓或块面表示

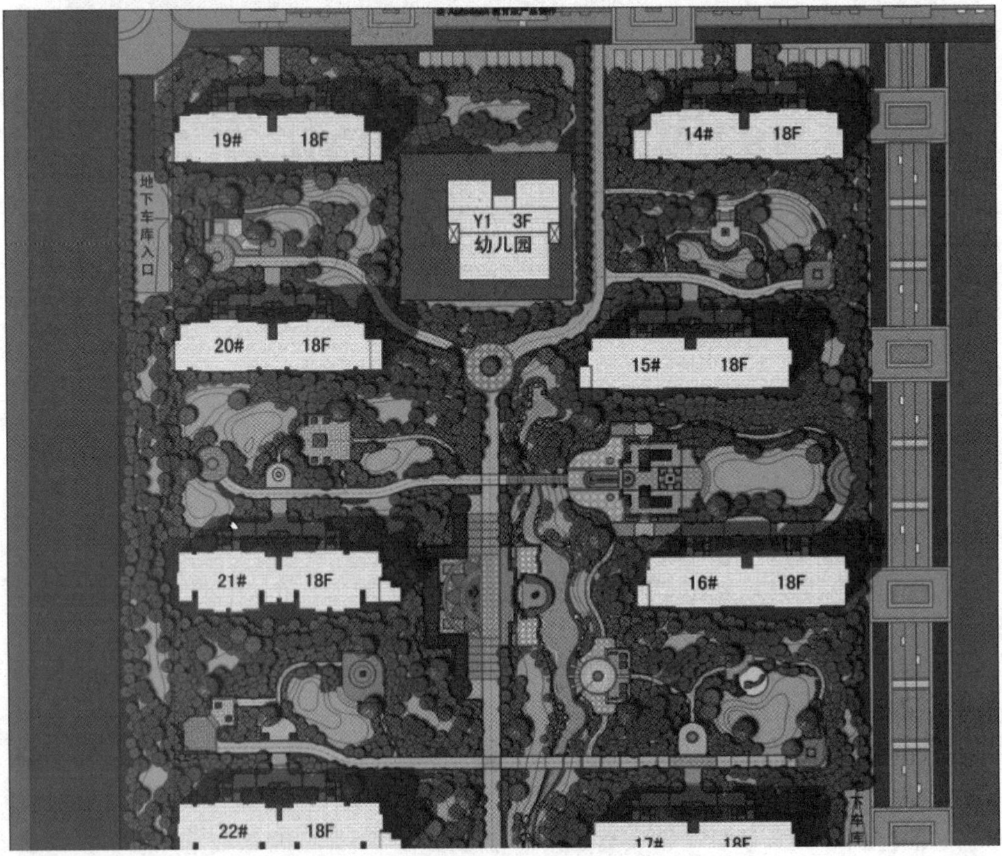
19#　18F
14#　18F
地下车库入口
Y1　3F
幼儿园
20#　18F
15#　18F
21#　18F
16#　18F
22#　18F
17#　18F

图2-33　小区植物造景设计总平面图

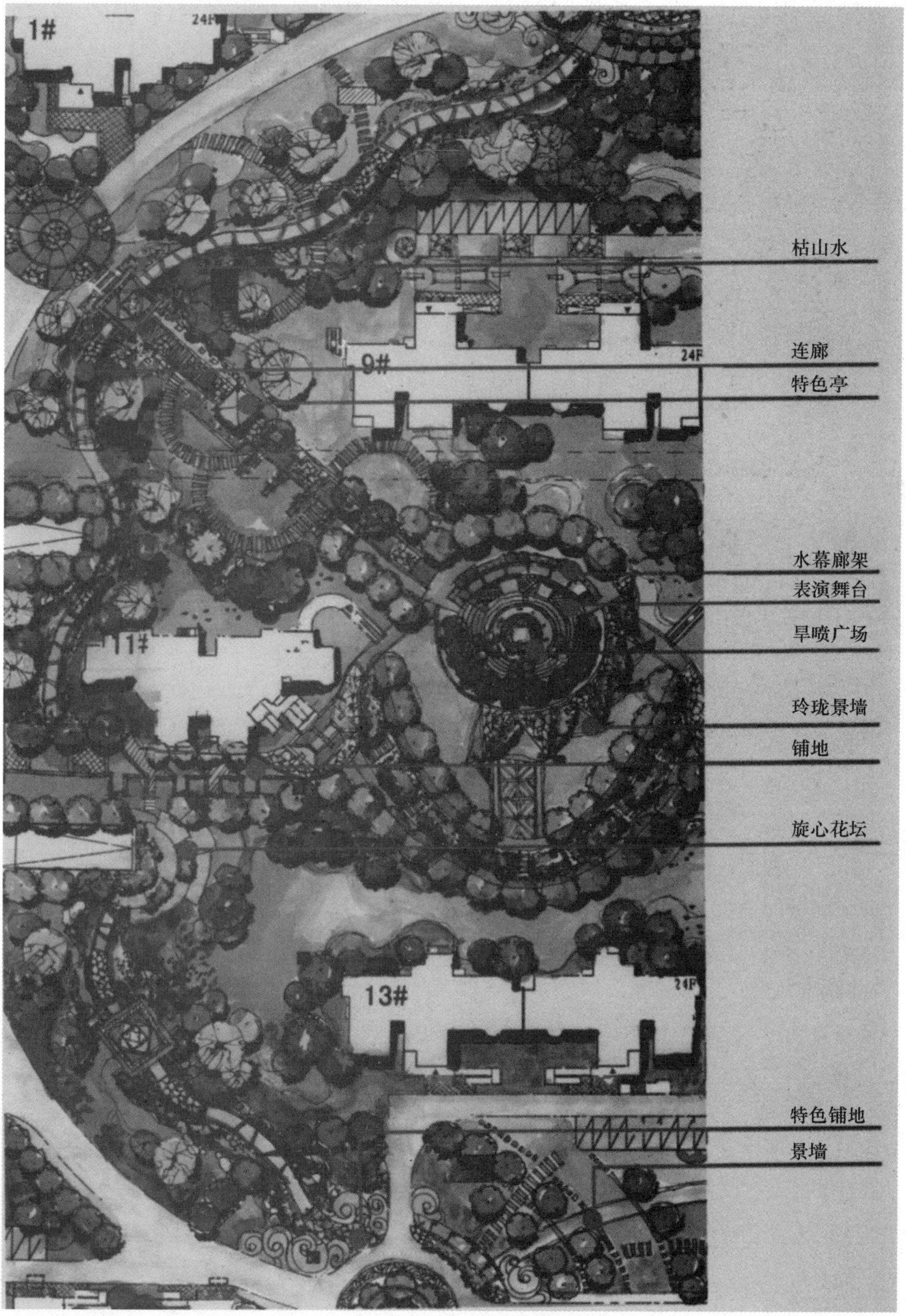
1#
24F
9#
24F
11#
13#
24F
枯山水
连廊
特色亭
水幕廊架
表演舞台
旱喷广场
玲珑景墙
铺地
旋心花坛
特色铺地
景墙

图2-34 植物造景设计分区平面图

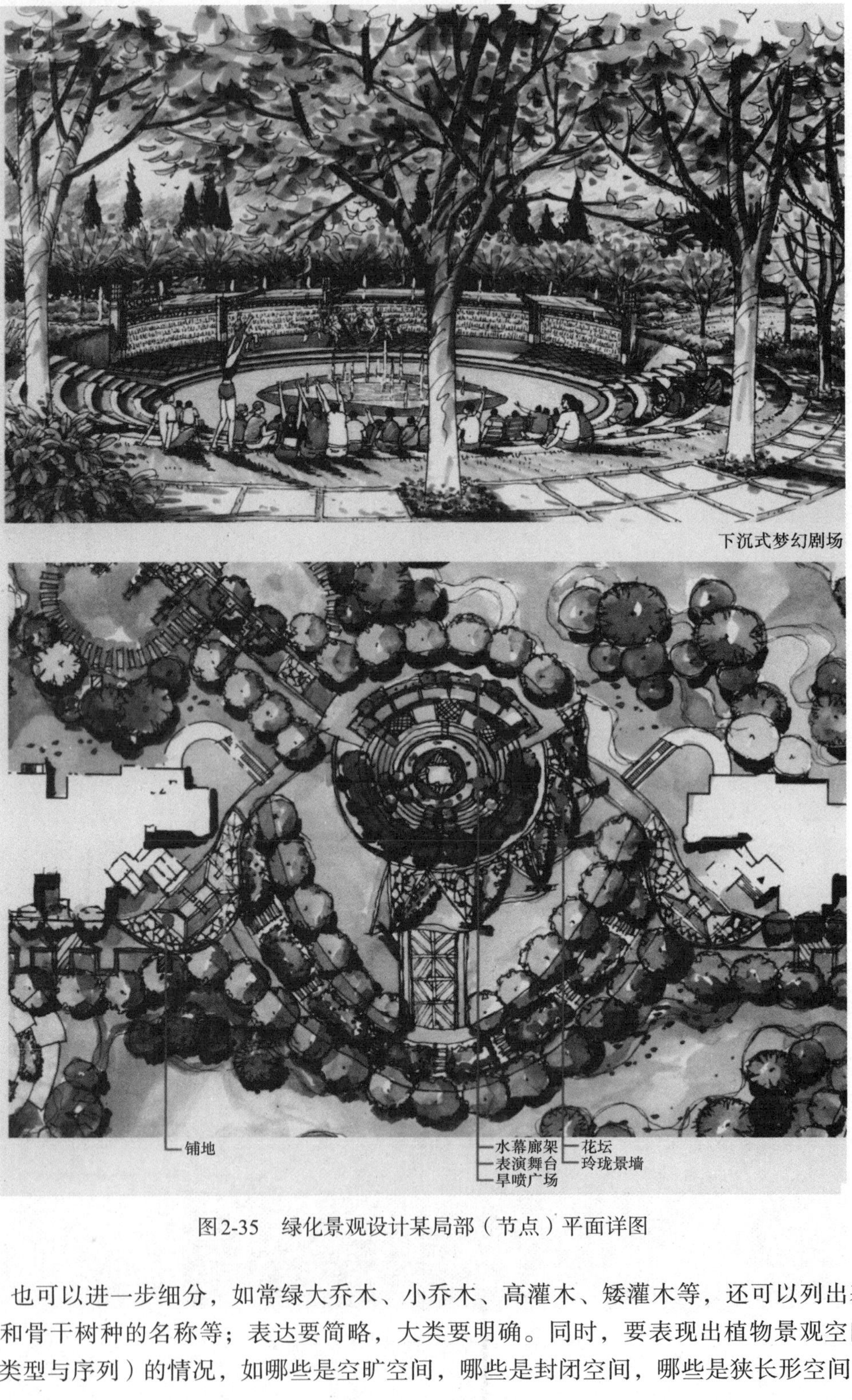
下沉式梦幻剧场
铺地
水幕廊架
表演舞台
旱喷广场
花坛
玲珑景墙

图2-35　绿化景观设计某局部（节点）平面详图

等），也可以进一步细分，如常绿大乔木、小乔木、高灌木、矮灌木等，还可以列出基调树种和骨干树种的名称等；表达要简略，大类要明确。同时，要表现出植物景观空间布局（类型与序列）的情况，如哪些是空旷空间，哪些是封闭空间，哪些是狭长形空间。

一般以手绘彩图和Photoshop渲染彩图表现为主。

② 植物景观详细设计平面图，通常可用CAD彩图来表现（图2-36）。种植设计图一般采用（1∶100）～（1∶500）的比例，可绘制在一张图纸上，也可分区绘制。在方案设计基础上进行深化和细化，一般要标注树种名称及数量。简单的设计可用文字注写在树冠线附近，较复杂的种植设计，可用数字号码代表不同树种，然后列表说明树木名称和数量，相同的树木可用细线连接。

N

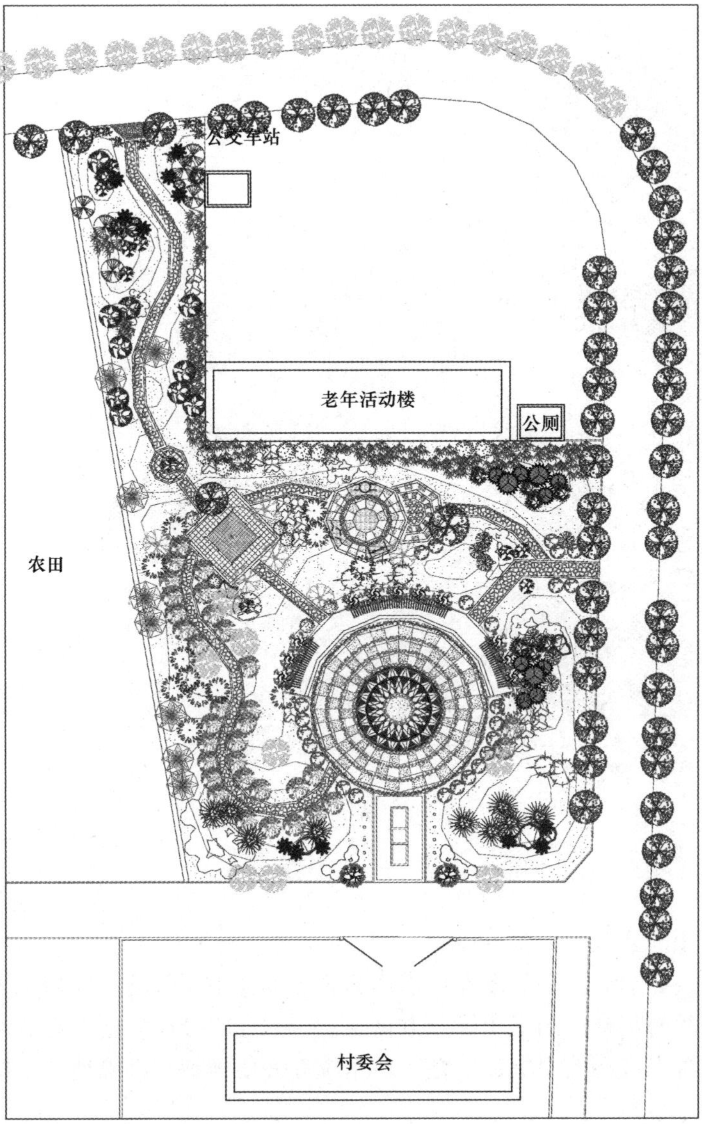
公交车站
老年活动楼
公厕
农田
村委会

苗木明细表

图例	树名	规格	数量
	香樟	胸径10～12cm	45株
	黄花槐	胸径8～10cm	26株
	四季桂	H2.5m,P2.5m	12株
	日本冷杉	胸径8～10cm	11株
	蜀桧	H3.0m,P0.8m	8株
	罗汉松	H1.0m,P0.8m	8株
	香泡	胸径8～10cm	3株
	棕榈	胸径8～10cm	9株
	含笑	H1.0m,P1.2m	10株
	银杏	胸径6～8cm	6株
	白玉兰	胸径6～8cm	8株
	单瓣樱花	胸径6～8cm	33株
	五针松	H1.2m,P0.8m	6株
	梅	胸径5～6cm	10株
	红叶石楠	H3.5m,P2.0m	25株
	苏铁	H0.8m,P0.6m	12株
	盘槐	H1.5m,P1.2m	2株
	红枫	胸径5～6cm	10株
	碧桃	胸径5～6cm	20株
	紫荆	胸径3～5cm	9株
	春鹃	H0.4m,P0.35m	1000株
	美人蕉		100株
	茶梅	H0.3m,P0.2m	200株
	四季竹		800杆
	马尼拉草		2000m²

图2-36 植物景观详细（扩初）设计平面图的表现

当种植设计比较简单时，如上层乔灌木、下层灌木及地被交错部分不大，基本能表达清楚植物景观的详细设计，可在同一张综合性平面图中表现出来；如上层植物与下层植物交错很多，无法把下层灌木和地被表达清楚的还要分别画出“上木”（上层树木）和“下木”（下层树木）平面图（图2-37和图2-38）。苗木名称和数量要列出，规格可标注也可以不标注。

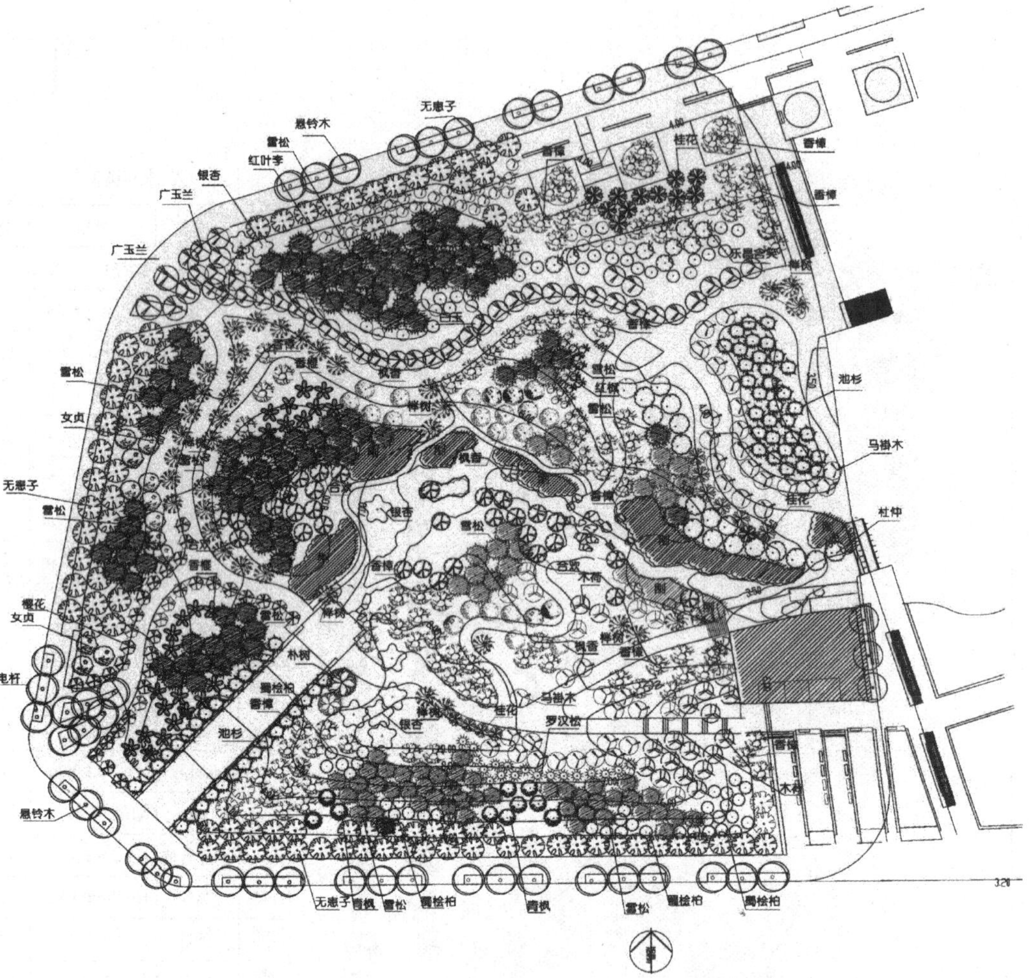
无患子
悬铃木
雪松
红叶李
银杏
广玉兰
广玉兰
香樟
香樟
池杉
马褂木
杜仲
雪松
女贞
无患子
雪松
樱花
女贞
原有电杆
悬铃木
无患子
青枫
雪松
蜀桧柏
青枫
雪松
蜀桧柏
蜀桧柏

图2-37　某自然生态园植物景观之上木设计图

③ 植物景观施工设计平面图的表现，见图2-39。

对于简单的植物造景设计，详细设计平面图即可以作为施工设计平面图。一般情况下也可以理解为在详细设计平面图的基础上加上坐标或方格定位，并标明必要的施工定位尺寸等，尤其是重点树的坐标位置也应在图上标注清楚。苗木统计表要详细、准确地列出树种、数量、规格和苗木来源。

如果植物造景设计中有复杂的种植方式或图案，一般还要绘制施工详图（图2-40和图2-41）。

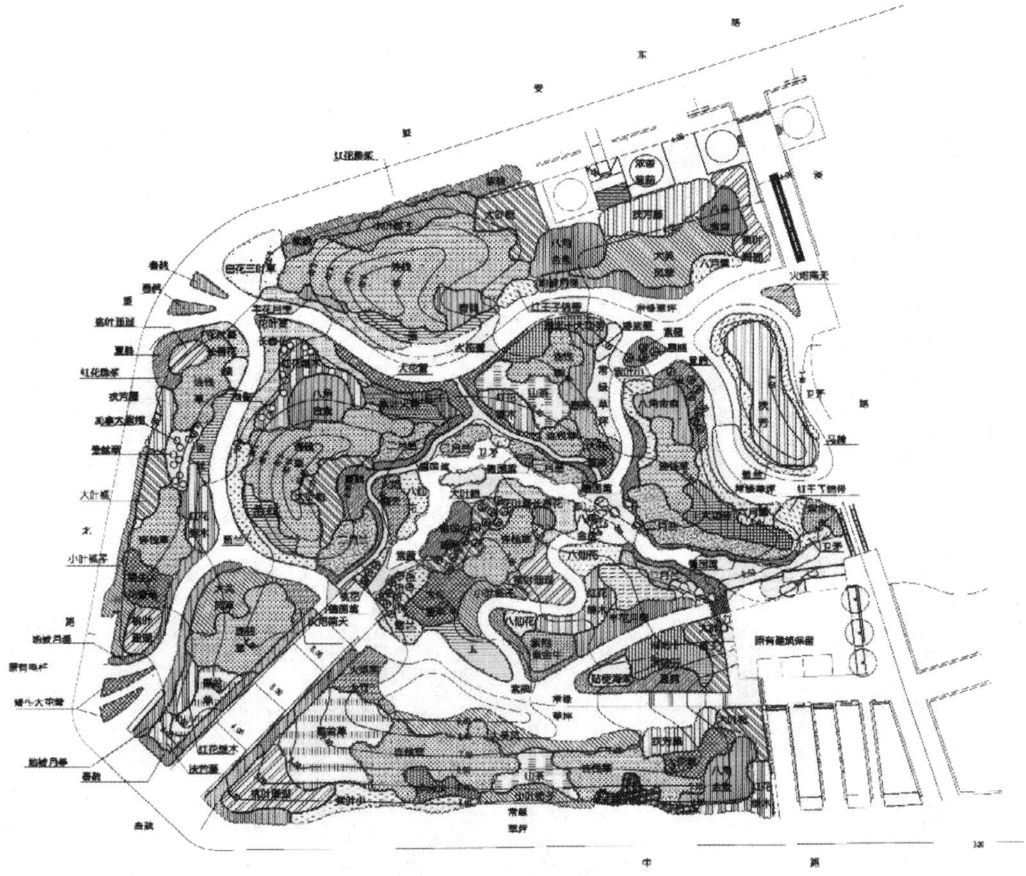

图2-38 某自然生态园植物景观之下木设计图

3．居住小区绿化总平面设计方法与要求

（1）设计准备阶段

在设计准备阶段主要明确住宅小区环境绿化设计的影响要素，具体如下。

1）国家规范和地方指导性意见：绿地种类、绿地率、人均公园绿地及其规定。

2）建设地点、住宅品位、开发商意志及建筑规划师的理念。

3）住宅小区所在气候带。

4）住宅区周边的自然景观、住宅区的规模、地形地貌。

小型社区由于受面积限制，空间层次少且单一，故要增加人工造景和构筑物以增加空间层次，园内风格以精致小巧为主，不宜采用大手笔。文娱体育设施及老人儿童活动区可缩小规模，亭廊及水景可迷你化，不宜采用粗大构件。

中型社区有条件设计一个标准较高的中心景观区，并以此为主体来布置景观轴线与视觉走廊，同时，安排一定规模的各种功能设施与空间，在艺术处理上可以有一个母题，并发展与延伸它。

大型社区可以建立多个不同特色的中心点。在艺术处理上可以用文化、科技、运动、音乐、地域、风景等作母题来发展与延伸，以创造出内涵高雅的联想和住宅区的卖点，并

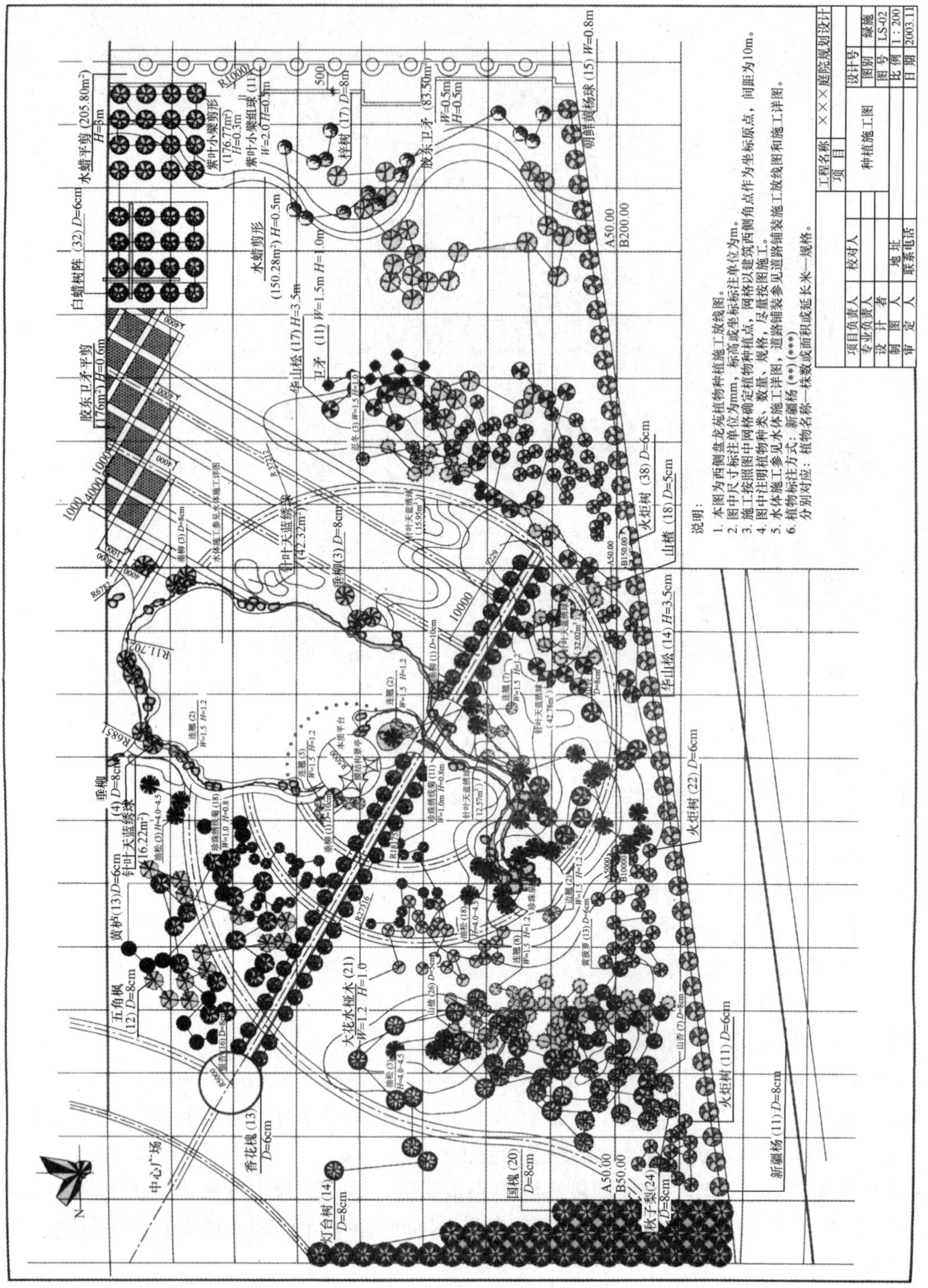
说明：
1. 本图为西侧盘龙苑植物种植施工放线图。
2. 图中尺寸标注单位为mm，标高或坐标标注单位为m。
3. 施工按照图中网格确定植物种植点，网格以建筑西侧角点作为坐标原点，间距为10m。
4. 图中注明植物种类、数量、规格，尽量按图施工。
5. 水体施工参见水体施工详图，道路铺装参见道路铺装施工放线图和施工详图。
6. 植物标注方式：新疆杨（**）（***）
分别对应：植物名称—株数或面积或延长米—规格。
工程名称
×××庭院规划设计
项目
种植施工图
设计号
图别 绿施
图号 LS-02
比例 1：200
日期 2003.11
项目负责人
专业负责人
设计者
制图人
审定人
校对人
地址
联系电话
中心广场

图2-39　植物种植施工图

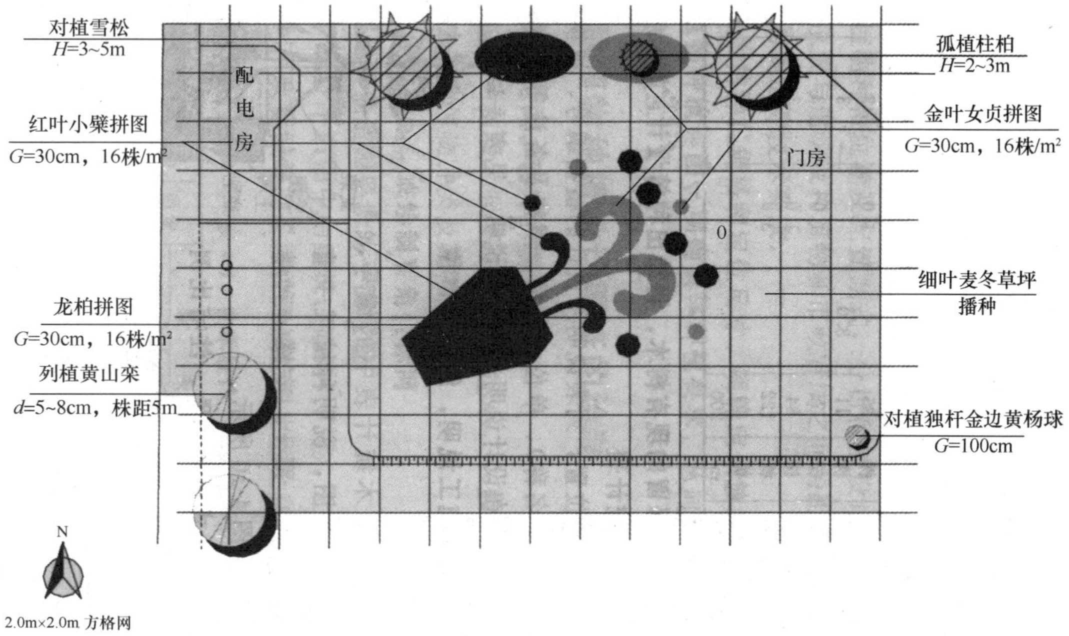
对植雪松
H=3~5m
配
电
房
红叶小檗拼图
G=30cm，16株/m²
龙柏拼图
G=30cm，16株/m²
列植黄山栾
d=5~8cm，株距5m
孤植柱柏
H=2~3m
金叶女贞拼图
G=30cm，16株/m²
门房
细叶麦冬草坪
播种
对植独杆金边黄杨球
G=100cm
N
2.0m×2.0m 方格网

图2-40 拼图灌木施工放样图

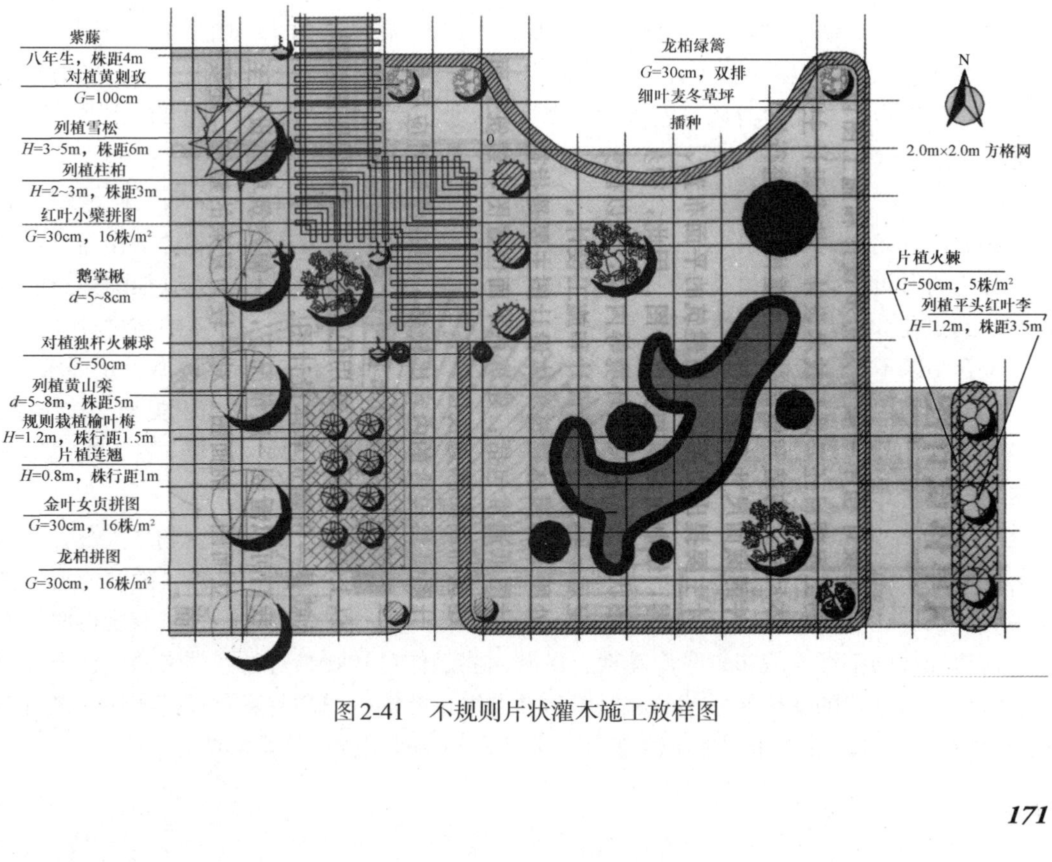
紫藤
八年生，株距4m
对植黄刺玫
G=100cm
列植雪松
H=3~5m，株距6m
列植柱柏
H=2~3m，株距3m
红叶小檗拼图
G=30cm，16株/m²
鹅掌楸
d=5~8cm
对植独杆火棘球
G=50cm
列植黄山栾
d=5~8m，株距5m
规则栽植榆叶梅
H=1.2m，株行距1.5m
片植连翘
H=0.8m，株行距1m
金叶女贞拼图
G=30cm，16株/m²
龙柏拼图
G=30cm，16株/m²
龙柏绿篱
G=30cm，双排
细叶麦冬草坪
播种
N
2.0m×2.0m 方格网
片植火棘
G=50cm，5株/m²
列植平头红叶李
H=1.2m，株距3.5m

图2-41 不规则片状灌木施工放样图

提高住宅区的档次，以方便居民使用。

主要中心区之间，要用道路、视觉走廊、景观轴线相互串通并有机地联系起来，形成一个整体。在设计中必须利用好区内地形地貌，有的需要做地形改造处理，使地形地貌丰富多变，富有情趣。

5）住宅区总平面与单体建筑风格。业主的商业意图及购房者当前喜好与追求的潮流是研究主体，我们要深入研究其特殊性，并力求取之精华，抽象出有代表性的平面构成纹样、图案及造型，正确掌握其风格，用现代造园手法将它表达出来，使环境设计更有品位与风采。另外，也可以音乐、文学作品、运动、休闲乃至色彩为题材来塑造主要景点母题，形成序列。

（2）设计实施阶段（含方案设计及扩初设计）

方案要求 通过小区绿化总体方案和总平面图，把握方案设计师的理念、特色、构思、风格和要求，以便能在详细设计中实现这些设想，使各个分项设计和总体规划协调统一，深化完善。

① 方案构思。方案构思一般要先确定小区绿化设计的指导思想，包括目标、风格或特色等的定位。如某小区绿化的定位：小区绿化设计强调以人为本，充分考虑住户日常生活休闲舒适和情感交流的需要，力求采用现代造景手法，着意创造一个既有我国传统审美意趣，又有欧式审美情趣的绿化景观。

一般小区的定位：植物布置以绿色为主，在总体处理上追求简洁明快，以所栽植树种丰富的色块、图案变化组合及季相时序营造本小区独有的绿化特色。考虑到住户中的老人、儿童是小区公园最频繁的使用者，绿化景观处理要有幽雅恬静、开朗活泼的空间层次变化。

② 方案结构。一般结合小区环境特点、绿地类型、功能要求和空间布局特点来概括确定整体（或局部）绿化方案的结构形式。例如，"一园一带"结构（一园是中央公园；一带是滨河绿化带）、"三点两线"结构（三个组团绿地，纵横两条干道绿化带）等，类似于形容某景点的特色是"四面荷风三面柳，半潭秋水一房山"的味道。每个区域的主题各不相同，绿化景观设计也各有侧重。

设计内容 小区一般要选1～3种植物作为基调树种，基调树统一全区，使绿地景观具有共性，因此基调树种也不宜过多；同时每个不同的区域也可选1～3种植物作为骨干树种。骨干树种可结合区域营造的季相特点和功能要求等来选择和强调，而其他配角类的植物则起到强化和丰富的作用。当然从生态学的角度来看，也需要较为丰富的植物种类来充实。结合小区不同部分的绿地类型，在植物配置及景观设计上还有自己的一些特定要求。

① 中央公园。面积较大，要满足居民游憩活动的需要，一般景观建筑类型比较丰富，道路广场采用不同材质的地面铺装，表现空间的功能变化；植物种类比较丰富，配置形式也更为多样，并为居民营造不同的活动空间。

② 滨河绿化带。至少一面临水，在小区中临河居多。沿河可间植垂柳和木芙蓉，从对岸眺望小区，柳丝芙蓉，景色动人。当绿化带较窄时，可布置沿河的园路，随着河流而曲折变化；当绿化带较宽时，可布置两条路，一条靠河，一条在绿地之间，可布置得曲折有致。河边和林间都可点缀布置亭廊花架，供游人驻足休息和观景。沿河林带的设计要注意其林缘线、天际线的变化及段落的疏密感，并点缀色叶树，增添色彩；靠街道的一侧可布置行道树或一些树冠开张的大树以供遮阴，并注意与街道对侧的均衡协调。

③ 道路绿化。道路分主干道、次干道、宅旁小道。主干道以大乔木列植为主；次干道绿化结合宅间绿化进行；宅旁小道应注意以标识性植物区别不同住户入口。绿化照明灯具采用高杆庭院灯与草坪地灯两种形式，高杆庭院灯主要用于小区道路照明，草坪地灯用在园林小品附近或为突出绿化景观夜间效果而设置。

绿化灌溉采用人工浇灌和自动喷灌两种方式。在中央花园草坪上可设置自动灌溉喷头，其余绿地则均匀布置自来水龙头，采取人工拉皮管浇灌。

④ 宅前屋后绿化。要注意和住宅建筑风格和体量相协调，同时要注意布置儿童活动和老人休息场所和设施；南面绿化注意不要影响通风和采光，北面也要注意通风和各种管线等。沿屋角和边缘可做一些基础栽植，入口处做一些对植等。可多种一些香花和灌木球，不要种有刺、有毒、有明显分泌物的植物等。

⑤ 屋顶花园。小区中公共建筑屋顶花园绿化，注意从服务性商业建筑造型特点和小区绿化的整体风格来考虑，注意屋顶承重、排水和植物生长环境的特殊性，宜选择小乔木和灌木类植物，并以常绿树占主要比例。

⑥ 别墅庭院绿化。对别墅群中心组团绿地进行统一规划设计，造价和品位明显高于周边住宅区，设计应和它相配套，以满足经济实力雄厚的业主的更高要求和购买力。每个别墅周边的花园绿地由业主自己进行特色性、创造性的再开发建设，但应注意别墅群整体的协调性，可由设计和施工单位进行艺术和技术上的指导，由物业统一监管。

小贴士： 在方案（初步）设计阶段，绿化设计总平面图主要包括设计总平面图、竖向设计总平面图、植物造景设计总平面图；在扩初设计阶段，竖向设计总平面图、植物造景设计总平面图继续深化明确，同时还要完成管线布置总平面图；在施工图阶段，要绘制施工放样定位设计图，包括绿化施工总平面图、竖向施工总平面图、植物施工总平面图、管线施工总平面图等。需要说明的是，各阶段的竖向设计和管线布置设计总平面图在硬质景观设计教材中专门阐述，在此省略。

2.3.2 小区绿化总平面设计原则、要求和树种选择

1. 现代城市住宅小区环境植物配置原则

随着人们环境保护意识的日益增强和对生活环境要求的不断提高，在选购住房时，越来越多的人开始关注小区的景观环境，关注住宅小区及其周边环境的自然景观和人文景观是否丰富，是否有活力和与生态协调。这种生态化的现代居住观给小区环境设计注入了新的内容，同时也提出了更高的要求。因此，在进行住宅小区的植物配置时，应坚持以科学的理论原则为指导。

绿化配置以植物群落为主 在现代化的住宅小区建筑环境周边，植物景观是绿色视觉的主体，植物群落应该是绿色空间环境的基础。因此，应将乔木、灌木、草本花卉、藤本植物和地被植物等进行有机结合，根据它们的种类和习性的相似性，组成层次丰富且适合该地区自然环境条件的人工园林植物群落，以发挥最佳的生态效益。

植物景观布局的集中与分散 现代化住宅小区特别注重居民的交流、运动和休息。如何围绕小区绿地这一共享空间组织一些有益的户外活动，丰富小区居民生活及密切人际关系，是景观设计中的一项重要内容。因此在规划设计时，要考虑各种类型及规模的集中绿地，同时要避免过度集中的中心绿地环境因嘈杂、空旷、人员往来复杂等问题而影响居民的正常活动。这就要求在植物配置时应考虑设计一些分散的团块（也叫组团）绿地，形成一些相对安静的空间，有利于小区住户的生活和休息。

绿化设计的实用性和艺术性 在住宅小区植物景观设计中，要注重实用功效和美学艺术，体现人的情感、文化品位和价值取向等。因此，在植物造景设计时要结合人文内涵，创造出充满情趣的生活空间。

植物与建筑布局协调一致 可以根据建筑群布置小块公共绿地，方便居民就近使用。建筑为行列式布局时，可以结合地形的变化，采用高低错落、前后参差的绿地，打破建筑布局单调、呆板的欠缺；建筑为周边式布局时，其中有较大的空间可以创造公共绿地，形成该区的绿地重心；如果是高层塔式建筑，周围可采用自然式布局的植物配置。对于不同类型的住宅区来说，其景观设计的方法也不一样。因此，植物景观应该与总体的规划设计一致。

2．小区绿化植物造景设计的总要求

居住区绿地是人们休息、游憩和体育锻炼的重要场所，小区建筑周边环境比较复杂，为了创造舒适、优美、卫生的绿化环境，在植物配置上应该灵活、多变，不可单调和呆板。只有充分考虑树种的科学选择及合理配置，才能达到绿化、净化和美化的效果。

点、线、面相结合的景观布局 点是指居住小区的公共绿地，是为居民提供茶余饭后活动、休息的场所，一个小区中一般有2～3块利用率高、位置适中、方便居民前往的绿地。其平面形式以规则为主的混合式为好，植物配置宜突出“乔遮阴、草铺地、花藤灌木巧点缀”的公园式绿化特点，选用垂柳、玉兰、海棠、樱花、碧桃、蜡梅、牡丹、月季、美人蕉、草坪等观赏价值高的草本及木本植物，以丛植、孤植、坛植和棚架式栽植等形式进行配置；线是指居住区的道路、围墙绿化，可栽植树冠宽阔、枝叶繁茂、遮阴效果好的乔木、开花灌木或藤本植物，如银杏、香椿、樱花、石楠、地锦等；面是指建筑墙面绿化，包括住宅前后及宅间的用地。

模拟自然的尤其是区域的植物群落结构 绿地的植物配置构成了居住区绿化景观的主题，能够起到美化环境、满足人们游憩要求的作用。植物配置时应以乔、灌、藤、草相结合，常绿树与落叶树、速生树与慢长树相结合，适当应用草、花等构成多层次的复合结构。保持植物群落在空间、时间上的稳定性与持久性，既能满足生态效益的要求，又能维持长时间的观赏效果。

居住区绿化中应该尽量应用多种类型的植物，以达到景观的丰富性和生物多样性。可采用模拟自然的生态群落配置，利用生态位进行自合，使乔木、灌木、藤本植物、草本植物共生，让喜阳、耐阴、喜湿和耐旱的植物各得其所。

变化中有统一，统一中求变化 人的审美需要有一个统一的基调，作为视觉容易把握的基础，同时也需要寻求差异和变化，这是人们欣赏景观的基本审美定势或心理定势。因

此，在植物造景设计中同样要把握好统一和变化的度。在设计中可用两种构思方法。一种是先以统一的设计入手，形成一个基本的景观基调和效果，然后在重点地段和位置进行强调和变化，同时在每个区域再着重加以区分。另一种是先考虑每个部分的变化，同时注意树种和配置方式的变化，再考虑每个区域景观的连贯和近似树种的充实，从而做到“变化中有统一”或“统一中求变化”。

曲折变化，疏密有致　由于居住区绿地内平行的直线条较多，如道路、围墙、建筑等，因此在植物配置时，可以利用植物的林缘线的曲折变化和林冠线的起伏变化等手法，打破生硬的直线条。同时，为了不影响居民的正常生活、休息，种植设计应做到疏密有致，即住宅活动区多为稀疏结构，使人轻松、愉快，并能获得充足的自然光；在垃圾场、锅炉旁和一些环境死角外围，则密植常绿树木；道路上采用遮阴小乔木。

虚实结合，空间处理　除了中心绿地外，居住区的其他大部分绿地都分布在住宅前后，其布局以行列式为主，形成平衡、等大的绿地，狭长空间的感觉非常强烈。因此，可以充分利用植物的不同组合来打破原有的僵化空间，形成活泼、和谐的空间。

居住区由于建筑密度大，一方面绿地相对少，限制了绿量的扩大；另一方面，多建筑又创造了更多的再生空间，即建筑表面积，为主体绿化开辟了广阔前景。利用居住区外高中低的结构特点，可实行底层建筑屋顶绿化；山墙、围墙可采用垂直绿化；小路和活动场所则可进行棚架绿化；阳台可以摆放花木等，以提高生态效益和景观质量。

形色构图，季相变化　在植物造景设计中除了基本的造型和色彩搭配构图外，由于植物本身的生命特点，并有随季节变化而呈现不同的季相变化，因此，在设计中要充分运用植物景观的这种动态变化效果来营造丰富的季节景观，使人们感受到“春则繁花似锦，夏则绿荫暗香，秋则霜叶似火，冬则翠绿常延”的景观效果。

3. 小区绿化植物造景的树种选择

在小区绿化中，为了更好地创造出舒适、卫生、宁静、优美的生活、休息、游憩的环境，要注意植物的配置和树种的选择，原则上要考虑以下几个方面：

① 要考虑绿化功能的需要，以树木花草为主，提高绿化覆盖率，以起到良好的生态环境效益。

② 要考虑四季景观早日普遍绿化的效果，采用常绿树与落叶树、乔木与灌木、速生树与慢长树、重点与一般相结合，不同树形、色彩变化的树种的配置。种植绿篱、花卉、草皮，使乔、灌、花、篱、草相映成景，丰富并美化居住环境。

③ 树木花草种植形式要多种多样，除道路两侧需要成行栽植树冠宽阔、遮阴效果好的树木外，可多采用丛植、群植等手法，打破成行成列住宅群的单调和呆板感，以植物布置的多种形式，丰富空间的变化，并结合道路的走向、建筑、门洞等形成对景、框景、借景，创造良好的景观效果。

④ 植物材料的种类不宜太多，又要避免单调，力求以植物材料形成特色，使统一中有变化。各组组团、各类绿地在统一基调的基础上，又各有特色树种，如玉兰院、桂花院、丁香路、樱花街等。

⑤ 小区绿化是一项群众性绿化工作，宜选择生长健壮、管理粗放、少病虫害、有地方

特色的优良树种。可栽植些有经济价值的植物，特别在庭院内，专用绿地内可多栽既好看又经济实惠的植物，如核桃、樱桃、玫瑰、葡萄、连翘、麦冬、垂盆草等。花卉的布置使小区增色添景，可大量种植宿根或球根花卉及自播繁衍能力强的花卉，如美人蕉、蜀葵、玉簪、芍药、葱兰、波斯菊、虞美人等既省工节资，又获得良好的观赏效果。

要多种攀缘植物以绿化建筑墙面、各种围栏、矮墙，提高小区立体绿化效果，并用攀缘植物遮蔽丑陋之物。常用的攀缘植物有地锦、五叶地锦、凌霄、常春藤、山荞麦等。

⑥ 在幼儿园及儿童游戏场忌用带刺、带尖，以及易引起过敏的植物，如夹竹桃、凤尾丝兰、枸骨、漆树等，以免伤害儿童。在运动场、活动场地不宜栽植大量飞毛、落果的树木，如杨、柳、银杏（雌株）、悬铃木、构树等。

⑦ 要注意与建筑物、地下管网有适当的距离，以免影响建筑的通风、采光，影响树木的生长和破坏地下管网。乔木应距建筑物5m左右，距地下管网2m左右，灌木应距建筑物和地下管网1～1.5m。

操作训练

居住小区绿地总平面图设计

1．课堂训练

做出某居住小区绿地的功能分区、景观分区等，并注明每个分区的主要内容和设计方向。

2．课外巩固训练

做出某居住小区绿地总体规划设计，从概念到形式设计再到总平面图设计，并做出设计说明书，以小组合作形式完成。

2.3.3 拓展知识——设计说明书的写法和样本

1．总体规划设计说明书的写法

比较完整全面的小区绿化总体设计说明书应该有以下几项内容：

1）概况及现状条件分析。

2）规划依据。

3）规划设计原则与目标。

4）规划设计理念与构思。

5）设计手法与景观特征。

6）植物景观设计。

7）其他景观设计。

8）技术经济指标。

在实际设计中，基本内容和框架大同小异，表述和条款可以增减或调整。

2．小区绿地总体规划设计说明书样本

设计说明书样本如下。

××湾邸景观设计方案设计说明书

一、项目总体概念

本案的环境设计从景观与建筑共生的角度着手，设计创新，体现地中海独有的风情与特点，表现手法和处理技巧上特别细腻精巧，又贴近自然的脉动，使其拥有永恒的生命力。

环境设计与建筑尺寸一致，错落有致，运用较为纯净的地中海风格的设计手法呼应建筑风格。环境设计以人的主观能动性为创意源，充分考虑以人为本的设计准则，体现景观的人文性。

园区充分利用周边的水资源，将水系或环绕或渗透于住户之间，让住户充分享受这一景观资源。水的设计成为本案的亮点，也是设计的重点。

别墅建筑定位为欧式古典风格，红瓦赭石粉墙，颇具西方文化特质，极富地中海风情。

设计中遵循生态性、经济性原则，做到主次分明，主要公共景观大气而简练，根据小区人群定位营造出高贵、庄重的环境氛围；在宅间、庭院等小处细部，根据场地较小的特点与人流活动需要，以小意境、小情调为主（大绿化环境图片1～2张）。

二、景观建筑类型

本项目建筑类型较为丰富，主要为占主体的联排别墅，北面滨河的高层住宅，南面临街的商住多层建筑。根据别墅环境分类，园区分为平地别墅与滨（临）水别墅两类。其中，联排与双拼别墅交替结合，丰富园区的建筑景观（别墅户型分析图1张）。

三、总体设计

本次设计将抓住主题，结合园区特点，内容上主次分明，合理利用资金，降低造价，重点设计打造以下景观空间：

（一）公共景观

1）主次入口景观。

2）中心节点景观。

3）东北面滨河公共景观。

4）主干道与交通节点景观。

5）沿街商业景观。

（二）宅间庭院景观

（总平面图）

四、公共空间景观

（一）主次入口景观

1）主入口景观。入口区考虑沿街建筑特有的方向形式，结合门楼形式，前端是开阔大气的铺装；中间采用现代、简欧风格的立体凿石（或模铸）标志；两侧做景观水池与景墙跌水，结合水景种植几棵标志大树（暂定华棕），形成既符合大气热闹的商业氛围而又富有生活气息的标志性景观。门楼后面结合交通环岛，以特色铺装为主，中间做小型浅水池，水池中置16方小块毛石，毛石凿洞可做涌泉。入口斜置的形式有利于避免园区主轴景观的一览无余。

主入口景观节点：入口特色铺地、小区凿石标志景观、入口景墙水池、跌落水景、标志大树门楼、特色铺地环岛、块石浅水池。

2）次入口景观。小区西面为城市隔离绿地，现为果园与苗圃，在城市绿地靠北部接天工路设次入口，用尽量结合现状的生态处理方法，设置5m道路与小区内部环路相接，路两侧基本保持原绿化，可对路两侧草地做简单整理，辅以适当花卉灌木。在内部环路交叉口设计高低不一的门卫房，风格与小区建筑总体统一。

此外，还对道路两侧人行步道铺装作重点处理，使其精致大气（带标注的平面图及剖面图各1张，参考图2～3张）。

（二）中心节点景观

位于小区中心处、主要道路交叉口，周边有较宽的景观用地，主要包括交通环岛与周边水系、绿地。

交通环岛的设计在满足交通需要的前提下，在其中间设计小区主题水景雕塑。环岛周边结合空间大小三面环水，东南、西南水面为小区内部两条主次水系的源头，西北面水池与西南水系涵管相接。在东南、西南水面上各设置一弧形柱廊，与入口门楼相呼应，是两条水系的端头对景，且可形成由北往南的门户。

环岛东面设计组合叠水与小湖面。组合叠水由块石雾森、逐级叠水、特色树池、景观大树、汀步及在水面散置一些鱼形雕塑小品组成；中心小湖面周边有智慧亭、亲水平台、景观桥、水岸花境（带标注的平面图和剖面图各1张，参考图2～3张）。

（三）东北面滨河公共景观

包括河边滨水空间与高层宅间绿地。本园区东面与北面皆为自然河流，边界水岸线较长，现状水岸基本为硬质驳岸，景观视觉性与亲水性都不太理想。设计时对远水岸进行改造，采用生态软质驳岸与硬质驳岸交替结合的方式，将滨水步道与活动广场分层设置，在满足防洪安全的要求下，既丰富了水岸景观，又扩大了滨水景观活动场地。

整个滨水空间的设计考虑本区域为小区的主要公共活动空间，北面有几栋高层住宅，人流活动空间需求大，故在滨河的北段设计较多的活动广场与平台，以软质、硬质水岸交替；东北段场地较开阔，设计成软质自然水岸，由草坡、宿根花卉、湿生植物与水生植物过渡。东北角根据场地特点设计开阔的阳光草坪与主活动广场，以获得最大的公共活动空间与开阔的景观视野。根据小区周边的视线，在东北面河边椭圆广场中设计具有地中海风情的渔网构架，可作为小区的标志性景观之一。

滨水空间节点：阳光草坪、主活动广场、小广场、儿童角、亲水平台、滨水花径、滨水活动广场、渔网构架、活动平台、观景亭廊、垂钓平台、散步道等。高层宅间绿地主要设计树林坡地、散步道、亲子空间与老年活动空间等。

（四）主干道与交通节点景观

主要道路两侧景观也是别墅区景观中比较重要的组成部分。根据建筑与道路的空间距离差异较大，且别墅区对私家庭院设计的需要，在路沿或人行道边侧0.8～2.0m处设计0.6～1.5m高的单排绿篱。单排绿篱靠路侧依次种植矮灌木与地被花卉，以改变以往规则绿篱的呆板造型，丰富美化道路动线的视觉景观。

另在一些交叉锐角场地、拐弯处与车库出入口对面及周边，考虑动线对景与对晚间车行灯光、噪声的屏蔽遮挡，以生态丛林植栽的方式进行细节处理，个别结合景石、景墙综合处理。

别墅区交通环岛、回车点较多，对一般的环岛或回车点基本以植栽的方式处理，有大树加层叠灌木，也可是密林树群。部分较大的节点在满足交通需求下，用铺地、活动平台等延伸手法将其处理成具有活动性的景观节点。

（五）沿街商业景观

小区的南面沿首南路规划为多层商住楼，底下两层为商铺，西端为幼儿园。设计中结合市政道路人行道整体设计，主要采用丰富的地面铺地、特色树池、木塑移动花池、庭荫树及行道树等设计元素，形成比较整体、大气、热闹的商业景观空间。沿街地面设计结合主入口形式，将其延伸、渐变，与主入口取得统一。地面材料以暖色调为主，辅以黑、灰色系，主要以彩色透水砖，大小、颜色、质感不一的花岗岩、砂岩板、水洗石的石材混合使用，既变化丰富又与建筑格调协调。考虑商业活动性质，景观庭荫树和行道树基本选择落叶树种：枫香与鹅掌楸。地面树池皆以宿根花卉铺满，增添商业氛围（参考图2～3张）。

五、宅间庭院景观

1）宅间隔断。园区庭院充分考虑住户的户外活动空间需求，结合原建筑中设计的平台，划分合理的宅间绿地、区分活动空间及景观绿地。同时分析户与户之间的视线关系，入口处均做重点设计，局部障景，局部透景。

2）隔断形式主要有半通透隔断与绿化隔断。

3）庭院空间利用。应考虑到车行和人行两种不同入户行为的不同要求。车行要求顺畅便捷，保证适当的转弯半径，同时考虑安全性。人行入口尽量做到标识性和掩蔽性结合，忌平铺直叙。活动空间较小时，以软质空间为主，强调小意境、小情调。滨水别墅尽量留出亲水区域的活动空间。此外，还应对小组团路标、门牌号、信箱、牛奶箱、内部安全系统等标识系统作统一形象设计（带标注的平面图5张，参考图2～3张；示意平面图和参考图4～5张）。

六、景观水系

水系作为本小区的重要景观元素，设计中尽量让其环绕、渗透于每个宅间，尽可能地让更多人享受它。

水系的形态宜动静结合，如小湖面、喷泉、小溪跌水、喷雾等，在有效提高别墅区景观效果的同时，也使景观水系的水能循环流动，提高水质。园区内水系主要分为主次两条人工水系，都由中心景观区发出，东面主水系先由组合叠水发出流入小湖面，以水面较宽的形态直流向东面河道；西南面小水系迂回曲折、环绕穿梭于建筑之间，由中间向西、向南，再向东流至东面大交通岛附近与大水系汇集流入外河道。景观水系设置DN100自来水管1根，作为进水管，再分向供水，以供景观水系补水。另在就近的北面河道可设提升泵，抽取河水作为水源方式之一。景观水系驳岸以叠石与草坡入水作处理（景观水系分析图1张，参考图4张）。

七、交通系统

园区内设两个主要出入口，主入口在南面沿街中段开口，西北面与天工路相接的为次入口。

整个区域的道路根据不同用途划分为4个等级：

1）主干道，控制在7m以内，可保证在车辆会车、临时停车等情况下道路的畅通。主干道做单侧人行道。

2）环通式次干道宽为4～6m，指区域内联系各组团的两条主要环道。

3）尽端式次干道宽为3～4m，根据车流量大小设置不同宽幅。

4）人行步道：出入户为1～2m宽。

考虑到住户生活的便捷性，在景观带及公共位置都设置有1～2m宽人行景观步道，方便住户出行，同时也增加了景观的参与性。

园区内有车行桥1座，步行或入户小桥4座（道路断面图4张，参考图8张）。

八、绿化设计

1）植物的多样性和地域性，适地适树原则：绿化处理以优化生态环境为宗旨，要遵从植物的地域特性，多采用当地植物，创造属于当地的植物特色。

2）以入户干道为骨架，建立完善的绿网：道路均应有健全的道路绿化，并带有一定量的绿地，从而形成带状道路绿化。

3）多用色叶树种，丰富四季的季相变化：配合色彩的分析设计，组织植物色彩，利用植物自身的特点，创造有特点的植物组团。

4）利用植物创造对景、框景等景观手法。

5）配置选择本地优势水生植物品种：以宅间水系与滨河水岸为主的本地水生植物结合部分具有地中海风情的植物，创造中西结合的景观。

6）建议在今后逐步采用的树种名目如下。

香樟、柳杉、珊瑚朴、含笑、石楠、柑橘、枸骨、杜英、山茶、厚皮香、瑞香、杨梅、广玉兰、女贞、金桂、银桂、丹桂、龙柏、蜀桧柏、日本柳杉、侧柏、珊瑚树、茶花、美人茶、乐昌含笑、黑松。

紫玉兰、乌桕、重阳木、悬铃木、银杏、垂柳、水杉、河柳、枫香、合欢、榔榆、桑树、蜡梅。

海棠、蔷薇、樱花、李、桃、三角枫、无患子、栾树、枣树、木槿、木芙蓉、青桐、石榴、鹅掌楸、金钱松、朴树、辛夷、红叶李、红叶桃、红梅、红枫、鸡爪槭、羽毛枫、木绣球、榉树、七叶树、柿树。

方竹、毛竹、刚竹、紫竹、金镶玉竹、孝顺竹、琴丝竹。

火棘、扶芳藤、栀子、紫荆、鸡爪槭、杜鹃、常春藤、络石、紫金牛、醉鱼草、凌霄、绣球、紫藤、四照花、金银花、千屈菜、茶梅、龟甲冬青、八角金盘、十大功劳、胡颓子、铺地柏、红花檵木、黄杨、月季、金丝桃、南天竹、野迎春、绣线菊、红瑞木、金钟、薜荔、百慕大草、黑麦草、吉祥草。

九、铺装设计

基于整个园区的地中海风情与生态自然的定位，庭院所采用的铺装材料应比较自然，材质选用颜色和肌理变化都较为丰富的暖色材料，突出住宅的舒适性，主要区块铺装材质选用暖色的花岗岩和色调协调的砂岩板、水洗石及火烧板等，辅以鹅卵石、洗米石、自然石与木材，形成自然丰富的材质肌理。入户及部分主要休息空间采用以暖色陶土砖为主的铺装形式，营造一种居家的归属感，整体铺装风格强调色彩鲜明而大方稳重。

十、设施小品

景观小品设计应配合各个不同的功能区，在构成语言上互有呼应、气质相近，增强区块各个部分的有机联系，依据人行走特点及需要合理配置景观小品。露天座椅、条凳等造型需要与环境中的其他造型元素统一、协调，材料主要选用触感和质感较好的木材、石材，也可适当选择混凝土、玻璃钢、金属等材料。

对车挡、窨井盖、树箅子等小品应做专门设计。

十一、夜景灯光

照明设计着重夜景的效果照明，强调点（重点标志景观）、线（岸线、桥、廊）、面（大面积软硬质公共空间），结合综合照明与聚光灯，突出重点标志景观，营造园区夜间高雅、宁静的氛围。五大公共空间为重点照明区域，与水系结合的地方采用冷色光源，道路、入口等则采用暖色光源，具体灯具采用：

1）庭院灯——用于主道路照明，布置于主路两侧人行道或绿化带上。

2）落地型投光灯——用于雕塑植物及部分小品照明，布置于树下和小品旁。

3）埋地式泛光灯——依景观需要布置于重点公共空间。

4）磨砂玻璃泛光带——布置于滨水重点区段的木平台地上。

5）草坪灯及点光源——布置于开敞的草地及灌木等景观点上。

附设计图纸（略）。

思考与练习

1．功能分区和景观分区有什么不同？功能分区在方案设计中有什么意义？

2．从概念到形式设计要考虑哪些因素？

3．你认为小区绿地总体规划设计应主要解决哪些问题？

3 项目实践二

建筑环境的植物造景设计

3.1 公共建筑及广场环境的植物造景设计

学习目标 ☞ 会做居住小区（或城区）的公共建筑及环境的植物景观详细设计。

技能要求 ☞

1. 会有针对性地进行公共建筑及环境的绿化构思与分析；
2. 能做出针对公共建筑及环境特点的详细植物造景设计及绘图。

工作场境 ☞ 工作（教、学、做）场所：一体化制图室、综合设计工作室及基地现场。

工作情境：学生模拟担任公司设计员角色，学习、操作并掌握设计员岗位基本工作内容；在这里教师是设计师、辅导员。理论教学采用多媒体教学手段，以电子案例和设计文本实物增加感性认识，教师要进行现场操作示范，学生要进行操作训练，可结合居住小区或城区公共建筑模拟绿化建设项目或教师指定的实际设计项目进行有针对性的教学和实践。

1. 提供实际设计文本，供学生观摩，提高感性认识、兴趣和求知欲；
2. 采用多媒体教学手段，通过项目、案例教学使学生掌握小区（或城区）公共建筑环境绿化设计的内容、原则和要求；
3. 本节基本的“教、学”环节结束后，“做”的环节为：课外个人独立或分组（分工协作）完成实训总作业。

公共建筑是居住区规划中的重要组成部分，与满足居民物质生活和文化生活的需要，方便居民日常生活和活动有着密切的关系。公共建筑个性的外形，丰富了居住区建筑的艺术面貌，居住区的公共绿地也常与公共建筑结合布置，相得益彰，取得良好的环境效益和社会效益。

居住区公共建筑以满足本区居民日常生活的必要需求而设置，并且分为以下几级。①居住区级：主要包括专业性服务设施，如俱乐部、医院、影剧院、银行、邮电局和居住区级行政机构等；公共建筑合理服务半径为800～1000m。②居住小区级：包括菜场、综合商店、幼儿园、托儿所、小学、中学等；公共建筑合理服务半径一般为400～500m。③居住生活单元级：包括小商店、活动室、卫生站、居委会等；公共建筑合理服务半径一般为50～200m。

公共建筑的内容和项目，随着人民文化生活水平的提高，社会生活组织的变化及当地居民生活习惯而异。居民经常使用的公共建筑，如菜场、综合商店、中学、小学、幼儿园、托儿所、居委会、文化活动站等；居民非经常使用的公共建筑，如服装店、五金店、家具店、银行、医院、影剧院、洗衣店、照相馆、派出所等。公共建筑在居住区的规划布置，是集中与分散相结合的。居住区级的公共建筑一般相对集中布置，主要是文化商业服务设施，以形成居住区中心。

商业服务网点一般有如下几种布置方式。①集中成片布置。②沿街布置，是常用的方法，方便居民、丰富街景。可沿街的一侧，或沿街的两侧布置，有的还与居住区主入口道路结合布置。③分散布置。将居民经常要去的早点铺、日用百货店、小副食店等分散布置。

在城市环境中，还有城市级或者城区级的公共建筑，和居住区级的公共建筑内容相近，只是规模更大，建筑体量更高，很多情况下和城市街道或者城市广场结合在一起，并面向全体市民。

在各类大小公共建筑中，以商业、文化建筑及中小学建筑及其环境的绿化设计比较全面而复杂；其他大小公共建筑设计只要尽量绿化，满足建筑的功能和艺术要求即可，不再一一阐述。

3.1.1 公共建筑环境植物造景设计内容、操作步骤与方法

1. 公共建筑植物造景设计的主要内容

公共建筑大部分属于商业、文化建筑，主要由商场、超市、酒店、电影院、俱乐部等主要建筑组成，并且通常和商业、文化集散广场联系在一起，植物造景设计的内容分别有建筑出入口、建筑周边基础栽植、墙面窗台绿化、广场入口绿化、广场环境绿化设计等。

若是在某个整体项目绿化设计方案的基础上进行的单体项目设计，则只要绘制详细设计和施工图设计两个阶段的设计平、立、剖（断）面图即可，如有需要，在详细设计阶段可加绘景点透视图；若是作为单独且相对完整的设计项目，那么，在详细设计之前，应加绘方案设计阶段的平、立面图及景点透视图；当设计面积较小时，可将方案设计和详细设计阶段合并，直接绘出详细设计图（图3-1～图3-4）。

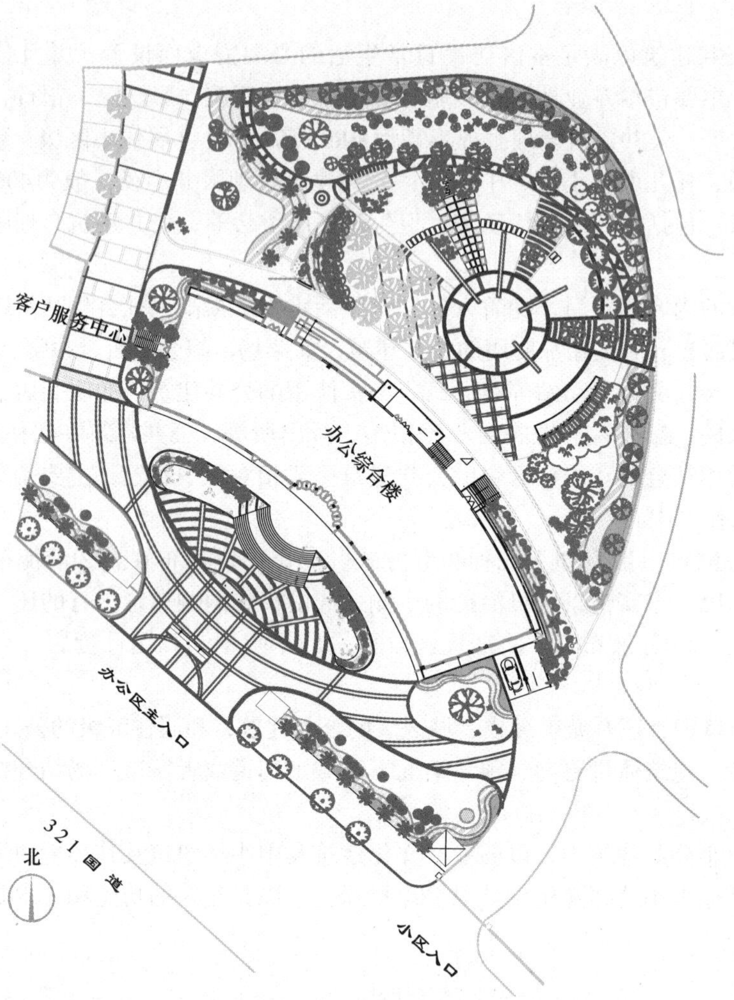
客户服务中心
办公综合楼
办公区主入口
321国道
北
小区入口

图3-1　某公共建筑环境植物造景设计平面图

2．设计操作步骤与方法

设计操作步骤一般是从小区绿化总体方案设计开始一直到各部分施工图的绘制。如果作为一个整体项目，都是由同一家单位（或个人）做的，那么各部分的详细设计就是在小区总体方案设计的基础上进行的，不再重复进行接受设计任务和基地勘察的工作，最多只是在原来基础上进行一些较为具体的补充勘察；而如果各部分详细设计是不同单位来做，那么同样应该从头开始，并要基本遵循前面所做的总体设计方案的精神；其设计步骤应该为：接受设计任务→基地勘察与分析→方案（初步）设计→详细（扩初）设计→施工图设计→后期服务等。

由于基地勘察与分析的方法与小区总体方案设计阶段的要求相近，在此不再重复。就小区或城区公共建筑的内容和方式而言，设计操作可按由外及内的方式进行。由外及内方式的特点是可以从公共建筑环境的外围或周边开始进行绿化布置，然后依次进行集散广场入口、

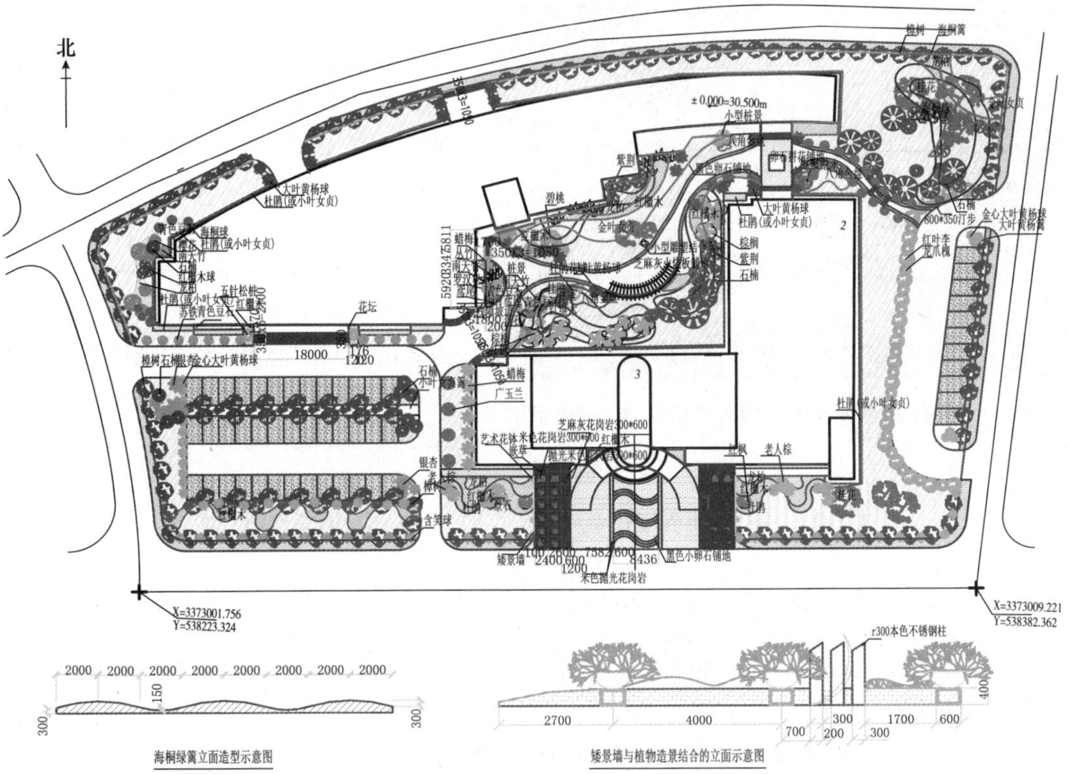
北
海桐绿篱立面造型示意图
矮景墙与植物造景结合的立面示意图
r300本色不锈钢柱
X=3373001.756
Y=538223.324
X=3373009.221
Y=538382.362
±0.000=30.500m

图3-2 某公共建筑环境植物造景设计平、立面图

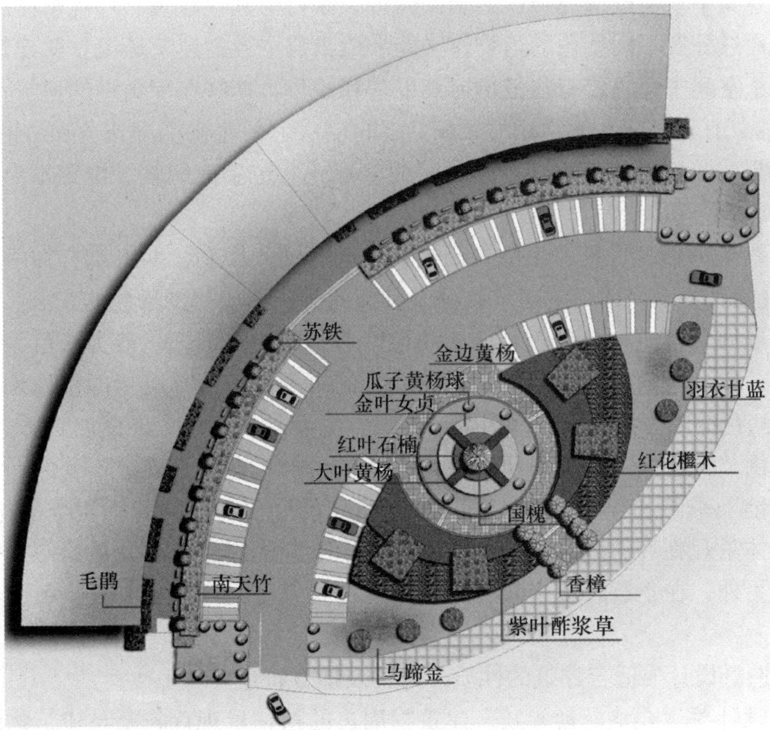
苏铁
金边黄杨
瓜子黄杨球
金叶女贞
红叶石楠
大叶黄杨
羽衣甘蓝
红花檵木
国槐
毛鹃
南天竹
香樟
紫叶酢浆草
马蹄金

图3-3 某公共建筑环境植物造景设计平面图

图3-4　某公共建筑环境植物造景设计景点透视图

广场环境、公共建筑入口、建筑角隅、基础栽植及墙窗绿化点缀等；也可按由内及外的方式进行，由内及外设计方式的特点是先设计核心建筑边缘（公共建筑入口、建筑角隅、基础栽植及墙窗绿化点缀等），然后进行集散广场环境绿化（广场入口、广场环境绿化），最后进行整体环境的外围布置。这两种设计方式的共同点都要做到功能或景观分区明确，整体构思成竹在胸，然后按一定顺序深入完成。

3.1.2　公共建筑环境植物造景设计的原则和要求

1．公共建筑环境植物造景设计的原则

（1）植物造景设计应完善建筑物的形象，柔化建筑生硬的线条，加强建筑的美感，赋予建筑以生机

植物造景设计首先要与建筑环境相协调，与建筑造型相匹配。植物布置是融汇建筑与其环境最为灵活、生动的手段，利用植物可把建筑与建筑之间、建筑与环境之间统一在一个整体的景观意象中。通过选择合适的基调树种，获得与其他建筑、环境整体的统一和谐，在此前提下，通过配置不同特色的植物，又能形成具有个性的建筑环境。就建筑本身而言，最忌完全暴露于空间中，总要有些植物掩其根基和棱角。掩映在绿荫中的建筑，或露出顶、或露出檐、或露出门窗，虚虚实实间丰富了空间层次，使生硬的建筑立刻变得柔情万种，富有画意。如果建筑物的体量过大或过小，建筑形式、色彩有缺陷、位置不当等，都可借植物来弥补。

建筑物的线条一般多平直、生硬，而植物枝叶弯曲、柔和，两者结合在一起"刚柔相济"；植物配置是否得当，还影响建筑物旁及其门窗洞口对于周围景色的获取。另外，树叶的绿色，往往是调和建筑物各种色彩的中间色。建筑物的墙面，一般为淡色，能衬托各种花色、叶色。一般淡色的花木，特别是先花后叶的树木则宜选择高大的植株来配置，做到淡色的花不以淡色的墙面为背景，而以蔚蓝的天空为背景，对比效果更加明显。

建筑物是由"无生命"的材料所组成的，其位置与形态也是固定不变的；植物则是有生命的，并且能随季节和年龄的变化而产生一系列的变化。植物的季相变化与生长发育，使园林建筑整体景观在春、夏、秋、冬四季也产生不同的时空变化，从而使凝固的建筑显得生动活泼。另外，在建筑环境中栽种植物，可使建筑空间产生春、夏、秋、冬的季相变化（图3-5）。

（2）植物造景设计要适合建筑的性质、风格及地方特色

植物造景设计要适合建筑的性质　建筑物周边的植物景观首先要与建筑物的性质相符

合，从而增强建筑主题思想的表现，这就要求“立意在先”。这点可从古典园林建筑的植物配置中得到启发。

图3-5　植物景观完善建筑形象

以传统园林为例，皇家园林反映帝王至高无上的地位，建筑体量庞大、色彩浓重、布局严整，所以往往在植物配置上选用圆柏、桧柏、油松、白皮松等树体高大、四季常青、苍劲延年的树木，寓意兴旺不衰、万古常青。江南古典园林重在体现士大夫清高、风雅的情趣，建筑色彩多为淡雅、灰顶、白墙，栗色的梁柱和栏杆，常配置竹、梅、芭蕉等充满诗情画意的乔、灌木，一来烘托气氛，二来小中见大，形成“咫尺山林”的感受。又如在纪念性园林中，建筑庄严、稳重，植物可选桧柏来象征革命先烈高风亮节的品格和永垂不朽的精神，配置方式一般采用规则的对称形式。

图3-6　植物造景设计对商业建筑的烘托

公共建筑（诸如展览馆、电影院、行政机构等）的植物配置可采用树形整齐、大气的植物，并以常绿树为主，呈规则式布置，形成庄严、整齐和恢宏的气势。俱乐部、商场、中小学等公共建筑，可采取混合式布置，主体建筑周围规则些，其他地方可采用自然式布置，统一中有变化，营造丰富自然而略显稳重的氛围。植物种类宜丰富些，常绿树与落叶树、乔木与灌木相结合，并注意表现公共建筑的性质与个性特点（图3-6）。

植物造景设计要与建筑风格及其地方特色相协调　建筑物周边植物种类的选择与配置，必须与建筑物风格一致，同时也要体现建筑所处的地方特色。植物与建筑物都有各自的风格表现，在配置植物时，一定要注意使两者风格相协调。如果在具有民族特色的建筑物旁栽植南洋杉之类的外来树种，或种植印度橡皮树、棕榈、椰子等，就会显得不协调；而同样的树种若种在西式风格的建筑物旁，则能彰显和谐景致（图3-7）。

图3-7　植物造景设计与建筑的风格要相适应

植物造景设计要符合建筑物的功能要求　植物配置还应符合建筑物的功能要求。任何建筑物都具有其特定的性质及使用和艺术上的功能，植物配置应与此相适应。

如宗教建筑旁宜选用树形高大、古拙、长寿的树种，如银杏、菩提树、榕树、槐树、松柏类、七叶树等；而导游建筑及小品旁宜种花繁叶鲜的植物，起标志作用；需要安静的空间可用密植的树丛、树篱加以分隔。

除美学功能外，建筑物往往具有特定实用功能，有时可通过植物加以强化和引导。如建筑物旁种一株高大且特殊的树（如花繁色艳的树种），可起到导游的作用；而厕所需要借植物来隐蔽；座椅与亭架需要大树或藤本植物来遮阴；建筑庭院也多借密集的树丛、树篱来起隔离的作用（图3-8）。

（3）植物造景设计应提升建筑的内涵

植物设计不仅要符合建筑性质和功能，更要起到画龙点睛、提升建筑内涵的作用。一方面，可通过植物来命名建筑，点明观赏内容，暗示建筑的功能；另一方面，可将室内外空间意趣加以融汇，使建筑和植物情景交融（图3-9）。

图3-8　植物造景设计与建筑的实用功能要相适应

图3-9　植物景观提升建筑内涵

植物是最丰富多彩、灵活多变的造景要素，展现出生机勃勃的自然生命景观，在建筑周围表达着纷繁复杂的意境。以多种多样的植物配置组成的植物景观，供人们欣赏自然美；完美的植物配置也给建筑带来较好的视觉效果，增加了建筑的动态美，而植物配置群体所产生的生态效应也给人们带来了良好的环境效益。

（4）注意协调建筑物与周边环境的关系

建筑物或构筑物因造型、尺度、色彩等原因与周围园林环境不相称时，可用植物来缓和或消除这种矛盾。如杭州饭店位于孤山南麓的西湖边，由于体形过于高大，与秀丽的西湖景色极不协调。它本身虽然不是园林建筑，却处于西湖风景区中，直接影响西湖的景观。但是由于它建于原凤林寺旧墟址，利用了寺前四株高大的香樟树作隐蔽，从而克服与西湖风景不协调的问题。此外，园林中的某些服务性建筑，如厕所等，由于位置不合适而破坏景观，也往往借助植物配置来处理和改变这种情况。

① 自然式配置。植物的自然式配置是通过与植物群落和地形起伏的结合，从形式上表现自然，立足于将自然环境引入建筑周围。在设计自然风景时，应从自然界中选择美的景观片段加以运用，避免不和谐的因素，从而使现代建筑协调地融入自然景观之中。

② 规则式配置。很多现代建筑形体规则、庄重，由于场地的限制，其周边环境也多以直线形为主。因此，规则式的植物配置在现代建筑中多有应用，常见的形式有树阵等。这

种配置方式能够更好地符合建筑的外部形象及室外环境的使用功能。

③ 保护型配置。在对建筑及其周围环境中的植被状况和自然史进行调查研究，以及对区域植物配置与生态关系进行科学分析之后，应选择符合当地自然条件并能反映当地景观特色的乡土植物，通过合理调配及组合，减少配置不当对自然环境的破坏，以保护现状良好的生态系统。因此，在对这类建筑周边环境进行植物造景设计时，不是想当然地重复流行的形式和材料，而是要适当地结合气候、土壤及其他条件，以地带性乡土植物群落展现地方景观为主。

④ 季相型配置。利用花冠木、色叶树随着季节变化而开花和叶色转变等现象，来表达时序更迭，展示建筑四维空间的景观，这对于丰富园林绿化景观有着很好的效果。一般而言，春季重在观花，夏季要求浓荫，秋季可用色叶树，冬季则松柏傲霜。

2. 公共建筑房前屋后环境的植物造景设计

植物造景设计如果要细致深入，一般对紧贴每座公共建筑的周边环境也要进行植物布置。周边的植物种植不仅加强了建筑本身的艺术形象，植物柔美的姿态与丰富的色彩同样拭去了建筑冷硬的线条和单调的色泽，让人为的艺术和自然的巧作配合得天衣无缝；同时，植物释放出的氧气和香味也改变了建筑环境中的空气，增加了空气清新度。建筑的周边环境主要考虑以下几个地方：建筑出入口、窗下、基础、墙角、墙体及过廊等。

（1）公共建筑入口绿化

无论是建筑还是庭院的入口，都被视作是设计的重点，因为它不仅是“内”与“外”和“彼”与“此”的划分点，更为初来此处的人留下难忘的第一印象。用绿化加强、美化入口可以说是“画龙点睛”。在一些大型公共建筑入口前，植物景观强化了建筑的入口标志，还能制造出层次鲜明的造型。在入口处进行绿化组织时，首先要满足功能要求，不要影响人流和车流的正常通行及阻挡行进的视线；其次入口的绿化要能反映建筑的性质与特点。如宾馆门前的绿化可用花坛及散植的树木来表达轻松和愉快的气氛，从而使人有宾至如归之感（图3-10）。又如纪念性建筑入口前常植规整的松柏来表现庄严、肃穆的气氛。

强调入口的绿化方法一般有诱导、引导和对比法。诱导法是在入口处种植具有明显特征的绿化植物，让人在远处就能判断出此处为入口（图3-11），如种植可观赏的高大乔木或设置鲜艳的花坛等。引导法是在道路两旁对植绿化，使人在行进过程中视觉被强化与引导。对比法是在入口处通过变化的树种、树形和绿化的颜色等使人的视觉连续接受刺激，从而引起人们对入口的注意。在建筑入口处配置绿化一般要考虑建筑入口的形式，可与入口形成对比与协调，也可采用对称式或自由式。入口前绿化用对称的形式可表现得端庄大方，用不对称的形式则比较活泼，有动态感，当然同时要考虑周围的环境，即要考虑总体环境效果。

（2）建筑的基础栽植

建筑前的植物配置应考虑树形、树高和建筑相协调，应和建筑有一定的距离，并应和窗间错位种植，以免影响通风采光；还应考虑人的集散，不能配置得太密集，应根据种植设计的意图和效果来考虑种植。

建筑向阳一面的植物选择范围广，配置丰富，空间处理要有特色，可考虑居民入内做短暂休闲。基础栽植要注意不能遮挡建筑采光。靠近窗台附近可栽植略高或略低于窗台的灌木。在两窗之间，如果间距较大则可考虑种植小乔木，间距较小可植灌木（图3-12和图3-13）。建筑背阴面范围大小与建筑物高度、建筑之间的距离、太阳的入射角度有关。建筑背阴面可选择种植耐阴、耐低温的植物。

建筑的基础种植应考虑建筑的采光问题，不能离得太近，不能过多地遮挡建筑的立面，同时还应考虑建筑基础不能影响植物的正常生长。

图3-10　公共建筑入口绿化之一

图3-11　公共建筑入口绿化之二

图3-12　公共建筑基础栽植之一

图3-13　公共建筑基础栽植之二

（3）建筑墙面及角隅绿化

墙的正常功能是承重和分隔空间。在园林中可利用墙体南面良好的气候特点来引种和栽植一些美丽的不抗寒植物，继而发展成墙园。一般的墙园都用藤本植物，或经过整形修剪与绑扎的观花、观果灌木，甚至乔木来美化，还可辅以各种球根、宿根花卉作基础栽植。常用的种类有紫藤、木香、蔓性月季、地锦、五叶地锦、猕猴桃、葡萄、凌霄、金银花、五味子、西番莲、迎春花、连翘、火棘、银杏、广玉兰等。经过美化的墙，环境气氛倍增。园林中的白粉墙如同画纸一般，通过配置观赏植物，可形成美丽的画卷。常用的观赏植物有红枫、山茶、木香、杜鹃、枸骨、南天竹等，或选用芭蕉、修竹等。为加深景色，可在围墙前作起伏地形，植物错落其上，墙面若隐若现。在黑墙前，宜配置开白花的植物，如绣球荚蒾、绣线菊等。一些山墙、城墙，如有薜荔、何首乌等植物覆盖遮挡，则极具自然之趣。

墙前的基础栽植宜规则式，与墙面平直的线条一致。应充分了解植物的生长速度，掌握其体量和比例，以免影响室内采光。在一些花格墙或虎皮墙前，宜选用草坪和低矮的花灌木，以及宿根、球根花卉等（图3-14和图3-15）。高大的花灌木会遮挡墙面，易喧宾夺主。建筑的角隅线条生硬，通过植物配置可缓和气氛，故宜选择观果、观叶、观花、观干等植物成丛配置，也可作地形处理，竖石栽花，再植些优美的花灌木以组成景观（图3-16）。

图3-14 建筑墙面绿化之一

图3-15 建筑墙面绿化之二

天井等室内空间在绿化时留有种植池，应选择对土壤、水分、空气湿度要求不太严格、观赏价值较大的观叶植物（如芭蕉、鱼尾葵、棕榈、一叶兰、巴西木、绿萝、红宝石等）进行种植。

（4）公共建筑阳台与窗台绿化

阳台与窗台绿化是室内外联系与接触的媒介，它不仅能使室内获得良好景观，而且也丰富了建筑立面，并美化了城市景观。根据阳台的不同形式，所得到的日照与通风情况不同，也将形成不同的小气候，这对于植物选择会有一定影响。要根据具体情况选择不同习性的植物。种植的部位有以下两个。一是阳台板面，要根据阳台的面积大小，选择植株的大小，但一般植株可稍高些，采用阔叶植物效果更好；大的阳台可设计成屋顶花园。二是阳台栏板上部，可摆设盆花或设槽栽植，花卉可设置成点状、线状（图3-17）。此处不宜种植太高的花卉，因为这有可能影响室内的通风，也会因放置不牢造成安全隐患。

健坤馆

图3-16 建筑角隅绿化

窗台绿化一般用盆栽的形式来管理和更换。根据窗台大小，一般要考虑置盆的安全问题，另外窗台处日照较多，且有墙面反射热对花卉的灼烤，故应选择喜阳耐旱的植物。无论是阳台还是窗台绿化都要选择叶片茂盛、花美色艳的植物，才能引人注目。另外，还要使花卉与墙面及窗户的颜色、质感形成对比，相互映衬。如商业建筑的窗台植物装饰可结合趣味小品及商品特点等来布置（图3-18）。

图3-17　公共建筑阳台绿化

MANUFAKTURA
MANUFAKTURA

图3-18　公共建筑窗台绿化

操作训练

公共建筑环境植物造景设计

由教师提供某公共建筑及环境原始平面图，进行植物造景设计方案设计创作训练，课内主要绘制平面、立面和景点透视草图；课外可绘制正图并制作设计文本。

3．公共建筑集散广场或附属绿地的植物造景设计

（1）公共建筑集散广场的植物造景设计

公共建筑集散广场的布置和环境特点　小区或城区公共建筑面向广大居民，满足居民购物、娱乐、学习、集会活动的需要；因此一般在公共建筑周边，尤其是靠近主入口处一般都有一定的集散广场，以满足人们集会活动的需要。分散布置的公共建筑一般有附属的小集散广场（图3-19）；沿街布置的公共建筑集散广场其实就是步行街（图3-20）；集中

图3-19　分散布置公共建筑的集散广场

图3-20　沿街布置公共建筑的集散广场——步行街

布置的公共建筑一般都有中心集散广场等（图3-21）。几乎所有的建筑都和外环境直接或间接相联系，尤其是在日益注重生态环境的今天，即使建筑密度最大的城市中心商业区也会见缝插针地考虑种植树木或设立花台。

图3-21 集中布置公共建筑的中心集散广场

在城区，当若干公共建筑和道路绿地群集时，往往在中心围合区域形成或设置广场，成为城市广场。因此，城市广场其实是指由公共建筑物、道路和绿地区域等围合或限定形成的开敞公共空间，它也是按城市的功能需要而设置的场所。城市广场通常是居民社会活动的中心，广场的使用功能有组织集会、提供交通、组织居民游览休息、组织商业贸易的交流等。广场本身具有社会化的特性，它的主题思想代表了城市的风貌与文化内涵，以及城市景观环境特点。

公共建筑集散广场植物配置的基本方式　公共建筑集散广场绿化，既要考虑集散广场本身的功能、性质和形式，也要兼顾公共建筑的功能、性质和形式。从功能上讲，文化休闲集散类广场主要提供在林荫下的休息环境，所以可以多考虑铺装，结合树池及花坛、花钵等形式。有些广场如交通广场的绿化还要有吸尘减噪之用。广场绿化还要和广场的其他要素作为一个整体统一协调，大树应作为重要的构成元素，融入广场的整体设计中。同时尽可能采用立体绿化，扩大实际绿化面积，并借此划分出多层次的领域空间以满足多样化的功能需求。

① 排列式种植：采用乔、灌、草、花配置，主要用于广场周围或长条形地带，起阻隔、遮挡的作用，在垂直面构图上作为背景存在。

② 集团式种植：用花卉、灌木、乔木组成树丛，再把一个个树丛有规律地排列在一定的地段上，形成比较丰富的景观效果，避免排列式的单调。

③ 自然式种植：植物配置疏密相间、错落有致，形成自然式的生物群落形态，是一种灵活的布置方式。

根据形状、习性和特征的不同，城市广场上绿化植物的配置，可以采取一点、两点、线段、团组、面、垂直或自由式等形式。在保持统一性和连续性的同时，显露其丰富性和个性。例如，在不同功能空间的周边，常采用树篱等方式进行隔离，树篱通常选用大叶黄杨、小叶黄杨、紫叶小檗、绿叶小檗、侧柏等常绿树种；花坛和草坪常配置30～90cm的镶边，起到阻隔、装饰和保持水土的作用。

花坛虽然在各种绿化空间中都可能出现，但由于其布局灵活、占地面积小、装饰性强，在广场空间中出现得更加频繁。既有以平面图案和肌理形式表现的花池，也有与台阶等构筑物相结合的花台，还有以种植容器为依托的各种形式。花坛不仅可以独立设置，也可以与喷泉、水池、雕塑、休息座椅等结合。在空间环境中除了起到限定、引导等作用外，还可以由本身优美的造型或独特的排列、组合方式而成为视觉焦点。

公共建筑集散广场绿地植物选择　公共建筑集散广场由于独特的功能要求，其绿化方式应区别于公园。在相对有限的空间里不仅要满足集会、交通、休闲功能，还要起到调节城市空间节奏和韵律的作用，同时满足改善城市生态环境的需要，因此，公共建筑集散广场绿地的植物选择应考虑以下三点。

① 植物配置与选择要充分考虑广场的类型和功能要求。城市广场的类型多样，功能定位和用途也不相同，绿地的植物选择与配置要符合广场的功能要求。例如，公共活动广场（如影剧院和展览馆等建筑物前的广场、客运站前广场）一般面积相对较大，周边种植高大乔木，能够更好地衬托广场的空间。这类广场绿化应适应人流、车流集散的要求，要创造出比较开阔、明快的效果，应有可进入的较集中的开放绿地。植物配置以疏松通透为主，保持广场与绿地的空间呼应。

② 植物配置与选择要适应广场的环境特点。植物是具有生命的设计要素，其生长受到土壤、日照、风力、温度和湿度等因素的影响，因此设计师在进行设计之前，必须了解广场相关的环境条件，再确定、选择适合在此条件下生长的植物。在城市广场等空地上栽植树木，土壤作为树木生长发育的“胎盘”，无疑具有举足轻重的作用。因此，土壤的结构，必须满足以下条件：可以让树木长久地茁壮成长；土壤自身不会流失；对环境影响具有抵抗力。

③ 广场绿化中不同类型植物的选择标准如下。

树木的选择：冠大、荫浓，夏季成荫效果好；耐瘠薄、抗性强；尽量不产生污染物，有些树时常落果或产生飞毛、飞絮，可以通过选择雄性或选育无果无性系来解决。

花卉的选择：花期长，耐粗放管理；花色艳丽、花形奇特；四季有花。

草坪的选择：绿期长；耐踩踏；耐粗放管理。

（2）公共建筑附属绿地的植物造景设计

公共建筑周边，有时除了集散广场外，还有一定范围的附属绿地，以起到衬托建筑和供市民短暂休闲的作用。公共建筑附属绿地从植物造景设计上要求大气、疏密有致、层次丰富、主体空间明确，可采用丛植和群植，并可布置花坛、喷水池及休闲坐凳，偶尔也可布置亭廊、花架，但尽量以植物造景为主。绿化整体布局形式以规则式和混合式居多。建筑阳面注意建筑采光，阴面也要注意通风的需要，以绿色为主色调，也可点缀一些与建筑墙面成对比的色叶树，基础栽植有时也可采用花灌木等（图3-22）。

图3-22　独立公共建筑的附属绿地

3.1.3　拓展知识——学校及医疗机构的植物造景设计

居住小区中托幼机构、中小学校及医院也属于公共建筑，在城市区域范围中，规模会更大，植物造景设计的要求会更高。

1. 托幼机构的绿化

托儿所、幼儿园是对婴幼儿进行照顾和学龄前教育的机构。居住区规划中多布置在独立地段，并有较为宽敞的室外活动场地。建筑布局有分散式、集中式两类，且以后者为主。

典型的总平面设计一般可分为主体建筑区、辅助建筑和户外活动场地三部分。主体建筑区是核心，结合周围环境、地形、朝向及各组成部分相互关系统筹安排。辅助建筑一般设于偏僻一角，有条件时开设对外专用出口，条件不足时也要使之与幼儿活动路线分开，不影响幼儿活动，保证安全。辅助建筑包括锅炉房、厨房、仓库、车库、洗衣房等。室外活动场地的布置是总平面设计中的重要部分，有公共活动场地、分班活动场地，有条件时可开辟果园、菜园、专类花园、小动物饲养园等。

（1）托幼机构活动场所的绿化设计

公共活动场地，是幼儿集体活动、游戏的场地，也是重点绿化的地区，在场地内设置沙坑、花架、涉水池、小亭及各种活动器械。这些活动器械可采用幼儿所喜爱的艺术形象，如动物形象化图案等，可以取得良好效果。

在活动器械附近以种植树冠宽阔、遮阴效果好的落叶乔木为主，使幼儿及活动器械在炎夏免受太阳灼晒，冬天仍能晒到太阳。在场地角隅部分种植不带刺的、花色鲜艳的开花灌木和宿根、球根花卉。其余场地应开阔通畅，不宜过多种植，以免影响幼儿活动。

幼儿是按年龄分班的：小班（3～4岁），每班20～25人；中班（4～5岁），每班25～30人；大班（5～6岁），每班30～35人。班组活动场地主要为各班分别作室外活动之用。当建筑成长条形或院落时，园地面积又不大，就不必划成班组专用场地。幼儿在活动场地的树荫下做游戏，场地周围可用植篱围起来形成一个单独空间，场地根据活动要求，有的要用水泥、块石等铺砌。约有40%要铺砌，其余部分铺草地。场地上可植以落叶大乔木，也可设置棚架，种植开花的攀缘植物，如紫藤、金银花等。在角隅及场地边缘种花灌木及宿根花卉。

（2）托幼机构建筑环境的绿化设计

在建筑附近，特别是托幼机构主体建筑附近不宜近栽高大乔木，以免影响室内的通风和日照，一般应在距离建筑5m以外栽植，在建筑近处植以低矮灌木及宿根花卉，作基础栽植。在主出入口附近可布置花坛、花台、水池、座椅等，除美化功能外，还可作为家长接送时的室外休息等待之用。

生活杂务用场地，应与生活管理用房紧密结合，常设在建筑物背面，场地周围以密植的绿篱与其他部分隔开，有条件时可单辟出入口。

在托幼机构用地周围必须种植成行的乔木及灌木绿篱，形成一个浓密的防尘土、噪声、风沙的绿带，其宽度为5～10m。如一侧有车行道，绿化带应以密集式栽植，宽10m左右。

（3）托幼机构博物学观察场所的设计

果园、菜园、小动物饲养园，是幼儿博物学观察场所，是培养幼儿热爱劳动、热爱科学的基地，用地大小依用地总面积的多少而定。一般设在住宅区中的托幼机构面积较小，可在住宅区的一角栽植少量的果树、油料作物、药用花草。这些场地的周围应有低矮的绿篱或栅栏隔离。如面积较大，则这部分的面积可适当扩大，不但可作为幼儿观察、学习的园地，而且还能有物质的收益。如北京某幼儿园，地处西部，面积较大，除绿化布置以外，还开辟相当大面积作果园，果品收获供全园幼儿食用，给幼儿以很好的影响，也是一种很好的教育方式。

（4）托幼机构绿化植物的选择

托幼机构植物选择宜多样化，多植树形优美、色彩鲜艳、物候季节变化显著的植物，使环境丰富多彩，气氛活泼，也可成为幼儿学习自然科学知识的直观教材。另外，不要栽植多飞毛、多刺、有毒、有臭味及易引起过敏症的植物，如悬铃木、皂角、夹竹桃、鸢尾、野漆、凌霄、凤尾丝兰等。

2．中小学校绿化

中小学校有的设在小区用地范围内，有的设立在独立地段。

学校用地一般分为主体建筑用地（教学用房、杂务院、道路等）、体育运动场地（体育场、游戏场等）、自然科学实验园地（种植场、饲养场、气象园地等）。

（1）主体建筑环境的植物造景设计

主体建筑用地的绿化，主要为了在教学用房周围形成一个安静、清洁、卫生的环境，为教学创造良好的条件。其布局形式与建筑相协调，要方便师生通行，多以规则式布置在建筑物周围，要服从教学用房的功能要求，在朝南方向，尤其是实验室前，应考虑室内通风、采光的需要，靠近建筑栽植低矮灌木或宿根花卉作基础栽植，高度以不超过窗台为限，离建筑5m以上才可栽植乔木，以避免影响光线和通风。在建筑东西两侧，栽植高耸树冠的乔木，以遮挡东、西日晒，距离建筑物3～4m为好。学校出入口是校园绿化的重点，在主道两侧种植绿篱、花灌木，以及树姿优美的常绿乔木，使入口主道四季常青，或种植开花美丽的乔木，以常绿灌木为主。建筑物前常有小广场，可设置花坛、花台、饰钵及一些装饰物，两侧绿地铺设草地，还可栽植果树等经济树种（图3-23和图3-24）。

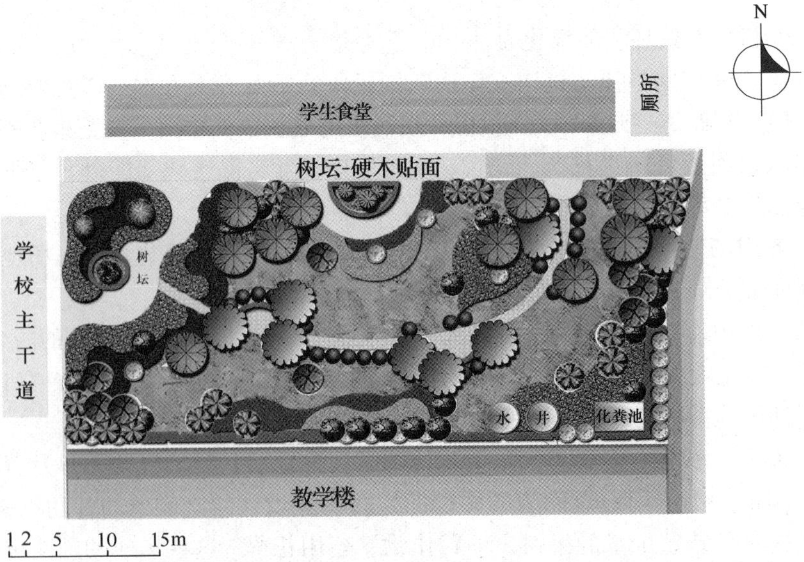
N
学生食堂
厕所
树坛-硬木贴面
学校主干道
树坛
水
井
化粪池
教学楼
1 2 5 10 15m

图3-23　某中学教学楼与食堂之间环境绿化设计平面图

图3-24 某小学教学楼周围绿化实景

杂务院一般设于建筑背面或偏僻一角，以绿篱作隔离。道路绿化以遮阴为主，不要选用飞毛、飞絮的树种，可多用开花的乔木。开花时节，园内花团锦簇，格外美丽。树种丰富时，还可挂牌标明树种，使整个校园成为生物学知识的学习园地。

（2）体育运动场地的植物造景设计

体育运动用地，主要为学生进行体育锻炼的场地，有足球场、篮球场、排球场、田径场、体操场地等，运动场地与教学主体建筑要有一定的距离，两者之间用树木组成紧密型的树带，以免上课时受场地活动声音的干扰。场地周围绿化以乔木为主，可选择物候季节变化显著的树种，如榉、五角枫、乌桕等，使体育场随季节变化而色彩斑斓。少种灌木，以留出较多空地供活动用。

（3）自然科学园地的植物造景设计

自然科学园地应选择阳光充足、排水良好、接近水源、地势平坦之地，地上可以根据自然条件及教学计划要求，分别划出种植园、饲养场、气象园地等活动区，主要目的是结合教学需要，通过对自然现象、生物的观察，增强学生对自然科学知识的理解。在实验园地周围，应以围栏或绿篱作间隔，以便于管理。

一些用地紧凑的中小学要以见缝插绿的办法进行绿化。特别要充分利用攀缘植物进行垂直绿化，能达到事半功倍的绿化效果。

学校用地周围应种植绿篱及高大树木，以防止场地尘土飞扬，减少噪声对附近住宅的影响。

3．医疗机构的绿化

医院也属于公共建筑，面向社区或市民，是医疗保健的场所，其类型有综合性医院、专科医院和其他医疗机构等。

医院中的园林绿地，不仅可以创造安静休养和治疗的环境，而且也是卫生防护隔离地带，对改善医院用地周围的小气候有着良好的作用，如降低气温、调节湿度、减低风速、遮挡烟尘、减弱噪声、杀灭细菌等。医院的绿化不仅美化环境，改善卫生条件，还有利于患者的身心健康，使患者在药物治疗外，在精神上可受到优美的绿化环境的良好影响。这对于患者早日康复有很好的作用。

医院中绿化面积应占医院总用地的50%以上，按不同性质医院的不同要求，以及当地的具体情况有所不同。在疗养性质的医院，如疗养院、结核病院、精神病院等绿化面积可更大些。

根据医院各组成部分功能要求的不同，其绿化布置也有不同的形式。为了阻止来自街道的尘土、烟尘和噪声，在医院用地的周围应种植乔、灌木的防护带，其宽度为10～15m。

（1）综合性医院的绿化设计

现代综合性医疗机构的布局是一个复杂的整体，合理地组织医疗程序，创造良好的卫生条件，是规划的首要任务。既要保证患者、医务人员、工作人员的方便，以及医疗业务和工作中的安静，又要有必要的卫生隔离。各部分绿化要求分述如下。

门诊部分　门诊部位置靠近出入口，人流比较集中，一般均临街，退后红线10～20m，是城市街道和医院的结合部，需要有较大面积的缓冲场地，场地及周边作适当的绿化布置，以美化装饰为主，布置花坛、花台，有条件的可设喷泉、主题性雕塑，形成开朗、明快的格调（图3-25）。喷泉，可以促进空气阴离子的形成，因此在医院里设喷泉是有好处的。广场周围植整形绿篱、开阔的草坪、花开四季的花灌木，在节日期间还可用一、二年生花卉作重点装饰。广场周围还应种植高大乔木以遮阴。门诊楼建筑前的绿化布置应以草坪为主，丛植乔灌木，乔木应离建筑5m以外栽植，以免影响室内的通风、采光及日照。门诊楼与总务性建筑之间应保持20m的卫生间距，并以乔灌木隔离。医院临街的围墙以通透式的为好，使医院庭园内碧绿草坪与街道上绿荫如盖的树木交相辉映。

住院部分　住院部常位于医院比较安静的地段。在住院楼的周围，庭园应精心布置，以供患者室内外活动和辅助医疗之用。在中心部分可有较整形的广场，设花坛、喷泉，放置座椅、棚架。这种广场也可兼作日光浴场，也是亲属探望患者的室外接待处，面积较大时可采用自然式布置，有少量园林建筑、装饰性小品、水池、岗阜等，形成优美的自然式庭园（图3-26）。

图3-25　某医院门诊部入口绿化实景

图3-26　某医院住院部绿化实景

植物布置要有明显的季节性，使长期住院的患者，感到自然界的变化，使其在精神、情绪上比较兴奋，可提高药物治疗效果。常绿树与开花灌木应保持一定的比例，一般为1：3左右，使花灌木丰富多彩。这里还可多栽些药用植物，使植物布置与药物治病联系起来，增加药用植物知识，减弱患者对疾病的精神负担，有利于患者的心理健康，是精神治疗的一个方面。除树木外，不少宿根、球根花卉既有很好的观赏价值，又有良好的收益，也可以适当布置。

根据医疗的需要，在绿地中布置室外辅助医疗地段，如日光浴场、森林浴场、体育医疗场等，并以树木作隔离，形成相对独立的空间。场地上以铺草坪为主，也可以砌块铺装并间以草坪，以保持空气清洁卫生，还可设棚架作休息交谈之用。

一般病房与隔离病房应有30m绿化隔离地段，且不能共用同一花园。

辅助医疗、行政管理、总务及其他部分 除总务部门分开外，辅助医疗与行政管理一般常与住院门诊部组成医务区，不另行布置。晒衣场与厨房、锅炉房等杂务院可单独设立，周围用树木作隔离。医院的太平间、解剖室应有单独出入口，并在患者视野以外，用绿化作隔离。

医疗机构的绿化，除要考虑其各部分使用要求外，其庭园绿化应起分隔作用，保证各分区不互相干扰。另外，在植物种类选择上，可适当种一些有强杀菌能力的树种，如松、柏、樟、桉树等。有条件的还可选种一些经济树种，如果树、药用植物。核桃、山楂、海棠、柿、梨、杜仲、槐、白芍药、牡丹、杭白菊、垂盆草、麦冬、枸杞、醉蝶花、丹参、鸡冠花、长春花、藿香等，都是既美观又实惠的种类。将绿化同医疗结合起来，是医院绿化的一个特色（图3-27）。

图3-27 某医院选用一些保健类植物绿化实景

（2）不同性质医院的一些特殊要求

不同医院应根据自身的性质和环境特点进行绿化。

儿童医院 主要接受年龄在14周岁以下的患儿，在绿化布置中要安排儿童活动场地及儿童活动的设施，其外形、色彩、尺度都要符合儿童的心理与需要，因此要以“童心”感进行设计与布局。树种选择时要尽量避免种子飞扬，不使用有臭味、异味、有毒、有刺的植物，以及引起过敏的植物。还可布置一些图案式样的装饰物及园林小品。

传染病院 主要接受有急性传染病、呼吸道系统疾病的患者，医院周围的防护隔离带具有重要作用，其宽度应比一般医院宽。15～25m的林带由乔灌木组成，并将常绿树与落叶树一起布置，使之在冬天也能起到良好的防护效果。在不同病区之间也要适当隔离，利用绿地把不同患者组织到不同空间中休息、活动，以防交叉感染。患者的活动以散步、下棋、聊天、打拳为主，应布置一定的场地和设施，以提供良好的条件。

3.2 一般住宅建筑与别墅庭院的植物造景设计

学习目标 掌握居住小区中一般住宅建筑及别墅庭院的植物景观详细设计。

技能要求

1. 会有针对性地进行住宅建筑与别墅庭院植物景观构思设计和分析；
2. 能做出针对住宅建筑与别墅庭院人文和环境特点的植物景观详细设计。

工作场境 ☞ 工作（教、学、做）场所：一体化制图室、综合设计工作室及基地现场。

工作情境：学生模拟担任公司设计员角色，学习、操作并掌握设计员岗位基本工作内容；在这里教师是设计师、辅导员。理论教学采用多媒体教学手段，以电子案例和设计文本实物增加感性认识，教师要进行现场操作示范，学生要进行操作训练，可结合居住小区绿地模拟建设项目或教师指定的实际设计项目进行有针对性的教学和实践。

1. 提供实际设计文本，供学生观摩，提高感性认识、兴趣和求知欲；
2. 采用多媒体教学手段，通过项目、案例教学使学生掌握一般住宅建筑与别墅庭院植物造景设计的内容、原则及要求；
3. 本项目基本的“教、学”环节结束后，“做”的环节为：课外分组（分工协作）完成实训总作业。

住宅建筑是居住小区的主体建筑，住宅四周及别墅庭院内的绿化是住宅区绿化的最基本单元，是居民夏季乘凉、冬季晒太阳，就近休息赏景、玩耍、晾晒衣物的重要空间。据调查发现，居民对室外环境需求中最关心的是绿化。一项对北京市2000多户居民的调查显示，72.8%的住户盼望有好的绿化环境，53.2%的住户认为使用率最高的是宅间绿地，63.3%的住户要求绿地里多种些草皮树木，少做纯粹装饰性的雕像、堆石、水池等。同时，宅旁绿化也是区别不同行列、不同住宅单元的识别标志，因此既要注意配置艺术的统一，又要保持各幢建筑之间绿化的特色。另外，在居住区中某些角落，因面积较小，不宜开辟活动场地，可设计成封闭式装饰绿地。周围用栏杆或装饰性绿篱相围，其中铺设草坪或点缀花木以供观赏。

3.2.1 一般住宅建筑与别墅庭院植物造景设计内容、操作步骤与方法

1. 住宅建筑植物造景设计的主要内容

住宅建筑主要包括低层住宅建筑（通常1～3层）、多层住宅建筑（3层以上，通常以6层为主）、高层住宅建筑（7层以上，通常10层以上）及别墅建筑（通常1～3层，有连体别墅和独立式带庭院的别墅）。一般住宅建筑植物造景设计的内容分别有建筑出入口、建筑周边基础栽植、墙面窗台绿化、宅间绿化等；别墅庭院植物造景设计除上述内容外，还有附属庭院的绿化设计。前面在居住小区绿地总体规划设计中已经提到了基本的设计程序和每个步骤的要求。但当进行局部的深入设计前，最好对设计基地各部分进行再次的勘察和征求业主的意见，并在绿化总体设计意向的基础和前提下，进行细致的深入设计。

主要设计图纸有：若是在某个整体项目绿化设计方案的基础上进行的单体项目设计，则只要绘制详细设计和施工图设计两个阶段的平、立、剖（断）面图即可，如有需要，在详细设计阶段可加绘景点透视图；若作为单独的相对完整的设计项目，那么，在详细设计之前，应加绘方案设计阶段的平、立面图及景点透视图；当设计面积较小时，可将方案设

计和详细设计阶段合并，直接绘制详细设计图（图3-28和图3-29）。

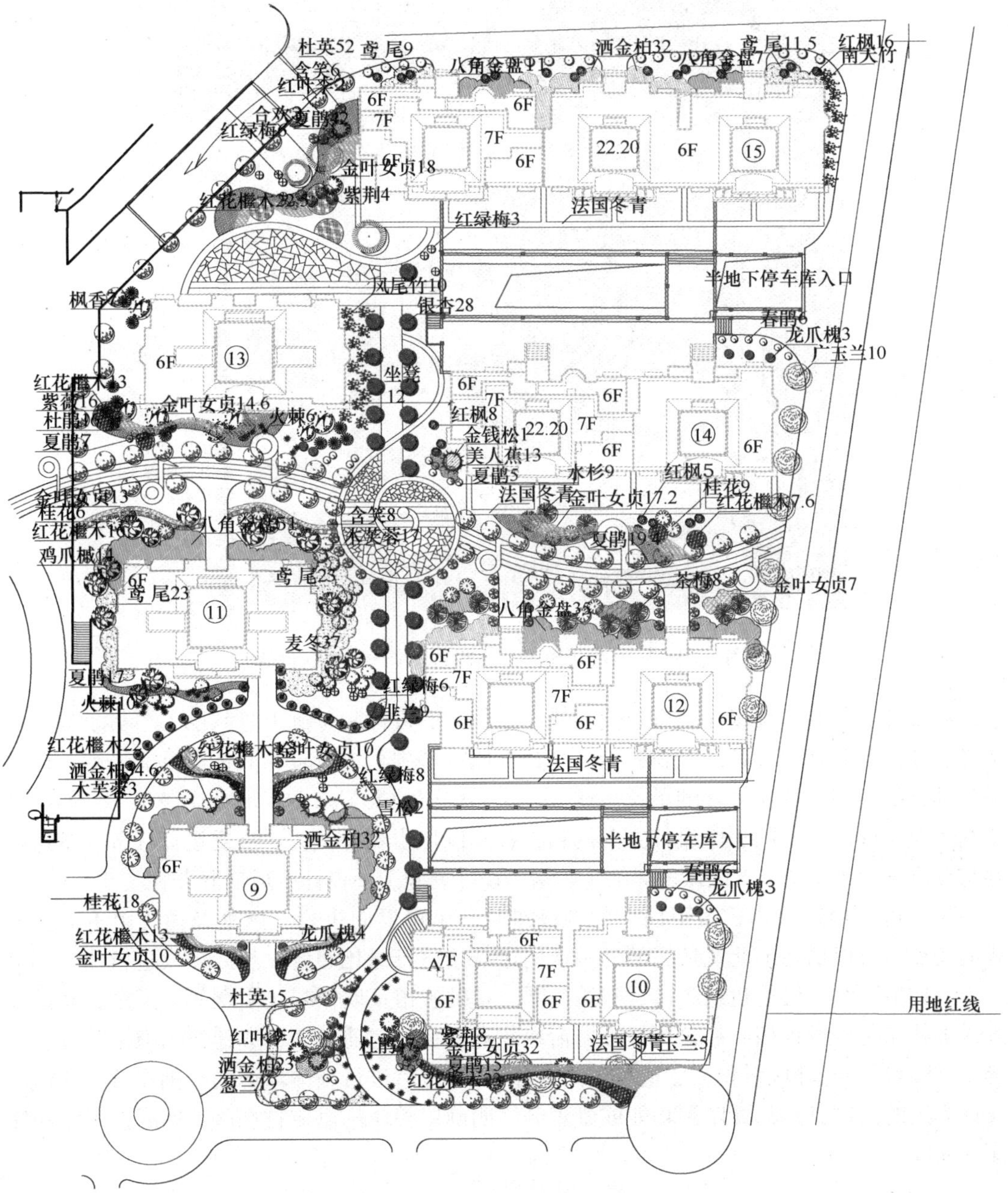
杜英52
鸢尾9
含笑6
红叶李2
合欢3
夏鹃42
红绿梅6
金叶女贞18
红花檵木22.5
紫荆4
八角金盘11
洒金柏32
八角金盘7
鸢尾11.5
红枫16
南天竹
6F
7F
22.20
15
法国冬青
红绿梅3
半地下停车库入口
凤尾竹10
银杏28
枫香7
春鹃6
龙爪槐3
广玉兰10
13
14
紫薇16
杜鹃
夏鹃7
金叶女贞14.6
火棘6
坐凳
12
红枫8
金钱松1
美人蕉13
夏鹃5
水杉9
红枫5
桂花9
金叶女贞13
桂花6
红花檵木16
红花檵木7.6
金叶女贞17.2
八角金盘51
含笑8
木芙蓉17
夏鹃19
鸡爪槭14
鸢尾23
11
茶梅8
金叶女贞7
八角金盘35
麦冬37
夏鹃17
火棘10
红绿梅6
韭兰9
红花檵木22
洒金柏34.6
木芙蓉3
金叶女贞10
红绿梅8
雪松2
洒金柏32
9
桂花18
红花檵木13
金叶女贞10
龙爪槐4
A
10
杜英15
红叶李7
杜鹃47
紫荆8
金叶女贞32
夏鹃15
法国冬青
玉兰5
洒金柏23
葱兰19
用地红线

图3-28 住宅建筑植物造景设计平面图

2．住宅建筑植物造景设计操作步骤与方法

同上述介绍，住宅建筑的植物造景设计操作步骤有两种情况，如果从小区绿化总体方案设计开始一直到各部分施工图的绘制作为一个整体项目，都是由同一单位（或个人）承

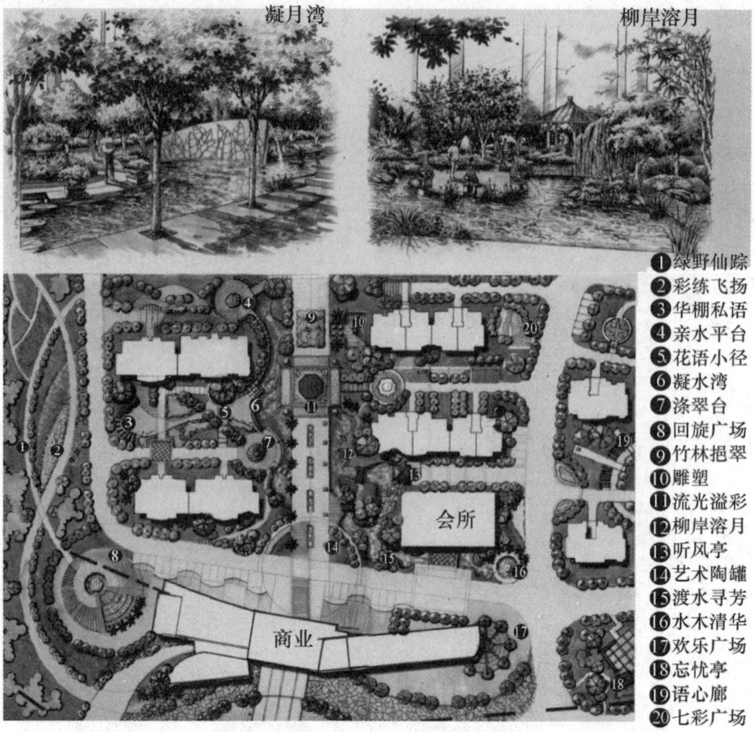
凝月湾
柳岸溶月
❶绿野仙踪
❷彩练飞扬
❸华棚私语
❹亲水平台
❺花语小径
❻凝水湾
❼涤翠台
❽回旋广场
❾竹林挹翠
❿雕塑
⓫流光溢彩
⓬柳岸溶月
⓭听风亭
⓮艺术陶罐
⓯渡水寻芳
⓰水木清华
⓱欢乐广场
⓲忘忧亭
⓳语心廊
⓴七彩广场
会所
商业

图3-29　住宅建筑植物造景设计平面和景点透视图

担，那么各部分的详细设计就是建立在小区总体方案设计的基础上进行的，不再重复进行接受设计任务和基地勘察的工作，最多只是在原有基础上进行较为具体的补充勘察；而如果各部分的详细设计换另外的单位（或人，不同单位的人）来做，那么应该从头开始，且要基本遵循前面所做的总体设计方案的精神；其设计步骤应该为：接受设计任务→基地勘察与分析→方案（初步）设计→详细（扩初）设计→施工图设计→后期服务等。

设计可按由外及内、由下而上的顺序进行，也可反向进行。由外及内、由下而上方式的特点是可以从住宅建筑环境的外围或周边开始进行绿化布置，然后依次进行住宅小道入口、住宅环境、住宅建筑入口、建筑角隅、基础栽植及墙窗绿化点缀等；反之，其设计方式的特点是先设计核心建筑边缘（墙窗绿化点缀、住宅建筑入口、建筑角隅、基础栽植等），然后是住宅环境绿化（住宅小道入口绿化），最后进行整体环境的外围布置。这两种设计方式的共同点是都要做到功能或景观分区明确，整体构思成竹在胸，然后按一定顺序深入完成。

3.2.2　一般住宅建筑与别墅庭院植物造景设计的原则和要求

1．低层及多层住宅建筑房前屋后的植物造景设计

低层行列式的住宅形式在中等城市较为普遍，在住宅向阳面应以落叶乔木为主，采用一种简单、粗放的形式，以利夏季和冬季采光，而且居民在树下活动的面积大，容易向花

园型、庭园型绿化过渡；在住宅北侧，由于地下管道较多，又背阴，只能选耐阴的花灌木及草坪，以绿篱围出一定范围的空间，这样层次、色彩都比较丰富。在相邻两幢建筑之间，可以起隔声、遮挡和美化作用，又能为居民提供就近游憩的场地。在住宅的东西两侧，种植一些落叶大乔木，或者设置绿色荫棚，种植豆类等攀缘植物，把东西向的窗户全部遮挡，可有效地减少夏季的东西日照。在靠近房基处应种植一些低矮的花灌木，以免遮挡窗户，影响室内采光。高大的乔木要在离建筑5～7m以外种植，以免影响室内通风。如果住宅间距为30m宽时，可在其中设置小型游园。在落叶大树下可放置秋千架、沙坑、爬梯、坐凳等，以便老人和儿童就近休息（图3-30）。

图3-30 花坛及小型游戏设施

多层单元式住宅由于建筑层数高、密度大、宅间距离小，其四周的绿化以草坪绿化为主，在草坪的边缘等处，种植一些乔木或花灌木、草花之类；或以常绿或开花的植物组成绿篱，围成院落或构成各种图案，有利于楼层的俯视艺术效果。在树种的选择上，除注意耐阴和喜光之外，在挡风面及风口必须选择深根性的树种进行合理布置，借以改善宅间气流力度及方向。绿化布置还要注意相邻建筑之间的空间尺度，树种的大小、高低要以建筑层次及绿化设计的“立意”为前提。

周边式居住建筑群的中部形成一个围合空间，其中布置充足的绿地和必要的休息设施，可以是自然式或规则式，也可以是开放型或封闭型，都能起到隔声防尘、美化的作用。居民在里边活动时既有围合感，又能看到相当一部分天空，没有闭塞压抑的感觉。

居住在楼房底层的居民通常有一个专用的、用花墙分隔形成的独立庭院。因为建筑排列组合具有完整的艺术性，所以庭院内外的绿化应有一个统一的规划布局。院内根据住户的喜好进行美化、绿化，但由于空间较小，可搭设花架、攀绕藤萝进行空间绿化。

（1）住宅建筑出入口的植物造景设计

建筑的出入口是建筑的主要形象景观，通常要求标志明确，景观效果好，视线、采光及通风俱佳。植物设计应顺应这样的要求进行景观改良，使入口功能更加明确。建筑的出入口因性质、位置、大小、功能各不相同，在植物配置时应充分考虑各相关因素，从而进行合理协调。通常主入口比较大，处于显要位置，出入人流量也较大，因此在植物选择时应优先考虑株形优美、色彩鲜明、具有芬芳气息的类型，在植物配置时也要求简洁大方。与公共建筑出入口的大气相比，私人住宅出入口则应营造出亲切宜人的小尺度空间。次出入口相对较小，处于不显眼的侧面，出入人流相对较少且固定，这样的出入口往往是建筑附属功能的通道，如停车场、后勤用地等，因此在植物选择时宜亲切精致，可以营造一些植物组团景观，以便近距离观赏（图3-31和图3-32）。

（2）建筑墙体植物造景设计

低层和多层建筑的基础种植 建筑墙基是建筑体的基础部分，在建筑结构中起着支持墙体的作用，是整个建筑的承载部分。靠近建筑墙基的灌木种植（一般不高于窗台），一般

图3-31　低层住宅建筑入口绿化

图3-32　低层住宅建筑入口、墙面、窗台绿化

图3-33　低层或多层建筑的基础栽植

称为基础种植。

建筑的基础种植应考虑建筑的采光问题，不能离得太近，避免过多地遮挡建筑的立面，同时还应考虑建筑基础不能影响植物的正常生长。植物可选择较为低矮的花灌木、灌木球或灌木色块等，一般为带状紧密型种植（图3-33）。

建筑墙基植物设计是缓解建筑生硬的边界、与自然和谐过渡的重要手段。在植物设计时，把握好在不破坏建筑墙基以免造成房屋坍塌的原则上，尽量通过植物这一柔美的材料将建筑人工产物和自然完美融合在一起。配合建筑墙基所用的材料，通过它的色彩、质感选择恰当的植物，如建筑墙基的色彩浓艳、质地粗糙，那么植物选择应为纯净的绿色，形成对比和谐统一；如果建筑墙基为灰色调、质地中性，所选择的植物范围既可以是彩色植物也可以是纯净色植物，质地要求也不严格。植物的选择更多地依据建筑的性质，如纪念性建筑应选择庄重的树种。以上的归纳是按常规的配置原则设计的，在很多场所中，可能和建筑基础的色调有些冲突，这时选择的植物保守些则不会出错，但要设计得有个性可能还需要斟酌。在墙基保护方面，要求在墙基3m以内不得种植深根性乔木或灌木，可栽植根较浅的草本或灌木。

建筑墙体绿化　墙体是建筑的主要内容，也是和室外空间接触最多的面。墙体的绿化主要采用藤本植物和盆栽。墙体绿化不仅可以改善墙体的外观，同时还可以改善墙体的冷热程度。因此，墙体绿化主要考虑墙体的自身美感和朝向。

如果墙体自身的美感很强，那么墙体绿化只是适当的点缀。如果墙体没任何美感可言，那么墙体绿化可以起到很好的装饰作用。

在进行绿化时还应考虑墙体的朝向问题，墙体的朝向决定墙体接受阳光照射的强度、所选择植物的阴阳性及常绿或落叶树种的确定。如果是南北朝向可以选择常绿植物，因为太阳的照射对其墙体冷暖程度影响不大；而处于东西方向的墙体则可选择落叶的植物，保证墙体的冬暖夏凉。

建筑背阴面的植物配置与建筑的背阴面离建筑的距离和太阳的入射角度有关系。

如北京地区，阴影长L，建筑高H，（中午时测定）夏至时$L=10.4H$，春秋时$L=0.9H$，冬至时$L=2.3\sim3.2H$。应选择耐阴植物并根据植物耐阴力的大小决定距离建筑的远近，耐阴植物有罗汉松、花柏、云杉、冷杉、福建柏、红豆杉、紫杉、山茶、栀子、南天竹、珍珠梅、海桐、珊瑚树、大叶黄杨、蚊母树、迎春花、十大功劳、常春藤、玉簪、绣球、早熟禾、沿阶草等。

建筑墙角植物造景设计　建筑的墙角棱角分明，看起来十分生硬。墙角的观赏面往往呈一定角度，多数以90°为主，也有呈锐角和钝角的。在植物设计时，可按照观赏角度呈扇形展开，由墙角到外侧，由高到低，犹如盆景的设计（图3-34）。如呈锐角则视线范围小，空间狭窄，这样的角落主要是为了起装饰墙体的作用，选用的植物不必太复杂，观赏距离不必过远，层次也可简单些，往往选用一些浅根性的大型植株作为装饰墙体内侧的植物（如竹子、芭蕉、棕榈等植物），外侧浅根性植物采用花灌木或观赏草作为第二个层次，将视线完全吸引到茂密的植物景观中，而忽略这里是墙角。

图3-34　墙角的植物配置

如呈钝角则视线范围大，空间宽阔，这样的角落可以当作单面盆景来设计，选用的植物可以复杂些，观赏距离也可远一些，这样层次鲜明丰富，根据视距大小可以分为三个，甚至四个至五个。同样由于靠墙基的原因，内侧选用一些浅根的大型植株作为墙体装饰，然后配以开花小乔木（如海棠、桃、李、杏等植物）或大灌木点缀，外侧采用花灌木（如绣球、栀子、八角金盘、海芋等植物）或观赏草作为第三层次，如果视距允许的话，可采用植株矮小的观赏花卉或更低矮的草坪（如三色堇、孔雀草、石竹等植物），中间点缀小雕塑或置石，使植物茂盛而富有层次，景致细腻幽雅。直角按照视距的大小类似于钝角或锐角的设计方法。

（3）建筑门窗、阳台植物造景设计

建筑的窗户主要起到采光、通风的作用，是人们观赏屋外风景的一个主要视点，在进行植物造景设计时也应考虑这里的景观效果。很多人都有坐在窗前观赏窗外树影婆娑、侧耳聆听虫鸣鸟啼的体验，这种自然之形、天籁之音能激发出人们的幻想和美好情绪，往往也可以使激动的情绪得到缓解，令迟钝的思维得到开发，让痛苦的经历得以忘却，使烦恼在这花鸟丛中慢慢消散。这是植物造景设计的源泉，即顺应人们对美好生活的向往，一点一滴去创造。总体而言，窗前植物选择要求株形优美多姿、四季变化丰富、能吸引小鸟，最好是具有香味的植物类型，如桂花、白兰等。在种植设计时，应考虑植株和窗户的高矮、大小，计算窗户间的距离，选择大小适宜的植物。注意最底层建筑窗户的高矮和大小，选择的植株一定要低于窗台或略高一点，但不能过高，以免遮挡观者视线，有碍采光。

建筑窗前的植物选择还要注意窗户的朝向。如果该建筑窗户为东西朝向，则植物最好选择落叶树种，以保证夏日的树荫和冬日的阳光；如果该建筑窗户为南北朝向，这种限制就可以解除，因为太阳升落方向和窗户方向几乎平行或呈小角度。但是大部分建筑并非完全和太阳升落方向平行或垂直，因此其窗户和太阳的照射方向总有一定的角度，就是说人们可能遭受到夏日的暴晒和冬日的阴冷。那么在这样的建筑形式下，窗户前的植物造景设计就可归纳为均采用常绿树种，而为了保证光线和通风，要求植物与建筑之间保持一定的距离。

图3-35　住宅建筑的窗台绿化

窗台绿化一般用盆栽的形式来管理和更换。根据窗台大小，一般要考虑置盆的安全问题。另外，窗台处日照较多，且有墙面反射热对花卉的灼烤，故应选择喜阳耐旱的植物。无论是阳台还是窗台绿化都要选择叶片茂盛、花美色艳的植物，这样才能引人注目。另外，还要使花卉与墙面及窗户的颜色、质地形成对比，相互映衬（图3-35）。

阳台与窗台绿化是室内外联系与接触的媒介，它不仅能使室内获得良好的景观，而且也能丰富建筑立面，并美化城市景观。阳台有凸、凹、半凸半凹三种形式，所得到的日照与通风情况不同，也将形成不同的小气候，这对于植物选择会有一定影响，要根据具体情况选择不同习性的植物。

种植的部位有三种。一是阳台板面，要根据阳台的面积大小，选择植株的大小，但一般植株可稍高些，采用阔叶植物效果更好。二是置于阳台栏板上部，可摆设盆花或设槽栽植，此处不宜种植太高的花卉，因为这有可能影响室内的通风，也会因放置不牢固发生安全问题。这里花卉可设置成点状、线状。三是沿阳台板面向上一层阳台呈攀缘状种植绿化，或在上一层板下悬吊植物花盆做成“空中”绿化，这种绿化能形成点、线甚至面的绿化效果，但要注意不能满植，否则绿化会封闭阳台。

建筑植物配置应考虑树形、树高和建筑的协调，应和建筑有一定的距离，并应和窗间错种植，以免影响通风采光；应考虑人的集散，不能种植得太密集，应根据种植设计的意图和效果来考虑种植。

2. 高层住宅建筑环境的植物造景设计

（1）高层住宅建筑环境的常规植物造景设计

高层住宅建筑一般是指七层以上的建筑，通常为十多层到数十层的高度。考虑到采光和人均绿地的指标，高层建筑之间往往留有较大的绿化空间，这个空间可以作为中心绿地和小游园来设计，当然植物景观是主体，可以有地形变化和小品布置，有道路和小的活动广场。靠近建筑周围也可以有基础栽植，甚至垂直绿化；窗台可统一安排，一般可留给居民自己美化。

高层建筑之间的绿地设计除了要满足在地面上的休闲游乐和健身活动以外，也要注意居民从高层往下的俯瞰效果（图3-36）。无论是规则式、自然式还是混合式，都要求道路要流畅、植物景观要疏密有致、空间序列要有节奏变化，可通过铺装、植物和水体等设计一些创意图案；同时注意植物景观的季相变化，以绿色做基调，色彩宜丰富，还可多种植一些芳香植物，使高层的居民不仅可以观赏美景，有足够的绿视效果，还可以感受"暗香浮动"（图3-37）。

图3-36 高层住宅建筑之间绿化鸟瞰图

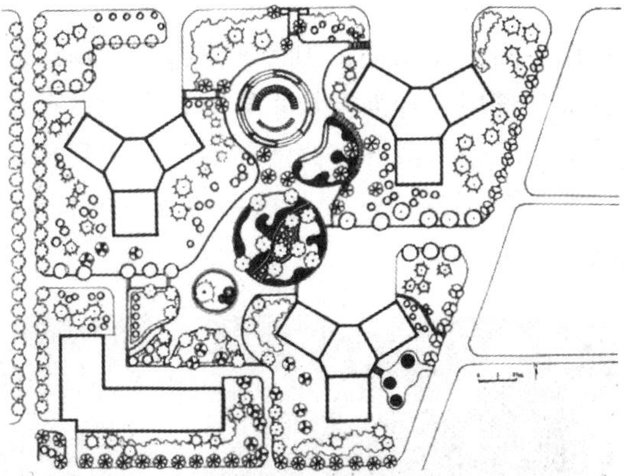

图3-37 高层住宅建筑之间的绿化平面图

（2）高层住宅建筑环境的生态绿化设计

随着城市化进程的加快，城市中高层建筑的数量陡然增加，建筑高度与跨度不断加大，仅靠建筑之间的地面绿化是远远不够的，还要考虑建筑立体空间的绿化，使建筑与自然融为一体，形成和谐共生的生态环境。这种建筑也被称为"绿色建筑"，其重点考虑的是建筑的屋顶绿化、墙面垂直绿化及建筑绿色室内空间设计（图3-38）。

1）建筑屋顶绿化。各层的露台、阳台、屋顶（平顶）及架空层都可考虑花园式的布置（图3-39和图3-40）。

图3-38 绿色建筑设计示例

图3-39　高层住宅建筑屋顶花园之一

图3-40　高层住宅建筑屋顶花园之二

2）墙面垂直绿化（建筑表皮的生态绿化墙）。垂直绿化又称立体绿化，是为了充分利用空间，在墙壁、阳台、窗台、屋顶、棚架等处栽种攀缘植物，以增加绿化覆盖率，改善居住环境。标准模块垂直绿化系统，在植物选择和色块组成上可以更自由选择，且具有现场安装快、成活率高等特点，其中自动控制的滴灌施肥系统、湿度感应预警系统、叶面给水微喷系统、远程监控系统等在立体绿化行业，已成为中高端绿化的首选（图3-41和图3-42）。

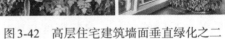

图3-41　高层住宅建筑墙面垂直绿化之一

图3-42　高层住宅建筑墙面垂直绿化之二

3）建筑绿色室内空间设计。主要是指建筑中庭及各层室内空间绿化（图3-43和图3-44）。

3．别墅及庭院的植物造景设计

别墅植物造景设计主要包括入口绿化、别墅建筑周边绿化和庭院绿化（景观）设计等。别墅建筑和普通住宅植物造景设计的基本要求相近，但别墅建筑的豪华性和业主的经济雄厚性决定了别墅整体环境设计对环境品位、植物配置树种、造型等的要求更高，植物配置也更精致细腻，层次也更丰富等；而且文化的内涵、风水的禁忌也更讲究。

图3-43 高层住宅建筑室内绿化之一

图3-44 高层住宅建筑室内绿化之二

（1）别墅各部分的植物造景设计要求

别墅周围绿化设计　主要指别墅入口、周边及阳台窗口的绿化，有时也与庭院绿化融合在一起。由于别墅建筑造价高、档次高，业主的眼光和要求也比较高，因此在别墅周围及庭院绿化的时候，要求高品位，配置比较珍贵的树种，设计要求更精细（图3-45和图3-46）。

图3-45 别墅入口或者门前的植物造景设计

图3-46 墙面及阳台窗口的植物造景设计

别墅庭院的绿化设计　庭院是建筑的外部空间或由建筑物作为界面围合起来的露天空间，其作为建筑室内空间的延伸，扩大了人们的活动范围。在庭院中，人们既可得到室内般的安静及私密性，又能获得大自然的阳光、空气及绿化。庭院又是建筑与城市环境过渡的自然性空间，是人们不出家门就能回归自然的便捷手段。

一般庭院的形状分为：三角形、正方形、长方形、长而窄形、短而宽形、L形、环绕住宅形。因此，根据不同的形状，庭院可规划为欧式庭院（规则式的古典庭院）、东方庭院（自然式的庭院）、日本庭院（水、石、沙结合的庭院）。庭院的绿化设计首先应根据业主的需求、环境的条件和养护的能力来决定庭院的风格，然后根据风格的特点选择样式与布局，最后决定植物的配置。

庭院植物造景设计是高尚生活品质的一个表征，别墅庭院的绿化设计越来越受到重视。

庭院往往有前庭和后庭，前庭主要展现主人品位，也是房屋建筑门面的个性化体现，而后庭主要是业主私生活的一个延伸地，要配合屋内的使用情况合理展开。由于后庭的面积很小，所要展开的内容不能过于繁杂，因此尽量选择体量小、数量也不宜太多的植物。可选择一些耐看而细致的植物，或者芳香型植物作为点缀，如栀子、山茶、杜鹃、绣球等。前庭主要是景观的展示，观赏面既要考虑朝外看，也要考虑从道路上往里看。朝外看主要是考虑站在窗边看的角度，可在窗边种植四季桂等香花小乔木，然后在其外种植花灌木，并将阳光引入室内。从道路上往里看，屋内的景观若隐若现，庭院的植物恰到好处地装点建筑环境，时时还有芳香从建筑物方向飘来。后庭景观设计主要考虑使用上的方便，兼顾保护隐私的作用，因此围墙周围可以种植一些遮挡视线又比较薄的植物，同时兼顾观赏效果。常用的植物有竹子、木槿，在靠外侧可种植一株小乔木为庭院提供树荫，最好选用落叶树，保证冬暖夏凉。此外，还要留出一块空地摆放餐椅，营造惬意的室外空间，如果面积允许，还可以点缀一些多年生草花（图3-47和图3-48）。

图3-47　庭院精致丰富的植物造景设计

图3-48　花卉地被与乔灌木的搭配

庭院绿化设计，不仅要以植物造景设计为主，同时可适当处理地形、理泉置石、构筑小品、铺装路面等。

庭院由于范围较小，设计要求精细，植物景观和地形、水体、园路还有其他小品要素要同时考虑，只不过要突出植物景观，要将植物景观的布置做到尽善尽美（图3-49和图3-50）。

图3-49　庭院与外界过渡性的植物造景设计

图3-50　丰富的植物造景设计与精致园路的结合

（2）庭院设计的方法技巧

植物品种选择 在选择植物时，应该综合考虑各种因素：①基地自然条件与植物的生态习性（光照、水分、温度、土壤、风等）；②植物的观赏特性和使用功能；③当地的民俗习惯、人们的喜好；④设计主题和环境特点；⑤项目造价；⑥苗源；⑦后期养护管理等。

特别需要指出的是，植物的选择应该兼顾观赏和功能的需要，两者不可偏废。如根据植物功能分区，在建筑物的西北侧栽植云杉形成防风屏障，在建筑物的西南面栽植银杏，满足夏季遮阴、冬季采光的需要，基地南面铺植草坪、地被，形成顺畅的通风环境。另外，园中还可以种植芳香植物，如百里香香气四溢，还可以用于调味，月季不仅花色秀美、香气袭人，而且可以作为切花，满足业主的要求。每一处植物景观都是观赏与实用并重，只有这样才能够最大限度地发挥植物景观的效益。

植物的选择还要与设计主题和环境相吻合，如庄重、肃穆的环境应选择绿色或者深色调植物，活泼、轻快的环境应该选择色彩鲜亮的植物，如儿童空间应该选择花色丰富、无刺无毒的小型低矮植物。私人庭院应该选择观赏性高的开花植物或者芳香植物，少用常绿植物。

植物的规格 植物的规格与植物的年龄密切相关，如果没有特别的要求，施工时应栽植幼苗，以保证植物的成活率和降低工程成本。但在详细设计中，却不能按照幼苗规格配置，而应该按照成龄植物（成熟度75%～100%）的规格加以考虑，图纸中的植物图例也要按照成龄苗木的规格绘制。如果栽植规格与图中绘制规格不符时，应在图纸中给出说明。

植物布局形式 植物布局形式取决于园林景观的风格，如规则式、自然式，以及中式、日式、英式、法式等多种园林风格，它们在植物布局形式上风格迥异、各有千秋。在实际设计中，应根据环境特点、业主喜好、造价等来确定庭院风格特点。

另外，植物的布局形式应该与其他构景要素相协调，如建筑、地形、铺装、道路、水体等；在确定植物具体的布局形式时还需要综合考虑周围环境、园林风格、设计意向、使用功能等内容（图3-51）。

(a) 植物种植与铺装没有很好地协调

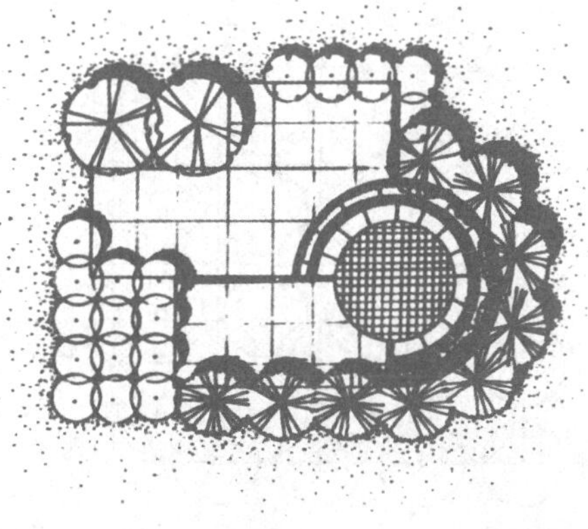

(b) 植物的种植与铺装相协调，强化了铺装的轮廓

图3-51 植物布局形式应该与铺装形式相协调

植物栽植密度　植物栽植密度就是植物种植的间距。要想获得理想的植物景观效果，应该在满足植物正常生长的前提下，保证植物成熟后相互搭接，形成植物组团。如图3-52（a）所示，植物种植间距过大，以单体形式孤立存在，显得杂乱无章，缺少统一性；而图3-52（b）中，植物相互搭接，以一个群体的状态存在，在视觉上形成统一的效果。因此，作为景观设计师不仅要知道植物幼苗的大小，还应该清楚植物成熟后的规格。

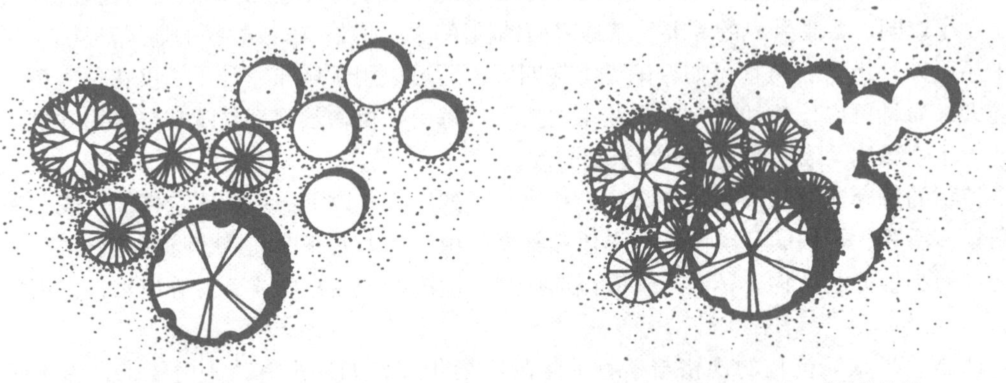

(a) 植物种植间距较大，缺乏完整性　　(b) 植物之间重叠，整体性较强

图3-52　植物栽植密度的确定

另外，植物的栽植密度还取决于所选植物的生长速度。对于速生树种，间距可以稍大些，因为它们很快会长大，填满整个空间；对于慢生树种，间距要适当减小，以保证其在尽量短的时间内形成效果。所以说，植物种植最好是速生树种和慢生树种组合搭配。

如果栽植的是幼苗，而业主又要求短期内获得景观效果，需要采取密植的方式，也就是增加种植数量，减小栽植间距，当植物生长到一定时期后再进行适当的间伐，以满足观赏和植物生长的需要。对于这一情况，在种植设计图中要标明后期需要间伐的植株，如图3-53所示。

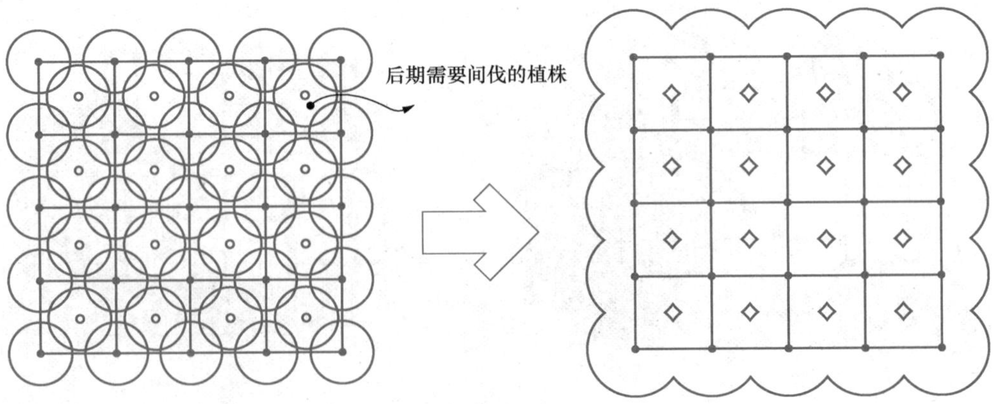
后期需要间伐的植株

(a) 初期密植　　(b) 间伐后

图3-53　初期密植和后期间伐

满足技术要求 在确定具体种植点位置的时候，还应该注意符合相关设计规范、技术规范的要求。

另外，植物种植设计涉及自然环境、人为因素、美学艺术、历史文化、技术规范等多个方面，在设计中需要综合考虑。

操作训练

住宅建筑植物造景设计

由教师提供某别墅建筑及环境原始平面图，进行植物造景设计方案设计创作训练，主要绘制平面、立面和景点透视草图。

3.2.3 拓展知识——屋顶花园的植物造景设计

1．建筑屋顶花园概述

自古就有在屋顶上营造花园的传统，最著名的是新巴比伦国王尼布甲尼撒早在公元前600年左右就在宫殿附近的幼发拉底河沿岸建造了一座空中花园，花园高达25m，上下共有三层，其上建有宫殿，并栽植了各种名花异草，形成了一个具有山林野趣的环境。花木常年郁郁葱葱，四时鲜花不断，因花园悬于空中，故又有“悬园”之称。在科技发达的今天，世界各国都在高层建筑的屋顶或阳台上建造各式各样的空中花园。我国广州、南宁、上海等地的百货大楼、宾馆、酒店也普遍建造屋顶花园。

屋顶花园不仅可以改善使用环境的空气质量、增添使用情趣，而且可以在更大的城市范围内净化空气、美化城市，减轻由于城市高密度建设带来的绿化空间不足的问题。另外，屋顶绿化还可以改善屋顶性能，通过植被可以保护建筑屋顶的防水层和隔热层，从而起到冬暖夏凉的作用，还可延长屋顶的使用寿命。

2．屋顶花园的植物造景设计

屋顶花园是室内活动空间的一个延伸，应在满足主人或使用者的活动空间的前提下配置，植物景观往往处于边角位置。如果屋顶花园面积大，服务功能也较齐全，那么设计时按照一般的小游园规划即可。为了掩饰生硬的建筑墙角，往往沿墙体周围种植枝叶茂盛的常绿植物，同时要求浅根性以免破坏防水层，墙体应满足浅根植物的生长条件，这样的植物有芭蕉、竹子等，在其下面可以配置海芋、朱蕉、龟背竹等枝叶繁茂的多年生草本植物。如果想俯瞰城市景观则可事先预留好观景点，设计一两个观景平台。花园内部的植物造景设计辅助活动功能，配合活动设施（棋牌、秋千架、游泳池）合理安排。

屋顶花园的植物造景设计是在有限的条件下尽量营造和地面上类似的植物景观，这就要求设计师对植物的特征及其生长习性非常了解，尽量采用浅根植物。如果想营造庭荫效果，可采用高大的芭蕉或在承重柱上种植高大的乔木。较大的屋顶花园还可以设置不同的区域，满足不同功能的景观效果（图3-54和图3-55）。

图3-54　屋顶花园设计之一

图3-55　屋顶花园设计之二

屋顶花园的植物装饰，可以利用檐口、两篷坡屋顶、平屋顶、梯形屋顶。根据种植形式的不同，常有观花、观叶及观果的盆栽形式，如盆栽月季、夹竹桃、火棘、桂花、彩叶芋等，也可利用空心砖做成25cm高的各种花槽，用厚塑料薄膜内衬，高至槽沿，底下留好排水孔，花槽内填入培养介质，栽植各类草木花卉，如一串红、凤仙花、翠菊、百日草、矮牵牛等，也可以栽种各种木本花卉，还可用木桶或大盆栽种木本花卉，在不影响建设物的负荷量的情况下，也可以搭设荫棚栽种葡萄、紫藤、凌霄、木香等藤本植物。在平台的墙壁、篱笆壁上可以栽种地锦、常春藤等。

由于屋顶环境的特殊性，植物配置主要采用孤植、丛植，并结合花坛、花境和花池等形式。要特别注意在城市的屋顶花园中，应少建或不建亭、台、楼、阁等建筑设施，而注重植物的生态效应。

3．屋顶花园的环境特点与植物选择

屋顶花园的土层较薄，基质中的有机养分较单纯，且保水、抗寒、抗风能力较差，通常阳光比较充足，热辐射比较高，因此在考虑这些环境因素和特点的基础上：①选择耐旱、抗寒性强的矮灌木和草本植物；②选择阳性、耐瘠薄的浅根植物；③选择抗风、不易倒伏、耐积水的植物种类；④选择以常绿为主，冬季能露地越冬的植物；⑤尽量选用乡土植物，适当引种绿化新品种。

比较适合营建屋顶花园的植物有黑松、罗汉松、瓜子黄杨、大叶黄杨、雀舌黄杨、锦熟黄杨、珊瑚树、棕榈、蚊母树、丝兰、栀子、巴茅、龙爪槐、紫荆、紫薇、海棠、蜡梅、寿星桃、白玉兰、紫玉兰、天竺、杜鹃、牡丹、茶花、含笑、月季、柑橘、金橘、茉莉、美人蕉、大丽花、苏铁、百合、百枝莲、鸡冠花、枯叶菊、桃叶珊瑚、海桐、枸骨、葡萄、紫藤、常春藤、地锦、六月雪、桂花、菊花、麦冬、葱兰、野迎春、迎春花、天鹅绒草坪、荷花等，可因时因地区确定使用材料。

4．屋顶花园的绿化基质厚度与配置要求

建造屋顶花园关键是通过设计师的科学艺术手法，合理设计与布置花、草、树木和园林小品等。在工程方面，首先要正确计算花园在屋顶上的承重量。一般屋顶花园的活载重量要小于300kg/m^2，并且合理建造排水系统。

屋顶花园的土壤要有30～40cm厚，因树木大小不同，局部可设计成60～100cm厚。草坪栽培土深20cm，灌木深40～50cm，乔木深75～80cm。种植池要选用肥沃且排水性能好的壤土，或用人工配置的轻型土壤，如壤土1份、多孔页岩砂土1份或腐殖质1份，也可用腐熟过的锯末或蛭石土等。要使用足够的有机肥作基肥，必要时也可追肥。氮、磷、钾的配比为2：1：1。草坪不必经常施肥，每年只要覆1～2次肥土即可。

给水的方式很多，一般可分为土下给水和土上表面给水两类。一般草坪和较矮的花草可采用土下管道给水，利用水位调节装置将水面控制在一定的位置，利用毛细管原理保证花草水分的需要。土上给水可用人工喷施，也可以用自动喷水器，平时要注意土壤中水分含量，依土壤湿度的大小决定给水多少。要特别注意土下排水的顺畅，不能积水，以免植物受涝。一般选择姿态优美、矮小、浅根、抗风力强的花灌木和球根花卉及竹类。主要采用孤植、丛植，并结合花坛、花境和花池等形式进行配置。

思考与练习

1．公共建筑植物造景设计的重要作用和意义有哪些？

2．不同建筑风格植物造景设计有哪些不同的要求和特点？

3．公共建筑、住宅建筑和园林建筑在植物配置上有哪些不同要求和特点？

4 项目实践三

滨水与道路的植物造景设计

4.1 滨水植物造景设计

学习目标

熟悉滨水环境的特点，明确岸边耐水湿植物和水生植物的景观设计的一般方法和要求；能有针对性地进行水景植物特色景观设计。

技能要求

1. 会按生态设计要求，合理选择植物，做出理想的设计；
2. 能绘制滨水环境的植物造景设计图（平、剖面图等）。

工作场境

工作（教、学、做）场所：一体化制图室、综合设计工作室及基地现场。

工作情境：学生模拟担任公司设计员角色，学习、操作并掌握设计员岗位基本工作内容；在这里教师是设计师、辅导员。理论教学采用多媒体教学手段，以电子案例和设计文本实物增加感性认识，教师要进行现场操作示范，学生要进行操作训练，可结合居住小区绿地模拟建设项目或教师指定的实际设计项目基地进行有针对性的教学和实践。

1. 提供实际设计文本，供学生观摩，提高感性认识、兴趣和求知欲；
2. 采用多媒体教学手段，展示实际案例和图片，讲解主要内容、方法和设计要求等；
3. 通过观摩训练和现场教学，提高对滨水植物造景设计的感性认识，收集设计素材；

4．本节基本的“教、学”环节结束后，“做”的环节为：课外分组（分工协作）完成实训总作业，进行模拟设计或结合生产实际任务进行设计训练。

水是构成园林景观的重要因素。园林水体给人以明净、清澈、活泼、亲切的感受。园林水体可赏、可游。淡绿透明的水色、简洁平静的水面是各种园林景物的底色，它与绿叶相调和，与艳丽的鲜花相映成趣，并能制造虚幻的倒影，丰富的景观层次（图4-1）。园林中的各类水体，无论作为主景、配景还是小景，无一不是借助植物来丰富景观的。水中和水旁的园林植物，其姿态、色彩和倒影等强化了水体的空间层次、神秘性和美感。如英国谢菲尔德公园四个湖面的植物配置均取得截然不同的景色效果，其中湖边植物绚丽多彩，以松、云杉、柏树作为背景。在春季突出红色的杜鹃、白色的北美唐棣、粉红色的落新妇与黄花鸢尾，以及具黄色佛焰苞的观音莲；在夏季可欣赏水中的红、白睡莲；而秋季湖边的各种色叶的树种，如北美紫树、卫矛、落叶杜鹃、北美唐棣、落羽松、水杉等，竞相争艳。此外，还有金黄叶的美洲花柏、红色的红枫。另外，两个湖面的周围则种植了不同绿色度的树种作为基调，并点缀几株秋色叶树种，以形成宁静、幽雅的水面景观。

图4-1 丰富的景观层次

水是生命之源，水中、岸边是许多植物生长的理想场所。水因为植物而显得层次丰富，景观效果突出，植物的净化作用也使水体更清澈。许多植物具有向水性，岸边植物通常姿态万千，与水中倒影形成虚实结合的梦幻景致。

4.1.1 滨水植物造景设计内容、操作步骤与方法

1．滨水环境植物造景设计的主要内容

居住小区和城区都有滨水环境，其环境特点接近，唯在规模和居民类型上有些差别：前者一般规模小一些，居民成分单一些；后者则相反，在设计上要适当予以考虑，但设计的基本内容和要求相近。

滨水环境是指濒临水体的环境，其绿化植物要选择适应水岸潮湿环境和水中生长的植物，同时还要营造滨水的特殊景观，使水景与植物景观相得益彰。设计时要考虑临水观景和造景需要，有时还要考虑游船码头和水榭景观，如临街的一侧绿化设计同道路绿化相近等。滨水的植物造景可以按濒临的水体类型与特点来进行合理的设计。

滨水植物造景设计的主要内容是：①水生植物的种植设计；②岸边植物造景设计；③驳岸的植物造景设计；④堤岛的植物造景设计及湖池溪涧的植物景观配置等。

主要设计图纸有：如在某个整体项目绿化设计方案的基础上进行单体项目设计，则只要绘制详细设计和施工图设计两个阶段的平、立、剖（断）面图即可。如有需要，在详细设计阶段可加绘景点透视图和鸟瞰图；如作为单独的相对完整的设计项目，那么，在详细设计之前，加绘方案设计阶段的平、立面图及景点透视图；当设计面积较小时，可将方案设计和详细设计阶段合并，直接绘出详细设计图（图4-2～图4-5）。

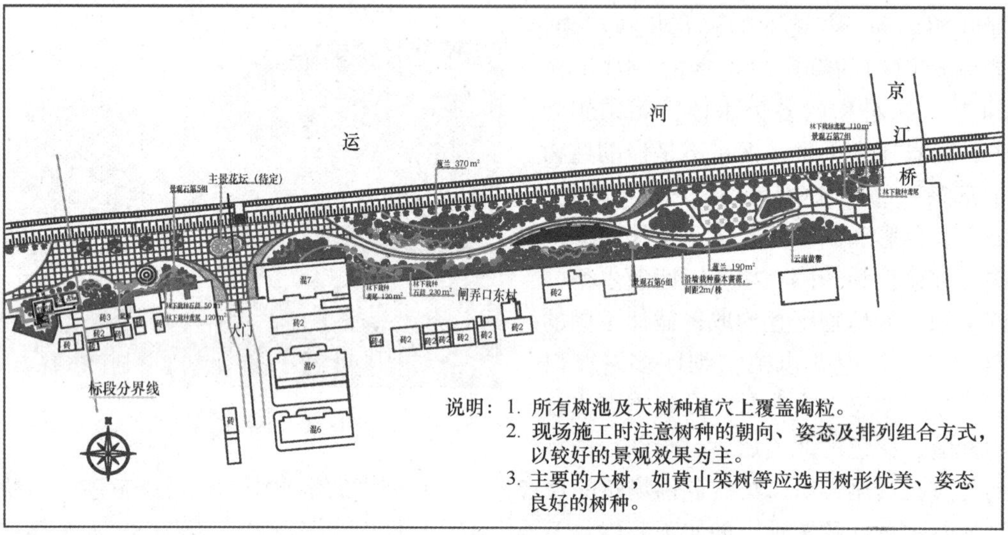
运
河
京
江
桥
主景花坛（待定）
闸弄口东村
大门
标段分界线
说明：1. 所有树池及大树种植穴上覆盖陶粒。
2. 现场施工时注意树种的朝向、姿态及排列组合方式，以较好的景观效果为主。
3. 主要的大树，如黄山栾树等应选用树形优美、姿态良好的树种。

图4-2　滨水植物景观平面设计图（局部）

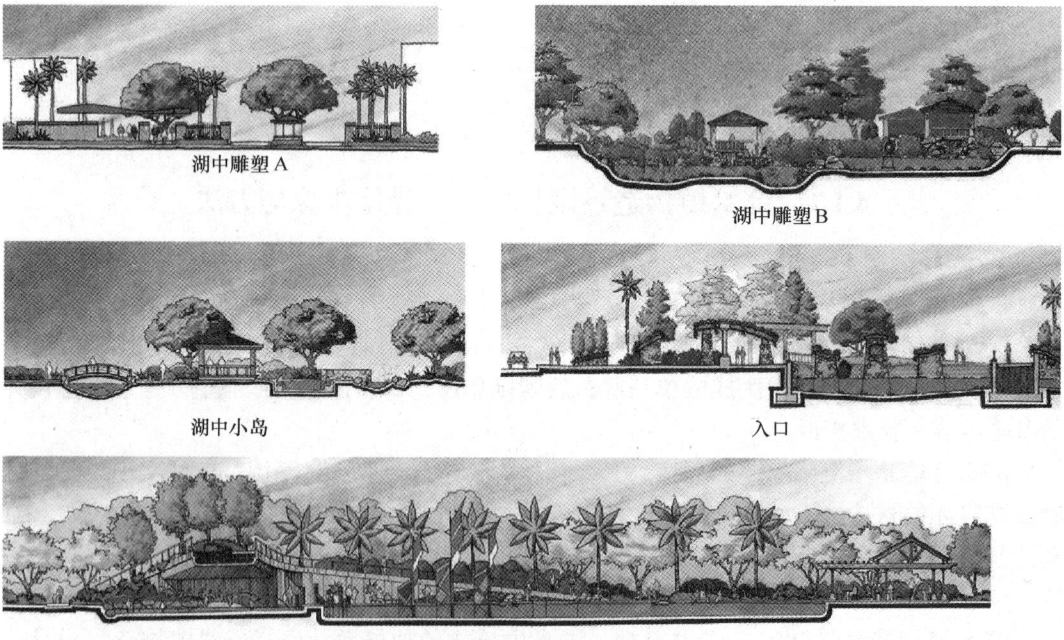
湖中雕塑A
湖中雕塑B
湖中小岛
入口

图4-3　滨水植物造景设计剖（断）面图

图4-4 滨水植物造景设计景点透视图

图4-5 滨水植物造景设计鸟瞰图

2．设计操作步骤与方法

以独立项目为例，其设计步骤为：接受设计任务→基地勘察与分析→方案（初步）设计→详细（扩初）设计→施工图设计→后期服务等。

一般滨水绿地造景设计，先依据功能造景需要，进行游览道路和景观节点小品的设计，然后进行植物造景设计。就植物造景设计而言，先要按照游人游览的顺序进行植物造景，然后从滨水绿地的横向来考虑设计顺序，可以从街道旁一直往水体环境进行，也可以反过来。滨水景观的整体设计要考虑景观和空间序列的起伏转折，以及起景、高潮、结景变化等。这两种设计方式的共同点是要做到功能或景观分区明确，整体构思成竹在胸，然后按一定顺序深入完成。

4.1.2 滨水植物造景设计原则和要求

滨水植物造景设计有别于其他陆地环境的沿岸植物景观和水生植物景观的设计，涉及的水体类型主要有海、河、湖、池、溪、涧和湿地等。由于海的环境比较特殊，且在园林中涉及较少，故在此省略。

1．沿岸耐水湿乔、灌木景观设计

沿岸植物造景设计是滨水绿化设计的关键所在。岸边的乔、灌木主要用作衬托园林水景的背景，并形成虚幻、美丽的倒影，给人以良好的视觉效果。这些园林植物应具有一定的耐水湿能力。在北方常见的有落羽杉、池杉、水松、竹类、垂柳、槐树、蔷薇、木芙蓉、迎春花等；在南方则以垂榕、小叶榕、高山榕、水蒲桃、羊蹄甲、蒲葵、水杉、夹竹桃、棕榈等为多。

沿岸耐水湿植物造景设计一般容易把握和设计，以乔、灌木为主体结合耐水湿的地被植物，注意林冠线、水景透视线、景观层次和色彩效果等。在季相上宜以秋景的色彩与层次或春景的艳丽与翠绿为主，注意与水生植物的结合与呼应。设计表现以平面图、立（剖）面图和景点透视图为主，要注意和明确水景植物群落的鲜明特色。

沿岸植物造景设计的几点要求：

① 以树木构成主景。在开阔水面的尽头常栽植一株或一丛具有特色的树木，以构成水池的主景，如水边栽植水杉、棕榈、红枫、蔷薇、桃、樱花、白蜡等。

② 利用花草镶边或与湖石结合配置花木。栽在水边的花草能加强水景的趣味，丰富水边的色彩。如万寿菊、芦苇等可突出季相景观，同时也富有野趣。在冬季，水边的色彩不够丰富，倘若在湖畔驳岸设置耐寒而又艳丽的盆栽小菊，便可以添色增辉。在配置水边植物时，多采用草本或落叶的木本植物，可使水边的空间有变化，因为草花品种丰富，经常更换可以丰富景观。

图4-6　沿岸植物景观丰富的林冠线设计示例

③ 丰富林冠线。我国古代园林的植物配置比较讲究植物的形态与习性，如垂柳"更须临池种之，柔条拂水，弄绿搓黄，大有逸致"(《长物志》)，"湖上新春柳，摇摇欲唤人"(《春雨》)。池边种垂柳几乎成为植物配置的传统风格。水边的植物配置宜群植，而不宜孤植，同时还应注意与园林周边环境的协调。当水边有建筑时，更应注意植物配置的林冠线（图4-6）。

④ 开辟透景线。在有景可借的水边种树时，要留出透景线。水边的透景线与园路透景有所不同，它不限于一个亭子、一株树木或一座山峰，而是一个场面。配置植物时，可选用高大乔木，要加宽株距，用树冠来构成透景面，如北京颐和园选用大桧柏，将万寿山的前山构成有主景、有层次的景观。

⑤ 突出色彩构图。淡绿色的水色，是调和各种园林植物的底色，它与树木的绿色是调和的，但也较单一。最好根据不同的景观要求，在水边或多或少地配置色彩丰富的植物，使之掩映于水中，如济南环城公园水边的蔷薇、趵突泉枫溪岛上的柿树等。总之，为了丰富水体景观，沿岸植物的配置在平面上不宜与水体边线等距离，其立面轮廓线要高低错落，富于变化；植物的色彩不妨艳丽些。但这一切都必须符合设计立意。沿岸的植物宜选择枝条柔软的树木，如垂柳、榆树、乌桕、朴树、枫杨、香樟、无患子、白皮松、水杉、广玉兰、桂花、重阳木、紫薇、冬青、海棠、红叶李、罗汉松、茶花、夹竹桃、棣棠、杜鹃、南天竹、蔷薇、野迎春、棕榈、迎春花、连翘、六月雪、珍珠梅等（图4-7）。

图4-7　沿岸植物景观色彩设计示例

驳岸植物配置设计的重点是与自然式的假山驳岸相结合的植物造景设计，植物要以色彩艳丽或开花繁茂的地被植物为主调，以绿色草地和青灰水色为基调，适当点缀一些乔木以增加立面效果，以及为游人提供遮阴休闲场所。

2．各类水体的植物造景设计

园林中有不同类型的水面，如湖、池、溪涧与峡等。不同水面的水深、面积及形状不同，配置植物时要符合水体生态环境的要求，选择相应的绿化方式来美化。

（1）湖池、堤岛的植物造景设计

湖、池属于静态水景，水面本身颜色比较单一，因此需要水生植物和岸边植物来丰富。

湖是园林中最常见的水体景观。沿湖景点要突出季节景观，注意色叶树种的应用，以丰富水景。湖边的植物宜选用耐水喜湿、姿态优美、色泽鲜明的乔木和灌木，或构成主景，或同花草、湖石结合装饰驳岸（图4-8和图4-9）。

在较小的园林中，水体的形式常以池为主。为了获得小中见大的效果，常突出个体姿态或利用植物来分割水面空间，以增加层次，同时也可创造活泼和宁静的景观，如图4-10所示。

在水体中设置堤、岛，是划分水面空间的主要手段。堤、岛的植物配置不仅增加了水面空间的层次，而且丰富了水面空间的色彩，其倒影则成为主要景观（图4-11）。岛的类型很多，大小各异。植物配置以柳为主，间植侧柏、合欢、紫藤、紫薇等乔、灌木，疏密有致、高低有序，不仅增加了层次，而且具有良好的引导功能，如图4-12所示。湖中小岛的植物景观宜用混合树群形式，如考虑游人上岛，也可用丛植；周边宜用垂枝植物，设计表

图4-8 湖的植物配置示例之一

图4-9 湖的植物配置示例之二

图4-10 池的植物配置示例

图4-11 堤岛的植物配置示例

图4-12　岛屿植物配置示例

现一般用平面或景点透视图，河堤的植物造景设计相对较整齐，以乔木和灌木为主，植物成排而有疏密、高低变化，表现以平面和立面为主。

（2）溪涧与峡的植物造景设计

《画论》中曰“峪中水曰溪，山夹水曰涧”。由此可见，溪涧与峡谷最能体现山林野趣。溪涧中流水淙淙，在自然界中，这种景观非常丰富。山石高低形成不同落差，并冲出深浅、大小各异的水池，形成各种动听的水声效果。植物配置应因形就势，以增强溪流的曲折多变及山涧的幽深感觉（图4-13和图4-14）。

图4-13　溪涧的植物配置示意

图4-14　滨水植物造景设计示例——溪流植物景观（居住小区内）

（3）生态型水景园的植物造景设计

水景园可大可小，以小为主，一般可与驳岸和雕塑小品相结合；外形可自然或规则，以自然为佳。重在水生植物群落的布置，以设计平面和鸟瞰图来表现为宜（图4-15和图4-16）。

图4-15　生态型水景园的植物配置示例

图4-16　滨水植物造景设计示例

（4）滨河林荫道（花园带）植物配置

滨河林荫道（花园带）的规划设计应因地制宜，注意结合城市规划的要求，分析周边环境特点，充分利用城市的人文历史资源，创造出色彩丰富的城市景观，突出绿地系统的地域景观特征。同时还应注意以下几点：

1）滨河的绿化一般在临近水面设置游步路，尽量接近水面。

2）当有风景点时，应适当设计小广场或凸出水面的临水平台，以供游人欣赏和摄影。

3）可根据滨河地势的高低设计1～2层平台，以台阶或踏步相连，使游人更接近水面，以满足人们的亲水性。

4）若滨河水面较为开阔，可进行划船和游泳时，可考虑适时适地、以游乐园或公园的形式进行规划布局，容纳更多的游人活动（图4-17）。

图4-17 滨河林荫道植物造景（含小品）设计示例

操作训练

滨水植物造景设计

由教师提供某公共建筑及环境原始平面图，进行植物造景设计方案设计创作训练，主要绘制平面、立面和景点透视草图。

1．尽量结合实际场景进行现场教学

1）在实际水体植物造景设计中感受设计效果，识别水生植物和耐水湿植物的种类及其搭配方式等。

2）最好能结合设计图来看工程实例，使学生了解图纸效果与实际效果的差异性和对应性，使自己的设计更切合实际。

3）要养成拍照和随手勾画记录的习惯，积累丰富的设计素材和经验。

2．课外要结合所学植物知识，对照实物或图片，复习常见的水生植物种类、特征和生态习性

1）学生在课外需要用大量时间去消化、巩固所学知识，尤其是水生植物的识别和运用，要与原先所学的基础知识结合起来，重在具体的运用中重新识别水生植物的种类、习性、配置特点和要求。

2）查阅资料与考察实例相结合，注意沿岸植物的选择和配置方式及特点。

3）无论是否有现场教学，学生都要找机会去看工程实例，以理论联系实际。

3．进行设计抄绘训练，仔细领会设计方式、内容和设计图表现特点

1）抄绘训练是学习和操作最基本、快捷的手段，既能较快地学习他人的设计方法，又能练习绘图表现手法。

2）抄绘的主要目的是要揣摩和研究其中植物景观的设计内容、设计方式，以及体

现功能要求和景观效果的方法。

3）掌握图纸的表现方法和技巧等。

4）要选择富有思想和意境的典型设计，以及表现优美的图纸进行抄绘。

5）重点是设计平面图的抄绘，其次是景点透视图的临摹，并注意景点透视图与设计平面图的对应关系，以及景点透视的取景特点等。

4．进行模拟设计或结合生产实际任务进行设计训练

1）学生一定要进行设计训练，可结合校园某实际场所进行设计，或根据教师提供的有水体环境的现状图纸进行模拟设计训练，如能结合生产实际的任务更好。

2）结合实际任务设计的，可引入竞争和奖励机制，选择设计和表现好的前几名作为参考方案，经教师指导和修改后可作为实际方案，并可作为全班学生学习的样本，同时给予成绩等级和一定物质的奖励。

3）结合生产实际的设计作业，前提是与学习的要求相一致，同时也要结合实际的需要进行拓展设计和与其他学习内容结合进行。

4）重点是水景园的生态植物造景设计。

5）以水生植物种植设计为重点，兼顾岸边耐水湿的植物造景设计训练。

5．要与学生交流、反馈和点评设计作品

1）有练习、有总结才能提高技能和能力。

2）有时间要开一个方案交流汇报会。

3）教师要有简练的方案点评。

4）每个工作任务的教学都要有针对性地使学生掌握一定的知识和技能。

5）成绩考核要考虑设计思想、表现效果及汇报情况等比较全面的表现。

4.1.3 拓展知识——特殊水景绿化示例

1．小型水景园与沼泽园

近年来，随着园林事业的发展和人们审美情趣的提高，小型水景园也得到了较为广泛的应用，在公园局部景点、居住区花园、街头绿地、大型宾馆花园、屋顶花园及展览室内，都有很多的应用实例。水景园的植物配置应根据不同的主题和形式仔细推敲，精心塑造优雅美丽的特色景观（图4-18和图4-19）。

2．湿地景观的植物配置

湿地是地球上重要的生态系统，具有涵养水源、净化水质、调蓄洪水、美化环境、调节气候等生态功能，但湿地的面积却因人类的活动而日益减少，因此它又是全世界范围内一种亟待保护的自然资源。《关于特别是作为水禽栖息地的国际重要湿地公约》将其定义为“不问其为天然或人工、长久或暂时之沼泽地、泥炭地或水域地带，或静止、或流动、或为

图4-18 水景园的植物配置示例一

图4-19 水景园的植物配置示例二

淡水、半咸水、咸水体者”。同时又规定，“湿地可包括邻接湿地的河湖沿岸、沿海区域以及湿地范围的岛屿或低潮时水深不超过6m的区域”。

在湿地植物配置中，要注意传承古老的水乡文化，保持低洼地形，保护原有植被，保留生态池塘，有效地利用点植、片植、对植、丛植、孤植和混交等手法，实现乔、灌、草、藤的植物多样性，以发挥最大的生态效益，如图4-20所示。

图4-20 湿地景观的植物配置示例

3．桥梁、温泉及瀑布环境绿化示例

桥梁、温泉及瀑布等环境的绿化，要从其功能、特殊构造和环境特点等方面来考虑（图4-21～图4-23）。植物的选择和配置既要突出水景，也要做到相得益彰，还要考虑选择色彩较为艳丽并有香味的植物。瀑布由于本身是透明的，因此植物可以选择暗绿色的，但要注意适当点缀色彩艳丽的植物。

图4-21 滨水植物造景设计示例——大桥植物景观（意大利威尼斯）

图4-22 滨水植物造景设计示例——温泉植物景观（露天温泉）

图4-23 滨水植物造景设计示例——瀑布植物景观（美国纽约）

4.2 小区道路的植物造景设计

学习目标

熟悉城市（城区和小区）道路的环境特点和设计要求，能进行城市（城区和小区）的绿化设计；

熟悉园林道路的类型和设计要求，会做不同类型园路的植物造景设计。

技能要求

1．能进行城市（城区和小区）道路的绿化设计；

2．会做不同类型园路的植物造景设计。

工作场境

工作（教、学、做）场所：一体化制图室、综合设计工作室及基地现场。

工作情境：学生模拟担任公司设计员角色，学习、操作并掌握设计员岗位基本工作内容；在这里教师是设计师、辅导员。理论教学采用多媒体教学手段，以电子案例和设计文本实物增加感性认识，教师要进行现场操作示范，学生要进行操作训练，可结合居住小区绿地模拟建设项目或教师指定的实际设计项目进行有针对性的教学和实践。

1．提供实际设计文本，供学生观摩，提高感性认识、兴趣和求知欲；

2．采用多媒体教学手段，以道路绿化的实际案例来分析和讲解，使学生明确道路绿化设计的形式和内容；

3．通过观摩训练和现场教学直观学习道路绿化设计；

4．本节基本的“教、学”环节结束后，“做”的环节为：课外分组（分工协作）完成实训总作业。

道路是人们行走的地方，也是引导游人观赏的路线，路边的绿化不仅具有遮阴的作用，更重要的是使道路的脉络更清晰、引导的目的更分明，同时也是联系点、面绿化的纽带。

4.2.1　小区道路植物造景设计内容、操作步骤与方法

1．小区道路植物造景设计的主要内容

居住区道路一般可以分为三级或四级：

第一级　居住区级道路——居住区的主要道路，用以解决居住区内外交通的联系。道路红线宽度一般为20～30m，车行道宽度不应小于9m，如需通行公共交通，则应增至10～14m，人行道宽度为2～4m。

第二级　居住小区级道路——居住区的次要道路，用以解决居住区内部的交通联系。道路红线宽度一般为10～14m，车行道宽度为6～8m，人行道宽度为1.5～2m。

第三级　住宅组团级道路——居住区内的支路，用以解决住宅组群的内外交通联系。车行道宽度一般为4～6m。

第四级　宅前小路——通向各户或各单元门前的小路，一般宽度不小于2.6m。

此外，在居住区内还可有专供步行的林荫步道，其宽度根据规划设计的要求而定。

小区道路植物造景设计和城市道路植物造景设计接近，应该更简单，但植物配置可以更丰富。小区道路植物造景设计的内容主要是道路两旁、建筑基础栽植及中间地块的植物造景设计等（图4-24～图4-27）。

主要设计图纸有：若是在某个整体项目绿化设计方案的基础上进行的单体项目设计，则只要绘制详细设计和施工图设计两个阶段的设计平、立、剖（断）面图即可。如有需要，可加绘景点透视图和鸟瞰图；如作为单独的相对完整的设计项目，那么，在详细设计之前，加绘方案设计阶段的平、立面图、景点透视图和鸟瞰图；有时也将方案设计和详细设计阶段合并，直接绘出详细设计图（图4-28～图4-32）。

图4-24　居住区级或小区级道路的植物造景设计

图4-25　居住小区级道路的植物造景设计

图4-26　住宅组团级道路的植物造景设计

图4-27　宅前小路的植物造景设计

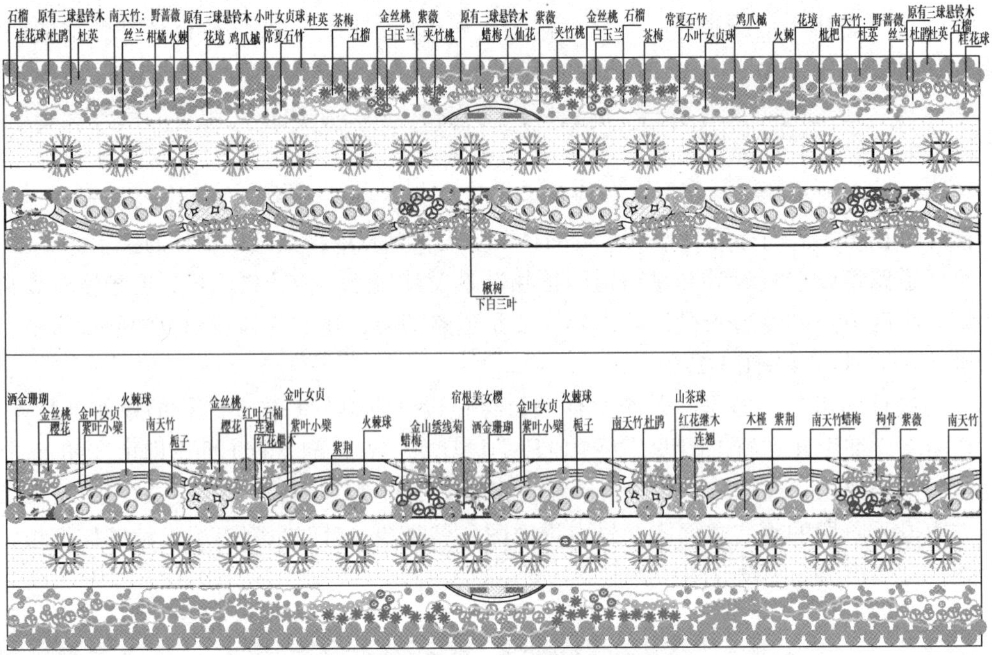
石榴
原有三球悬铃木
南天竹：野蔷薇
原有三球悬铃木
小叶女贞球
杜英
茶梅
金丝桃
紫薇
原有三球悬铃木
紫薇
金丝桃
石榴
常夏石竹
鸡爪槭
花境
南天竹：野蔷薇
原有三球悬铃木
石榴
桂花球
杜鹃
杜英
丝兰
柑橘
火棘
花境
鸡爪槭
常夏石竹
石榴
白玉兰
夹竹桃
蜡梅
八仙花
夹竹桃
白玉兰
茶梅
小叶女贞球
火棘
枇杷
杜英
丝兰
杜鹃
杜英
桂花球
椒树
下白三叶
酒金珊瑚
金丝桃
樱花
金叶女贞
紫叶小檗
火棘球
南天竹
栀子
金丝桃
樱花
红叶石楠
连翘
红花檵木
金叶女贞
紫叶小檗
紫荆
火棘球
金山绣线菊
蜡梅
宿根美女樱
酒金珊瑚
金叶女贞
紫叶小檗
火棘球
栀子
南天竹
杜鹃
山茶球
红花继木
连翘
木槿
紫荆
南天竹
蜡梅
枸骨
紫薇
南天竹

图4-28　小区或街道植物造景设计平面图

2．设计操作步骤与方法

以独立项目为例，其设计步骤为：接受设计任务→基地勘察与分析→方案（初步）设计→详细（扩初）设计→施工图设计→后期服务等。

道路植物造景设计内容相对比较简单，但道路的位置很重要，进入一个小区或者街区，首先映入眼帘的就是道路景观，而且道路两边管线分布密集，同时又是交通线路，因此其树种选择和绿化形式都应该精心合理。植物造景设计的重点位置在靠近道路的两侧，靠近建筑的植物造景设计（如基础栽植）要注意与建筑形式、风格的统一和合理对比，并要注意通风采光的需要。设计构思顺序是相关道路的入口→道路边缘→建筑基础栽植→中间部

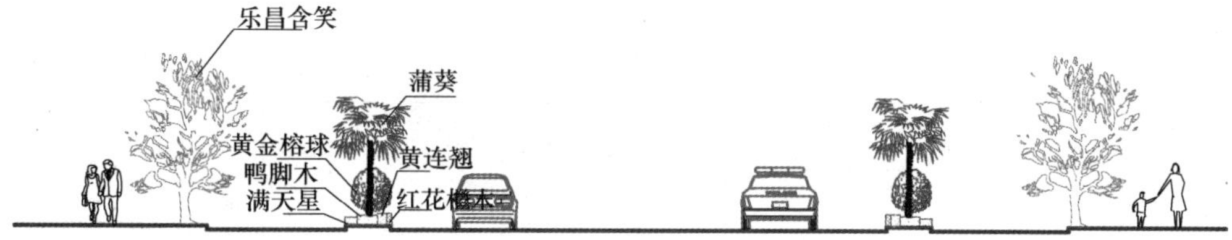
乐昌含笑
蒲葵
黄金榕球
黄连翘
鸭脚木
满天星
红花檵木

(a) A立面图

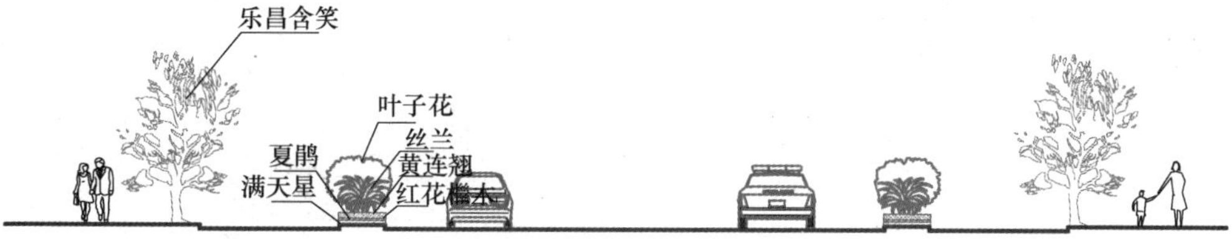
乐昌含笑
叶子花
夏鹃
丝兰
黄连翘
满天星
红花檵木

(b) B立面图

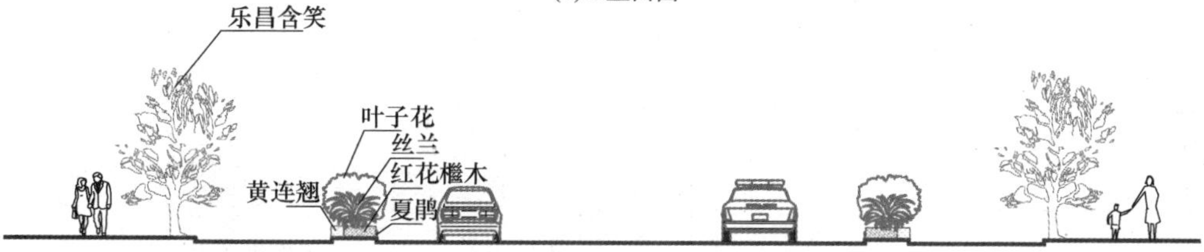
乐昌含笑
叶子花
丝兰
红花檵木
黄连翘
夏鹃

(c) C立面图

图4-29 小区或街道植物造景设计立面图

图4-30 小区或街道植物造景设计立、断面图

图4-31 小区或街道植物造景设计鸟瞰图

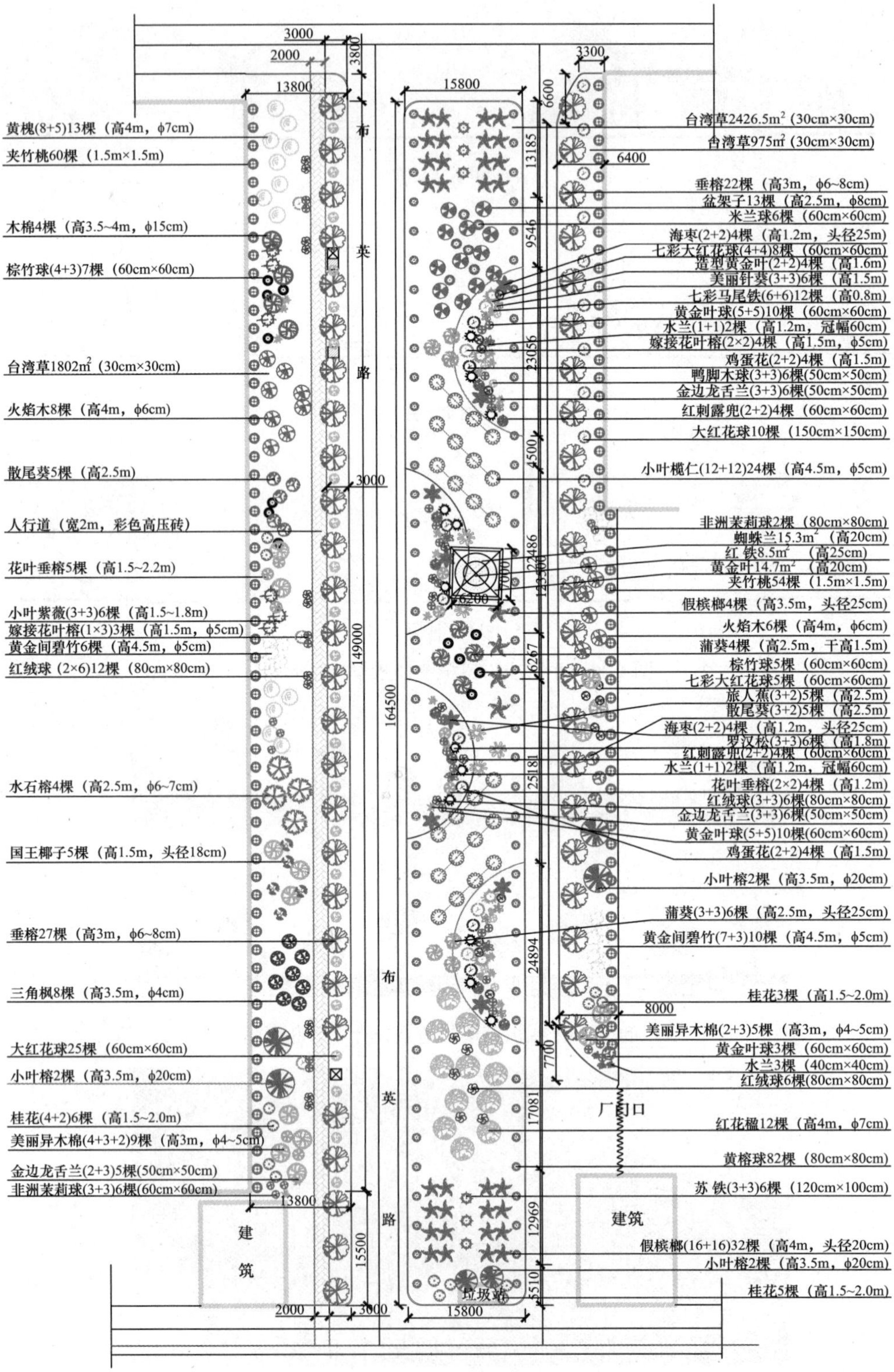

3000
2000
3800
13800
15800
3300
6600
6400
13185
9546
23056
4500
3000
22486
7000
6200
149000
164500
6267
25181
24894
8000
7700
17081
12969
5510
15500
布
英
路
布
英
路
建
筑
建筑
厂门口
垃圾站
黄槐(8+5)13棵（高4m，φ7cm）
夹竹桃60棵（1.5m×1.5m）
木棉4棵（高3.5~4m，φ15cm）
棕竹球(4+3)7棵（60cm×60cm）
台湾草1802m²（30cm×30cm）
火焰木8棵（高4m，φ6cm）
散尾葵5棵（高2.5m）
人行道（宽2m，彩色高压砖）
花叶垂榕5棵（高1.5~2.2m）
小叶紫薇(3+3)6棵（高1.5~1.8m）
嫁接花叶榕(1×3)3棵（高1.5m，φ5cm）
黄金间碧竹6棵（高4.5m，φ5cm）
红绒球（2×6)12棵（80cm×80cm）
水石榕4棵（高2.5m，φ6~7cm）
国王椰子5棵（高1.5m，头径18cm）
垂榕27棵（高3m，φ6~8cm）
三角枫8棵（高3.5m，φ4cm）
大红花球25棵（60cm×60cm）
小叶榕2棵（高3.5m，φ20cm）
桂花(4+2)6棵（高1.5~2.0m）
美丽异木棉(4+3+2)9棵（高3m，φ4~5cm）
金边龙舌兰(2+3)5棵(50cm×50cm)
非洲茉莉球(3+3)6棵(60cm×60cm)
台湾草2426.5m²（30cm×30cm）
台湾草975m²（30cm×30cm）
垂榕22棵（高3m，φ6~8cm）
盆架子13棵（高2.5m，φ8cm）
米兰球6棵（60cm×60cm）
海枣(2+2)4棵（高1.2m，头径25m）
七彩大红花球(4+4)8棵（60cm×60cm）
造型黄金叶(2+2)4棵（高1.6m）
美丽针葵(3+3)6棵（高1.5m）
七彩马尾铁(6+6)12棵（高0.8m）
黄金叶球(5+5)10棵（60cm×60cm）
水兰(1+1)2棵（高1.2m，冠幅60cm）
嫁接花叶榕(2×2)4棵（高1.5m，φ5cm）
鸡蛋花(2+2)4棵（高1.5m）
鸭脚木球(3+3)6棵(50cm×50cm)
金边龙舌兰(3+3)6棵(50cm×50cm)
红刺露兜(2+2)4棵（60cm×60cm）
大红花球10棵（150cm×150cm）
小叶榄仁(12+12)24棵（高4.5m，φ5cm）
非洲茉莉球2棵（80cm×80cm）
蜘蛛兰15.3m²（高20cm）
红 铁8.5m²（高25cm）
黄金叶14.7m²（高20cm）
夹竹桃54棵（1.5m×1.5m）
假槟榔4棵（高3.5m，头径25cm）
火焰木6棵（高4m，φ6cm）
蒲葵4棵（高2.5m，干高1.5m）
棕竹球5棵（60cm×60cm）
七彩大红花球5棵（60cm×60cm）
旅人蕉(3+2)5棵（高2.5m）
散尾葵(3+2)5棵（高2.5m）
海枣(2+2)4棵（高1.2m，头径25cm）
罗汉松(3+3)6棵（高1.8m）
红刺露兜(2+2)4棵（60cm×60cm）
水兰(1+1)2棵（高1.2m，冠幅60cm）
花叶垂榕(2×2)4棵（高1.2m）
红绒球(3+3)6棵(80cm×80cm)
金边龙舌兰(3+3)6棵(50cm×50cm)
黄金叶球(5+5)10棵(60cm×60cm)
鸡蛋花(2+2)4棵（高1.5m）
小叶榕2棵（高3.5m，φ20cm）
蒲葵(3+3)6棵（高2.5m，头径25cm）
黄金间碧竹(7+3)10棵（高4.5m，φ5cm）
桂花3棵（高1.5~2.0m）
美丽异木棉(2+3)5棵（高3m，φ4~5cm）
黄金叶球3棵（60cm×60cm）
水兰3棵（40cm×40cm）
红绒球6棵(80cm×80cm)
红花楹12棵（高4m，φ7cm）
黄榕球82棵（80cm×80cm）
苏 铁(3+3)6棵（120cm×100cm）
假槟榔(16+16)32棵（高4m，头径20cm）
小叶榕2棵（高3.5m，φ20cm）
桂花5棵（高1.5~2.0m）

图4-32　小区或街道绿化详细设计平面图

位的绿化点缀或序列等。不管如何设计，其共同点都要做到功能或景观分区明确，整体构思成竹在胸，然后按一定顺序深入完成。

4.2.2 小区道路植物造景设计原则和要求

道路绿化如同绿色的网络，将居住区各类绿化联系起来，对居住区的绿化面貌有着极大的影响，有利于居住区的通风，能够改善小气候，减少交通噪声的影响，保护路面、美化街景，以少量的用地来增加居住区的绿化覆盖面积。道路绿化布置的方式，要结合道路横断面所处位置、地上地下管线状况等进行综合考虑。居住区道路不仅是交通、职工上下班的通道，往往也是居民散步的场所。主要道路应绿树成荫，树木配置的方式、树种的选择应不同于城市街道，形成不同于市区街道的气氛，使乔木、灌木、绿篱、草地、花卉相结合，显得更为生动活泼。

1．小区主干道的绿化

居住区主干道是联系各小区及居住区内外的主要道路，除了供人行外，车辆交通比较频繁，行道树的栽植要考虑行人的遮阴与交通安全，在交叉口及转弯处要按照安全三角视距要素进行绿化，保证行车安全。主干道路面宽阔，选用体态雄伟、树冠宽阔的乔木，使主干道绿树成荫；在人行道和居住建筑之间可多行列植或丛植乔灌木，以起到防止尘埃和隔音的作用，行道树以馒头柳、桧柏和紫薇为主，以贴梗海棠、玫瑰、月季相辅。绿带内以开花繁密、花期长的大花马齿苋为地被，在道路拓宽处可布置些花台、山石小品，使街景花团锦簇，层次分明，富于变化。

2．小区次干道的绿化

居住小区道路是联系各住宅组团之间的道路，是组织和联系小区各项绿地的纽带，对改善居住小区的绿化面貌有很大作用。这里以供人行为主，也常是居民散步之地，树木配置要活泼多样，根据居住建筑的布置、道路走向、所处位置及周围环境等加以考虑。树种选择上可多选小乔木及开花灌木，特别是一些开花繁密、叶色变化的树种，如合欢、樱花、五角枫、红叶李、乌桕、栾树等。每条道路选择不同树种、不同断面种植形式，使每条路各有特色，在一条路上以一两种花木为主体，形成合欢路、樱花路、紫薇路、丁香路等。如北京古城居住区的古城路，以小叶杨作行道树，以丁香为主栽树种，春季丁香盛开，一路丁香一路香，紫白相间一路彩，给古城路增景添彩，也成为古城居民欣赏丁香的好去处。

3．住宅小路的绿化

住宅小路是联系各住宅的道路，宽2m左右，供人行走，在绿化布置时要适当后退0.5～1m，以便必要时急救车和搬运车驶进住宅。小路交叉口有时可适当放宽，与休息场地结合布置，既显得灵活多样，又丰富了道路景观。行列式住宅的各条小路，从树种选择到配置方式可采取多样化形式，形成不同景观，也便于识别家门。如北京南沙沟居住小区形式相同的住宅建筑间的小路，在平行的11条宅间小路上，分别栽植馒头柳、银杏、柿、元宝槭、核桃、油松、泡桐、香椿等树种，既有助于识别住宅，又丰富了住宅绿化的艺术面貌。

小区道路的绿化断面形式没有城市街道复杂，分车绿带和交通带不一定要设置。绿化设计的相关理论可参考城市道路的有关标准和要求，但比城市道路的级别、标准和要求要更低些。小区道路设计时，步行街或道路交叉口可适当加宽，绿化设计要加以强调和过渡，可与休息活动场地结合起来，构成小景。主路虽与城市干道相连，但其位于小区内部，因此绿化设计上要区分和体现小区自身的风格和特色，如行道树不要与外面街道的行道树一致。路旁种植设计要灵活自然，要与两侧的建筑物和各种设施相结合，做到疏密相间、高低错落和富于变化。以不同的行道树、花灌木、绿篱、地被、草坪组合成不同的植物景观，同时要加强识别性。小区道路较城市道路窄，因此，乔木应选择中小乔木，并多用色叶树和花灌木。

操作训练

小区道路植物造景设计

由教师提供某小区道路及环境原始平面图，进行植物造景设计、方案设计创作训练，主要绘制平面、立面、断面和景点透视草图。

绘制某城市道路的绿化设计平面图和断面图的草图（每人要动手操作，尽量随堂完成草图）。

4.2.3 拓展知识——城市街道和园路植物造景设计

1．城市街道植物造景设计

城市道路功能的多样性和特殊性（图4-33），使其绿化设计针对功能方面的要求尤为重要；当然也要考虑城市面貌美观性对植物造景设计的要求。道路绿化的功能和层次可以概括为以下几方面。

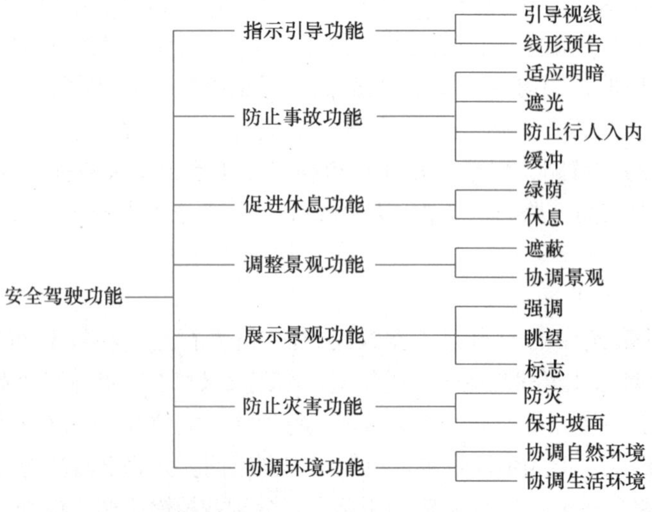
安全驾驶功能
指示引导功能
引导视线
线形预告
防止事故功能
适应明暗
遮光
防止行人入内
缓冲
促进休息功能
绿荫
休息
调整景观功能
遮蔽
协调景观
展示景观功能
强调
眺望
标志
防止灾害功能
防灾
保护坡面
协调环境功能
协调自然环境
协调生活环境

图4-33　道路绿化功能分析图

（1）城市道路的绿化布置类型

城市道路绿地是指城市道路及广场范围内可进行绿化的用地，主要包括道路绿带、交通岛绿地、广场绿地及停车场绿地（图4-34）。

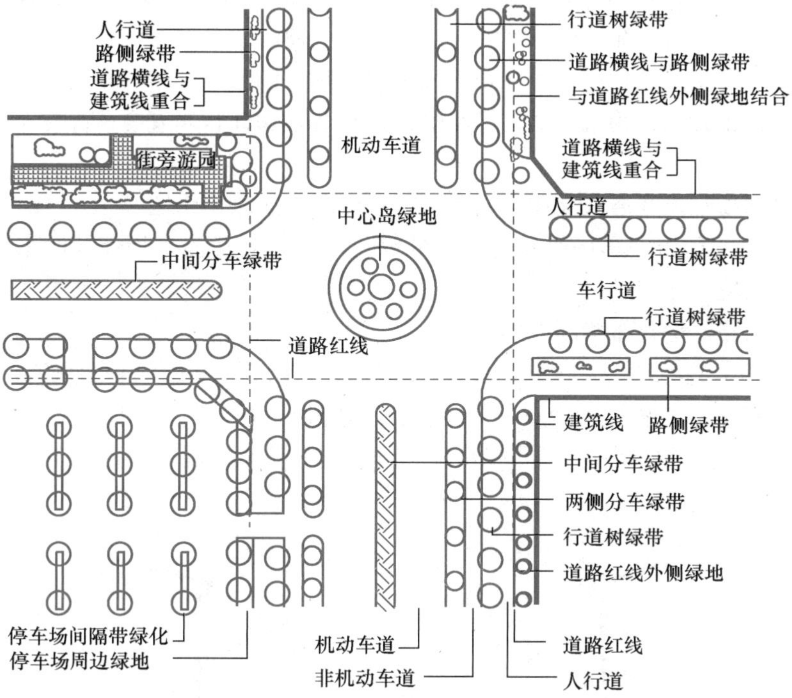
人行道
路侧绿带
道路横线与建筑线重合
街旁游园
行道树绿带
道路横线与路侧绿带
与道路红线外侧绿地结合
机动车道
道路横线与建筑线重合
人行道
中心岛绿地
行道树绿带
中间分车绿带
车行道
行道树绿带
道路红线
建筑线
路侧绿带
中间分车绿带
两侧分车绿带
行道树绿带
道路红线外侧绿地
停车场间隔带绿化
停车场周边绿地
机动车道
非机动车道
道路红线
人行道

图4-34 城市街道绿地名称平面示意图

道路绿带 道路红线内的带状绿地，分为行道树绿带、隔离（分车）绿带及路侧绿带。

行道树绿带是在人行道上以种植行道树为主的绿带，又称步行道绿带，遍及城市主、干、支、社区小路等各级道路。其功能是为行人遮阳，调节温度、湿度，防尘，降噪，对改善道路环境起着不可替代的作用，是构成城市绿色面貌的重要组成部分，也是改善居民居住环境的主要内容之一。

隔离（分车）绿带是在车行道之间划分车辆运行路线的绿化分隔带，又称分车绿带。其形式有：中间分车绿带，又称中央分隔绿带，指上下行驶机动车道间的分车绿带；两侧分车绿带，指机动车道与非机动车道间或同方向机动车道间的分车绿带，其功能是将机动车道或快慢车道分开，保证快慢车行驶的速度与安全。

路侧绿带是道路侧方布设在人行道边缘至道路红线（规划道路路幅的边界线）间的绿带，可以减少人流、车辆的噪声干扰，保持路段内连续与完整的景观。靠近建筑物或围墙、栏杆等的绿化带又称为基础绿化带，其功能是保护建筑内部环境与居民的活动不受外界干扰。

交通岛绿地 可绿化的交通岛用地。主要在交叉路口为组织交通而设置的绿化用地，包括中心岛、安全岛、导向岛和立体交叉绿岛。其功能是保证交通安全、引导交通、美化市容。

中心岛（俗称转盘）是位于交叉路口上可绿化的中心岛用地，多呈圆形，起着回车及约束车道、限制车速和装饰街道的作用，主要功能是组织环形交通，其绿化宜以低矮的植物组成简洁的花坛，以免影响视线。

安全岛是在较宽的街道上，为避开车辆使行人能安全过街而设的高出机动车路面的地方，岛上留出行人停留的部分进行铺装，其他部分可种植花草或铺草坪。

导向岛（也称交通歧化岛）是在道路交叉口及附近的直行和转弯车道之间的绿化地块。其功能是引导行车方向，约束车道，使车辆减速转弯并保证行车安全。绿化布置常以草坪、花坛为主。

立体交叉绿岛是指互通式立体交叉干道与匝道围合的绿化用地。

停车场绿地　是指停车场用地范围内的绿化用地。其功能是为停放的车辆提供庇荫、隔离，并美化环境。

（2）城市道路的绿化布置断面形式

一板二带式（图4-35）　一板二带式是最常见的绿化形式，中间是车行道，在车行道两侧的人行道上种植行道树。其优点是简单整齐，用地比较经济，管理方便。但在车行道过宽时，行道树的遮阴效果较差，同时机动车辆与非机动车辆混合行驶，不利于组织交通，易发生车祸。

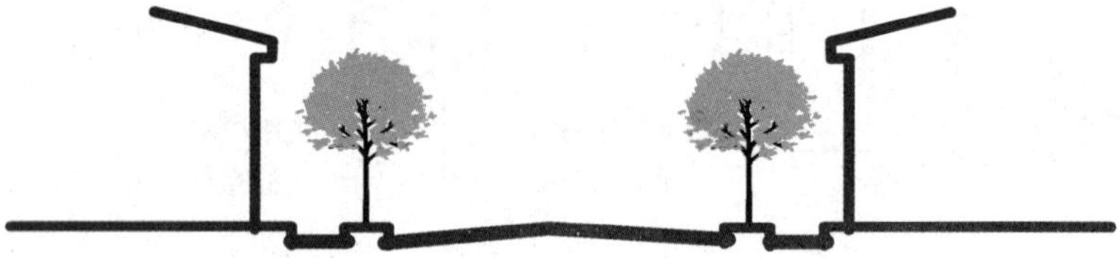

图4-35　一板二带式道路绿化断面示意图

两板三带式（图4-36）　此种形式是分成单向行驶的两条车行道，两排行道树，中间以一条绿带分隔开。此种形式对展示城市面貌有较好的效果，同时车辆分为上下行，减少了行车事故的发生。但由于不能区分开不同车辆形式，不能完全解决互相干扰的矛盾。该形式多用于高速公路和入城道路。

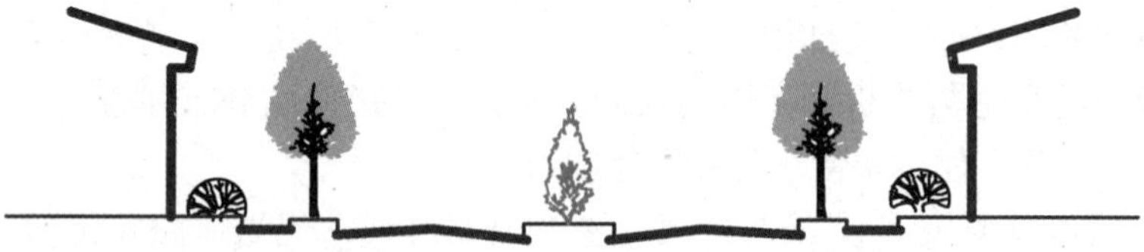

图4-36　两板三带式道路绿化断面示意图

三板四带式（图4-37）　利用两条分隔带把车行道分成三块，中间为机动车道，两侧为非机动车道，连通车道两侧的行道树共为四条绿带，故称为三板四带式。此种形式吸收尾气及庇荫的效果较好，且组织交通更方便、安全，解决了各种车辆混合、互相干扰的矛盾，尤其在非机动车辆多的情况下是较适合的。但此种形式用地面积较大。

图4-37　三板四带式道路绿化断面示意图

其他形式（图4-38）　四板五带式是利用三条分隔带将车道分成四条，使各种车辆均形成上下行，且互不干扰，保证行车速度和安全。但用地面积较大，其中绿带可考虑用栏杆代替，以节约城市用地。

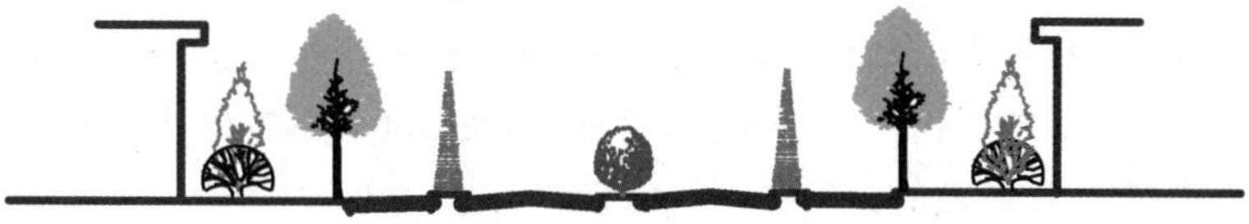

图4-38　四板五带式道路绿化断面示意图

（3）城市道路绿化设计的基本原则和植物选择要求

1）城市道路绿化设计的基本原则是满足功能、保障安全、适应环境、体现特色、生态保护、协调关系、远近结合。

满足功能　道路绿化应与城市道路的性质、功能相适应。如城市主干道，无论是生活性的还是交通性的，抑或是混合性的，其基本职能都应是交通，绿化应遵从“道主景从”的关系，在解决好交通问题的前提下，应更多地考虑对干道污染的降低作用，景观方面只需因地制宜加以辅助点缀即可。

而城市中的园林路、滨河路、绿道等慢行道路，则应重点考虑绿化的景观性、植物多样性、行人的舒适性等，交通的重要性有所下降，因此其绿化也应与干道绿化侧重点不同。

保障安全　道路绿化应符合行车视线和行车净空要求（图4-39）。行车视线应符合安全视距、交叉口视距、停车视距和视距三角形等方面的要求。为了保证行车安全，在视距三角形范围内和内侧范围内，不得种植高于外侧机动车车道中线处路面标高1m的树木，保证通视。行车净空则要求道路设计在一定宽度和高度范围内为车辆运行的空间，树木不得进入该空间。

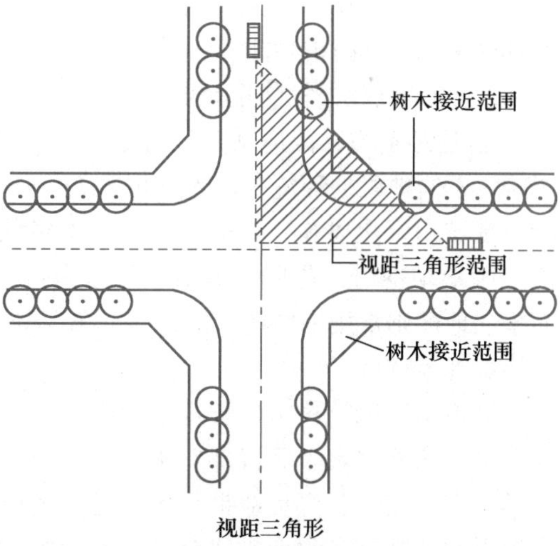
树木接近范围
视距三角形范围
树木接近范围
视距三角形

图4-39　道路交叉口安全视距三角形示意图

适应环境　城市道路绿地的立地条件极为复杂，既有地上架空线和地下管线的限制，又有因人流车流频繁，人踩车压及沿街摊档侵占等人为破坏，还有城市环境污染，再加上行人和摊棚在绿地旁和林荫下，给浇水、打药、修剪等日常养护管理工作带来困难。因此，设计人员要充分认识道路绿化的制约因素，在树种选择、地形处理、防护设施等方面进行认真考虑，力求绿地自身有较强的抵抗性和防护能力。

体现特色　道路绿化的布局、配置、节奏、色彩变化等都要与道路的空间尺度相协调。同一道路的绿化宜有统一的景观风格，不同道路的绿化形式可有所变化。园林景观路应配置观赏价值高、有地方特色的植物，并与街景结合；主干路应体现城市道路绿化景观风貌；毗邻山、河、湖、海的道路，其绿化应结合自然环境，突出自然景观特色。总之，道路绿化设计要处理好区域景观与整体景观的关系，创造优美的景观。

生态保护　要尽量保留原有湿地、植被等自然生态景观，运用灵活的植物造景手段，在保证良好的绿地生态功能，保护已有植被枝繁叶茂、生命力持久的同时，体现较强的景观艺术性，使道路及其周围植物景观不仅具备引导行驶的功能，还兼具景观生态学倡导的对自然的调节功能。“适地适树”是保证生态环境不被破坏的基本原则。此外，对辖区内的古树名木要加强保护；对衰老的古树名木还应采取复壮措施。

协调关系　即满足树木对立地空间与生长空间的需要。树木生长需要的地上和地下空间如果得不到满足，树木就不能正常生长发育，甚至会死亡。因此，市政公用设施如交通管理设施、照明设施、地下管线、地上杆线等，与绿化树木的相应位置必须统一设计、合理安排，使其各得其所，减少矛盾。道路绿化应以乔木为主，乔、灌、花卉、地被植物相结合，没有裸露土壤。这样，不仅美化环境，还使景观层次丰富，并最大程度地发挥道路绿化对环境的改善能力。

远近结合　道路绿化很难在栽植时就充分体现其设计意图，要达到完美的境界，往往需要几年、十几年的时间。因此，设计人员要具备发展观点和长远的眼光，对各种树种的形态、大小、色彩等现状和可能发生的变化，要有充分的了解，使其长到鼎盛时期时，达到最佳效果。同时，道路绿化的近期效果也应该重视，尤其是行道树苗木规格不宜过小，使其尽快达到其防护功能。

2）道路绿化的植物选择要求。

① 适地适树，因地制宜。这是选择行道树的基本原则。由于城市道路环境受许多因素影响，不同地段的环境条件差异也较大，选择树种的先决条件就是能生长、绿化效果稳定、能体现城市绿化风貌，要优先考虑乡土树种及市树、市花，尽量选用当地适生树种，如华南地区常用榕树、芒果、羊蹄甲等作为行道树，长江流域常用樟树、银桦等作为行道树，而华北地区则常用毛白杨、国槐等，就是取其在当地易于成活、生长良好，具有适应环境、抗病虫害等特点。

城市道路绿化树种生长环境的限制因素主要为道路土质差、土壤孔隙度小、透气透水性不良，这些因素阻碍根部对水分、养料的吸收。城市街道绿化的栽植地段，常处于交通要道、交叉路口、繁华地带、专业贸易场所等；城市道路地下往往埋设有各种管道；城市街道上空往往有各种架空线路；一些大中城市十几层、几十层高的高楼鳞次栉比，街北为阳，街南为阴，人为地造成小地形、小气候，虽一街之隔，但光照、温度却截然不同，这些都增加了道路绿化树种选择的难度（图4-40）。

② 乡土树种与外来树种相结合。由于城乡生态环境多变和绿化功能要求复杂多样，必

然带来行道树种的多样化。乡土树种在长期种植的过程中已充分适应本地的气候、土壤等环境条件，易于成活，其生长良好、种源多、繁殖快、可就地取材，既能节省绿化经费，易于产生绿化效果，又能反映地方风格特色，因此选用乡土树种作为行道树是最可靠的。但为了适应城乡道路复杂的生态环境和各种功能要求，如仅限于采用当地树种，难免有单调不足之感。并且，有些外来树种经过引种和长期驯化，已适应当地的自然环境，表现出良好的生长态势，也可以作为行道树的选择，以丰富道路绿化植物品种和特色。

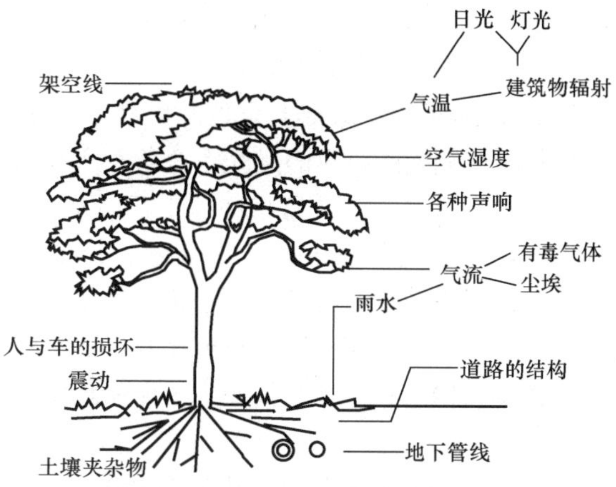
日光
灯光
架空线
气温
建筑物辐射
空气湿度
各种声响
有毒气体
气流
尘埃
雨水
人与车的损坏
震动
道路的结构
地下管线
土壤夹杂物
图4-40 行道树生长环境示意图

③ 环保化原则。飞絮和落果现在已经成为由树木产生的主要污染，解决这一问题的办法是尽量选用那些果实宿存、无飞絮、无异味、无污染的树种，或者选择雄性树种。随着工业和交通的发展，工厂排放的有毒气体和车辆尾气已成为城市大气污染的主要来源。因此，吸收和消除大气污染成为城市道路绿化树种选择的重要指标。城市大气污染主要监测敏感指标包括二氧化硫、氯化氢和氟三项。在城市道路绿化中，应选择抗污染或对有害气体吸收能力较强的树种。

④ 彩色化原则。现代城市的发展，使人们对环境的要求越来越高，绿色给人们的单调感觉已不适应多彩时代的要求。树木的特征包括色彩因素，彩色树种春季有新生的叶片、夏季有绚丽的花朵、秋季有丰硕的果实、冬季有斑斓的彩枝，无论季节如何转换，彩色树种始终是一个令人瞩目的亮点。

⑤ 近远期兼顾原则。在道路绿化中采用近期与远期结合，速生树种与慢生树种结合的策略措施，为的是在尽快达到夹道绿荫效果的同时，也要考虑长远绿化的要求。新辟道路往往希望早日绿树成荫，可采用速生树种，但很多树种生长到一定时期后，易于衰老凋残，影响绿化效果。更替树种又需要一定时间才能成长，因此从长远效果考虑，在选用行道树时，可在速生树种中间植榕树、樟树等长寿树种，在速生树种淘汰后，慢生长寿树种已经成长，继续发挥绿荫效果，避免脱节。

⑥ 生态效益与经济效益相结合原则。行道树的生态功能诸如遮阳、净化空气、调节温湿度、吸附尘埃等有害物质、隔离噪声及美化观赏等，都是重要的选择标准。但树种本身的经济利用价值，也是行道树选择时须考虑的因素之一。若能提供优良用材、果实、油料、药材、香料等副产品，一举多得则更好。特别是乡镇公路的行道树，线长量多，更应考虑经济效益。

（4）道路绿带设计

1）分车绿带设计。

① 分车绿带靠近机动车道，其绿化应形成良好的行车视野环境。分车绿带的绿化形式简洁、树木整齐一致，使驾驶员容易辨别穿行道路的行人，可减少驾驶员视觉疲劳。从交

通安全和树木的种植养护两方面考虑，分车带上种植的乔木，其树干中心至机动车道路缘石外侧距离不宜小于0.75m。

② 在中间分车绿带上合理配置灌木、灌木球、绿篱等枝叶茂密的常绿植物能有效地阻挡对向车辆夜间行车的远光，改善行车视野环境。分车绿带在距相邻机动车道路面高度0.6～1.5m的范围内，配置植物株距不得大于冠幅的五倍。

③ 分车绿带距交通污染源最近，其绿化所起的滤减烟尘、减弱噪声的效果最佳。两侧分车绿带对非机动车有庇护作用。因此，两侧分车带宽度在1.5m以上时，可考虑种植乔木，并宜乔木、灌木、地被植物复层混交，扩大绿量。道路两侧的乔木不宜在机动车道上方搭接，以避免形成“隧道”，不利于汽车尾气及时向上扩散，减少汽车尾气污染道路环境。

④ 被人行横道或道路出入口断开的分车绿带，其端部应采取通透式配置，这是为了使穿越道路的行人容易看到过往车辆，以利行人、车辆安全。具体执行时，其端部范围应依据道路交通相关数据确定。

分车绿带植物多用灌木、地被和草坪等，其选择要求如下：

灌木选择 枝叶丰满、株形完美、花期长，花多而显露，防止萌蘖枝过长妨碍交通；植株无刺或少刺、叶色有变、耐修剪。在一定年限内，人工修剪可控制它的树形和高矮；繁殖容易、易于管理，能耐灰尘和路面辐射。

地被植物的选择 目前，南方大多数城市主要选择台湾草、马尼拉草等作为地被植物。根据气候、温度、湿度、土壤等条件选择适宜的草坪品种是至关重要的；另外近十年兴起用假花生作地被植物，假花生属藤蔓植物，种植后遍地开金黄色小花，花期长，不需修剪，远望一片金黄色，因而该品种种植发展非常快。

草本花卉的选择 一般露地花卉以宿根花卉为主，与乔、灌、草巧妙搭配，合理配置；一、二年生草本花卉只在重点部位点缀，不宜多用。

2）行道树绿带设计。

① 行道树绿带绿化主要是为行人及非机动车庇荫，种植行道树可以较好地起到庇荫作用。在人行道较宽、行人不多或绿带有隔离防护设施的路段，行道树下可以种植乔灌木和地被植物，减少土壤裸露，形成连续不断的绿化带，提高防护功能，加强绿化景观效果。

当行道树绿带只能种植行道树时，行道树之间采用透气性的路面材料铺装，利于渗水透气，改善土壤条件，保证行道树生长，同时也不妨碍行人行走。

② 行道树的种植株距不小于4m，以使行道树树冠有一定的分布空间，有必要的营养面积，保证其正常生长，同时也便于消防、急救、抢险等车辆在必要时穿行。为利于行道树的栽植和养护管理，以及树木根系的均衡分布、防止倒伏，要求树干中心至路缘石外侧距离不小于0.75m。

③ 为了保证新栽行道树的成活率和在种植后较短的时间内达到绿化效果，苗木的规格不应过小，一般来讲，快长树胸径不得小于5cm，慢长树胸径不宜小于8cm。

④ 在道路交叉口视距三角形范围内，行道树绿带应采用通透式配置。

乔木在街道绿化中主要作为行道树，其作用主要是夏季为行人遮阳、美化街景，而行道树所处的环境因素又比较复杂，因此选择品种时主要从以下几方面着手：

株型整齐，观赏价值高（或花形、叶形、果实奇特，或花色鲜艳，或花期长）；

生命力强，病虫害少，便于管理，管理费用低，花、果、枝叶无不良气味；

树冠整齐，分枝点足够高，主枝伸张，角度与地面不小于30°，叶片紧密有浓荫；

繁殖容易，移植后易于成活和恢复生长，适宜大树移植；

有一定耐污染、抗烟尘的能力；

树木寿命较长，生长速度不太缓慢。

3）路侧绿带设计。

① 路侧绿带是道路绿化的重要组成部分。同时，路侧绿带与沿路的用地性质或建筑物关系密切，有些建筑要求绿化衬托，有些建筑要求绿化防护，有些建筑需要在绿化带中留有出入口。因此，路侧绿带设计要兼顾街景与沿街建筑需要，应在整体上保持绿带连续、完整、景观统一。

② 路侧绿带宽度在8m以上时，内部铺设游步道后，仍能留有一定宽度的绿化用地，而不影响绿带的绿化效果。因此，可以设计成开放式绿地，方便行人进入游览休息，提高绿地的功能作用。开放式绿地中绿化用地面积不得小于70%。路侧绿带与毗邻的其他绿地一起辟为街旁游园时，其设计应符合《公园设计规范》（GB 51192—2016）的规定。

③ 濒临江、河、湖、海等水体的路侧绿地，应结合水面与岸线地形设计成滨水绿带。滨水绿带的绿化应在道路和水面之间留出透景线。

④ 道路护坡绿化应结合工程措施栽植地被植物或攀缘植物。

4）交通岛和停车场绿地设计。

交通岛绿地设计：

① 交通岛起到引导行车方向、渠化交通的作用，交通岛绿化应结合这一功能。通过在交通岛周边的合理种植，可以强化交通岛外缘的线性，有利于诱导驾驶员的行车视线，特别在雪天、雾天、雨天可弥补交通标线、标志的不足。沿交通岛内侧道路绕行的车辆，在其行车视距范围内，驾驶员视线会穿过交通岛边缘，因此交通岛边缘应采用通透式栽植。交通岛绿化应选用地被植物栽植，不遮挡驾驶员视线。

② 中心岛外侧汇集了多处路口，尤其是在一些放射状道路的交叉口可能汇集五个以上的路口。为了便于绕行车辆的驾驶员准确快速识别各路口，中心岛上不宜过密种植乔木，在各路口之间保持行车视线通透。

③ 立体交叉绿岛常有一定的坡度，绿化要解决绿岛的水土流失的问题，需要种植草坪等地被植物。绿岛上自然式配置树丛、孤植树，在开敞的绿化空间中，更能显示出树木的自然形态，与道路绿化带形成不同的景观。

停车场绿地设计：

① 停车场周边应种植高大庇荫乔木，并宜种植隔离防护绿带；在停车场内宜结合停车间隔带种植高大庇荫乔木。

② 行道树种具有深根性、分枝点高、冠大荫浓等特点，适合于停车场的栽植环境，因此停车场种植的庇荫乔木可选择行道树种。其树木枝下高度应符合停车位净高度的规定：小型汽车为2.5m；中型汽车为3.5m；载货汽车为4.5m。

2．园路主、次干道的植物造景设计

在新建园林中，园路面积占总面积的12%～20%。它的作用与城市道路不同，除了交通需要，还有造景、导游的功能，即通过园路可以游览各个景区，园路本身也是景观。园路的形式变化多样，似路又非路，没有整齐的路缘，也不一定要有成排成行的行道树。园路的布局既要自然、灵活，又要有变化，常用乔灌木、地被植物等进行多层次结合，以构成具有一定情趣的园路景观。

（1）园林主干道的植物造景设计

园林主干道的绿化要特别注意树种的选择，使之符合园路的功能要求；在配置上要特别考虑路景的要求。一般的直路通常由整齐的行道树构成一点透视，便于设置对景。利用道路的转折、树干的姿态、树冠的高度与宽度将远景引入园路中来，这是园路设计中普遍采用的手法，且在自然风景区中是较为常见的。园路旁的树种一般要求主干优美，树冠浓密，高低适中而起画框作用，如合欢、马尾松、白蜡、元宝槭、香樟、乌桕、无患子等（图4-41和图4-42）。

图4-41　规则式园林主干道的绿化

图4-42　自然式园林主干道的绿化

就树种搭配而言，一般有两种植物造景方式。其一，同一种树或以同一种树为主配置的园路。这种配置方式容易形成一定的气氛，表现某种风格或体现某一季节的特色。如杭州西湖风景区灵隐路的无患子，树姿挺立、平展如冠，秋天黄叶时间长达一个月之久，从而构成了美丽的秋景。有的风景道路，由于路线较长，两旁多为自然景物。因此，树种不必整齐对称，可结合路旁树木、山石，分段配置不同的树种，并注意前后树的衬托关系。其二，多个树种配置的园路。在自然式园路旁，如果只用一个树种，往往显得单调，不易形成丰富多彩的路景。树种的多少应根据园路的性质、地位及作用而定。一般在一段不长的路旁，树种不宜超过三种，而且要有一个主树种。在较长的园路旁，一般不只选用一个树种，可在不同的路段采用不同的树种。如杭州花港观鱼牡丹园南路，一边以碧桃、海桐、柏木形成屏障；另一边基本不种树，只用一两个树丛作隐蔽用。人在路上行走，感觉像在牡丹园中。碧桃的株距为3.5m，树下为杜鹃、海棠，路缘经常变换着各色花草。早春时节，碧桃盛开，与柏木红绿相映，形成了一条美丽的花带。

（2）园林次干道的植物造景设计

园路次干道植物造景设计与主干道没有很明确的区别，一般而言，主干道一般起到分割和联系公园景区的作用，其绿化设计可以大气些，可以大中型乔木为主体，并且形式上相对要规整一些；而次干道则是联系更小的景区或者大的景点，因此绿化设计上可以更加灵活丰富一些（图4-43和图4-44）。

图4-43 规则式园林次干道的绿化

图4-44 自然式园林次干道的绿化

3. 园林径路的植物造景设计

联系各个景区的一般是主路，而联系各个景点或深入景点腹地的是径路，它们的形式多样、变化灵活，因而必然需要利用丰富多彩的植物配置，以产生不同情趣的意境。结合不同园路形式及其植物配置特色，一般有以下几种类型。

（1）野趣之路（图4-45）

在杭州柳浪闻莺公园的大草坪上，有一条宽仅1.5m的镶嵌草皮的石板小路，弯曲地穿过三五成丛的自然式树丛，树丛选用了高大的枫杨、常绿的香樟和小乔木紫叶李三个树种，树丛的位置处于面阔达130m长的大草坪中段。园路穿过树丛，在高大的浓荫树下，自由地散置几块石头，供游人小憩。盛夏季节，凉风习习，在园林中就好像置身于大自然一般。在布置自然式园路景观时，还必须注意以下几点：①要选用树姿自然、体形高大的树种，切忌采用整形的树种；布置要自然，树种不宜太多，乔木以三种左右为宜；②要有自然景点，如散置于路旁的石块，或有意识地设置简朴的茅舍、亭台等；③要注意周围景色的“野趣”，最好设置于人流少、没有喧哗的地方（图4-45）。

（2）山道（图4-46和图4-47）

1）路旁树要有一定的高度，以便有高耸之感，路宽与树高之比为（1∶6）～（1∶10）时，效果比较显著。树种宜选用高大、挺拔的乔木，树下可用低矮的地被植物，少用灌木，以免形成高低对比的“山林”效果。

2）要使道路浓荫覆盖，具有一定的郁闭度，光线要暗淡一些，以产生如入“山林”之感。周围树木还要有一定的厚度、使游人感受“林中穿路”的氛围。

3）道路要有一定的坡度。有起伏、陡坡，“山”的感觉就会越强；但坡度不大时，只要加强其他处理，如降低路面、坡上种高树等，也可以创造出山林的效果。

4）道路要有一定的长度和曲度。长显得深远；曲可增加上下透景，有幽邃之感。

5）注意利用周围自然山林的气氛，园路的开辟要尽量结合自然山谷、溪流、岩石等。

图4-45　野趣之路

图4-46　登山步道

图4-47　山林之路（杭州西泠印社）

6）在登山步道的入口或转折的地方，宜用姿态别致或色彩较为突出的观赏植物来引导；路边坡地上可植低矮的花灌木，于幽深中见精彩，体现山花烂漫之趣。

（3）花径（图4-48）

花径在园林中是具有特殊趣味的。它是在一定的道路空间里，以花的姿态和色彩创造一种浓郁的气氛，给人以艺术享受，特别是花盛开时期，这种感染力更为强烈。如济南五龙潭公园的樱花径，位于武中奇书画馆之后，路宽1.5m，两旁以樱花为主，间植少量云杉。樱花树冠覆盖了整个路面，每年4月上、中旬，花盛之时，花径之意境油然而生。此外，还常用不同花木以创造梅花径、桂花径、玉兰花径、桃花径等。总之，设计花径时，要选择开花丰满、花形美丽、花色鲜艳、有香味、花期较长的树种。花径的株距要小，采用花灌木时，既要密植，又要有背景树。

（4）小径

小径犹如园林中的小支脉，虽然长短不一，但大多数为羊肠小道，宽度在1m左右，随着功能用途、所处地形及周围环境的不同而不同。其植物配置的作用，主要

图4-48　花径（樱花）

在于加强游览功能和审美效果。树林中开辟的小径，往往是浓荫覆盖形成的比较封闭的道路空间。如杭州植物园百草园的一条小径，宽仅1m，两旁密植高达15m以上的刺槐，除枝下高仅2m的广玉兰外，两旁还有密植的山茶，形成封闭的“绿屏”，能体现山林之野趣。

小径一般分为两种。一种是人工建造的山石园或自然山林中狭小的石级坡道，如杭州西泠印社水池旁种有藤蔓植物、络石和薜荔等，平添了小径的趣味。另一种是布置比较精巧，但又很自然的花园小径。其径旁散置石块，或与书带草结合，或嵌于草坪中。路旁树林有高有低、疏密相间，既有自然树形，也有修剪整形的。大多数的路面还都有花纹，但顶部不一定都有覆盖，其视野比较开阔。有的路缘只种书带草，不作生硬处理。还有在路旁适当的地段种一些小乔木，以覆盖路面，并构成画框。有时小径两旁可以遍植樱花、梅、桃等，以形成花径，使人穿行在花的世界里。

思考与练习

1．水生植物的类型有哪些？各有什么特征？并举例说明。
2．岸边乔灌木的景观设计主要考虑哪几个方面？
3．你认为湖中小岛的植物景观应如何设计？
4．城市道路的绿化布置形式（断面图）主要有哪几种？
5．交通岛有哪些类型？植物造景设计时有哪些特殊要求？
6．不同级别的园路在植物造景设计时有什么不同要求或者是针对性的要求？

5 项目实践四

小区公共绿地的植物造景设计

5.1 小区组团绿地植物造景设计

学习目标

熟悉小区组团绿地植物造景设计方法与技巧，使学生能做出小区组团绿地的总体规划设计，并能深入做出小区组团绿地的植物造景设计。

技能要求

1．在规定的时间内做出小区组团绿地的功能分区图；
2．在规定的时间内做出小区组团绿地的设计总平面图；
3．在规定的时间内做出小区组团绿地的植物造景深化设计。

工作场境

工作（教、学、做）场所：一体化制图室、综合设计工作室及基地现场。

工作情境：学生模拟担任公司设计员角色，学习、操作并掌握设计员岗位基本工作内容；在这里教师是设计师、辅导员。理论教学采用多媒体教学手段，以电子案例和设计文本实物增加感性认识，教师要进行现场操作示范，学生要进行操作训练，可结合居住小区绿地模拟建设项目或教师指定的实际设计项目进行有针对性的教学和实践。

1．提供实际设计文本，供学生观摩，提高感性认识、兴趣和求知欲；
2．采用多媒体教学手段，展示实例和图片，讲解主要内容、方法和设计要求等；
3．通过观摩训练和现场教学，提高学生对小区组团绿地植物造景设计的感性认识，收集设计素材；
4．本项目基本的“教、学”环节结束后，“做”的环节为：课外分组（分工协作）完成实训总作业，进行模拟设计或结合生产实际任务进行设计训练。

居住小区组团绿地是结合居住建筑组团的不同组合而形成的绿地，是随着组团的布置方式和布局手法的变化，其大小、位置、形状相应变化的绿地，其面积不大，靠近住宅，供居民尤其是老人与儿童使用方便，其规划形式、内容丰富多样。小区组团绿地的特点：

1）用地少，投资少，见效快，易于建设。由于面积小，布局设施简单。

2）服务半径小，使用率高，是安全、方便、舒适的游憩环境。

3）以植物造景为主。利用植物材料既能改善住宅组团的通风、光照条件，又能丰富组团建筑艺术面貌，并能在地震时疏散居民和搭盖临时建筑等，起到抗震救灾的作用。

5.1.1 小区组团绿地的布置类型

1．周边式住宅中间的组团绿地

这种组团绿地有封闭感，是由楼与楼之间的庭院绿地集中组成的，因此在相同的建筑密度下，可以获得较大面积的绿地，有利于居民从窗内看管在绿地上玩耍的儿童。

2．行列式住宅山墙之间的组团绿地

行列式布置的住宅对居民干扰小，但空间缺乏变化，比较单调。适当增加山墙之间的距离，将其开辟为绿地，可为居民提供一块阳光充足的空间，打破行列式布置的山墙间所形成的狭长胡同的感觉。这种组团绿地的空间与其前后庭院绿地空间相互渗透，丰富了空间变化。

3．扩大的住宅建筑间距中的组团绿地

在行列式布置的住宅之间，适当扩大间距，使其达到原间距的1.5～2倍，即可以在扩大的间距中开辟组团绿地。

4．住宅组团一角的组团绿地

在组团内利用地形不规则的场地，或不宜建造住宅的空地布置绿地，可充分利用土地，避免出现消极空地。

5．临街组团绿地

临街布置绿地，既可为居民使用，也可向市民开放，既是组团绿地，也是城市空间的组成部分，与建筑产生高低、虚实的对比，构成街景。

6．立体式组团绿地

随着住宅建筑的多样化，组团构成形式也不断丰富，类型逐渐打破兵营式的布置形式，建筑的平面与立面上都在逐渐多样化，因而产生了立体式组团绿地。

5.1.2 小区组团绿地的植物造景设计内容、操作步骤与方法

1．小区组团绿地的植物造景设计内容

居住小区组团绿地位于住宅组团中，通常规模小，服务半径也小，主要为小区内老人和儿童提供就近休闲、游憩、娱乐的空间，因此，应根据小区住宅及其绿地的不同布置类型和形式来开展植物造景设计。园林设施如简易凉亭、铺装场地、水池山石、休闲桌椅、堆挖沙坑等适当布置一些即可。如绿地较小，布局可纯粹为植物造景。在植物的选择上应突出特色，除考虑到安全、环保外，使不同组团的植物景观达到统一和变化的效果。

主要设计图纸有：方案设计阶段——总平面图（图5-1～图5-3），平、立面、景点透视图及鸟瞰图等（图5-4和图5-5）；施工图设计阶段——总平面图、硬质景观索引图、竖向设计图、植物分层结构配置图、植物布局定位图、绿地给排水及电气布置图、硬质景观详图等。也可根据要求将方案设计阶段和详细设计阶段合并，直接绘出详细设计图。

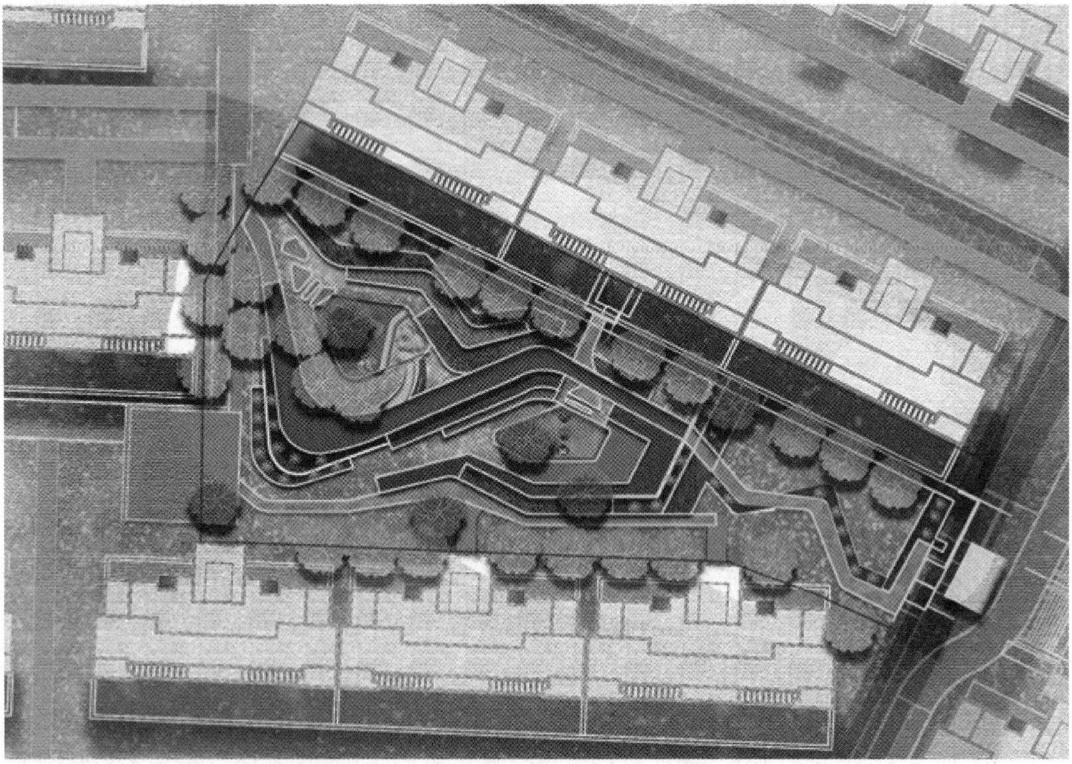

图5-1　某小区住宅单元间组团绿地平面图之一

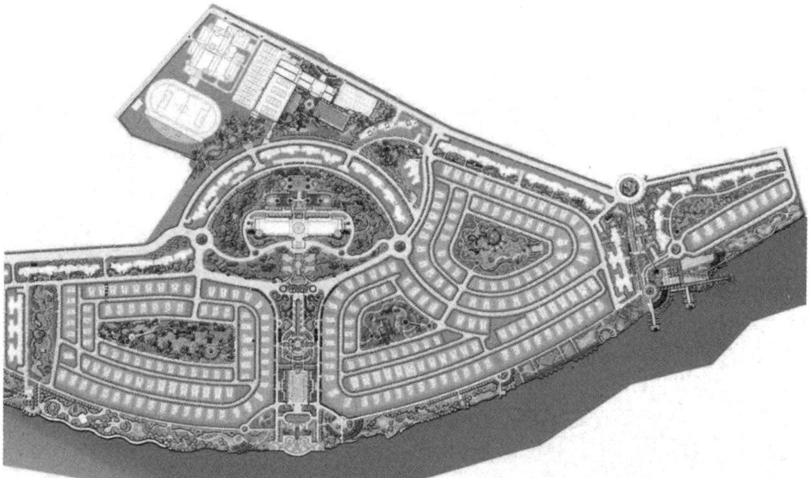

图5-2 某小区组团绿地分布图

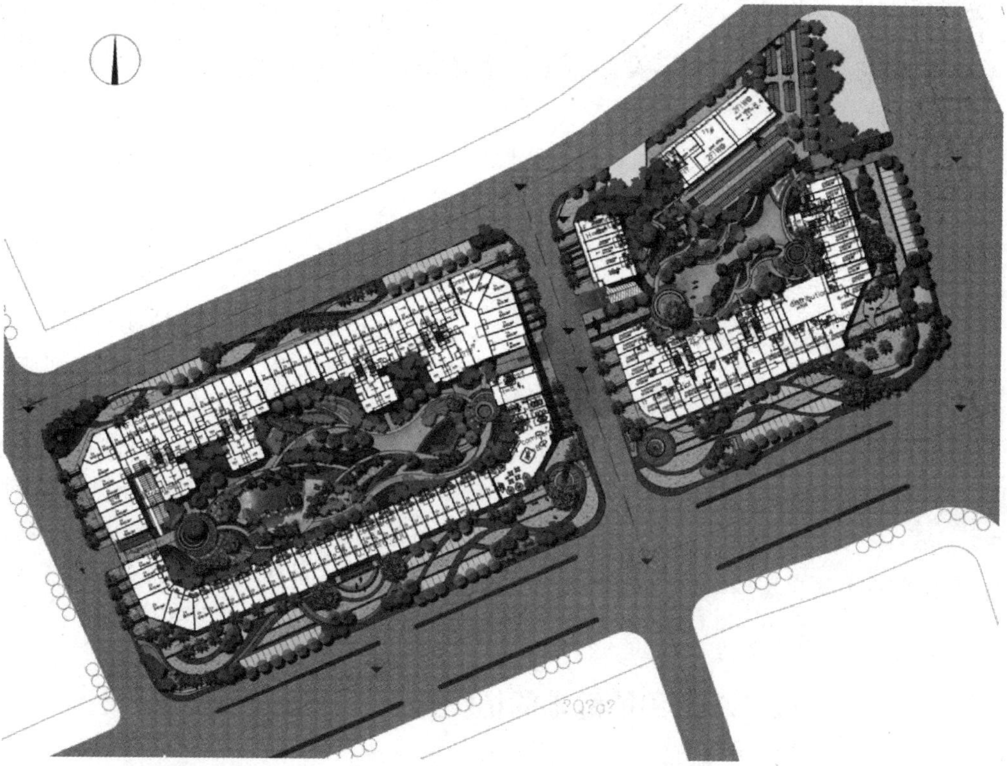

图5-3 某小区住宅单元间组团绿地平面图之二

2．小区组团绿地植物造景设计的操作步骤与方法

以独立项目为例，其设计步骤为：接受设计任务→基地勘察与分析→方案（初步）设计→详细（扩初）设计→施工图设计→洽商、论证、修改等后期服务。

水中雕塑
地下车库采光井
丰富的水生植物
湖畔凉亭
园林小径
湖水成瀑布跌落到车库

图5-4 某小区联排别墅组团绿地透视图

图5-5 某小区住宅单元间组团绿地鸟瞰透视图

小区组团绿地由于规模、面积较小，内容相对简单，主要以植物造景为主。因此，设计时应该先确定植物配置的品种、特色及不同规格，然后把简单的硬质景观要素进行合理布局，逐步深入完成组团绿地造景的总平面图设计，再进行植物景观和硬质景观的深化设计。设计时还要按照先整体后局部、先全面后深化的顺序，要将植物在平面和空间上的布局设计到位，达到功能和植物景观的高度融合。

5.1.3 小区组团绿地的植物造景设计原则和要求

1．小区组团绿地的植物造景设计原则

1）小区组团绿地的植物造景设计应符合居住区绿地总体规划，贯彻生态网络的思想，构建与居民生活空间关系密切的绿地网络体系，将绿色景观渗透到居住环境之中。

2）以植物造景为主进行布局，植物的选择和配置做到安全、环保，尽量少用有毒素、花粉及落叶频繁的植物，充分发挥绿地的卫生防护功能。植物配置还应做到造景精

致、特色突出、季相及色彩丰富等；可引进一些乡土果木，烘托居住区的自然、质朴气氛。

3）为了居民的休憩特别是老人和儿童的就近休息、活动，可适当布置园林小品设施，风格及手法应做到朴素、简洁、统一、大方（图5-5）。

2．小区组团绿地植物造景设计的要求

1）小区组团绿地应满足邻里居民交往和户外活动需要，在植物造景的同时，适当布置幼儿游戏场和老年人休息场地，设置小沙坑、游戏器具、座椅和凉亭等，并与植物造景巧妙结合。

2）利用植物围合空间，树种包括灌木、常绿和落叶乔木，地面除硬地外铺草种花，以美化环境。靠近住宅处避免种植过密而造成底层房间阴暗及通风不良等。

3）布置在住宅间距内的组团及小块绿地的设置以满足“有不少于1/3的绿地面积在标准的建筑日照阴影线范围之外”的要求，以保证有良好的日照环境，结合不同日照环境合理选择植物，布置不同植物景观，同时要便于设置儿童游戏设施和适于成人游憩活动。其中，庭院式组团绿地的设置还应满足表5-1中的各项要求。

表5-1 庭院式组团绿地的设计要求

封闭型绿地		开敞型绿地	
南侧多层楼	南侧高层楼	南侧多层楼	南侧高层楼
$L\geqslant 1.5L_2$	$L\geqslant 1.5L_2$	$L\geqslant 1.5L_2$	$L\geqslant 1.5L_2$
$L\geqslant$30m	$L\geqslant$50m	$L\geqslant$30m	$L\geqslant$50m
$S_1\geqslant$800m^2	$S_1\geqslant$1800m^2	$S_1\geqslant$500m^2	$S_1\geqslant$1200m^2
$S_2\geqslant$1000m^2	$S_2\geqslant$2000m^2	$S_2\geqslant$600m^2	$S_2\geqslant$1400m^2

注：L为南北两楼的间距（m）；L_2为当地住宅的标准日照间距（m）；S_1为北侧是多层楼的组团绿地面积（m^2）；S_2为北侧是高层楼的组团绿地面积（m^2）。

5.2 小区公园（小游园）的植物造景设计

学习目标

熟悉小区公园（小游园）绿地植物造景设计方法与技巧，使学生能做出小游园的总体规划设计，并能深入做出小区公园（小游园）的植物造景设计。

技能要求

1．在规定的时间内做出小区公园（小游园）的功能分区图；
2．在规定的时间内做出小区公园（小游园）的设计总平面图；
3．在规定的时间内做出小区公园（小游园）的植物造景深化设计。

工作场境 ☞

工作（教、学、做）场所：一体化制图室、综合设计工作室及基地现场。

工作情境：学生模拟担任公司设计员角色，学习、操作并掌握设计员岗位基本工作内容；在这里教师是设计师、辅导员。理论教学采用多媒体教学手段，以电子案例和设计文本实物增加感性认识，教师要进行现场操作示范，学生要进行操作训练，可结合居住小区绿地模拟建设项目或教师指定的实际设计项目基地进行有针对性的教学和实践。

1. 提供实际设计文本，供学生观摩，提高感性认识、兴趣和求知欲；
2. 采用多媒体教学手段，展示实例和图片，讲解主要内容、方法和设计要求等；
3. 通过观摩训练和现场教学，提高对小区公园（小游园）植物造景设计的感性认识，并收集设计素材；
4. 本节基本的“教、学”环节结束后，“做”的环节为：课外分组（分工协作）完成实训总作业，进行模拟设计或结合生产实际任务进行设计训练。

小区公园一般指小区中心绿地（小游园），其功能与城市公园不完全相同，在规模上要小一些，从功能和服务对象上看也许会单一些，但它却是城市绿地系统中最活跃的部分，是城市绿化空间的延续，又是最接近居民的生活环境。因此，在规划设计上，有与城市公园不同的特点。它主要适合于居民的休息、交往、娱乐等，有利于居民心理、生理的健康。小区中心公园的标准见绿化报批；人均公园绿地，每人必须达到1m^2，每户按3.5人计。

小区公园绿地设计应以植物造景设计为主体，并要有相应的游憩服务设施、活动场地（铺装）等。小区中心公园位置最好与居住小区的公共建筑、社会服务设施结合布置，形成居住小区的公共活动中心，这种布置形式可提高公园与服务设施的使用率，有利于节约用地。一般将此公园设在居住小区的几何中心位置，其服务半径一般以400～500m为宜，步行3～5分钟即可到达。

5.2.1 小区公园植物造景设计内容、操作步骤与方法

1. 小区公园植物造景设计的主要内容

小区公园虽然以植物景观为主，但设施比较多，硬质景观部分内容也较多，因此植物造景设计要服从于公园整体设计，注重与其他要素配合设计。

主要设计图纸有：设计总平面图（图5-6和图5-7）、竖向设计图、植物造景设计图和其他硬质景观设计图。若是在某个整体项目绿化设计方案的基础上进行的单体项目设计，则只要绘制详细设计和施工图设计两个阶段的平、立、剖（断）面图即可，如有需要，在详细设计阶段可加绘景点透视图（图5-8）；如作为单独的相对完整的设计项目，那么，在详细设计之前，加绘方案设计阶段的平、立面、景点透视图及鸟瞰图等。

图5-6 某小区公园（小游园）位置及植物造景设计平面图

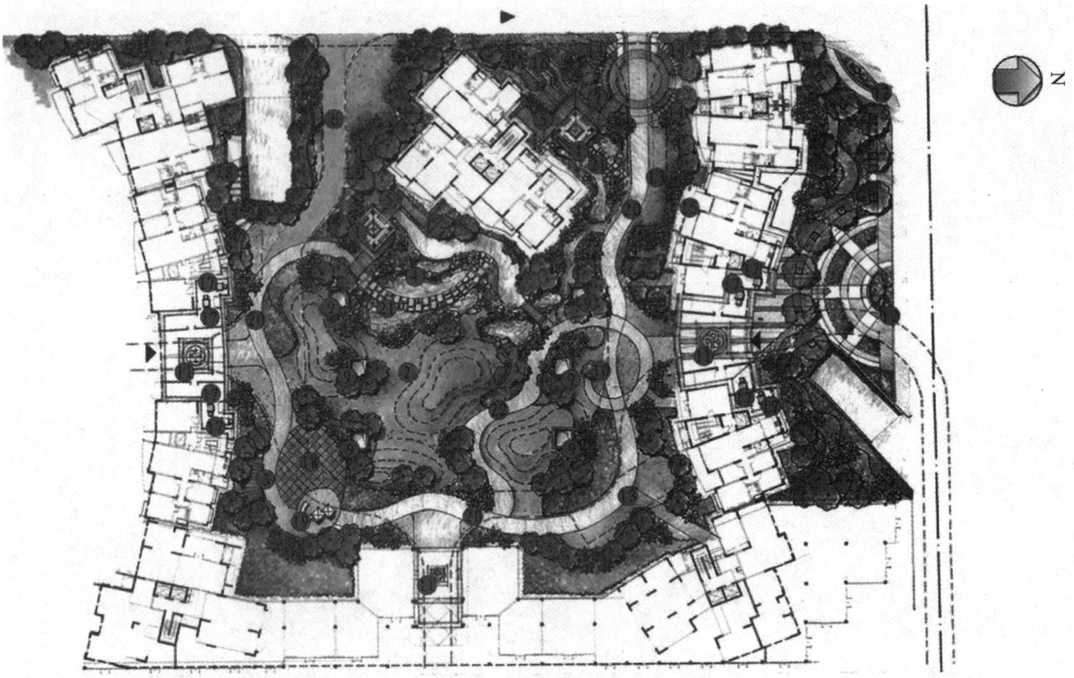
N

图5-7　某小区环境中小游园植物造景设计平面图

图5-8　某小区环境中小游园景点透视图

2．小区公园植物造景设计的操作步骤与方法

以独立项目为例，其设计步骤为：接受设计任务→基地勘察与分析→方案（初步）设计→详细（扩初）设计→施工图设计→洽商、论证、修改等后期服务。

小区公园面积较大，内容较为丰富，因此，应该从功能和景观分区开始规划设计，然后逐步深入完成公园的设计总平面图，再进行植物景观的深化设计。一定要按照先整体后局部、先全面后深化的顺序，并且一定要将植物造景设计在造景和空间组织上做到位，达到功能和景观高度和谐的完美设计（图5-9～图5-11）。

5.2.2 小区公园植物造景设计的原则与要求

1．小区公园植物造景设计原则

植物造景设计成败的关键，是设计重点。园林植物造景要根据功能要求和设计原则，将园林植物等绿地材料进行有机组合，以满足不同功能和艺术要求，创造丰富的园林景观。合理的植物造景既要考虑到植物的生态条件，又要考虑到其观赏特性；既要考虑到植物自身美，又要考虑到植物之间的组合美和环境的协调美，还要考虑到具体地点的具体条件。正确地选择树种，加上理想的艺术配置，可以充分发挥植物的生物特性，为公园增色。公园要体现四季有景，重点突出，层次丰富，色彩艳丽。

小区公园植物造景的原则如下：

1）应符合居住区绿地规划。依据《城市居住区规划设计规范》，居住区各级中心绿地设置规定了其内容和规模，更细者则对植物的品种、结构、数量等指标均做了指向性规划，因此，在植物造景设计中要注意与居住区绿地规划设计形成统一布局，以减少不必要的修改环节。

2）乔灌结合，常绿植物和落叶植物、速生植物和慢生植物相结合，适当地配置和点缀花卉草坪。在树种的搭配上，既要满足生物学特性，又要考虑绿化景观效果，创造出安静和优美的公园景色。

3）植物种类不宜繁多，但也要避免单调，更不能配置雷同，要达到多样统一。

4）树种在统一基调的基础上力求变化，创造出优美的林冠线和林缘线，打破建筑群体的单调和呆板。

5）在栽植上，除了需要行列栽植外，一般还要避免等距离的栽植，可采用孤植、对植、丛植等，适当运用对景、框景等造园手法，装饰性绿地和开放性绿地相结合，创造出丰富而自然的绿地景观。

6）在设计中，充分利用植物的观赏特性，进行色彩的组合和协调，通过植物的叶、花、果、枝条和干皮等显示的色彩在一年四季中的变化来布置植物，创造季相景观。

2．小区公园植物造景设计要求

高质量的小区公园植物造景设计的实施，要求对植物材料进行科学选择，即植物材料

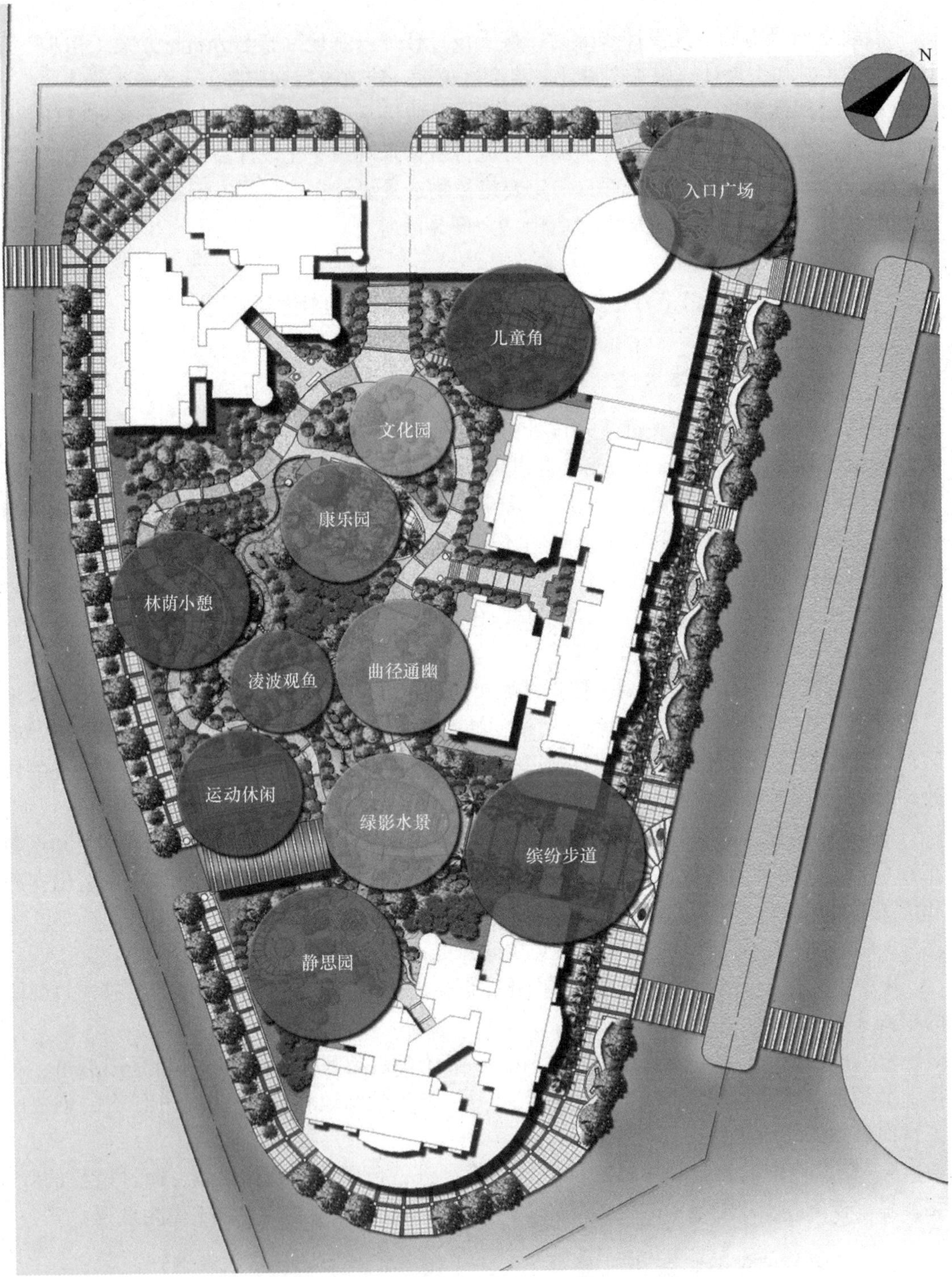
N
入口广场
儿童角
文化园
康乐园
林荫小憩
凌波观鱼
曲径通幽
运动休闲
绿影水景
缤纷步道
静思园

图5-9　某小区公园（小游园）景点规划图

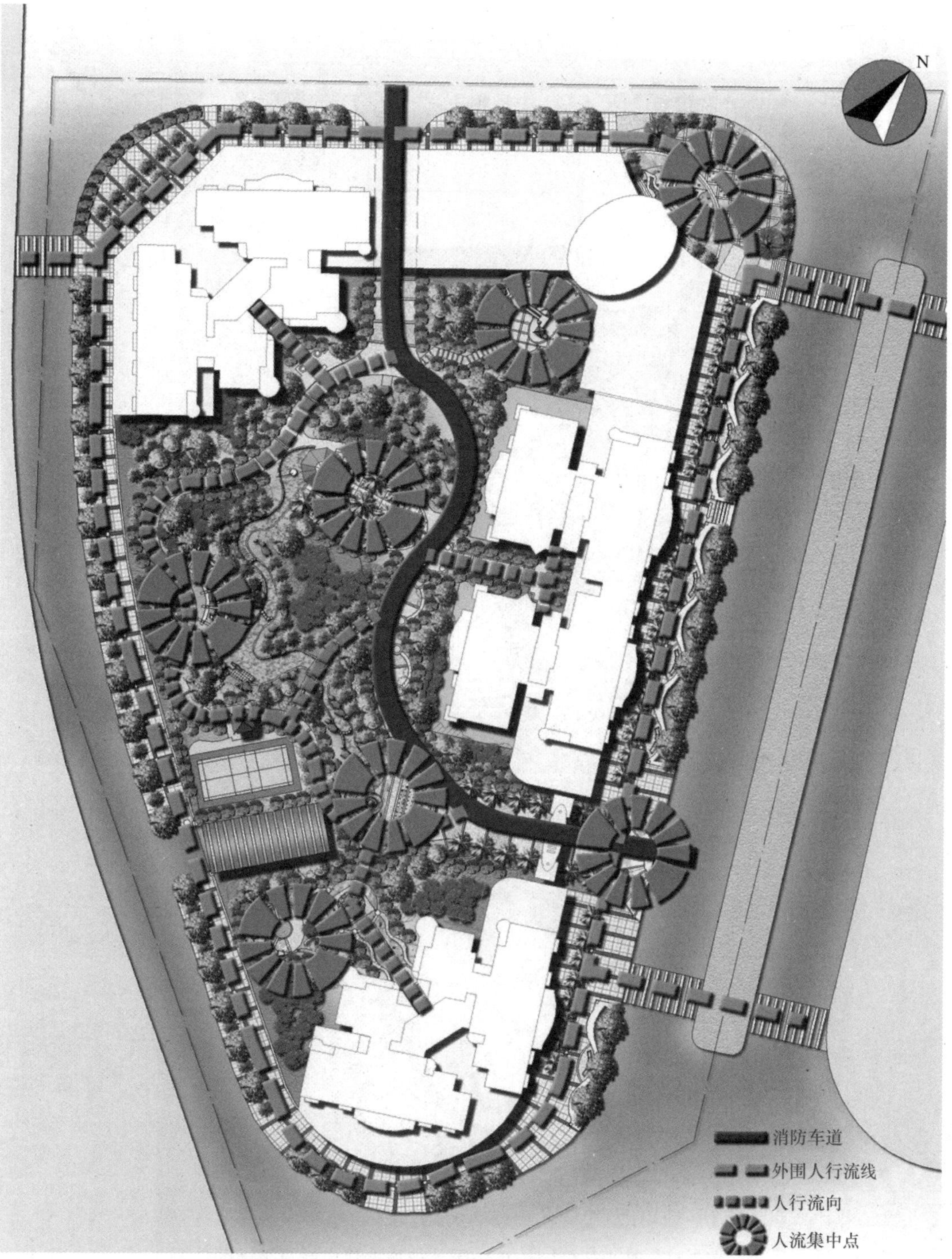
N
消防车道
外围人行流线
人行流向
人流集中点

图5-10 某小区公园（小游园）交通流线分析图

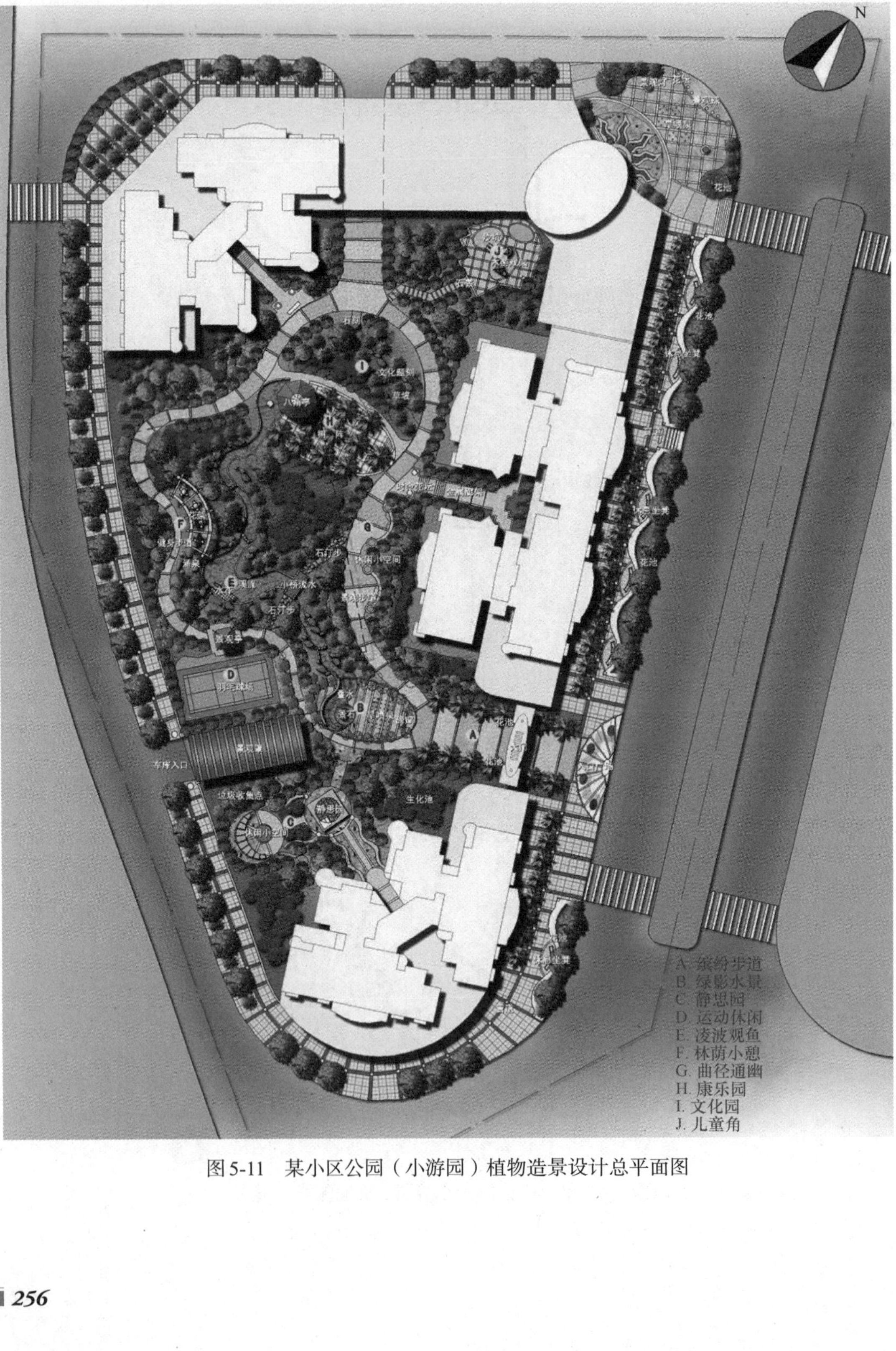
N
车库入口
生化池
A. 缤纷步道
B. 绿影水景
C. 静思园
D. 运动休闲
E. 凌波观鱼
F. 林荫小憩
G. 曲径通幽
H. 康乐园
I. 文化园
J. 儿童角

图5-11　某小区公园（小游园）植物造景设计总平面图

的选择是实现小区环境绿化的重要基础之一，是关系到小区环境质量好坏、绿化成败的重要环节。如果不认真对待，随意栽植，待多年后发现问题，则后悔莫及。植物材料的选择应有目的、按比例选择一批适应当地自然条件，能较好发挥城市绿化多种功能的园林植物。植物材料的选择所涉及的原理是多方面的，生态学、心理学、美学、经济学等都或多或少地参与其中，但其根本上必须服从生态学原理，使所选种类能适应当地环境，健康地生长，在此基础上再考虑不同比例的组合、不同功能分区的种类、不同年龄和不同职业人群的喜好等。植物材料的选择应注意以下几个方面：

1）以乡土植物为主，适当选用驯化的外来及野生植物绿化植树，种花栽草，创造景观，美化环境。最基本的要求是栽植的植物能成活，健康生长。这就必须根据小区的自然条件选择合适的植物材料，即“适地适树”。

小区自然条件除了受当地气候、土壤的制约外，还受自身特点的影响：①小区楼房密集，北侧于不同季节不同程度地留下阴影。②土壤条件差，尤其小区建筑楼房周围更为明显，土壤中建筑垃圾多，地下各类管道纵横分布，这些都影响着植物的选择及栽植。很多植物种类不能忍耐这些不良的环境条件。乡土植物是最能适应本地区自然条件、最能抵御困难性气候、最能适应环境条件的种类；另外，乡土植物种苗易得，免除了到外地采购、运输的费用，还避免了外来病虫害的传播与危害；乡土植物的合理栽植，还体现了当地的地方风格。为了丰富植物种类、弥补当地乡土植物的不足，也不应排除优良的外来及野生种类，但它们必须是经过长期引种驯化，证明已经适应当地自然条件的种类，如原产于欧美的悬铃木，原产于印度、伊朗的夹竹桃，原产于北美洲的刺槐、广玉兰、紫穗槐等，早已成为深受欢迎、广泛应用的外来树种。近年来，从国外引种已应用于园林绿地，金叶女贞、红叶石楠、金山绣线菊等一批观叶、观花、观果的种类也表现出优良的品质。至于野生种类，更有待于引种，经过各地植物园的多年大力工作，一批生长在深山的植物逐渐进入城市园林绿地。

2）以乔灌木为主，草本花卉点缀，重视草坪地被、攀缘植物的应用。

乔木是城市园林绿化的骨架，高大雄伟的乔木给人挺拔向上的感觉，成群成林地栽植又体现浑厚淳朴、林木森森的艺术效果；高大的形体使其成为景观的主体和人们视线的焦点。乔灌木结合，具有防护、美化等功能。若仅有乔木而缺灌木，则景色单调。一个优美的植物景观，不仅需要高大雄伟的乔木，还要有多种多样的灌木、花卉、地被。乔木是绿色的主体，而丰富的色彩则来自灌木及花卉。通过乔、灌、花、草的合理搭配，组成平面上成丛成群、立面上层次丰富的一个个季相多变、色彩绚丽的土壤不露天的植物群落。乔木以庞大的树冠形成群落的上层，但下部依然空旷，不能最大限度利用冠下空间，叶面积指数也仅计算乔木这一层，当乔、灌、草结合形成复层混交群落，叶面积指数极大地增加，此时，释放氧气、吸收二氧化碳、降温、增湿、滞尘、灭菌、防风等生态效益就能更大地发挥。因此，从植物景观的完美、生态效益的发挥等方面考虑，需要进行乔、灌、花、草、地被、攀缘植物的综合应用。

3）速生树与慢长树相结合，常绿树与落叶树相结合。

新建居住小区，为了尽早发挥绿化效益，一般多栽植速生树，近期即能鲜花盛开，绿树成荫。但是速生树虽然生长快、见效早，但寿命短，易衰老，三四十年即要更新或重栽，这对园林景观及生态效益的发挥都是不可取的。因此，从长远的角度看，绿化树种应选择、发展慢长树。虽然慢长树见效慢，但寿命较长，避免了经常更新所造成的诸多不利，使园林绿化各类效益有一个相对稳定的时期。因此，在树种选择时，必须合理地搭配速生树与慢长树，以达到近期与远期相结合，做到有计划地、分期分批地使慢长树取代速生树。

我国幅员辽阔，黄河以北广大地区处于暖温带、温带和寒温带，自然植被为落叶阔叶林、针阔叶混交林和针叶林。由于冬季寒冷干燥时间长，每年几乎有4个月时间露地缺少绿色，自然景色单调枯燥，在选择树种时一定要注意把本地和可能引进的常绿树列入其中，以增加冬季景观。南方各地处于亚热带和热带，自然植被为常绿阔叶林或雨林、季雨林，绿地中多用常绿树以满足遮阴降温之需，但常绿树四季常青，缺少季相变化，为丰富绿地四季景观，也需要在选择树种时考虑适当比例的落叶树（图5-12～图5-14）。

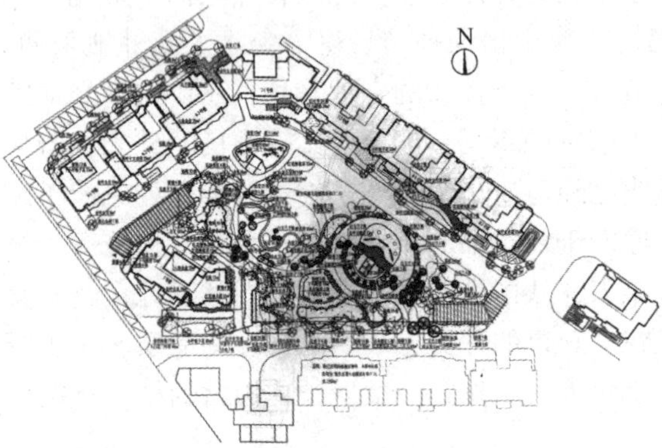
N

图5-12　某小区环境中小游园植物造景设计平面图

图5-13　某小区环境中小游园植物造景设计鸟瞰图

图5-14　某小区环境中小游园植物造景设计实景鸟瞰图

4）根据居住小区绿地不同功能及特点选择不同的植物种类。

小区绿地是城市园林绿地的重要组成部分，具有城市绿地的共性，但它与居民有密切关系，因此又有自己的特点，在植物材料的选择时应反映出共性及个性。总体上要求植物材料在姿态、色彩、香气、神韵等观赏特性上有上乘表现，并根据栽植地的环境条件，各种植物应具有对不良环境条件的抗性及不同程度的忍耐力，如抗大气污染、抗烟尘、耐土壤干旱瘠薄、耐土壤盐碱、耐水湿、耐阴等。具体到每个小区，在植物材料上都应有自己的特色，即选择1～3种植物作为基调，大量栽植。随着城市老龄化进程加剧，居民中老年人的比例逐年加大，在植物材料选择上还应体现老年人的喜好，在安静休息区选择一些色彩淡雅、冠大荫浓的乔木组成疏林以供老年人休息、聊天，在儿童活动区除有大树遮阴外，还需要有草坪、灌木，花卉的色彩可以鲜艳些，尤以观花、观果的植物更适宜，切忌栽植带刺或有飞毛、有毒、有异味的植物。

5.2.3　拓展知识——小区公园（小游园）总平面图设计

1．小区公园（小游园）规划设计的基本形式、原则与要求

（1）小区公园规划设计的基本形式

小区公园规划设计的基本形式见表5-2。

表5-2　小区公园规划设计的基本形式

形式	布置方式	特点
规则式	采用几何图形，有明显的轴线，园路、广场、绿地、建筑小品组成有规律的对称图案	整齐、庄重，但形式呆板，不够活泼
自然式	布置灵活，园路曲折迂回，建筑小品、绿化、水系和坡地等都采用自然式	自由、活泼，易创造出自然而别致的环境
混合式	规则式与自然式结合，可根据地形或功能的特点，灵活布局，既能与四周建筑相协调，又能兼顾其空间艺术效果	可在整体上产生韵律感和节奏感

（2）居住小区公园（小游园）规划设计原则

1）配合总体。居住小区公园应与小区总体规划密切配合，综合考虑、全面安排，并使小区公园能妥善地与周围城市园林绿地衔接，尤其要注意居住小区公园与道路绿化衔接。

2）位置适当。应尽量方便附近地区的居民使用，并注意充分利用原有的绿化基础，尽可能与小区公共活动中心结合起来布置，形成一个完整的居民生活中心。

① 外向式小区公园。在小区内绿地面积较小，公园常设在小区一侧沿街布置，或设在建筑群的外围，这种布置形式将绿化空间从居住小区引向外向空间，与城市街道绿地相连。既能美化城市，丰富街景，又能为居民服务，更能使小区形成幽静的环境（图5-15）。

② 内向式小区公园。在小区内近中心位置，在建筑群包围中，便于居民使用，环境安静，不受小区外的人流和车流影响，使居民增强领域感和安全感，中心的绿化空间与四周的建筑群产生明显的虚实对比、软硬对比，使小区的空间有疏有密，层次丰富而有变化（图5-16）。

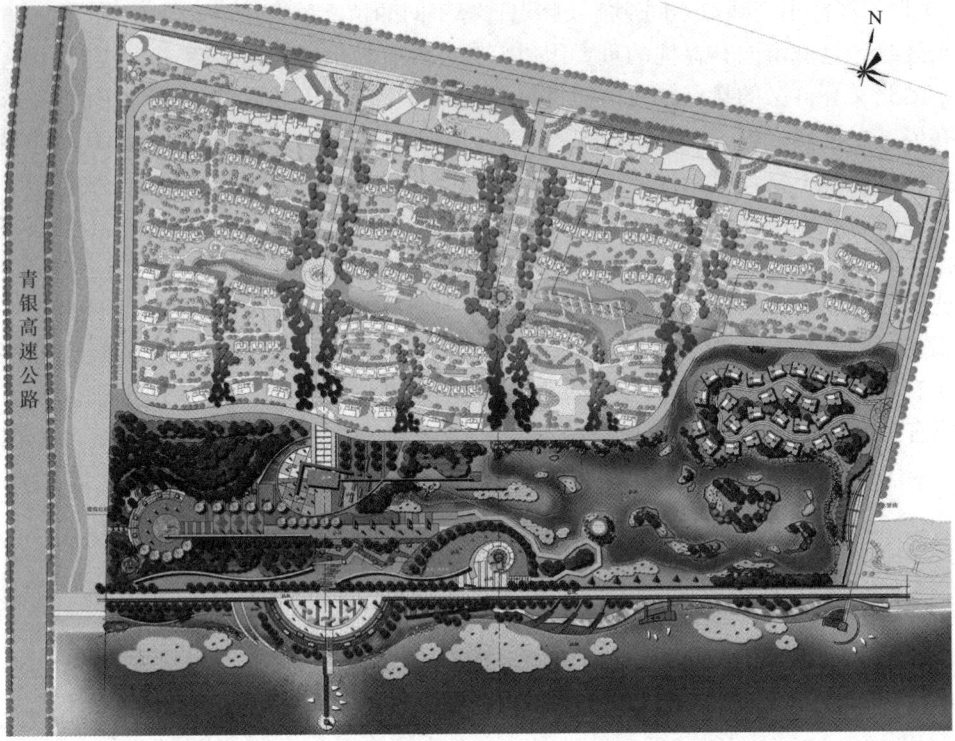
N
青银高速公路

图5-15　某小区外向式小区公园——在小区一侧近滨水的位置

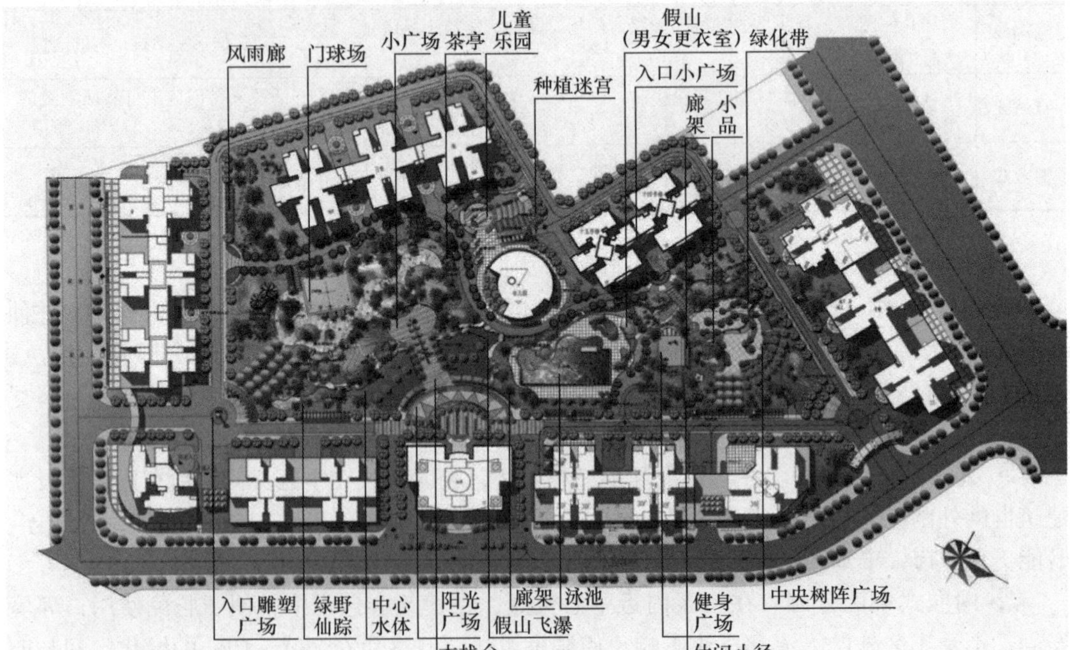
风雨廊
门球场
小广场
茶亭
儿童乐园
种植迷宫
假山（男女更衣室）
绿化带
入口小广场
廊架
小品
入口雕塑广场
绿野仙踪
中心水体
阳光广场
木栈台
廊架
假山飞瀑
泳池
健身广场
休闲小径
中央树阵广场

图5-16　某小区内向式小区公园——在小区内近中心位置

3）规模合理。居住小区中心公园的用地规模根据其功能要求来确定，在国家规定的定额指标上，采用集中与分散相结合的方式，使居住小区中心公园面积占小区全部绿地面积的一半左右为宜。

4）布局紧凑。应根据游人的不同年龄特点划分活动场地和确定活动内容，场地之间既分隔又紧凑，将功能相近的活动布置在一起。

5）利用地形。尽量利用和保留原有的自然地形及原有植物。

（3）居住小区公园规划基本要求

1）满足功能要求。应根据居民各种活动的要求布置休息、文化娱乐、体育锻炼、儿童游戏及人际交往等各种活动的场地与设施。

2）满足风景审美的要求。注意意境的创造，充分利用地形、水体、植物及人工建筑塑造景观，组成具有魅力的景色。

3）满足浏览的需要。公园空间的构建与园路规划应结合组景，园路既是交通需要，又是浏览观景的线路。

4）满足净化环境的需要。多种植树木、花卉、草地，改善居住小区的自然环境和小气候。

2．小区公园（小游园）布局与景观设计要点

（1）特点鲜明突出，布局简洁明快

小游园的平面布局不宜复杂，应当使用简洁的几何图形。从美学理论上看，明确的几何图形要素之间具有严格的制约关系，最能引起人的美感；同时对于整体效果、远距离及运动过程中的观赏效果的形成也十分有利，具有较强的时代感（图5-17）。

（2）因地制宜，力求变化

若小游园规划地段面积较小，地形变化不大，周围是规则式建筑，则游园内部道路系统以规则式为佳；若地段面积稍大，又有地形起伏，则可以自然式布置。居住小区中的小游园贵在自然，能使人们从嘈杂的城市环境中脱离出来；同时园景也宜充满生活气息，有利于逗留休息。另外，要利用艺术手段，将人们带入设定的情境中去，做到自然性、生活性、艺术性相结合（图5-18）。

（3）小中见大，充分发挥绿地的作用

1）布局要紧凑。尽量提高土地的利用率，将园林中的死角转化为活角等。

2）空间层次丰富。利用地形道路、植物小品分隔空间，也可利用各种形式的隔断花墙构成园中园（图5-19）。

3）建筑小品以小巧取胜。道路、铺地、坐凳、栏杆的数量与体量要控制在满足游人活动的基本尺度要求之内，使游人产生亲切感，同时扩大空间感。

（4）植物配置与环境结合，体现地方风格

严格选择主调树种，考虑主调树种时，除注意其色彩美和形态美外，更多地要注意其风韵美，使其姿态与周围的环境气氛相协调。注意时相、季相、景相的统一，为在较小的绿地空间取得较大活动面积，而又不减少绿景，植物种植可以乔木为主，灌木为辅。乔木以点植为主，在边缘适当辅以树丛，适当增加宿根花卉种类。此外，也可适当增加垂直绿化的应用。

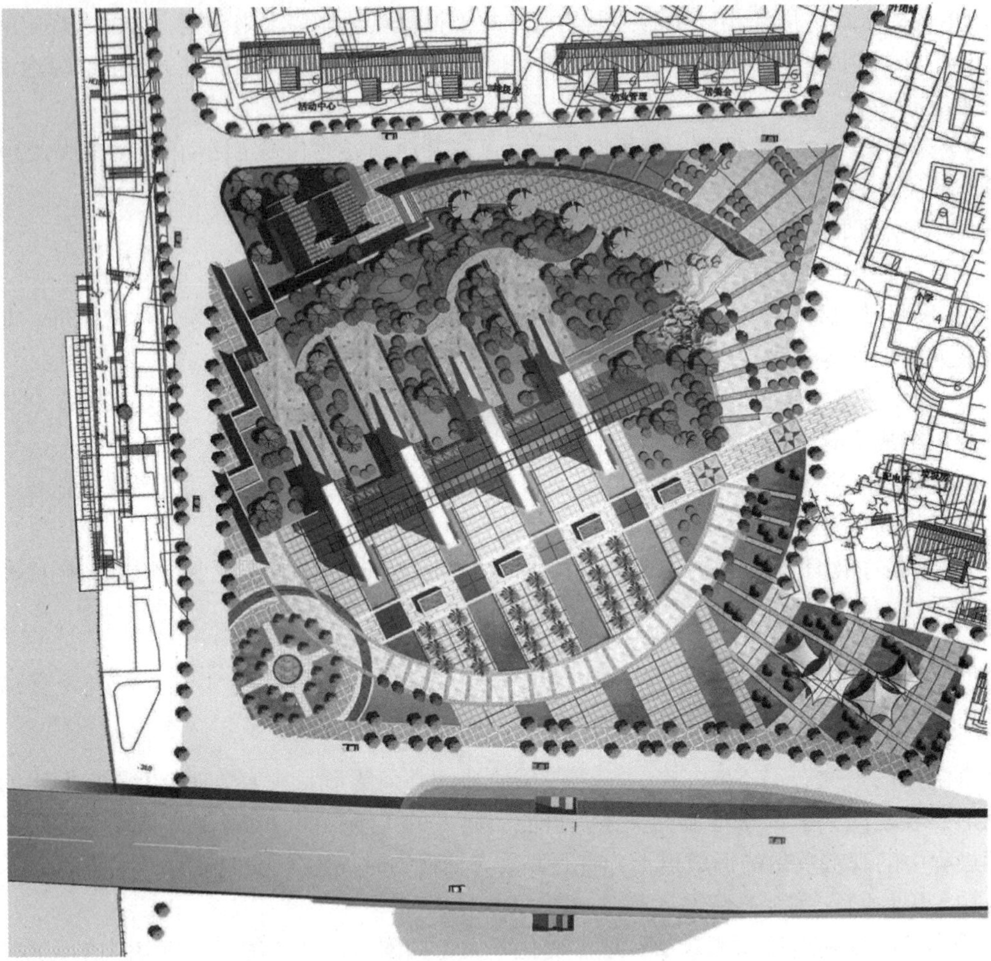
活动中心
物业管理

图5-17　某小区广场式公园

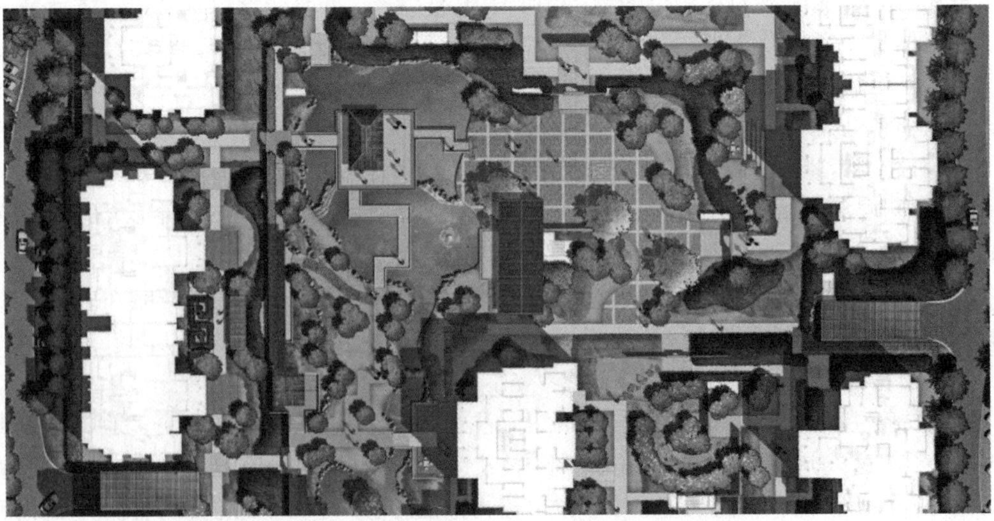

图5-18　某小区中心公园——新中式造园风格

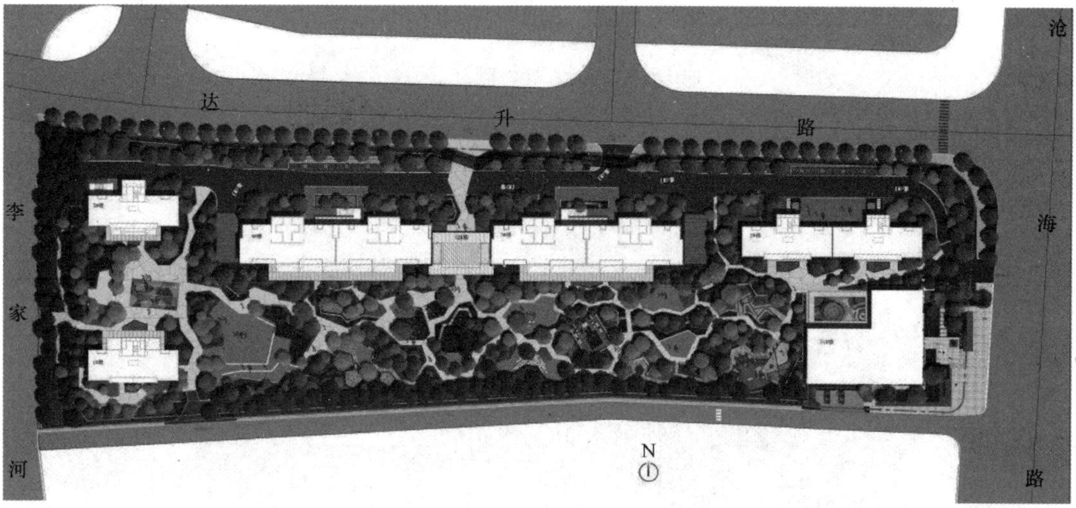
达
升
路
李
家
河
沧
海
路
N

图5-19 某小区公园——营造具现代感的造园风格

（5）组织交通，吸引游人

当小区公园面积较小时，道路设计可采用角穿的方式使穿行者从绿地的一侧通过，保证游人活动的完整性；当小区公园面积较大时，可采用循环式道路，并主次分明，同时利用道路进行景点组织和导游等。

（6）硬质景观与软质景观兼顾

硬质景观与软质景观要按互补的原则进行处理。例如，硬质景观突出点题入境、象征与装饰等表意作用，软质景观则突出情趣、和谐舒畅等顺情作用（图5-20）。

（7）动静分区，满足不同人群活动的要求

设计时要考虑到动静分区，并要注意活动区的公共性和私密性。在空间处理上要注意动观、静观、群游与独处兼顾，使游人找到自己所需要的空间类型。

3. 小区公园（小游园）布局与景观设计参考案例

以下几个小游园虽然不一定位于小区内，但其布局设计的立意、方法、技巧及植物造景设计等方面都值得参考和借鉴。

（1）某度假村别墅区小游园的植物造景设计

该小游园地处某山庄入口左侧，一个长边与别墅群相邻，另一长边和短边临水（小河流），从整体效果来看，植物配置采用混合的形式，以自然丛植为主，规则列植为辅（图5-21）。在靠山庄入口处种植孝顺竹和杜鹃花，以传统手法营造“曲径通幽”的小游园入口，尔后结合网球场的需要利用草坪和灌木色块创造开朗空间，在空间序列上符合“先抑后扬”的效果。小河边利用垂柳和碧桃疏密自然地配置，在临水的另一个角落运用丛植的棕榈、树桩和色块来营造一种“热带”风味。竹制的亭廊组合边有竹子与之相映衬，并与入口的植物配置相呼应；另外，几株高大的银杏作为庭荫树，同时也与红枫一道点缀秋色。主要植物材料有香樟、银杏、垂柳、棕榈、杜英、桂花、孝顺竹、夹竹桃、五针松、红枫、杜鹃、金叶女贞、红花檵木、碧桃、红梅、剑麻等。

N
庄家村
医院
九
新
路
友
谊
河
河

图5-20　某小区公园——常见的偏混合式的造园风格

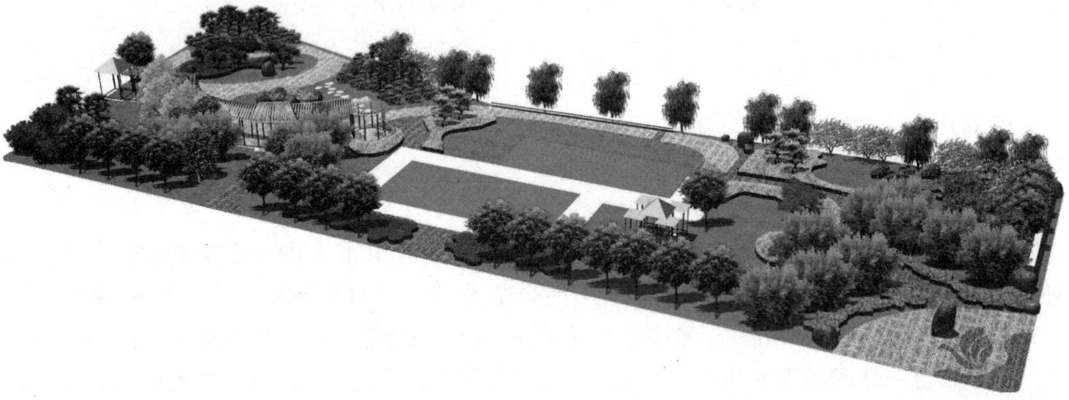

图5-21　某山庄别墅区小游园规划设计效果图

（2）中国'99昆明世博会上海明珠苑布局及植物造景设计（设计单位：上海园林设计院）

明珠苑中主要景点采用植物材料，园中的主景是一个直径为3m的大花球，园中设大面积的鲜花花坛。上海培育的优质花卉组成了颇有“大块面、大手笔”效果的海派大花坛。

在园中移植大树（高13m的雪松1株，高8m的龙柏7株，广玉兰2株；特大香樟高15m，胸径25cm），乔木下遍植杜鹃、桃叶珊瑚、花叶玉簪、矮秆紫薇、蔓常春花等耐阴的地被植物，形成多层复合树林。明珠苑在有限的面积中尽可能多地种植植被，以得到最大的生态效益和最佳景观效果（图5-22和图5-23）。

建筑外侧覆土约3m，形成半地下建筑，土坡上满植绿浪（地被月季）、野迎春等灌木和棕榈树丛。建筑内侧各立面设置悬挂花钵、墙面花格，种植绿萝、常春藤和油麻藤，屋面设花槽、花钵、屋檐草坪构成屋顶花园，形成上爬下悬的垂直绿化。整座建筑完全沉浸在绿色中，仅在中间留有一排高窗，寓意人在自然中，同自然和谐共存。

明珠苑内配置的常绿植物有雪松、龙柏、香樟、广玉兰、天竺葵、桂花、瓜子黄杨球、茶花、栀子、花叶青木、紫鹃、棕榈、凤尾兰、珊瑚、金钱松、常青藤、蔓常春花、水培植物；落叶植物有玉兰、青枫、紫薇、矮秆紫薇、玉簪、地锦、野迎春、玫瑰毯（地被月季）、恋情火焰（地被月季）、绿浪（地被月季）、草原白雪（地被月季）、汉普君（地被月季）、法兰克福（地被月季）、金秀娃（藤本月季）、多特蒙特（藤本月季）、大游行（藤本月季）、草本花卉、油麻藤、常绿草。

（3）中国'99昆明世博会广州粤晖园布局及植物造景设计（设计单位：广州园林建筑规划设计院）

粤晖园的植物配置兼顾其地域性特点，通过科学合理地组织、搭配，形成了多姿多彩、极富地方特色和自然气息的植物景观。全园重视以植物造景为主的原则，充分展示“人与自然和谐发展”的主旨，全园绿地率达65%，共选用了90多个科属、100多个品种的植物，其中，棕榈科植物作为表演的“主角”。棕榈科植物以自身独特的形象，在亚热带地区有广泛的分布，因此，在现代的岭南园林中也逐渐形成了具有地域性特征的植物。在粤晖园里也采用了大王椰子、金山葵、国王椰子、短穗鱼尾葵、银海枣等颇具代表性的棕榈科植物，更把它们按群落布置组景，较充分地表现出棕榈科植物的风姿和魅力（图5-24）。

粤晖园的植物配置还注重“因地制宜，巧于因借”，使植物成为美的景点和体现意境的重要载体。如“橘红春暖”“葵潭琴韵”“花岛椰影”（图5-25～图5-27）等，根据成景要求分别选用了不同的乔木、灌木、地被植物、垂吊植物、攀缘植物、水生植物等，大胆地在庭院中用群植、孤植、丛植等多种配置手法，并对一些灌木进行整形，使植物配置产生对比，突出了植物造景的丰富性，个别植物的配置立意还借鉴了粤曲的曲名。

全园树种选择体现出明显的岭南地域性，除了棕榈科植物外，还选植了垂榕、南洋杉、大叶紫薇、美丽异木棉、花叶良姜、各色木槿（大红花）、红果仔、变叶木等。另外，在植物造景设计上还大胆地把岭南特色的瓜果植物运用于园中。如广东人春节摆设的具有喜庆和吉祥寓意的橘果，经园艺师的精心栽培使其能在世博会的开幕和闭幕期间以盛果迎客，而佛手瓜、蛇瓜、鸡蛋果等也格外有趣。植物的成功配置，使整个园子显得郁郁葱葱、生机盎然，充分表现了岭南园林的地域植物景观和精巧艳丽的植物配置艺术特色，同时也反映了广东园艺栽培管理技术的多样性和先进性，值得借鉴学习。

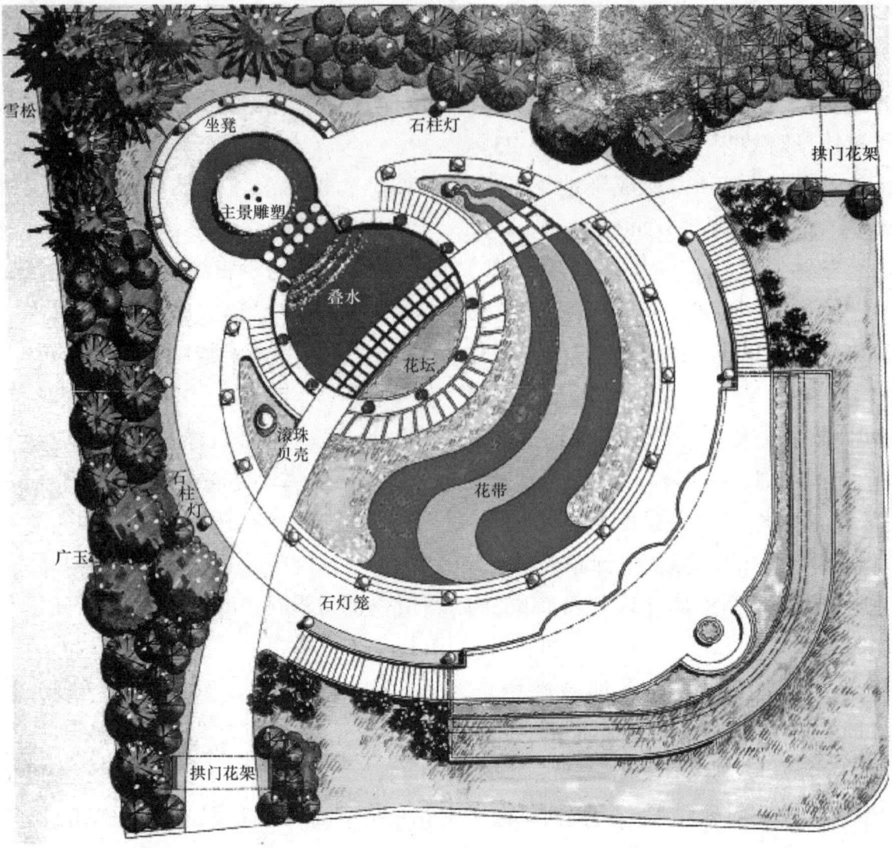
雪松
坐凳
石柱灯
拱门花架
主景雕塑
叠水
花坛
滚珠
贝壳
石
柱
灯
花带
石灯笼
拱门花架

图5-22　上海明珠苑（种植）设计平面图

图5-23　上海明珠苑（种植）设计模型

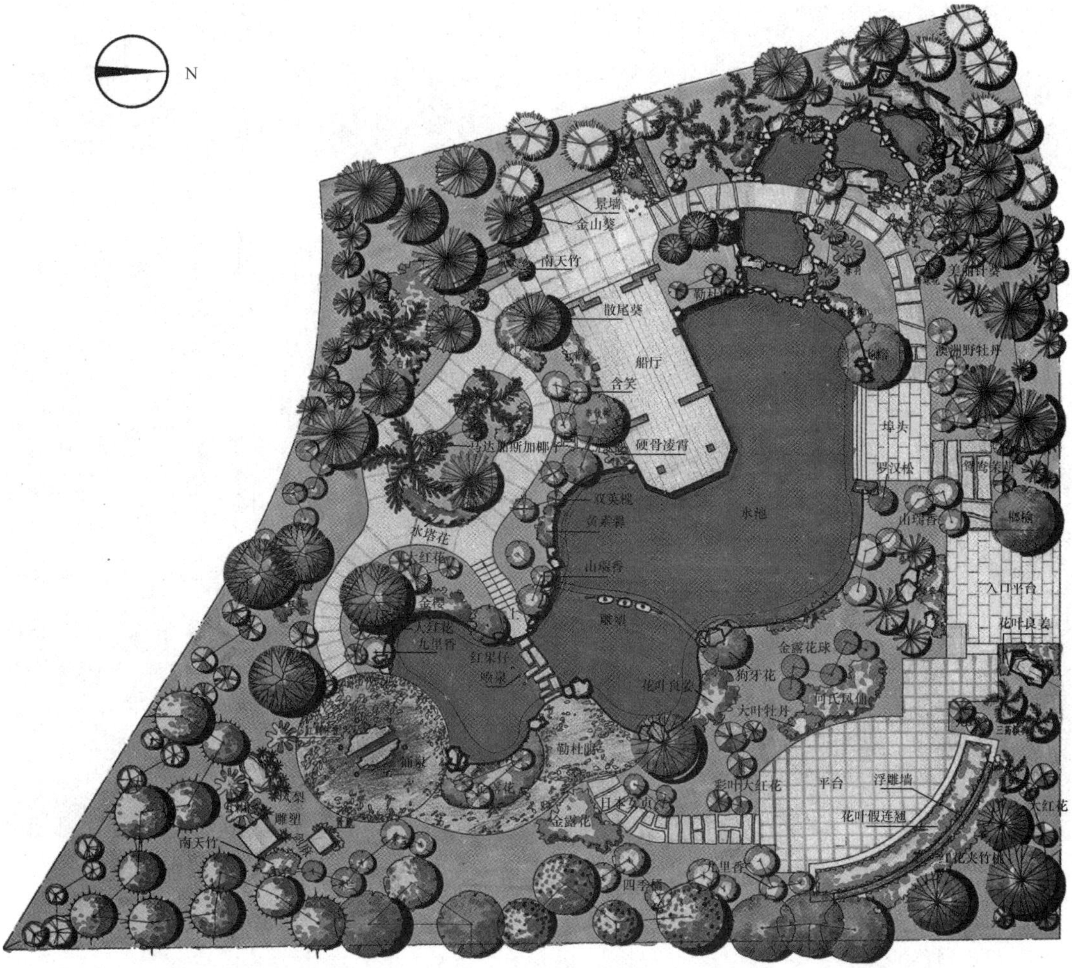
N
景墙
金山葵
南天竹
散尾葵
船厅
含笑
硬骨凌霄
马达加斯加椰
双荚槐
黄素梅
水池
冰塔花
山瑞香
金露花球
狗牙花
大叶牡丹
花叶良姜
平台
浮雕墙
花叶假连翘
彩叶大红花
四季桔
九里香
南天竹
雕塑
红果仔
喷泉
入口平台
埠头
罗汉松
大红花
澳洲野牡丹
美丽针葵

图5-24　粤晖园总平面图

图5-25　粤晖园的植物景观——橘红春暖

图5-26 粤晖园的植物景观——葵潭琴韵

图5-27 粤晖园的植物景观——花岛椰影

操作训练

小区绿地景观设计

1．小区组团绿地景观设计的课内外训练

由教师提供某小区组团绿地环境平面图，进行植物造景设计方案创作训练。课内主要绘制平面、立面和景点透视草图，课外可绘制正图并制作设计文本。

2．小区公园绿地景观设计的课内外训练

由教师提供某小区公园绿地环境平面图，进行植物造景设计方案创作训练。课内主要绘制平面、立面和景点透视草图，课外可绘制正图并制作设计文本。

思考与练习

1．区分小区公园（小游园）和组团绿地在景观设计上的不同点。

2．小游园中植物造景设计应注意哪些问题和细节？

3．请列出当地的30种乡土树种，并简要说明它们的生态习性和观赏特点。

主要参考文献

安德鲁·威尔逊，2006．庭园规划与设计［M］．龚恺，王立明，裴小明，等译．贵阳：贵州科技出版社．

北京市园林局，1996．北京园林优秀设计集锦［M］．北京：中国建筑工业出版社．

曹敬先，穆守义，2001．园林植物造型艺术［M］．郑州：河南科学技术出版社．

陈伟，黄璐，田秀玲，2002．园林构成要素实例解析：植物［M］．沈阳：辽宁科学技术出版社．

郭方明，1999．锦绣园林尽芳华：世博园中国园区设计方案集［M］．北京：中国建筑工业出版社．

寒悦，1999．中国古典园林［M］．北京：中国科学技术出版社．

何礼华，王登荣，2017．园林植物造景应用图析［M］．杭州：浙江大学出版社．

胡长龙，1995．园林规划设计［M］．北京：中国农业出版社．

黄东兵，2006．园林绿地规划设计［M］．北京：高等教育出版社．

黄晓鸾，1996．园林绿地与建筑小品［M］．北京：中国建筑工业出版社．

金煜，2008．园林植物景观设计［M］．沈阳：辽宁科学技术出版社．

李尚志，2000．水生植物造景艺术［M］．北京：中国林业出版社．

李耀健，2013．园林植物景观设计［M］．北京：科学出版社．

刘滨谊，1999．现代景观规划设计［M］．南京：东南大学出版社．

鲁平，2006．园林植物修剪与造型造景［M］．北京：中国林业出版社．

南希．A．莱斯辛斯基，2004．植物景观设计［M］．卓丽环，译．北京：中国林业出版社．

诺曼·布思，1989．风景园林设计要素［M］．曹礼昆，曹德鲲，译．北京：中国林业出版社．

区伟耕，2002．园林景观设计资料集：园路·踏步·铺地［M］．昆明：云南科技出版社．

沈葆久，沈天翔，沈天鹏，1994．深圳新园林：抽象式园林［M］．深圳：海天出版社．

时文，1995．世界名园百图［M］．北京：中国城市出版社．

苏雪痕，1994．植物造景［M］．北京：中国林业出版社．

唐学山，李雄，曹礼昆，1997．园林设计［M］．北京：中国林业出版社．

王晓俊，2000．风景园林设计（增订本）［M］．南京：江苏科学技术出版社．

吴涤新，1994．花卉应用与设计［M］．北京：中国农业出版社．

肖创伟，2001．园林规划设计［M］．北京：中国农业出版社．

徐德嘉，1997．古典园林植物景观配置［M］．北京：中国环境科学出版社．

徐德嘉，周武忠，2002．植物景观意匠［M］．南京：东南大学出版社．

薛聪贤，1998．景观植物造园应用实例［M］．杭州：浙江科学技术出版社．

应立国，束晨阳，2002．城市景观元素：国外城市植物景观［M］．北京：中国建筑工业出版社．

张吉祥，2001．园林植物种植设计［M］．北京：中国建筑工业出版社．

赵林，于添泓，徐照东，等，2004．园林景观设计详细图集4［M］．北京：中国建筑工业出版社．

赵世伟，张佐双，2001．园林植物景观设计与营造［M］．北京：中国城市出版社．

赵锡惟，梅慧敏，江南鹤，2001. 花园设计［M］. 杭州：浙江科学技术出版社.
中国建筑学会，2002. 城市环境艺术［M］. 沈阳：辽宁科学技术出版社.
周益民，2002. 室外环境设计［M］. 武汉：湖北美术出版社.
朱观海，2003. 中国优秀园林设计集之六［M］. 天津：天津大学出版社.
朱祥明，2004. 园林景观设计详细图集5［M］. 北京：中国建筑工业出版社.
祝遵凌，2010. 景观植物配置［M］. 南京：江苏科学技术出版社.

附录1

小区绿化景观设计实践典型案例

居住区中心公园、组团绿地、各类小游园、别墅庭院和花园等在景观总体设计和植物造景设计中的步骤和设计方法技巧都很相近。为了便于学生在设计上有一个较为完整、系统的认识和实战操作，特选取一个居住区整体景观设计、植物造景设计的范例以供参考学习。

范例的格式是在前面所学设计步骤的基础上，重点阐述每个步骤的设计操作内容、图纸绘制和方法技巧，表述如下。

1．居住区项目设计现状调查与分析

无论怎样的设计项目，设计师都应该尽量详细地掌握项目的相关信息，并根据具体的要求，对项目认真分析、理解，并编制设计意向书。

（1）获取项目信息

这一阶段需要获取的信息应根据具体的设计项目而定，而能够获取的信息往往取决于委托人（甲方）对项目的需求，或者设计招标文件的设计任务书，这些信息将直接影响下一环节——现状的调查，乃至景观设计方案、空间布局、植物功能、种类选择等的确定。

1）了解甲方对项目的要求。

方式一：通过与甲方交流，了解其对于居住区景观方案、植物空间及配置的具体要求、预期的效果，以及时间计划安排、造价等相关内容。居住区景观绿化设计一般为政府或开发商投资开发，结合植物配置等要求，在交流过程中设计师可参考以下内容进行提问：

① 整体景观风格样式。

② 业主的喜好：喜欢（或不喜欢）何种颜色、风格、材质、图案等，喜欢（或不喜欢）何种植物，喜欢（或不喜欢）何种植物景观等。

③ 空间的使用，如主要开展的活动等。

④ 时间计划安排、造价。

⑤ 特殊需求。

注：居住区根据业主的整体定位，面向的是社会各类阶层的人群，提供一个适宜居住、游憩、休闲的环境。所以这对景观方案与植物配置要求很高，也是甲方重点关注之处。

方式二：通过设计招标文件的设计任务书，掌握设计项目对植物的具体要求、相关技术指标（如绿化率、绿容率等），以及整个项目的目标定位、实施意义、服务对象、工期、造价等内容。

本实例通过设计招标得到甲方对居住区景观及植物的设计要求。

2）获取图纸资料。在该阶段，甲方应该向设计师提供基地的测绘图、规划图、建筑及景观平面布置图及地下管线图等图纸，设计师根据图纸可以确定未来可能的栽植空间及栽植方式，根据具体的情况和要求进行植物景观的规划和设计。

① 测绘图或者规划图。从图纸中设计师可以获取的信息有：设计范围（红线范围、坐标数字），园址范围内的地形、标高，现有或者拟建的建筑物、构筑物、道路等设施的位置，以及保留利用、改造和拆迁等情况；周围工矿企业、居住区的名称，范围及今后发展状况，道路交通状况等。

② 建筑及景观平面布置图。图中包含拟建建筑的位置、平面布局、景观布局、居住区主要及次要出入口、消防通道及登高面、地下室范围线、每栋楼的出入口、地下室出入口等信息（图F-1）。

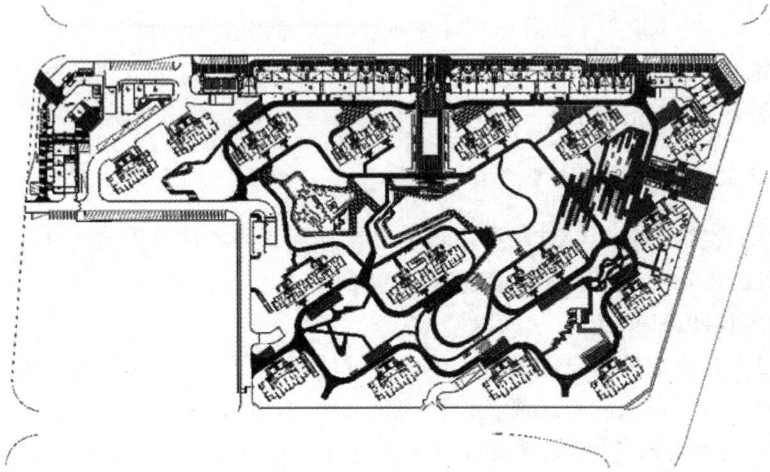

图F-1　某小区建筑与景观平面图

③ 地下管线图。图中包括基地中所有要保留的地下管线及其设施的位置、规格及埋置深度等。

3）获取基地其他的信息。

该地段的自然状况：水文、地质、地形、气象等方面的资料，包括地下水位、年降水量与月降水量、年最高气温和最低气温及其分布时间、年最高湿度和最低湿度及其分布时间、主导风向、最大风力、风速及冰冻线深度等。

植物状况：地区内乡土植物种类、群落组成及引种植物情况等。

人文历史资料调查：地区性质、历史文物、当地的风俗习惯、传说故事、居民人口和民族构成等。

以上这些信息，有些或许与植物的生长并无直接的联系，如周围的景观、人们的活动等，但却能够影响或者指导设计师对于植物的选择，从而影响植物景观的创造。总之，设计师在拿到一个项目后要多方收集资料，尽量详细、深入地了解这一项目的相关内容，以求全面地掌握可能影响植物生长的各个因子。

（2）现场调查与测绘

1）现场踏查。无论何种项目，设计者都必须认真到现场进行实地踏查。一方面，在现场核对所收集到的资料，并通过实测对欠缺的资料进行补充；另一方面，可以进行实地的艺术构思，确定植物景观大致的轮廓或者配置形式，通过实地分析，确定周围景观对该地段的影响，做到"佳则收之，俗则屏之"。在现场通常针对以下内容进行调查：

① 自然条件。包括温度、风向、光照、水分、植被及群落构成、土壤、地形地势及小气候等。

② 人工设施。包括现有道路、桥梁、建筑、构筑物等。

③ 环境条件。包括周围的设施、道路交通、污染源及其类型、人员活动等。

④ 视觉质量。包括现有的设施、环境景观、视域、可能的主要观赏点等。

2）现场测绘。如果甲方无法提供准确的基地测绘图，设计师就需要进行现场实测，并根据实测结果绘制基地现状图。基地现状图中应该包含基地中现存的所有元素，如建筑物、构筑物、道路、铺装等。在改建项目中，需要特别注意的是，场地中的植物，尤其是需要保留的有价值的植物，它们的胸径、冠幅、高度等也需要进行测量并记录。另外，如果场地中某些设施需要拆除或者移走，设计师最好再绘制一张基地设计条件图，即在图纸上仅标注基地中保留下来的元素。

在现场调查过程中，为了防止出现遗漏，最好将需要调查的内容编制成表格，在现场边调查边填写，有些内容，如建筑物的尺度、位置及视觉质量等可以直接在图纸中进行标示，或者通过拍照（或录像）加以记录。

（3）现状分析

1）现状分析的内容。现状分析是设计的基础和依据，尤其是对于与基地环境因素密切相关的植物，基地的现状分析更是关系到植物的选择与生长、植物景观的创造与功能的发挥等一系列问题。

现状分析的内容包括基地自然条件（地形、土壤、光照、植被等）分析、环境条件分析、景观定位分析、服务对象分析、经济技术指标分析等多个方面。可见，现状分析的内容是比较复杂的，要想获得准确的分析结果，一般要多专业配合，按照专业分项进行，将分析结果分别标注在一系列的底图上（一般使用硫酸纸等透明的图纸材料），然后将它们叠加在一起，进行综合分析，并绘制基地的综合分析图，这种方法称为叠图法，是现状分析常用的方法。如果使用AutoCAD绘图软件绘制就要更简单些，可以将不同的内容绘制在不同的图层中，使用时根据需要打开或者关闭图层即可。

现状分析是为了下一步的设计打基础，对于植物种植设计而言，凡是与植物有关的因素都要加以考虑，如景观设施、光照、水分、温度、风，以及人工设施、地下管线、视觉质量等，下面结合实例介绍现状分析的内容及其方法。

① 景观设施分析。结合景观设施布局，合理搭配植物，为景观增光添彩，丰富景观多样性，增加舒适感。基地内的建筑物、构筑物、道路、铺装、各种管线等设施，往往也会影响植物的选择、种植点的位置等。住宅楼的立面效果，如高度、饰面、色彩、质感及门窗样式等都会影响植物的选配，因为植物的色彩、质感、高度与姿态等要与建筑物相匹配，达到相得益彰的效果。除了地上设施外，还应该注意地下的隐蔽设施，如住

宅的北入口附近地下管线较为集中，这一地段仅能够种植浅根性植物，如地被、草坪、花卉等。

② 光照分析。光照是影响植物生长的重要因子，设计师需要分析基地的日照状况，掌握太阳在一天中及一年中的运动规律。其中最为重要的就是太阳高度角和方位角两个参数，其变化规律：一天中，中午的太阳高度角最大，日出和日落时太阳高度角最小；一年中，夏至时太阳高度角最大、日照时数最长，冬至最小。根据太阳高度角、方位角的变化规律，可以确定建筑物、构筑物投下的阴影范围，从而确定出基地中的日照分区——全阴区（永久无日照）、半阴区（某些时段有日照）及全阳区（永久有日照）。

现在可以利用专业的软件进行基地的日照分析，如利用AutoCAD绘图软件绘制该基地冬至日和夏至日从日出到日落的每一整点时刻的落影范围，可以看到整个基地的日照状况和日照时数。也可以手工测算，首先根据该地所在的地理纬度查表或者计算出冬至日和夏至日两天日出后的每一整点时刻的太阳高度角和方位角，并计算出水平影长率，根据方位角做出落影线，并根据影长率和物体的高度截取实际的影长，利用制图方法就可得到这一物体该时刻的落影范围。

通过对基地光照条件的分析，可以看出住宅的南面光照最充足、日照时间最长，适宜开展活动和设置休息空间，但夏季的中午和午后温度较高，需要遮阴。根据太阳高度角和方位角测算，遮阴效果最好的位置应该在建筑物的西南面或者南面，可以利用遮阴树，也可以使用棚架结合攀缘植物进行遮阴，并应该尽量靠近需要遮阴的地段（建筑物或者休息、活动空间），但要注意地下管线的分布及防火等技术要求。另外，冬季寒冷，为了延长室外空间的使用时间，提高居住环境的舒适度，室外休闲空间或室内居住空间都应该保证充足的光照，因此住宅南面的遮阴树应该选择分枝点高的落叶乔木，避免栽植常绿植物。住宅的东面或者东南面太阳高度角较低，可以考虑利用攀缘植物或者灌木进行遮阴。住宅的西面光照较为充足，可以栽植阳性植物，而北面光照不足，只能栽植耐阴植物。

③ 风向分析。每个地区都有特定的风向，根据当地的气象资料可以得到这方面的信息。关于风最直观的表示方法就是风向玫瑰图。风向玫瑰图是根据某地风向观测资料绘制出形似玫瑰花的图形，用于表示风向的频率。风向玫瑰图中最长边表示的就是当地出现频率最高的风向，即当地的主导风向。通常基地小环境中的风向与这一地区的风向基本相同，但如果基地中有某些大型建筑、地形或者大的水面、林地等，基地中的风向也可能会发生改变。

根据现场的调查，基地中的风向有以下规律：一年中住宅的南面、西南面、西面、西北面、北面风较多，而东面则风较少，其中夏季以南风、西南风为主，而冬季则以西北风和北风为主。因此，在住宅的西北面和北面应该设置由常绿植物组成的防风屏障，在住宅的南面和西南面则应铺设低矮的地被和草坪，或者种植分枝点较高的乔木，形成开阔界面，结合水面、绿地等构筑顺畅的通风渠道。

除了基地的自然状况外，还应该对基地中的人工设施、视觉质量及周围的环境进行分析。

2）现状分析图。以本案为例，本案是新建居住区用地，植物景观配置基于整个居住区景观方案，植物设计要充分解读景观方案文本的内容，有效地增添景观空间的绿化效果。

根据景观方案布局和功能划分对整个场地进行植物空间划分。尊贵礼仪入口、中心社区枢纽（HUB）、青梦天地、雨水生态花园、健康乐活慢跑和商业乐活景观带，作为本案的6个景观亮点（图F-2）。除了景观设计空间的营造，还结合植物设计亮点来突出和美化每个景观空间。

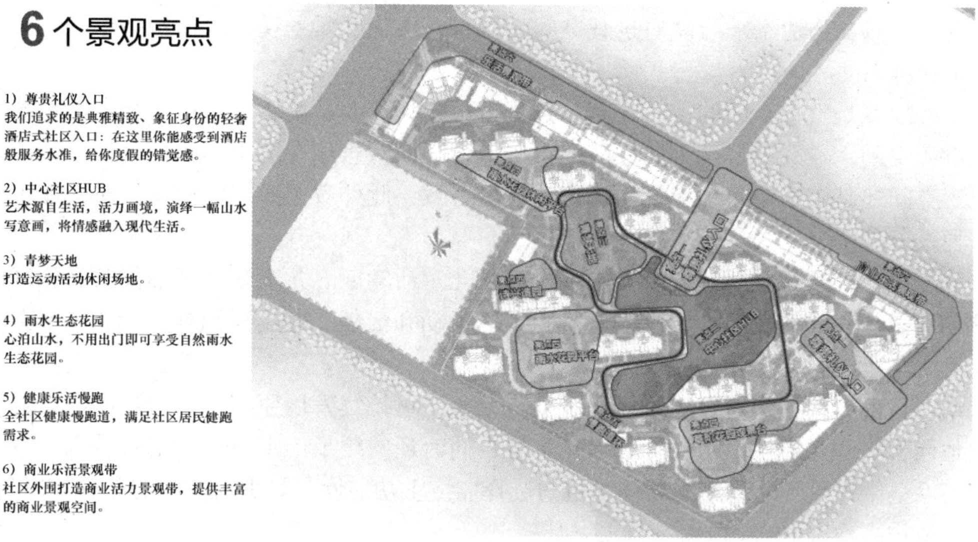
6个景观亮点
1）尊贵礼仪入口
我们追求的是典雅精致、象征身份的轻奢酒店式社区入口：在这里你能感受到酒店般服务水准，给你度假的错觉感。
2）中心社区HUB
艺术源自生活，活力画境，演绎一幅山水写意画，将情感融入现代生活。
3）青梦天地
打造运动活动休闲场地。
4）雨水生态花园
心泊山水，不用出门即可享受自然雨水生态花园。
5）健康乐活慢跑
全社区健康慢跑道，满足社区居民健跑需求。
6）商业乐活景观带
社区外围打造商业活力景观带，提供丰富的商业景观空间。

图F-2　某小区景观空间解读及植物布置亮点平面图

景观空间的营造：一是通过植物的搭配呈现收放自如的空间，或开放或密闭；二是通过分布在居住区中的各类道路、园路、慢跑道等硬质场地来分割出各式各样的景观空间，与植物景观搭配，让人一步一景。因此，人流动线分析也是必不可少的，见图F-3。

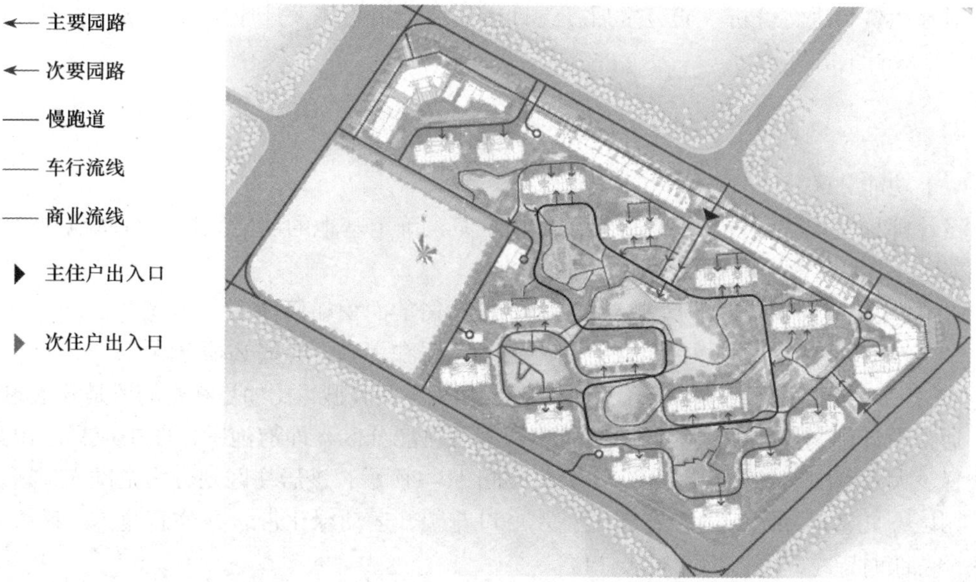
主要园路
次要园路
慢跑道
车行流线
商业流线
主住户出入口
次住户出入口

图F-3　某小区景观流线分析平面图

综上所述，结合当地主导风向、光照、水网等周边环境的分析，选择适合的植物品种，完善景观空间的营造，基于本案的6个景观亮点，具体如下。

居住区入口具有以下4个特点：①具有一定的标示性；②具有温馨感；③具有一定的集散空间；④具有主要景观空间对景。这就要求对景观方案有充分的解读，通过点景树、阵列树、对景植物造景来与硬质景观空间相融合，柔化硬质景观，以达到一定的气势，具有一定的辨识度。

中心社区是整个小区的中心花园，是具有一定的活动、集散、游玩、健身等功能的综合性游憩空间。本案中是这个居住区的中心地带，面对居住在这里的各类人群，无论是硬质景观空间还是植物空间的配置均要达到疏密有致，此处应选择观赏性强且对人无害的植物品种。

对于居住区景观空间设计，必不可少的是儿童活动区。儿童活动区不仅给居住区内的儿童创造了一片活动空间，同时也丰富了社区运动和活动。应选择无毒、无刺、不会对儿童及使用人造成伤害的植物品种。

结合目前海绵城市建设主体思想和生态治水、可持续发展原则，雨水花园的设置能够有效地调蓄、净化自然雨水，补给绿化水分，同时还减缓了雨水直排给市政管网带来的压力，确保整个市政管网体系的顺畅。植物选择应注重功能性及景观性兼顾的品种，以耐湿、耐旱的植物品种为主。

居住区景观绿化空间设计可以营造一个小气候环境，慢跑道的设计可以让居住在小区内部的居民进行有氧运动，特别适合当前居民的生活状态。植物空间营造应以高大乔木为主，形成有序的空间廊道，以达到净化空气、润肺清肺的效果。

商业乐活景观带，以突出商业范围为主，营造有序列感的小空间，同时不能遮挡店面，因此植物选择以高大乔木为主，实现通透的同时增加一定的遮阴率，增加行走的舒适感。

对基地资料进行分析、研究之后，设计者需要定出总体设计原则和目标，并制订用以指导植物设计的方案。

2．居住区项目绿化设计功能分区

（1）功能分区草图

设计师根据现状分析、景观方案及植物方案，确定基地的功能区域，将基地划分为若干功能区，在此过程中需要明确以下问题：

1）场地中需要设置何种功能，每一种功能所需的面积如何。

2）各个功能区之间的关系如何，哪些必须联系在一起，哪些必须分隔开。

3）各个功能区的服务对象都有哪些，需要何种空间类型，比如是私密的还是开敞的等。

通常设计师利用圆圈或其他抽象的符号表示功能分区，即泡泡图，图中应标示出分区的位置、大致范围、各分区之间的联系等。如图F-4所示，该居住区划分为主次入口区、中央花园区、儿童活动场、雨水花园区、入户口花园、运动绿化带、办公商业街。最终打造成一个“四时皆花”的植物景观居住区。

主次入口区是出入居住区的通道，应该视野开阔，具有可识别性和标志性，如图F-5所示。

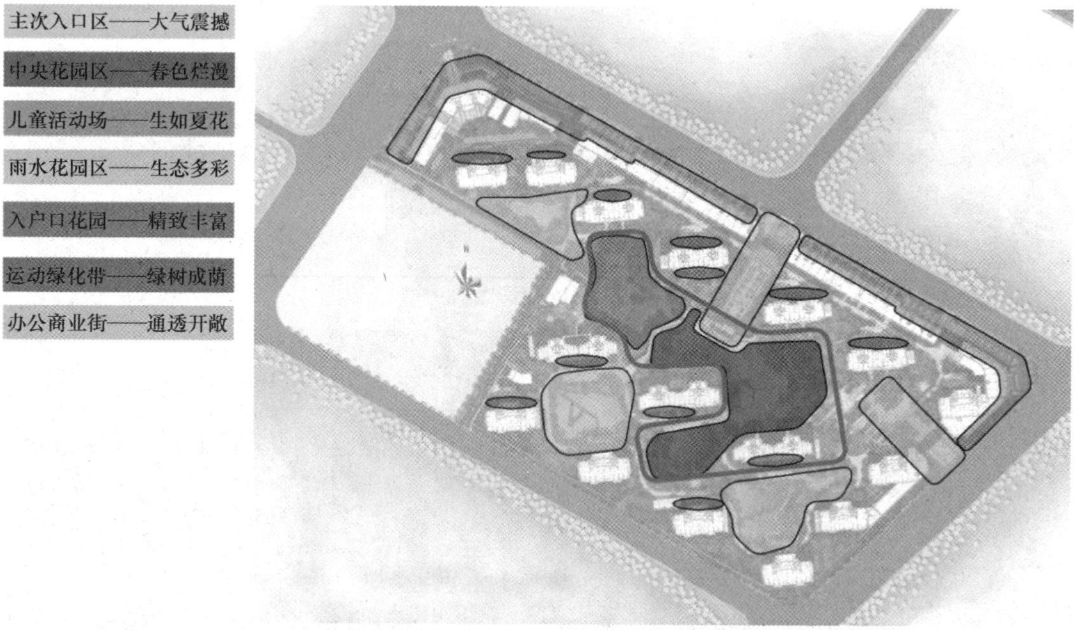
主次入口区——大气震撼
中央花园区——春色烂漫
儿童活动场——生如夏花
雨水花园区——生态多彩
入户口花园——精致丰富
运动绿化带——绿树成荫
办公商业街——通透开敞

图F-4 某小区植物草图平面图

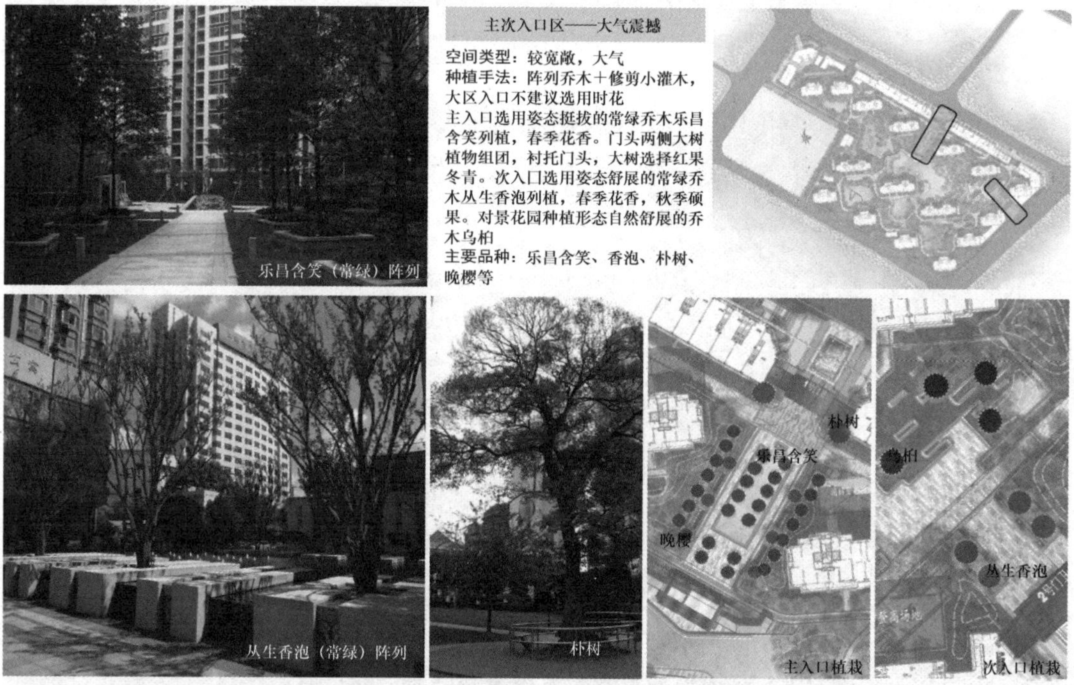
主次入口区——大气震撼
空间类型：较宽敞，大气
种植手法：阵列乔木＋修剪小灌木，大区入口不建议选用时花
主入口选用姿态挺拔的常绿乔木乐昌含笑列植，春季花香。门头两侧大树植物组团，衬托门头，大树选择红果冬青。次入口选用姿态舒展的常绿乔木从生香泡列植，春季花香，秋季硕果。对景花园种植形态自然舒展的乔木乌柏
主要品种：乐昌含笑、香泡、朴树、晚樱等
乐昌含笑（常绿）阵列
从生香泡（常绿）阵列
朴树
朴树
乐昌含笑
晚樱
主入口植栽
乌柏
从生香泡
次入口植栽

图F-5 某小区主次入口区植物方案平面图

中央花园区位于整个居住区中央地带，作为人们活动交流的重要场所，也是小区内部住户的室外集散场地，如图F-6所示。

儿童活动区植物配置要求无毒、无刺并不能对儿童造成伤害的植被，如图F-7所示。

中央花园区——春色烂漫

空间类型：整体空间开阔，疏林草地

种植手法：常绿乔木背景林，配置春季开花小乔木活跃气氛，围合大草坪空间，注意天际线变化。此区域以樱花为特色，突出春季景观，西侧现代折线列植晚樱，大草坪边缘开花小乔木以早樱为主，搭配其他季节开花植物

主要品种：香樟、早樱、晚樱、垂丝海棠、杨梅、红叶石楠等

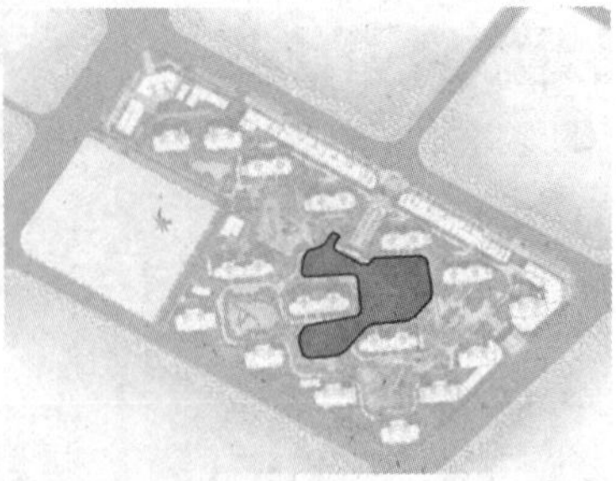

香樟
杨梅
晚樱
早樱
垂丝海棠

图F-6　某小区中央花园区植物方案平面图

儿童活动区——生如夏花

空间类型：空间适中，色彩层次丰富

种植手法：通过丰富的植物来围合儿童活动场地，选择安全、有趣、多彩的植物。以夏季开花的紫薇为特色，搭配其他季节开花的植物。这里有好玩的痒痒木（紫薇），叶形奇特的鸡爪槭，老干生花的紫荆等，少量种植新优地被及观赏草，满足儿童好奇心。上层遮阴乔木选择落叶乔木无患子，保证夏荫冬阳

主要品种：无患子、紫薇、鸡爪槭、紫荆、石榴、山茶、矮生紫薇等

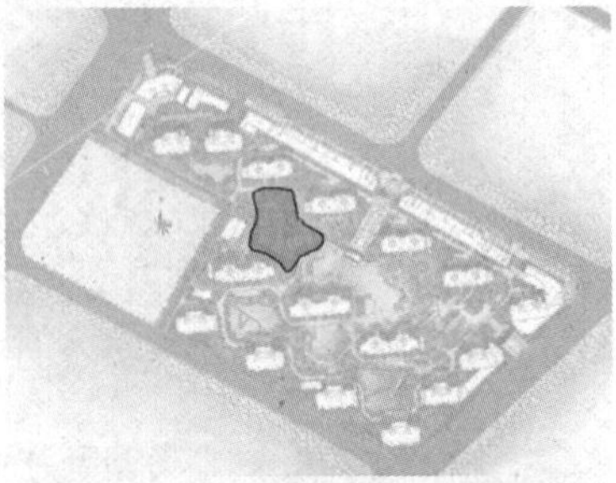

无患子
紫薇
山茶
鸡爪槭
紫荆

图F-7　某小区儿童活动区植物方案平面图

雨水花园区结合海绵城市建设标准，在居住区设计中兼顾景观与功能，丰富植物设计多样性，如图F-8所示。

入户口花园为住户回家路上提供温馨的场景，如图F-9所示。

边缘区
缓冲区
蓄水区
雨水花园区——生态多彩
空间类型：整体空间较开敞
种植手法：疏林草地结合雨水花园
边缘区：外围围合群落，无耐水湿要求
缓冲区：大草坪为主+点缀稍耐水湿乔木+配置丰富的绿岛（结合景石）
蓄水区：结合卵石种植耐水湿且有一定耐旱性植物。卵石底建议用低矮的铜钱草，避免过高植物将来生长杂乱，挺水植物种于卵石沟边缘结合景石，也可于卵石沟内布置景石，结合挺水植物形成小绿岛。卵石沟边缘避免耐水湿植物满种，可灵活留些草坪，使空间多变，又可观赏到旱溪景观
主要品种：
边缘区：香樟、栾树、桂花、红枫等
缓冲区：香樟、木槿、彩叶杞柳、矮蒲苇、细叶芒草、金边麦冬等
蓄水区：黄菖蒲、花叶芦竹、水生美人蕉、风车草、常绿鸢尾、铜钱草等
冬季景观考虑：边缘区围合空间的背景林，以常绿植物为主。缓冲区，疏林草地，乔木以常绿树为主。缓冲区绿岛适当增加常绿植物
防蚊虫考虑：避免使用易滋生蚊虫、易招蚊虫的植物，如蚊母、海桐等。缓冲区适当种植有驱蚊功效的迷迭香，因其不耐水湿，不适合种植于蓄水区
缓冲区-大草坪+乔木+绿岛
蓄水区-小绿岛结合景石
蓄水区-铜钱草
边缘区-背景林
蓄水区-小绿岛

图F-8　某小区雨水花园区植物方案平面图

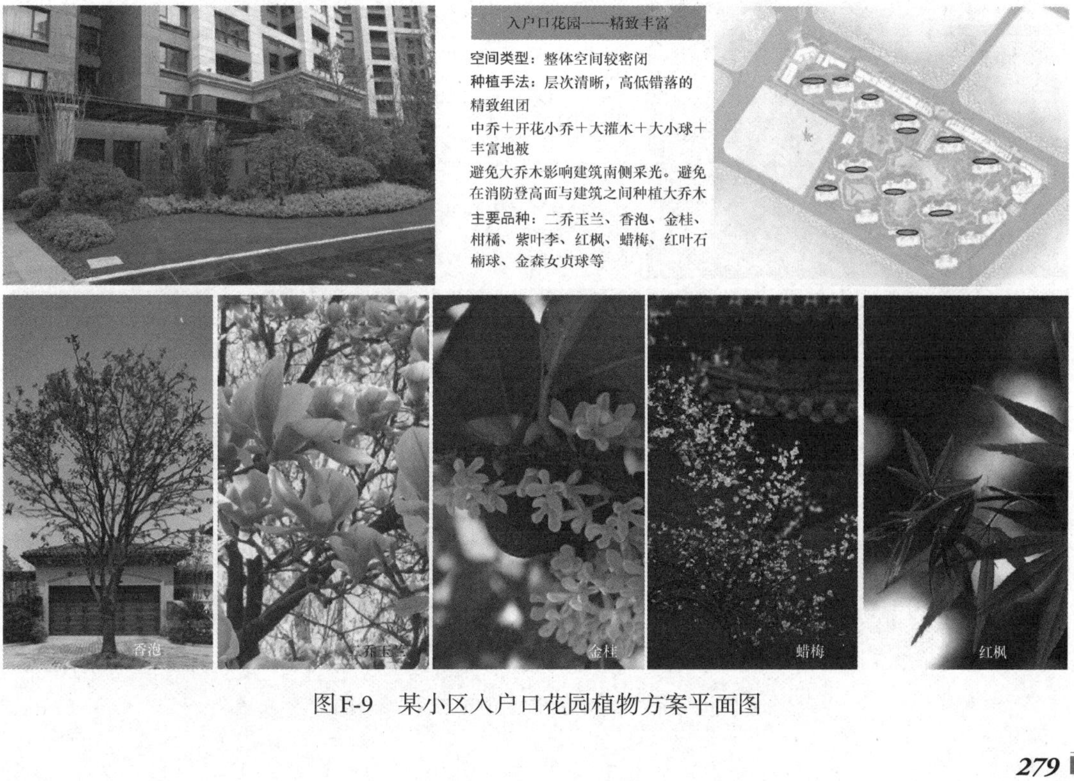
入户口花园——精致丰富
空间类型：整体空间较密闭
种植手法：层次清晰，高低错落的精致组团
中乔＋开花小乔＋大灌木＋大小球＋丰富地被
避免大乔木影响建筑南侧采光。避免在消防登高面与建筑之间种植大乔木
主要品种：二乔玉兰、香泡、金桂、柑橘、紫叶李、红枫、蜡梅、红叶石楠球、金森女贞球等
香泡
金桂
蜡梅
红枫

图F-9　某小区入户口花园植物方案平面图

运动绿化带为住户提供健身运动的场所，改善局部小环境气候，如图F-10所示。

办公商业街配置大气、通透的植被，增添游街乐趣，如图F-11所示。

运动绿化带——绿树成荫
空间类型：空间较为活泼自然，以封闭为主，局部结合节点打开视线
种植手法：跑道两侧以落叶乔木为主形成绿荫，配置能挥发芳香精油且有益健康的芳香类小乔及灌木。黄山栾树采用自然式种植，贯穿整条跑道，无明显的行道树感觉，有时与旁边植物组团相结合
主要品种：黄山栾树、白玉兰、胡柚、金桂、紫叶李、红梅、蜡梅、含笑球、栀子、迷迭香等
黄山栾树
白玉兰
金桂
红梅
栀子

图F-10　某小区运动绿化带植物方案平面图

办公商业街——通透开敞
空间类型：视线通透的沿街步行空间
种植手法：高分枝点落叶乔木＋修剪小灌木，避免使用中层挡视线植物，减少植物对商业界面的遮挡。列植乔木选择榉树，树形端正整齐，秋季色叶。榉树下选用修剪整齐的色叶小灌木金森女贞。
根据需要增加外摆花箱，花箱内可用时花组合或栽植小灌木。
主要品种：榉树、金森女贞
移动花箱
榉树
金森女贞

图F-11　某小区办公商业街植物方案平面图

在功能分区示意图的基础上，根据植物的功能，确定植物功能分区，即根据各分区的功能确定植物主要配置方式，在五个主要的功能分区的基础上，将植物分为防风屏障、视觉屏障、隔音屏障、开阔草坪、蔬菜种植地等。

（2）功能分区细化

1）程序和方法。结合现状分析，在植物功能分区的基础上，将各个功能分区继续分解为若干不同的区段，并确定各区段内植物的种植形式、类型、大小、高度、形态等内容。

2）具体步骤。

① 确定种植范围。用图线标示出各种植物种植区域和面积，并注意各个区域之间的联系和过渡。

② 确定植物的类型。根据植物种植分区规划图选择植物类型，只需要确定是常绿的还是落叶的，是乔木、灌木、地被、花卉、草坪中的哪一类，并不用确定具体的植物名称。

③ 分析植物组合效果。主要是明确植物的规格，最好的方法是绘制立面图。设计师通过立面图分析植物高度组合，一方面可以判定这种组合是否能够形成优美、流畅的林冠线；另一方面也可以判断这种组合是否能够满足功能需要，如私密性、防风等。

④ 选择植物的颜色和质地。在分析植物组合效果时，可以适当考虑植物颜色和质地的搭配，以便在下一环节能够选择适宜的植物。

以上这两个环节都没有涉及具体的某一株植物，是从宏观入手确定植物的分布情况。就如同绘画一样，首先需要建立一个整体的轮廓，而并非具体的某一细节，只有这样才能保证设计中各部分紧密联系，形成一个统一的整体。另外，在自然界中植物的生长也并非孤立的，而是以植物群落的形式存在的，这样的植物景观效果最佳、生态效益最好。因此，植物种植设计应该首先从总体入手。

3．居住区项目植物造景设计

植物造景设计是以植物种植分区规划为基础，确定植物的名称、规格、种植方式，栽植位置等，常分为初步设计、详细设计和施工图设计三个过程。

（1）初步设计

1）确定主景树。主景树构成整个景观的骨架和主体，所以首先需要确定主景树的位置、名称、规格和外观形态。这也并非最终的结果，在详细设计阶段可以再进行调整。居住区的南面与公共活动区等位置配置的主景树，应该是高大、美观的，并成一定序列，成就大气、通透之感。本方案各功能分区选择的主景树分别为榉树、娜塔栎、香樟、樱花、沙朴、银杏、无患子。

2）确定配景植物。主景一经确定，就可以考虑其他配景植物了。为了丰富植物的层次，可选择闻香植物桂花、观叶植物小叶鸡爪槭等作为中层植物。

3）选择其他植物。根据现状分析并按照基地分区及植物的功能要求，选择配置其他植物。入口平台外围栽植二乔玉兰等，基地的北面寒冷，光照不足，以耐寒、耐阴植物为主，选择玉簪、阔叶十大功劳、桃叶珊瑚等植物。

最后在设计图纸中利用具体的图例标识出植物的类型、规格、种植位置等（图F-12）。

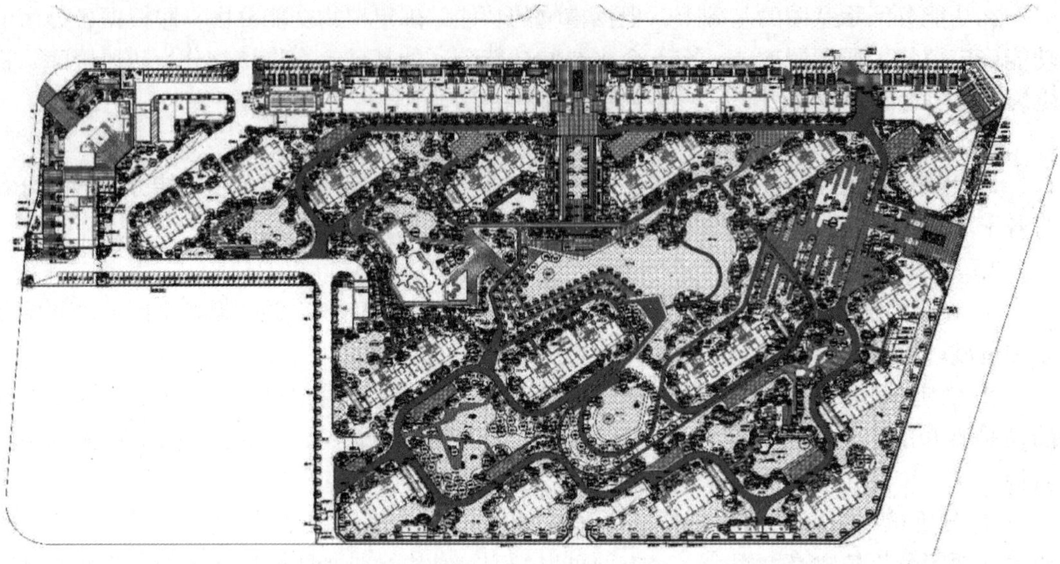

图F-12　某小区植物布置平面图

（2）详细设计

对照设计意向书，结合现状分析、功能分区、初步设计阶段的工作成果，进行设计方案的修改和调整。详细设计阶段应该从植物的形状、色彩、质感、季相变化、生长速率、生长习性等多个方面进行综合分析，以满足设计方案中的各种要求。

首先，核对每一区域的现状条件与所选植物的生态特性是否匹配，是否做到了“适地适树”。对于本案而言，由于空间划分较多，加之住宅建筑的影响，会形成一个特殊的小环境，在以乡土植物为主的前提下，可以结合甲方的要求引入一些适应小环境生长的植物，如某些丁香、红梅等。

其次，从平面构图角度分析植物的种植方式是否适合，如主入口区需要突出其气势，并增加标示性，因此这一区域适合采用列植的种植形式。

再次，从景观构成角度分析所选植物是否满足观赏的需要，植物与其他构景元素是否协调，这些方面最好结合立面图或者效果图来分析。

最后，进行图面的修改和调整，完成植物种植设计详图，并填写植物表。

（3）施工图设计

进入施工图设计阶段时，应仔细核对所选苗木及配置方式，进行最终优化。在施工图设计时应注意以下几点：

① 编写施工设计说明；

② 制作植物种植放样平面图；

③ 核实综合管线现场实际放置位置。

4．设计图纸及文本要求

建筑环境植物造景设计一般要绘制的图纸有：绿化设计总平面图（必画）、立（剖）面图（必画）、主要景点透视图（必画）等；同时基于居住区项目服务人群的特殊性，在建筑环境植物造景设计中应配以相关的文字说明。

居住区绿化设计可结合居住区景观方案的功能分区加画各类现状分析图、功能分区图及鸟瞰图等。

基于本案，除了上述必要的图纸外，根据整个方案特点，将每一个主题、每一个亮点进行细化，包括景观空间分析图、植物选择意向图、重要节点彩色平面图及效果图等，结合周边情况增加入户周边植物空间布置图（标准版）、围墙边缘植物布置图（标准版）、消防车通道和消防登高面植物布置图等来完善整个小区内部植物空间设计。小区是一个整体，因此植物空间具有一定的连贯性和差异性，在详细设计图纸中除了要有绿化设计总平面图，还应对小区的每一处进行细化，需要做放大平面图，以供甲方（业主）及相关部门审查。同时，附有相关说明与苗木表，可供概算人员进行造价组价及分析。

植物设计方案的文字内容可以从以下几个方面入手：

① 设计的原则和依据；

② 项目的类型、功能定位、性质特点等；

③ 设计的艺术风格；

④ 对基地条件及外围环境条件的利用和处理方法；

⑤ 主要的功能区及其面积估算；

⑥ 投资概算；

⑦ 预期的目标；

⑧ 设计时需要注意的关键问题等。

以上内容是作为设计者在设计时应该考虑的问题，也是编制植物方案的基础。

附录2

别墅绿化景观设计实践典型案例

1. 别墅项目设计现状调查与分析

当代别墅设计均为私家庭院设计，有别于开发商对于设计的要求，别墅庭院多为个人使用，因此调研也有别于居住区设计。但无论是什么样的设计，项目的现状调查与分析是必不可少的，也是设计的基础步骤。

（1）获取项目信息

由于别墅为个人私有住宅，这一阶段需要获取的信息应根据具体的设计项目而定，而能够获取的信息往往取决于委托人（甲方）对项目的需求，这些信息将直接影响下一环节——现状的调查，乃至景观设计方案、空间布局、植物功能、种类选择等的确定。

1）了解甲方对项目的要求。

通过与甲方交流，了解委托人对于别墅功能的需求，同时了解景观方案、植物空间及配置的具体要求、预期的效果、时间计划安排、造价等相关内容。在交流过程中设计师可参考以下内容进行提问：

① 整体景观风格样式；

② 甲方（业主）的喜好，如喜欢（或不喜欢）何种颜色、风格、材质、图案等，喜欢（或不喜欢）何种植物，喜欢（或不喜欢）何种植物景观等；

③ 空间的使用，如主要开展的活动等；

④ 时间计划安排、造价；

⑤ 特殊需求。

注：别墅景观设计针对的是个人、住户主人及其家人。住在别墅区域的人一般都是社会地位较高，希望能有一个适宜居住、游憩、休闲等的环境，因此，其对景观方案与植物配置会重点关注，且要求很高。

2）获取图纸资料。

在此阶段，别墅主人应该向设计师提供基地的测绘图、规划图、建筑图及地下管线图等图纸，设计师根据图纸确定以后可能的栽植空间及栽植方式，根据具体的情况和要求进行植物景观的规划和设计。

① 测绘图或者规划图。从图纸中设计师可以获取的信息有设计范围（红线范围、坐标数字），园址范围内的地形、标高，现有建筑物、构筑物、道路、围墙等设施的位置，周围

地块的情况，以及道路交通状况等。

② 建筑图。图中包含建筑的位置、平面布局，别墅主次入口、消防通道及登高面、地下室范围线、地下室出入口等信息。

③ 地下管线图。图中包括别墅区域及周边基地中所有要保留的地下管线及其设施的位置、规格，以及埋置深度等。

3）获取基地其他的信息。

① 该地段的自然状况。水文、地质、地形、气象等方面的资料，包括地下水位、年降水量与月降水量、年最高和最低温度及其分布时间、年最高和最低湿度及其分布时间、主导风向、最大风力、风速及冰冻线深度等。

② 植物状况。地区内乡土植物种类、群落组成及引种植物情况等。特别注意别墅区域公共空间内的植物景观种植风格。

③ 现状场地内部是否存在预留井等设备。

（2）现场调查与测绘

1）现场踏查。

在别墅庭院景观设计中，设计师必须认真到现场进行实地踏查。在现场通常针对以下内容进行调查：

① 自然条件。包括温度、风向、光照、水分、植被与群落构成、土壤、地形地势及小气候等。

② 人工设施。包括现有道路、桥梁、建筑、构筑物等。

③ 环境条件。包括周围的设施、道路交通、污染源及其类型、人员活动等。

④ 视觉质量。包括现有的设施、环境景观、视域、可能的主要观赏点等。

2）现场测绘。

如果是改建项目，甲方无法提供准确的基地测绘图，设计师需要进行现场实测，并根据实测结果绘制基地现状图，需要与业主对接好哪些是保留的，哪些是要拆除的。如果是业主刚入手的别墅庭院项目，应提供准确平面图，如图F-13所示。基地现状图中应该包含基地中现存的所有元素，如建筑、构筑物、道路等。在改建项目中，需要特别注意的是，场地中的植物，尤其是需要保留的有价值的植物，它们的胸径、冠幅、高度等也需要进行测量并记录。另外，如果场地中某些设施需要拆除或者移走，设计师最好再绘制一张基地设计条件图，即在图纸上仅标注基地中保留下来的元素。

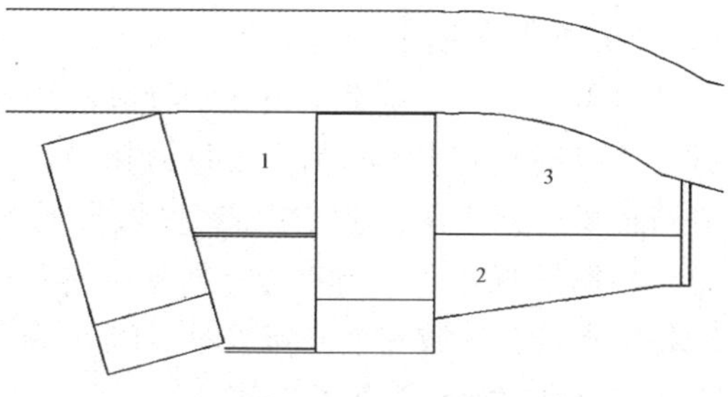
1
3
2
图F-13　某别墅平面图

在现状调查过程中，为了防止出现遗漏，最好将需要调查的内容编制成表格，在现场一边调查一边填写，有些内容，如建筑物的尺度、位置及视觉质量等可以直接在图纸中进行标示，或者通过拍照（录像）的形式加以记录。

（3）现状分析

1）现状分析的内容。

相较于居住区景观的现状分析，别墅庭院设计的现状分析比较简单，但是同样是作为设计的基础和依据，尤其是对于与基地环境因素密切相关的植物，基地的现状分析更是关系到植物的选择与生长、植物景观的创造与功能的发挥等一系列问题。

现状分析的内容包括：基地自然条件（地形、土壤、光照、植被等）分析、环境条件分析、景观定位分析、服务对象分析等多个方面。可见，别墅庭院设计虽然项目小，但现状分析的内容仍是比较复杂的，要想获得准确的分析结果，一般要多专业配合，按照专业分项进行，将分析结果分别标注在一系列的底图，然后将它们叠加在一起，进行综合分析，并绘制基地的综合分析图。

现状分析是为了下一步的设计打基础，对于植物种植设计而言，凡是与植物有关的因素都要加以考虑，如景观设施、光照、水分、温度、风，以及人工设施、地下管线、视觉质量等，下面结合实例介绍现状分析的内容及其方法。

① 景观设施分析。结合别墅业主对景观的需求，充分划分好活动空间，合理搭配植物，为景观增光添彩，丰富景观多样性，增加舒适感。基地内的建筑物、构筑物、道路、铺装、各种管线等设施，往往也会影响植物的选择、种植点的位置等。

② 光照分析。有别于居住区整体景观光照分析，别墅景观光照分析除了要关注周边大环境下建筑物或构筑物对植物生长带来的影响，还要关注别墅庭院中建筑和围墙自身的高度、位置、方向对植物生长所需要的光照带来的影响。可以通过对太阳一天的行动变化，确定建筑物、构筑物投下的阴影范围，从而确定别墅区内部的日照分区。可以利用AutoCAD绘图软件绘制该基地的日照分析图，也可以手工测算。

③ 风向分析。每个地区都有特定的风向，根据当地的气象资料可以得到这方面的信息。

除了基地的自然状况之外，还应该对于基地中的景观方案及周围的环境进行分析。

2）现状分析图绘制。

以本案为例，本案是新建别墅庭院用地，植物景观配置是在整个别墅区景观方案的基础上，以别墅业主需求为主要设计指导，合理划分别墅庭院空间，选择合适的植物品种来进行植物搭配，有效地增添别墅区域景观空间的绿化效果。

根据景观方案布局和功能划分对整个场地进行植物空间划分：活动空间、台地景观区和枯山水景观区域三个空间（图F-14），除了景观设计空间的营造，还可以结合植物设计亮点来突出和美化每个景观空间。

人流动线分析是别墅景观空间营造必不可少的环节，如图F-15所示。

综上所述，结合当地主导风向、光照、水网等周边环境的分析，选择适合的植物品种，来完善景观空间的营造。

2. 别墅项目绿化设计功能分区

（1）功能分区草图

设计师根据现状分析、景观方案及植物方案，确定基地的功能区域，将基地划分为若干功能区，在此过程中需要明确以下问题。

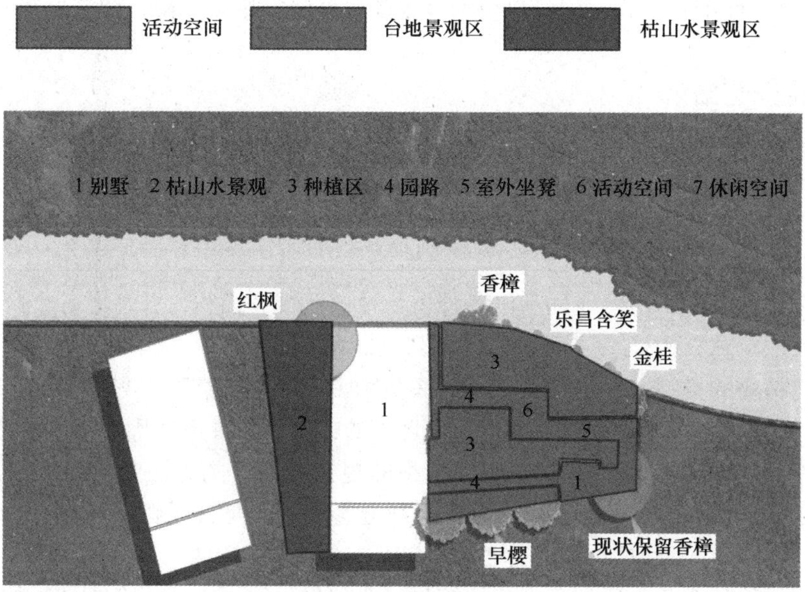
活动空间
台地景观区
枯山水景观区
1 别墅 2 枯山水景观 3 种植区 4 园路 5 室外坐凳 6 活动空间 7 休闲空间
红枫
香樟
乐昌含笑
金桂
早樱
现状保留香樟

图F-14 某别墅景观空间解读平面图

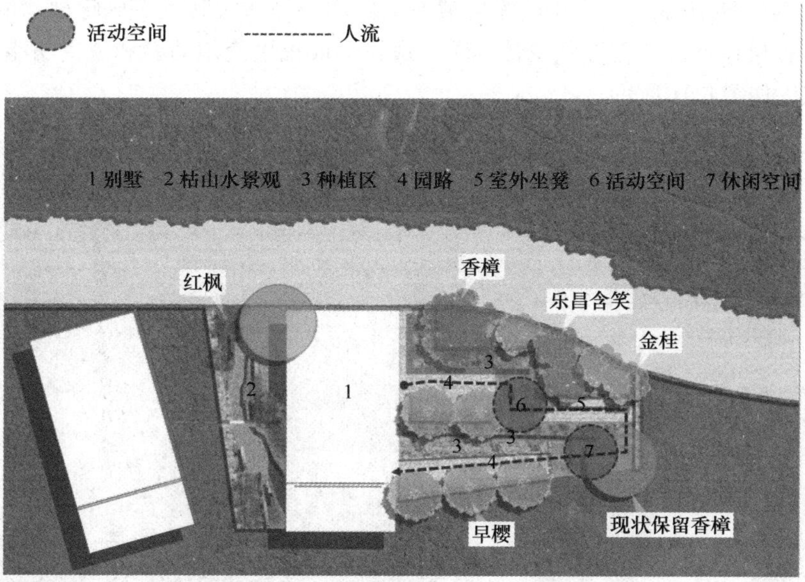
活动空间
----------- 人流
1 别墅 2 枯山水景观 3 种植区 4 园路 5 室外坐凳 6 活动空间 7 休闲空间
红枫
香樟
乐昌含笑
金桂
早樱
现状保留香樟

图F-15 某别墅景观流线分析平面图

1）场地中需要设置何种功能，每一种功能所需的面积如何。

2）各个功能区之间的空间关系如何，哪些必须联系在一起，哪些必须分隔开。

3）各个功能区的服务对象都有哪些，需要何种空间类型，如是私密的还是开敞的等。

通常设计师利用泡泡图表示功能分区，图中应标示出分区的位置、大致范围，各分区之间的联系等。

在功能分区示意图的基础上，根据植物的功能，确定植物功能分区，即根据各分区的功能确定植物主要配置方式，同时将植物分为防风屏障、视觉屏障、隔音屏障、开阔草坪、蔬菜种植地等。

（2）功能分区细化

1）程序和方法。

结合现状分析，在植物功能分区的基础上，将各个功能分区继续分解为若干不同的区段，并确定各区段内植物的种植形式、类型、大小、高度、形态等内容。

2）具体步骤。

① 确定种植范围。用图线标示出各种植物种植区域和面积，并注意各个区域之间的联系和过渡。

② 确定植物的类型。根据植物种植分区功能图选择植物类型，只需要确定是常绿的还是落叶的，是乔木、灌木、地被、花卉、草坪中的哪一类，并不用确定具体的植物名称。

③ 分析植物组合效果。主要是明确植物的规格，最好的方法是绘制立面图。设计师通过立面图分析植物高度组合，一方面可以判定这种组合是否能够形成优美、流畅的林冠线；另一方面也可以判断这种组合是否能够满足功能需要，如私密性、防风等。

④ 选择植物的颜色和质地。在分析植物组合效果时，可以适当考虑植物的颜色和质地的搭配，以便在下一环节能够选择适宜的植物。

以上这两个环节都没有涉及具体的某一株植物，是从宏观入手确定植物的分布情况。因此，植物种植设计应该首先从总体入手，最终形成集聚使用功能和观赏功能为一体的别墅庭院景观，如图F-16所示。

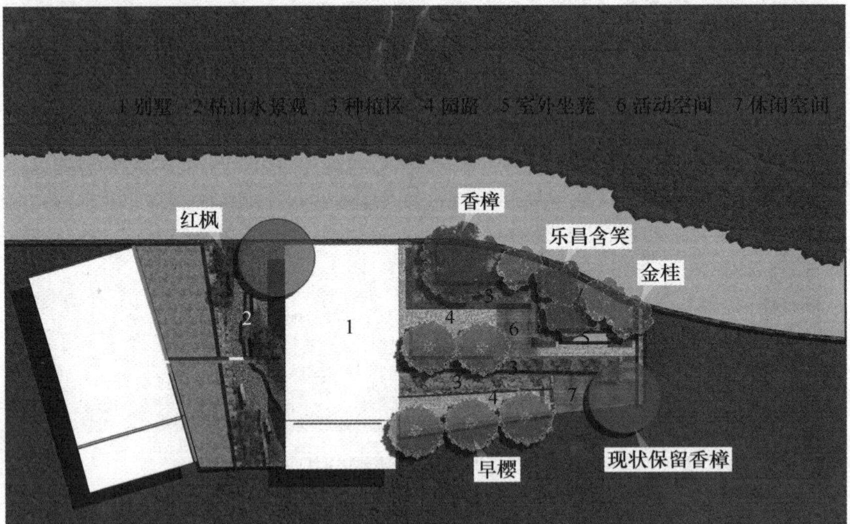
1 别墅 2 枯山水景观 3 种植区 4 园路 5 室外坐凳 6 活动空间 7 休闲空间
香樟
红枫
乐昌含笑
金桂
现状保留香樟
早樱

图F-16　某别墅植物布置平面图

3．别墅庭院植物造景设计

有别于居住区项目的常规流程设计，别墅庭院的植物种植设计是以别墅庭院功能分区为基础，确定植物的名称、规格、种植方式和栽植位置等，常分为初步设计和施工图设计两个过程。

（1）初步设计

1）确定主景树。

首先需要确定主景树的位置、名称、规格和外观形态。这也并非最终的结果，在后续阶段可以再进行调整。别墅的南面与公共活动区等位置配置的主景树，应该是高大、美观的，并成一定序列，成就大气、通透之感。本方案各功能分区选择的主景树分别为香樟、乐昌含笑。

2）确定配景植物。

主景一经确定，就可以考虑其他配景植物了。作为丰富植物层次，选择闻香植物桂花、观叶植物红枫、观赏花卉植物早樱等中层植物。

3）选择其他植物。

根据现状分析并按照基地分区及植物的功能要求来选择配置其他植物，如蔬菜种植区域可由业主自行种植想要的蔬菜；花卉区域根据不同时令由业主自行栽植；周边围墙区域可以种植稍微高一点的绿篱，本案用的是红叶石楠绿篱；枯山水区域局部采用了草坪。

4）选择其他配景。

种植区采用台地式，利用干砌块石垒起来作为种植外围花坛；枯山水区域采用白色细砾石和白色片岩作为景观配景，搭配红枫营造枯山水意境。

（2）施工图设计

通过业主认可初步设计，进入施工图设计阶段时，仔细核对所选苗木及配置方式，进行最终优化，在施工图设计时应注意以下几点：

① 编写施工设计说明；

② 制作植物种植放样平面图；

③ 核实综合管线现场实际放置位置。

在改造别墅庭院中，要特别注意对现有长势较好的植物品种应在施工中注意保护，如何保护的相关说明应体现在施工图设计说明中；检查别墅内部地下管线是否正常运行，是否需要更换，一般别墅庭院基本上是个人私家庭院，很少会出具体施工图。

4．设计图纸及文本要求

建筑环境植物造景设计一般要绘制的图纸有：绿化设计总平面图（必画）、立（剖）面图（必画）、主要景点透视图（必画）等（图F-17和图F-18）；同时基于别墅庭院项目为私人庭院性质，相关分析图可叠加在同一张分析图上，效果图可适当增加，在初步设计过程中可以细致一些，并配相关的文字说明。

基于本案，除了上述必要的图纸外，由于别墅庭院具有一定的私密性、植物配置的差异性，在详细设计图纸中除了有绿化设计总平面图，还应对别墅的每一处进行细化，需要做放大平面图，以供别墅业主及家属内部讨论。同时，附有相关说明与苗木表及概算，供业主参考。

图F-17　某别墅植物布置效果图之一

图F-18　某别墅植物布置效果图之二

对基地资料分析、研究之后，植物设计方案的文字内容可以从以下几个方面入手：

① 设计的原则和依据；

② 项目的类型、功能定位、性质特点等；

③ 现状分析；

④ 总平面方案介绍；

⑤ 主要的功能区及其面积估算；

⑥ 植物配置及种植形式；

⑦ 预期的目标效果及投资概算；

⑧ 实施过程中需要注意的关键问题等。

以上内容是作为设计者在设计时应该考虑的问题，也是编制植物方案的基础。

附录3

图解园林植物类型

园林植物是营造自然生态环境的主要材料，是园林景观中不可缺少的构成要素。我国幅员辽阔，植物品种十分丰富，其中用于园林的植物品种也多种多样，这为园林景观营造提供了有利的条件。在利用植物元素造景时，要充分了解每种植物的类型，尊重各类型植物的自然生长特性，尽可能做到针叶与阔叶搭配、常绿与落叶搭配、高中低搭配、不同色彩搭配。充分合理地利用各类型植物，发挥每一种植物的优势和特点，营造出自然生态的人居环境，为人类造福。

1．按植物生物学特性分类

园林植物按照形态特征，大体分为乔木类植物、小乔木类植物、灌木类植物、藤本类植物、竹类植物、特型类植物、水生类植物、地被类植物和草花类植物。

（1）乔木类植物

乔木类植物通常是指树干明显、粗壮、直立、可以成材的高大树木，一般树体高度在10m以上的称为大乔木；5～10m的称为小乔木，小乔木类植物的树干比较明显、直立，但树干粗度不及一般大乔木粗壮，树体高度也比大乔木低一些。根据冬季是否落叶，乔木类植物又分为常绿针叶乔木、落叶针叶乔木、常绿阔叶乔木和落叶阔叶乔木。

1）常绿针叶乔木。

常绿针叶乔木主要是松科、杉科、柏科、罗汉松科、红豆杉科的树木。在园林中常用的树种有雪松、黑松、马尾松、白皮松、湿地松、罗汉松、杉木、铁杉、三尖杉、日本冷杉、柳杉、台湾杉、东方杉、红豆杉、柏木、侧柏、日本花柏、圆柏、龙柏等（图F-19～图F-24）。

常绿针叶乔木树体高大，叶形纤细，叶色四季翠绿，以观形、观叶为主，少数树种的果实也有一定的观赏价值，如罗汉松、红豆杉等。

常绿针叶小乔木树种不多，以观形、观叶为主，有些品种适合于修剪成形，通常被修整成球形、圆柱形或方柱形。常用的树种有日本五针松、塔柏、千头柏、翠柏、金叶桧等。

2）落叶针叶乔木。

落叶针叶乔木的树种不多，主要是松科和杉科的少数树木。在园林中常用的有金钱松、水杉、池杉、落羽杉、水松等（图F-25～图F-27）。

落叶针叶乔木的树体高大挺拔，春夏叶色青翠，秋季叶色金黄或橙红，冬季叶落清秀，在园林景观中以观形、观叶为主。

图F-19　雪松

图F-20　湿地松

图F-21　红豆杉

图F-22　柏木

图F-23　罗汉松

图F-24　台湾杉

图F-25　金钱松（秋）

图F-26　落羽杉（夏）

图F-27　水松（秋）

3）常绿阔叶乔木。

常绿阔叶乔木的种类很多，在园林中常用的树种有香樟、浙江樟、紫楠、女贞、桂花、广玉兰、深山含笑、乐昌含笑、木莲、红花木莲、乐东拟单性木兰、杜英、冬青、木荷、苦槠、银荆树、竹柏、柚、枇杷、杨梅、红豆树、榕树等（图F-28～图F-32）。

图F-28 广玉兰

图F-29 杜英（老叶红色）

图F-30 桂花

图F-31 榕树（有气生根）

图F-32 柚（秋冬季观果）

常绿阔叶乔木树姿多样，叶色也比较丰富，以观形、观叶为主，如乐东拟单性木兰的新叶是暗红色的、杜英的老叶是红色的；也有一些观形、观叶兼观花的树种，如桂花、广玉兰、深山含笑、红花木莲等；还有一些观形、观叶兼观果的树种，如冬青、柚、枇杷、杨梅等。

常绿阔叶乔木的树体高大，四季常绿，有观叶的、观花的、观果的，在园林景观中起到比较重要的作用。

常绿阔叶小乔木树种不多，以观叶为主，也有一些具有观花、观果价值，还有些树种适合于修剪成形，通常被修整成圆柱形或球形。常用的树种有石楠、椤木石楠、红叶石楠、枸骨、无刺枸骨、珊瑚树、柊树、胡颓子、山茶花、含笑、柑橘等。

红叶石楠的新叶是红色的，柊树的叶片棱角分明，枸骨的叶形也很特别；山茶花的花色多样、美丽，含笑的花色金黄且有香味；枸骨、无刺枸骨、珊瑚树、柑橘的果实，都具有一定的观赏价值。

4）落叶阔叶乔木。

落叶阔叶乔木与常绿阔叶乔木相比，具有更强的适应性，分布范围更广，尤其在北方地区应用更多。在南北园林中常用的树种有银杏、鹅掌楸、玉兰、枫香、悬铃木、梧桐、毛白杨、垂柳、枫杨、泡桐、合欢、槐树、刺槐、无患子、栾树、榆树、榔榆、朴树、榉树、三角枫、元宝槭、构树、喜树、七叶树、乌桕、重阳木、杜仲、苦楝、香椿、臭椿、黄连木、柿树、枣树、鸡爪槭等（图F-33～图F-40）。

落叶阔叶乔木的特点是具有一年四季的变化美，可以说它们是季节的传讯大使。春天有树枝新芽吐露之美，夏季有树叶丰满浓绿之美，秋天有叶色丰富多彩之美，冬季有落叶树干树姿之美，尤其是雪后银装素裹的树姿景色，具有很高的观赏价值。

落叶阔叶小乔木品种较多，以观花为主，也有一些具有观叶、观果价值。常用的树种有梅、桃、碧桃、李、红叶李、樱桃、日本晚樱、垂丝海棠、丁香、石榴、紫薇、红枫、

图F-33　银杏（秋）

图F-34　无患子（秋）

图F-35　栾树（秋）

图F-36　红玉兰（春）

图F-37　白玉兰（春）

图F-38　七叶树（夏）

图F-39　柿树（秋）

图F-40　鸡爪槭（秋）

无花果等。

落叶阔叶小乔木比常绿阔叶小乔木更有观赏价值。果树大多数是落叶树，一般都会开花、结果，观赏内容丰富一些，可观叶、观花、观果、观树姿等。落叶树与常绿树相比，树枝显得柔软、轻盈、美丽，具有丰富的姿色，是比较理想的景观植物。

（2）灌木类植物

灌木类植物通常指较为低矮的丛生状木本植物，不具明显的主干，一般不能成材，也称为低木。小灌木高度一般不足1m，高灌木一般为3～4.5m，常见灌木高度一般不超过3m。灌木类植物以常绿阔叶灌木和落叶阔叶灌木为主，在园林中也有少量的常绿针叶灌木。

1）常绿阔叶灌木。

常绿阔叶灌木的品种较多，树枝较落叶灌木坚硬，适合于修剪成形，通常被修剪成球形或用作绿篱。常用的树种有杜鹃、茶梅、海桐、红花檵木、小叶栀子、叶子花、火棘、小叶女贞、金森女贞、大叶黄杨、金边大叶黄杨、金叶大花六道木、金边胡颓子、阔叶十大功劳、瓜子黄杨、龟甲冬青、南天竹、六月雪、八角金盘、花叶青木等（图F-41～图F-52）。

图F-41　杜鹃（春鹃）

图F-42　茶梅

图F-43　南天竹

图F-44　叶子花

图F-45　火棘

图F-46　金森女贞

图F-47　金叶大花六道木

图F-48　金边胡颓子

图F-49　阔叶十大功劳

图F-50　瓜子黄杨

图F-51 八角金盘

图F-52 小叶栀子

2）落叶阔叶灌木。

落叶阔叶灌木的树种也较多，树枝一般柔软秀长，枝条下垂，十分优美，花形、花色也多种多样。常用的树种有蜡梅、结香、迎春花、金钟花、锦带花、紫荆、贴梗海棠、棣棠、木绣球、榆叶梅、牡丹、绣球、木槿、木芙蓉、月季、粉花绣线菊、绣线菊、小檗、金叶小檗等（图F-53～图F-64），是点缀广场、草坪，衔接小乔木层次的好材料。

图F-53 迎春花

图F-54 结香

图F-55 贴梗海棠

图F-56 棣棠

图F-57　粉花绣线菊

图F-58　绣线菊

图F-59　月季

图F-60　牡丹

图F-61　蜡梅

图F-62　金叶小檗

图F-63　紫荆

图F-64　金钟花

3）常绿针叶灌木。

常绿针叶灌木的品种不多，以观叶、观形为主，有的适合于修剪成形，通常被修剪成球形，用作绿篱或地被。常用的树种有铺地柏、铺地龙柏、铺地金球桧、沙地柏、偃柏、洒金千头柏等（图F-65～图F-68）。

图F-65 铺地柏

图F-66 铺地龙柏

图F-67 洒金千头柏

图F-68 铺地金球桧

（3）藤本类植物

藤本植物一般指不能直立生长，必须依附一定物体攀缘生长的植物。藤本植物根据冬季是否落叶，分为常绿藤本和落叶藤本。常绿藤本主要有络石、薜荔、常春藤、扶芳藤、油麻藤、金银花、蔓长春、花叶蔓长春等，落叶藤本主要有紫藤、凌霄、地锦、五叶地锦、葛藤、葡萄等（图F-69～图F-76）。

图F-69 薜荔（常绿）

图F-70 扶芳藤（常绿）

图F-71 金银花（常绿）

图F-72 蔓长春（常绿）

图F-73 地锦（落叶）

图F-74 紫藤（落叶）

图F-75 凌霄（落叶）

图F-76 葡萄（落叶）

藤本植物的重要特性是攀缘性，可以利用这种特性，搭建不同的框架，可使植物整体形状变化无穷，丰富了造景形式。

（4）竹类植物

竹类植物属于禾本科，也是一类特殊形态的植物。有些竹类的主秆直立，秆节分明，节间内空，如毛竹、刚竹、碧玉间黄金竹、紫竹、佛肚竹等；也有灌木型竹类，如孝顺竹、凤尾竹、阔叶箬竹、菲白竹、菲黄竹、倭竹等（图F-77～图F-84）。

图F-77 刚竹

图F-78 孝顺竹

图F-79 阔叶箬竹

图F-80 菲白竹

图F-81 紫竹

图F-82 碧玉间黄金竹（一）

图F-83　碧玉间黄金竹（二）

图F-84　佛肚竹

竹类一直是文人墨客喜爱的植物，除了对它有“清风亮节”性格特征的喜欢外，更主要的是竹类成片栽植给人们带来的洁净、清爽、宁静之感，具有独特的高雅之美。

（5）特型类植物

特型植物主要是指形态比较特别的植物，如苏铁、凤尾丝兰、加那利海枣、龙爪槐（图F-85～图F-88）。这些特型植物在园林造景中拥有特别的用处，能营造出特别的景观效果。

图F-85　苏铁

图F-86　凤尾丝兰

图F-87　加那利海枣

图F-88　龙爪槐

（6）水生类植物

水生植物是指生长于水中的植物，根据其生长特性分为挺水型、浮叶型、漂浮型、沉水型。在园林景观中常用的品种有田字萍、荷花、睡莲、王莲、水葫芦、再力花、梭鱼草、千屈菜、水烛、水葱、慈菇、黄菖蒲、香蒲、伞草、狐尾藻、芦竹、花叶芦竹等（图F-89～图F-100）。

水生植物为水面提供了很好的装饰效果，还具有净化水质的功能。无论是形态还是色彩，倒映在水面上皆十分美丽，更显现了水生植物独特的宁静之美。

图F-89　睡莲（浮叶）

图F-90　王莲（浮叶）

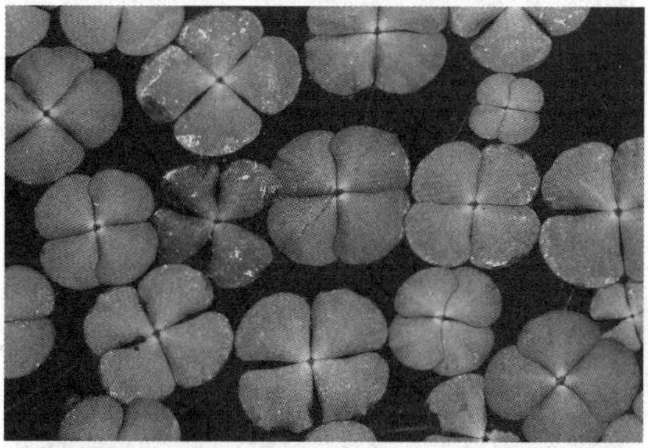

图F-91　田字萍（浮叶）

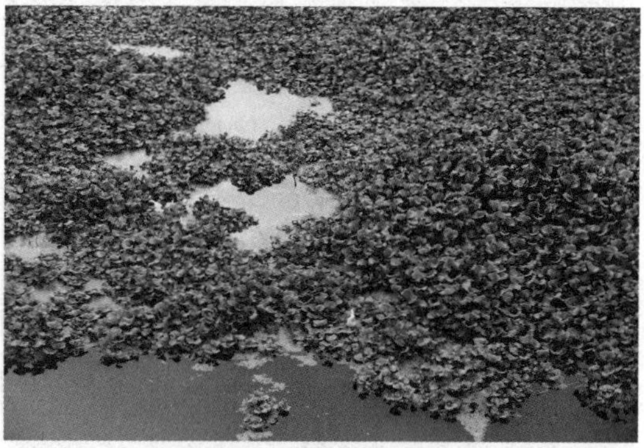

图F-92　水葫芦（浮叶）

图F-93　黄菖蒲（挺水）

图F-94　香蒲（挺水）

图F-95　荷花（挺水）

图F-96　狐尾藻（挺水）

图F-97　再力花（挺水）

图F-98　梭鱼草（挺水）

图F-99　千屈菜（挺水）

图F-100　花叶芦竹（挺水）

（7）地被类植物

地被类植物一般指低矮或匍匐接近地面生长的植物，以多年生草本植物为主，如沿阶草、吉祥草、白车轴草、葱兰、韭兰、红花酢浆草、紫鸭梅、观赏番薯、马蹄金等，也有一些匍匐的木本植物或藤本植物，如铺地柏、铺地龙柏、爬地卫矛、常春藤、金银花、蔓长春、花叶蔓长春等（图F-101～图F-108）。

图F-101　爬地卫矛

图F-102　观赏番薯

图F-103　紫鸭梅

图F-104　葱兰

图F-105　吉祥草

图F-106　白车轴草

图F-107　红花酢浆草

图F-108　马蹄金

地被类植物的特性是固定土壤、涵养水源、抑制灰尘的飞扬、减少暴雨冲刷后的地表径流，大片的地被植物还能对净化空气起到一定的作用。茂盛的大草坪像天然地毯，给环境增添宽敞、宁静、明快、舒适之感。一般强健而不怕践踏的草坪更受欢迎，如马尼拉草、百慕大草、假俭草、地毯草等草坪，是人们理想的休闲地。

（8）草花类植物

草花类植物的品种极其丰富，且花形、花色繁多，绚丽多彩。草花拥有美丽灿烂和生动自然的姿色，十分妩媚而动人，适合创造气氛。人们喜爱在节日用草花类装饰环境。

草花类植物属于草本植物，根据生长特性可分为一年生草花、二年生草花和多年生草花（包括宿根草花、球根草花）。

1）一年生草花。

一年生草花是指早春播种，经萌芽生长、夏秋季开花、秋季种子成熟，到冬季植物枯死而生命结束，整个生长周期在当年完成。常见的品种有万寿菊、孔雀草、百日菊、天人菊、波斯菊、金鸡菊、凤仙花、鸡冠花、凤尾鸡冠花、千日红、醉蝶花、马齿苋、向日葵等（图F-109～图F-116）。

图F-109　千日红

图F-110　凤仙花

图F-111　万寿菊

图F-112　醉蝶花

图F-113 天人菊

图F-114 百日菊

图F-115 孔雀草

图F-116 鸡冠花

2）二年生草花。

二年生草花是指秋季播种，经过短期的低温（0～10℃）春化阶段促进花芽分化，于翌年春季开花，夏秋季结籽，之后植株自然衰亡，整个生长周期是跨年度完成的。常见的品种有雏菊、白晶菊、三色堇、蛾蝶花、紫罗兰、风铃草、金鱼草、紫叶甜菜、毛地黄、羽扇豆、诸葛菜、羽衣甘蓝等（图F-117～图F-124）。

图F-117 羽衣甘蓝

图F-118 蛾蝶花

图F-119　风铃草

图F-120　金鱼草

图F-121　紫叶甜菜

图F-122　羽扇豆

图F-123　雏菊

图F-124　三色堇

3）宿根草花。

宿根草花属于多年生草本植物，是指植株当年开花之后，地上部分（茎、叶）冬季枯死，地下部分（须根）进入休眠状态宿存越冬，翌年春季仍能萌芽生长开花，并且生命能延续多年的草花类。常见的品种有萱草、菊花、芍药、鸢尾、玉簪、萱草、松果菊、大花金鸡菊、美丽月见草、蜀葵、火炬花、大吴风草、紫露草、白花三叶草等（图F-125～图F-128）。

图F-125 萱草

图F-126 芍药

图F-127 菊花

图F-128 鸢尾

4）球根草花。

球根草花也属于多年生草本植物，是指植株当年开花之后，地上部分（茎、叶）冬季枯死，地下部分（根或茎变态而膨大成肥大的球状或块状）进入休眠状态宿存越冬，翌年春季仍能萌芽生长开花，并且生命能延续多年的草花类。根据其地下部分变态的不同，分为球茎类、鳞茎类、块茎类、根茎类、块根类。常见的品种有水仙、郁金香、风信子、大丽菊、香雪兰、百合、朱顶红、石蒜、百子莲、葱兰、韭兰、花毛茛、红花酢浆草等（图F-129～图F-132）。

图F-129 石蒜

图F-130 花毛茛

图F-131　大丽菊

图F-132　朱顶红

2．按植物观赏特性分类

园林植物按照观赏性，大体分为林木类植物、叶木类植物、花木类植物、果木类植物和芳香类植物。

（1）林木类植物

适合成片栽植，能形成小森林式风景的树木称为林木。林木的特点是树干直立，高大挺拔，树冠丰满，如苦槠、马尾松、雪松、柏树、白桦、杉木、竹、乐昌含笑等（图F-133～图F-136）。人造风景林一般以单一树种为主，用群栽方式，栽植成独特的小森林风景。

图F-133　苦槠

图F-134　马尾松

图F-135　杉木

图F-136　乐昌含笑

风景林可以是自然式的，也可以设计成规整式的。规整式风景林体现整齐有序的美，与城市格局比较相符，在城市办公楼群、商业中心、城市广场中更为适合。因为规整式风景林的方向感比较清晰，市民、行人不易迷路。

在小森林中可设置弯弯曲曲的小路，供人们穿行，还可以设置与林木结合的座椅，供人们休憩。人们可以在观赏小森林景观的同时，聆听悦耳的鸟鸣，融入大自然。阳光下的小森林氧气充沛，人们常到小森林中漫步吸氧，有益于身心健康。

（2）叶木类植物

以观赏叶形、叶色为主的树木称为叶木树。除了观赏叶的花纹、秋叶色彩以外，有些植物的新叶也具有观赏价值，如红叶石楠、山麻杆的新叶是红色的，罗汉松的新叶是粉绿色的。秋季树叶有观赏价值的常见树种有银杏、枫香、乌桕、鸡爪槭、元宝槭、鹅掌楸、榉树、七叶树、黄连木等；终年可以欣赏的斑纹花叶树种有金边大叶黄杨、花叶女贞、花叶青木、银姬小蜡、菲白竹、花叶络石、五彩络石等；叶形比较特殊的树木有鹅掌楸、构树、枫香、柊树、合欢、鸡爪槭、红枫、羽毛枫、小丑火棘等（图F-137～图F-140）。

图F-137 红枫

图F-138 花叶青木

图F-139 红叶石楠

图F-140 小丑火棘

叶木树以观叶为主，可孤植也可群栽，要根据树木的形态、大小及栽植空间的大小适当配置。庭园小可以点栽，空间大、空旷地带可群栽，这样树木的观赏特点比较集中，观叶效果更好，色彩气氛浓烈，视觉开阔醒目。

（3）花木类植物

木本植物，花形美丽，花色灿烂，花期较长。一般来说，树木为繁衍都能开花，但有些树的花很小、不显眼，几乎不被人们发现，因此不能称为花木树。花木树的花朵具有观赏价值，如蜡梅、结香、梅、迎春花、白玉兰、黄玉兰、紫玉兰、二乔玉兰、紫荆、樱花、茶花、杜鹃、丁香、琼花、木绣球、紫薇、木槿、紫叶桃、夹竹桃、泡桐、合欢、银荆、四照花、槐树、栾树、连翘、金雀花、绣线菊、垂丝海棠、棣棠、绣球、月季、玫瑰、牡丹、芍药、紫藤、蔷薇、木香、凌霄花、石榴等（图F-141～图F-148）。

图F-141　梅（2～3月）

图F-142　紫叶桃（3月）

图F-143　二乔玉兰（3月）

图F-144　垂丝海棠（3～4月）

图F-145　黄玉兰（3～4月）

图F-146　石榴（5～6月）

图F-147　紫薇（6～9月）

图F-148　栾树（8～9月）

花木树可孤植，也可群栽。孤植一般在小庭院内比较合适；在公共环境里，如广场绿地、公园等较空旷的地带群植比较容易出景观效果。成片的花木会形成不同的色彩气氛，在鲜花盛开时，会引来众多的观赏人群。如日本有赏樱花的节日，因而各大城市的大小公园、广场都有成片栽植的樱花林，供市民观赏樱花。我国有赏梅花的习惯，在风景旅游区内栽植成片的梅，如南京中山陵梅花山，每年都有上百万人前来观赏。这都是单品种花木成片栽植起到的特别效果。在花木盛开时自然美达到了顶峰，无人不被盛开的花景吸引。花木风景林的自然美使人们流连忘返，情不自禁地与自然的美丽合影留念。这就是花木风景的巨大魅力。

（4）果木类植物

一般称可观可食的果实树木为果木。果木的花朵也具有一定的观赏价值。果实不仅美丽可爱，还可以食用，如桃、梨、杏、李、枣、柿、枇杷、杨梅、柚、柑橘、金橘、石榴、樱桃、山楂、柠檬、无花果等（图F-149～图F-152）。随着我国旅游业的发展，一些乡村也开辟了旅游加采摘水果（桃、梨、苹果、杨梅、葡萄、桑果等）等大众参与的活动项目，以此丰富旅游内容。游客不仅可以观赏满树果实累累的美丽景观，亲身体会到采摘果实的乐趣，还能品尝到果实的香甜。

图F-149　樱桃（5月）

图F-150　桃（5～6月）

图F-151　杨梅（5～6月）

图F-152　枣（8月）

果木风景林具有花木风景林的观赏特点，因为大多数果木结果前都有开花期，花朵也比较美观。如梨花盛开时满树洁白；桃花有玫瑰红色、粉红色，开满枝头时也十分灿烂艳丽等。果木树在庭院中的配置一般以点栽为主，可观花、观果、食果，可丰富庭园的观赏内容。

果木树也是鸟类喜爱的树木。如果想使花园鸟语花香，可以选择栽植一些鸟类喜食的果木树，如樱桃、桑树、荚蒾、珊瑚树、海棠等可用来引诱鸟类光顾，便能听到小鸟的欢叫声。还可以放置一些人工制造的鸟窝，吸引小鸟来花园内停留，以此增添花园的热闹气氛。

（5）芳香类植物

芳香树一般都是花木，开花期间散发出独特的芳香气味，如蜡梅、结香、桂花、白兰花、含笑、九里香、瑞香、栀子、小叶栀子、米兰、茉莉花等（图F-153～图F-156）。

芳香树一般成片栽植效果比较好，香味较为集中。如果想追求清淡的花香，可用散点的方式穿插栽植，这种分散布局可防止植物浓香过于集中。当然，具体情况应具体对待，有的植物花香比较清淡，贴近时才能闻到；有的植物花香很浓，在远处就能闻到。可以把清淡的花香植物集中栽植，让它们在空气中飘香，把浓香的植物作点缀栽植。这就需要我们对各种植物花香的浓淡度有所了解，才能配置好景观植物，有效地发挥芳香植物的个性和特色。

图F-153　蜡梅

图F-154　含笑

图F-155 结香

图F-156 栀子

3．按植物自然分布分类

（1）热带观赏植物

热带植物生长在气候炎热、雨量充沛的地区，主要品种有凤凰木、木棉、刺桐、红豆、椰子、旅人蕉、贝叶棕、合欢、紫荆、三角梅、变叶木、龙吐珠、鸳鸯茉莉等植物（图F-157～图F-159）。热带植物在离开原产地至温度较低的地区后，冬季需要进入温室越冬。

图F-157 热带观赏植物之一

图F-158 热带观赏植物之二

图F-159 热带观赏植物之三

（2）热带雨林观赏植物

热带雨林观赏植物适宜夏季凉爽、冬季温暖、空气相对湿度在80%以上的荫蔽环境，在栽培中夏季需庇荫养护，冬季需进入温室越冬。常见品种有海芋、龟背竹、鱼尾葵等（图F-160和图F-161）。

图F-160　热带雨林观赏植物之一

图F-161　热带雨林观赏植物之二

（3）亚热带观赏植物

亚热带观赏植物喜温暖而湿润的气候条件，冬季要在温室中越冬，盛夏季节需要适当遮阴防护，常见品种有山茶、米兰、白兰花等（图F-162和图F-163）。

图F-162　亚热带观赏植物之一

图F-163　亚热带观赏植物之二

（4）暖温带观赏植物

在我国长江流域及其以南地区均可在露地自然越冬，北方低温时节须进入温室越冬。常见品种有映山红、云南黄素馨、栀子等（图F-164和图F-165）。

（5）温带观赏植物

在我国北方可在人工保护下露地越冬，在黄河流域及其以南地区，均可露地栽培，常见品种有月季、牡丹、石榴、碧桃等（图F-166和图F-167）。

（6）亚寒带观赏植物

在我国北方可露地自然越冬，如紫薇、丁香、榆叶梅、连翘等（图F-168）。

（7）亚高山观赏植物

原产于亚热带和暖温带地区，但多生长在海拔2000m以上的高山上。因此，既不耐暑热，也怕严寒。常见品种有倒挂金钟、仙客来、朱蕉等（图F-169和图F-170）。

图F-164　暖温带观赏植物之一

图F-165　暖温带观赏植物之二

图F-166　温带观赏植物之一

图F-167　温带观赏植物之二

图F-168　亚寒带观赏植物

图F-169　亚高山观赏植物之一

图F-170　亚高山观赏植物之二

（8）热带及亚热带沙生植物

喜充足的阳光、夏季高温而又干燥的环境条件，常作温室花卉栽培，常见品种有芦荟、生石花等（图F-171）。

（9）温带和亚寒带沙生植物

在我国多分布于北部和西北部的半荒漠中，可在全国各地露地越冬，但不能忍受南方多雨的环境条件，常见品种有沙拐枣、麻黄等（图F-172）。

图F-171　热带及亚热带沙生植物

图F-172　温带和亚寒带沙生植物